H. G. Münzberg · J. Kurzke

Gasturbinen – Betriebsverhalten und Optimierung

Springer-Verlag
Berlin Heidelberg New York 1977

Dr.-Ing. HANS-GEORG MÜNZBERG
o. Professor an der Technischen Universität München,
Direktor des Instituts für Luft- und Raumfahrt

Dr.-Ing. JOACHIM T. KURZKE
Technischen Universität München, Lehrstuhl für Flugantriebe

Mit 218 Abbildungen

ISBN 3-540-08032-5 Springer-Verlag Berlin Heidelberg New York
ISBN 0-387-08032-5 Springer-Verlag New York Heidelberg Berlin

Library of Congress Cataloging in Publication Data
Münzberg, Hans-Georg. Gasturbinen. (Hochschultext) Bibliography: p. Includes index.
1. Gas-turbines. I. Kurzke, J., 1941- joint author. II. Title. TJ778.M8 621.43'3 76-50615

Printed in Germany

Offsetdruck: fotokop wilhelm weihert kg, Darmstadt · Einband: Konrad Triltsch, Würzburg

Vorwort

Die technologische Entwicklung der 70er Jahre ist entscheidend durch zwei Faktoren geprägt: Energieverknappung und -verteuerung einerseits und Umweltbelastung durch Schadstoffemission und Lärm andererseits. Alles deutet darauf hin, daß uns diese Probleme auch in den nächsten zwei Jahrzehnten stark beschäftigen werden. Die Gasturbine ist in der Lage, bei deren Lösung bedeutende Beiträge zu leisten. Allerdings muß in dem jeweiligen Anwendungsbereich eine Optimierung vorgenommen werden. Das vorliegende Buch verfolgt das Ziel, Verfahren dafür bereitzustellen und sie an Anwendungsbeispielen (Problemkreisen) aus F a h r z e u g b a u , M a r i n e , L u f t f a h r t und E n e r g i e t e c h n i k zu demonstrieren.

Im Teil A wurde in einem G e s a m t k o m m e n t a r auf die erweiterte Gültigkeit der einzelnen Ergebnisse eingegangen. Anhand einer Zusammenstellung über den heutigen und den in der Zukunft zu erwartenden Einsatz der Gasturbine wird auch verständlich, warum es gerade diese Problemkreise waren, die für Betriebsverhaltensstudien und Optimierungen im Buchteil E ausgesucht wurden.

Die im Teil B zusammengestellten Basishypothesen versuchen, den Stand der T e c h n i k E n d e d e r 7 0 e r J a h r e zu charakterisieren. Geringe Abweichungen in Richtung besserer oder schlechterer Werte dürften die Optimierungsergebnisse gleichfalls nur geringfügig beeinflussen.

Ebenso wichtig wie der realistische Aufbau eines m a t h e m a t i s c h e n M o d e l l s ist seine Kontrolle auf Fehler und wirklichkeitsfremde Details im optimierten Entwurf. Aus diesem Grunde wurde großer Wert auf übersichtliche und durchschaubare R e c h e n p r o g r a m m e gelegt. Die eventuell durch ein besonders "schnelles"

Programm eingesparte Rechenzeit ist manchmal schon durch einen einzigen Fehler, der seine Ursache in einer besonders ausgeklügelten Programmstruktur haben kann, wieder verbraucht. Der "durchsichtige" Aufbau der Rechenmodelle erlaubt darüberhinaus dem Leser, Modifikationen etwa in Koeffizienten oder Randbedingungen vorzunehmen, ohne daß er gezwungen ist, die grundsätzliche Struktur zu ändern.

Anders liegen die Probleme bei der Berechnung des *Betriebsverhaltens* von Gasturbinen des Teils C. Dort spielt die Rechenzeit eine so entscheidende Rolle, daß ein kompliziertes Programm gerechtfertigt ist. Die Kontrolle der Ergebnisse ist in diesem Fall relativ einfach.

Es ist zweifellos grundsätzlich lohnend, für alle zu entwerfenden Anlagen bzw. jeden geplanten Triebwerkstyp, ein möglichst genaues mathematisches Modell zu erstellen. Die vielen Parameter und Zusammenhänge lassen sich in der Regel nur noch mit Rechenanlagen handhaben. Es liegt nahe, nicht nur die Auswertung sondern auch die Suche nach dem Optimum des Modells dem Rechner zu übertragen.

Buchteil D behandelt verschiedene numerische *Optimierungsverfahren* und E enthält *Optimierungsbeispiele* für Gasturbinen aus den Sektoren Kraftfahrzeugwesen, Schiffbau, Flugtechnik und Energieerzeugung.

Durch den Entwurf eines mathematischen Modells und die anschließende Optimierung erhält man notwendige Entscheidungshilfen bereits bei der Auslegung, erleichtert die spätere Versuchsinterpretation und Kontrolle, gegebenenfalls auch die Lokalisierung von Schäden. Schließlich kann das Modell der Gesamtanlage für eine Weiterentwicklung neu adaptiert werden.

Die Autoren sind sich darüber im klaren, daß die gewählten Beispiele nur eine kleine Zahl aus der großen Fülle möglicher Fragestellungen direkt beantworten können. Die vorhandenen Kennfelder, Teilmodelle, Flußdiagramme u.ä. samt den dazugehörigen Erklärungen gestatten es aber dem Leser, sich mit relativ geringem Aufwand "seine eigene Frage" selbst zu beantworten.

Das Buch wendet sich an Studierende der Technischen Universitäten, Gesamt- und Fachhochschulen sowie Akademien, ferner an berufstätige Ingenieure des Wärmekraftmaschinenbaues, der Antriebstechnik im weitesten Sinne und der Energietechnik. An Fachkenntnissen werden einige Grundlagen der Thermofluiddynamik sowie diejenigen über Aufbau und Funktionsverhalten von Gasturbinen und deren Komponenten vorausgesetzt, ferner Programmiertechnik. Überall dort, wo nicht im Detail erklärte Zusammenhänge und Definitionen verwendet werden, wird auf präzis angegebene Literaturstellen verwiesen.

Wir möchten den Angehörigen des Technischen Büros des Lehrstuhls für Flugantriebe für ihren tatkräftigen Einsatz herzlich danken und stellvertretend für alle Damen und Herren Ing. (grad.) D. Dürr persönlich nennen. Dem Leibniz-Rechenzentrum der Bayerischen Akademie der Wissenschaften und dem Springer-Verlag danken wir für das verständnisvolle Eingehen auf unsere Wünsche.

München, im Juli 1976 Die Autoren

Inhaltsverzeichnis

A. Übersicht

1. Gesamtkommentar bezüglich der erweiterten Gültigkeit der Einzelergebnisse

Obzwar wir versucht haben, realistische Annahmen im Aufbau der mathematischen Modelle für die Gasturbinenanlagen bzw. deren Komponenten zugrunde zu legen (Teil B), sollte es doch um eine fortschrittliche Technologie gehen. Diese sei stichwortartig gekennzeichnet durch hohe Gastemperaturen, Turbinen mit gekühlten Hohlschaufeln oder solche aus Hochtemperaturkeramik, hohe Belastungszahlen bezüglich Druck und Durchsatz der Strömungsmaschinenstufen, gegebenenfalls transsonische Verdichterkonzepte, hohe Flächendichten für rotierende Regeneratoren und (feststehende) Rekuperatoren sowie Tendenz zum Leichtbau.

Die Modelle können natürlich modifiziert oder verfeinert werden, wenn der Leser über eigene Erfahrungen verfügt oder weitere Fortschritte im technischen Know-how gemacht werden. In manchen Fällen wird auch eine Entfeinerung möglich sein, z.B. dann, wenn es nur um Trenduntersuchungen geht. Eine breitere Gültigkeit der getroffenen Annahmen wäre dann in Frage gestellt worden, wenn man zu spezielle, nur in Sonderfällen wichtige Hypothesen zugrunde gelegt hätte. Auch bezüglich der Komplexität des Informationsgehaltes der Modelle versuchten wir einen "Mittelweg" zu gehen. Eine gewisse Vereinfachung im Aufbau der sonst leicht sehr unübersichtlich werdenden Modelle wurde dadurch erreicht, daß häufiger die Modulbauweise verwendet wurde. Die Annahme dieses Konstruktionsprinzips macht nicht nur die tatsächliche Anlage übersichtlicher, sondern auch das Rechenmodell durchsichtiger.

Mit Hilfe von Extremwert-Suchverfahren wurden vier typische, zukunftsbezogene Problemkreise behandelt.

In Kapitel E. 1 ist dies die Fahrzeuggasturbine. Wenn sie sich in Zukunft durchsetzen soll - und vieles spricht dafür - dürfte sie folgende Merkmale aufweisen: einstufiger Radialverdichter, evtl. mit transsonischer axialer Vorstufe, schadstoffarme Einzelbrennkammer, einstufige axiale Gasgenerator-Turbine, einstufige axiale Nutzturbine mit verstellbaren Leitschaufeln, Wärmerückgewinn mit Hilfe eines rotierenden Regenerators und Verwendung von Hochtemperaturkeramik in den Komponenten Brennkammer, Turbine und Wärmetauscher.

Eine so aufgebaute Gasturbine wurde unter Voll- und Teillastbedingungen (Fahrzyklus) gründlich untersucht, wobei zwei gleichrangige Zielfunktionen durch den spezifischen (Strecken-) Verbrauch und die Anlagenmasse gebildet wurden. Das Triebwerksverhalten bei verschiedenen Wärmetauscherkonzepten, der Verstellturbineneinfluß auf Teillastverbrauch und Beschleunigungsfähigkeit, ferner die Auswirkungen der Variationen vieler Auslegungsparameter wurden modellmäßig getestet. Obwohl die Untersuchungen auf der Basis von 600 kW durchgeführt wurden, haben die Ergebnisse prinzipielle Gültigkeit in einem Bereich, der etwa als zwischen 200 und 2000 kW liegend gekennzeichnet werden kann.

Kapitel E. 2 beschäftigt sich mit einer Doppel-Gasturbinenanlage von 60 MW Gesamtleistung für die Marine. Auch hier war die Basis ein repräsentativer Fahrzyklus, der durch den Absolutverbrauch pro Betriebsstunde dargestellt wurde. Ist man platzmäßig sehr beschränkt, kommt nur eine Dreiwellen-Anlage ohne Wärmetausch in Frage. Ein Fluggasturbinen-Konzept etwas robusteren Aufbaus ist da am Platze. Die Tendenz, daß man bei gegebener Leistung für Anlagen mit höherem Verdichterdruckverhältnis kleinere Gesamtvolumina benötigt, bestätigt sich für den Bereich der kleineren und mittleren Verdichtungen auch hier. Die Schwankungen dieses Volumens im oberen Druckbereich sind andererseits so gering, daß es vernünftig war, nur auf geringsten Verbrauch zu optimieren. Auch bei Schiffen mit nur alternativem Gasturbineneinsatz ist sehr schnell der Augenblick erreicht, wo die Einsparung an Tankvolumen durch Verwendung von verbrauchsmäßig hoch entwickelten Maschinen lohnenswert ist. Bei Gasturbinenvollbetrieb ist dies eine Selbstverständlichkeit.

Die Betrachtung bzw. Optimierung des Anlagen-Gesamtvolumens ist jedoch dann unbedingt erforderlich, wenn man eine niedrig komprimierte Anlage mit Wärmetauscher konzipiert. Hier wird also wieder nach zwei Zielfunktionen, nämlich dem spezifischen Verbrauch und dem Volumen gefragt. Das Anlagengesamtvolumen hat im Schiffbau eine größere Bedeutung als das Anlagengewicht. Entsprechend der zugrundegelegten modernen Hochleistungsgasturbine wurde auch der Rekuperator mit erhöhter Flächendichte betrachtet. Es liegt auf der Hand, daß die mitgeteilten Ergebnisse über die direkt anvisierte Aufgabenstellung hinaus Bedeutung haben.

Ein Vergleich der Zukunftsaussichten eines Wärmetauschers für die Flugtechnik zeigt im übrigen, daß der Regenerator hoher Flächendichte für gewisse Flugzeugtypen eine echte Chance haben dürfte, während diese beim Rekuperator kaum gegeben ist.

Das der Flugtechnik gewidmete Kapitel E. 3 arbeitet wiederum mit zwei Zielfunktionen. Für ein Kurzstartflugzeug für kleinere bis mittlere Strecken werden Reichweiten-Gütegrad und Lärmemission einander gegenübergestellt. Bei Betrachtung der Ergebnisse die "richtige" Entscheidung zu treffen, fällt schon mehr in das Gebiet der Gesellschaftspolitik oder in die Kompetenz des Gesetzgebers. Die entwickelten Lärmdämpfungsmodelle haben naturgemäß auch außerhalb der Flugtechnik Bedeutung.

Das Kapitel E. 4 ist denjenigen Gasturbinen-Konzepten gewidmet, die zur Erzeugung elektrischer Energie geeignet sind. Geht es um ein zu transportierendes Notstrom-, Spitzenstrom- oder Vollstrom-Aggregat, ist die im gegebenen Raum zu verwirklichende Maximalleistung von beträchtlichem Interesse. Wie die Ergebnisse zeigen, sind Anlagen der 30 MW-Klasse durchaus realisierbar ohne daß ein Durchmesser von 1,8 m im Strömungskanal überschritten wird.

Bei ortsfesten Anlagen dagegen haben umbauter Raum und Anlagengewicht relativ wenig Bedeutung. Das heißt auch, daß die notwendigen Vorkehrungen zur Reduzierung der Lärm- und Abgasemission ohne zu große Einbußen getroffen werden können. Das wichtigste ist hier die Wirtschaftlichkeit der Anlage. Daher müssen außer den Brennstoffkosten (spezifischer Verbrauch) die Anlagekosten, ferner Service, Kapitaldienst usw. behandelt werden. Hier schien es angebracht, Zwischenkühler und Zwischenerhitzer als zusätzliche Komponenten mit ins Spiel zu bringen. Da sämtliche Kosten starken örtlichen und zeitlichen Schwankungen unterliegen, wurden die Modelle auf der Basis von Verrechnungseinheiten aufgebaut.

2. Derzeitiger und zukünftiger Einsatz der Gasturbinen

In der Aufstellung "Einige wichtige Gasturbinen-Daten" (Bild 1) wird ein kurzer Überblick über die Vergangenheit vermittelt, der ohne Kommentar lesbar ist.

2.1 Erklärung der Zusammenstellung

Hier soll nun gleichfalls in sehr gedrängter Form eine Übersicht über die augenblickliche Verwendung von Gasturbinen gegeben werden, verbunden mit einer Vorschau auf die Zukunft. Bei der tabellarischen Auflistung wurde versucht, folgende Gesichtspunkte zu beachten:

Spalte A

Die "Rangliste" beginnt mit demjenigen Einsatzgebiet der Gasturbine, das zur Zeit zweifellos den ersten Platz bezüglich Anzahl der laufenden Aggregate und Größe der gelieferten Gesamtleistung einnimmt, nämlich dem der Luftfahrt. Die verschiedenen Formen der Turbostrahltriebwerke, d.h. der Flug-

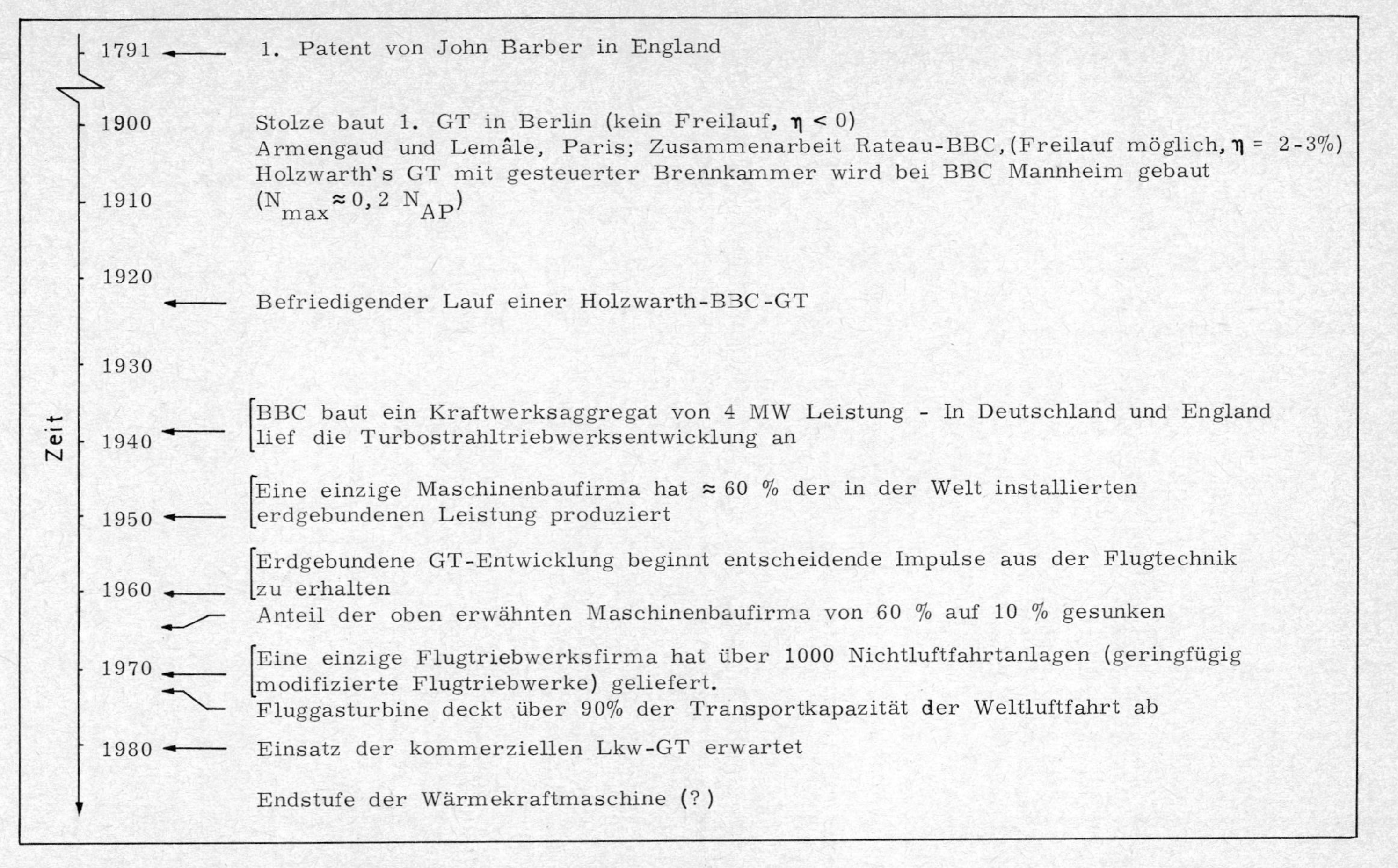

Bild 1. Einige wichtige Gasturbinen-Daten

Tabelle 1 Derzeitiger und

(Abkürzungen siehe

A Einsatz	B Charakteristika, Spezif. Werte	C Alternative WKM
1. Luftfahrt	PTL: $\frac{m_{TW}}{N}\searrow$, $\frac{V_{TW}}{N}\searrow$, $\frac{\dot{m}_{Br}}{N}\searrow$; TL, ZTL: $\frac{m_{TW}}{S}\searrow$, $\frac{V_{TW}}{S}\searrow$, $\frac{\dot{m}_{Br}}{S}\searrow$, $\frac{S}{F_{Stirn}}\nearrow$	KM (O)
2. Schiffbau	$\frac{m_{TW}}{N}\searrow$, $\frac{V_{TW}}{N}\searrow$, $\frac{\dot{m}_{Br}}{N}\searrow$; Schnellstart	KM (D), DT, (Kombi)
3. Schienenverkehr	wie bei 2	KM(D) (Kombi), DT, DM
4. Schwerstfahrzeugbau	wie bei 2	KM (D, O)
5. Pumpstation	Preis $\searrow$, Automatisierung, kein Kühlwasser	KM (D, Erdgas)
6. Druckluftspeicherkraftwerk	Gesamtanlagepreis $\searrow$, (Basis: hydraulischer Speicher). Kompr. u. Expansion zeitlich getrennt.	DT, WaT
7. GT-DT-Kraftw.	$\dot{m}_{Br}/N \searrow$	DT, Kombi
8. Notstromkraftwerk	Preis $\searrow$, Schnellverfügung	KM (D), DT
9. Heizkraftwerk	$\eta\nearrow$ (Basis: $\eta = \frac{N_{Nutz} + \dot{Q}_{verwertet}}{Q_{Br}}$)	DT, Kombi
10. Transportables Spitzenkraftwerk	$V_{Anlage}/N \searrow$, Preis $\searrow$, Mobilität	KM (D)
11. Kernkraftwerk mit HTR	Geschlossener Direktkreislauf (d. h. kein Übertragungs WT für Reaktorkühlmedium)	DT-Kernkraftwerk
12. Automobilbau	wie bei 2; Drehmomentverlauf, Schadstoffemission $\searrow$	KM (O, D)
13. Energievollversorgung	Wenn $\eta_{Anlage}\nearrow$ ($T_{BK}\nearrow$), Lebensdauer $\nearrow$, Preis $\searrow$	DT, Kombi

zukünftiger Einsatz der Gasturbine

Texterklärung zu Spalte D)

D Aufbau, Schaltung, Gasführung (Beispiele)	E Optimierungsbeisp.	F Skizze Foto
$\underbrace{L\text{-}ED\text{-}\underbrace{V\text{-}BK\text{-}T_V}_{GG}\text{-}T_L\text{-}SD}_{PTL}$; $\underbrace{ED\text{-}\underbrace{V\text{-}BK\text{-}T_V}_{GG}\text{-}SD}_{TL}$	E. 3	Bild B. 5. 1/1 C. 4. 4/1
$EK\text{-}V\text{-}(WT)\text{-}BK\text{-}T_V\text{-}T_{SP}\text{-}(WT)\text{-}AK$	E. 2	Bild E. 2. 2/1 Bild 2, 3 u. 4
$EK\text{-}V\text{-}BK\text{-}T_V\text{-}T_{Hydr.\,Getr.\,\text{-}Achsen}\text{-}AK$ (ohne und mit WT)	(E. 1)	Bild 5 u. 6
wie bei 3 $\text{-}T_{Nutz}\text{-}AK$ (→EG→EM→Rad)	E. 1	Bild 7 u. 8
$EK\text{-}V\text{-}BK\text{-}T_V\text{-}T_{Nutz}\text{-}AK$	——	Bild 9 u. 10
EK-NV-ZK-HV-NK-Speicher Speicher-BK-HT-ZE-NT-AK	——	Bild 11
$EK\text{-}V\text{-}BK\text{-}T_V\text{-}T_{Nutz}\text{-}K\text{-}AK$	——	Bild 12, 13 u. 14
wie bei 5	E. 4. 1 bzw. (E. 2. 1)	Bild 15, 16 u. 17
NV-ZK-HV-WT-E-HT-NT-WT-VK-NV (Beispiel eines geschlossenen Kreislaufes, daher kein EK bzw. AK)	——	Bild 18
wie bei 5	E. 4. 1 bzw. (E. 2. 1)	Bild 19 u. 20
z. B. wie 9, jedoch E statt durch fossile Brennstoffe aufgeheizt, im Reaktor eingebaut	——	Bild 21
$EK\text{-}V\text{-}WT\text{-}BK\text{-}T_V\text{-}T_{Nutz}\text{-}WT\text{-}AK$	E. 1	Bild E. 1. 2/1
EK-NV-ZK-HV-(WT)-BK-HT-ZE-NT-(WT)-AK	E. 4. 2	——

gasturbinen, gehören hierher. Das Ende bildet derjenige Sektor, der, von Sonderfällen abgesehen, der Gasturbine in Industrieländern heute noch verschlossen ist, die Energievollversorgung für größere Leistungen.

Die abnehmende Einsatzhäufigkeit der Gasturbine beim Durchlaufen des mittleren Bereiches der Tabelle kann natürlich nicht als exaktes Kriterium aufgefaßt werden, sondern bestenfalls als eine Art Momentaufnahme. Unter Einsatz wollen wir hier nicht den Betrieb von Modellgeräten, Prototypen usw. verstehen, sondern die Verwendung von betriebsreifen Serientriebwerken.

Z.B. wird an der Kfz-Gasturbine seit über einem Vierteljahrhundert gearbeitet, ihr echter Einsatz im Straßenverkehr steht immer noch bevor. Sie nimmt in der Rangliste den vorletzten Platz ein, ein Vorrücken auf die vorderen Ränge könnte innerhalb des nächsten Jahrzehnts Wirklichkeit werden. Die Fortsetzung der weltweiten Anstrengungen zur Verbesserung der Wirtschaftlichkeit der Energiewandler könnte die Verwirklichung des Hochtemperaturreaktors, um den es in der letzten Zeit etwas stiller geworden ist, unter gleichzeitiger Gewinnung von Prozeßwärme bei Einsatz der Gasturbine im geschlossenen Kreislauf bewirken, was gleichfalls ein Vorrücken auf einen besseren Platz zur Folge hätte.

Spalte B

Hier können naturgemäß nur einige wesentliche Charakteristika aufgeführt werden, um zu begründen, warum die Gasturbine sich bereits bewährt hat und weiter technisch vordringen dürfte. In den Beispielrechnungen des Buchteils E wird jedoch ausführlich auf die Vor- und Nachteile der einzelnen Einsatzvarianten eingegangen.

Spalte C

Der Begriff a l t e r n a t i v e Wärmekraftmaschine (WKM) muß hier im weitesten Sinne des Wortes verstanden werden. Bedeutung und Gewicht sind sehr verschieden. Hierfür drei Erklärungen.

1) Es werden diejenigen WKM genannt, die derzeit gewissermaßen im a u s -

l a u f e n d e n Einsatz sind. Obzwar über 90 % der Transportkapazität der Weltluftfahrt die Fluggasturbine als Antriebsaggregat benützen, gibt es natürlich auch noch den Kolbenmotor z.B. in Kleinflugzeugen, Hubschraubern usw.

2) Die Gasturbine hat ihren Einsatz erst vor kurzem begonnen, die anderen angegebenen Antriebsarten b e h e r r s c h e n jedoch n o c h weitgehend das Feld. Im Schienenverkehr, besonders bei Triebwagenzügen, wird z.B. in Frankreich und den USA die leichte, in der Luftfahrt entwickelte und nur verhältnismäßig wenig umgebaute Fluggasturbine angewendet. Diesel-Motoren überwiegen jedoch noch weitgehend, in nicht hochindustrealisierten Ländern gibt es auch noch die Dampfmaschine im Lokomotivbau.

3) Es gibt Anlagen, die zwar echte Alternativen darstellen, jedoch auch mit der Gasturbine zu Kombinationsanlagen zusammengekoppelt werden können. In einem solchen Fall ist das Wort K o m b i vermerkt. Hier sei z.B. das Gasturbinen-Dampfturbinen-Kraftwerk mit seinen mannigfachen Schaltungsmöglichkeiten genannt.

Eine andere, gewissermaßen losere Art der Kopplung (das Wort Kombi steht dann in Klammern) soll auch noch erwähnt werden. Für gewisse Anordnungen, z.B. bei schnellen Marineeinheiten, können sich die Eigenschaften von Gasturbinen und Diesel-Motoren wirkungsvoll ergänzen. Ein verhältnismäßig leistungsschwacher Diesel-Motor sehr guten spezifischen Verbrauchs wird im Normalfall verwendet. Eine sehr leistungsstarke Gasturbine kann zur Erzeugung von Spitzengeschwindigkeiten zugeschaltet werden. Ob dabei die Gesamtleistung mit einem einzigen Wellenstrang der Schiffsschraube zugeführt wird oder Diesel-Motor und Gasturbine jeweils einen eigenen Propeller antreiben, ist in diesem Zusammenhang nicht von ausschlaggebender Bedeutung.

Spalte D

In den meisten Fällen geht es hier um die Aufzählung von Komponenten, deren Reihenfolge einen Eindruck über Aufbau, Schaltung und Gasführung des Gesamtsystems vermittelt. Dabei bedeuten:

A	Anlasser	NT	Niederdruckturbine
AK	Abströmkanal	NV	Niederdruckverdichter
BK	Brennkammer	O	Otto-Motor
D	Diesel-Motor	P	Pumpe
DM	Dampfmaschine	PTL	Propeller-Turboluftstrahltriebwerk
DT	Dampfturbine	SD	Schubdüse
E	Erhitzer	T	Turbine
ED	Einlaufdiffusor	T_L	Luftschraubenturbine
EG	Elektr. Generator	T_{Nutz}	Nutzturbine
EK	Einströmkanal	T_{SP}	Turbine für Schiffspropeller
EM	Elektromotor	T_V	Verdichterturbine
GG	Gasgenerator	TL	Turboluftstrahltriebwerk
GT	Gasturbine	V	Verdichter
HT	Hochtruckturbine	VK	Vorkühler
HTR	Hochtemperaturreaktor	WT	Wärmetauscher
HV	Hochdruckverdichter	WaT	Wasserturbine
K	Kessel	ZE	Zwischenerhitzer
Ko	Kondensator	ZK	Zwischenkühler
KM	Kolbenmotor	ZTL	Zweistrom-Turboluftstrahltriebwerk
L	Luftschraube		
NK	Nachkühler		

Aggregate wie Luftfilter, Eintritts- und Austrittsschalldämpfer sind nicht besonders vermerkt, da sie entweder nur fallweise verwendet werden oder in bereits erwähnten Komponenten integriert sind (z.B. im EK oder AK).

Spalte E

Hier ist vermerkt, ob durch Optimierungsbeispiele im Buchteil E etwas für den Einsatz Typisches ausgesagt wurde. Dieser Sachverhalt kann auch dann vorliegen, wenn das gefundene Ergebnis eines anderen Einsatzes übergreifende Bedeutung hat. Stellt man z.B. fest, wieviel Leistung unter definierten Randbedingungen in einem gegebenen Volumen untergebracht werden kann, dann kann dies für die Planung im Schienenverkehr, im Schwerstfahrzeugbau, für Notstromanlagen, für transportable Spitzenkraftwerke u. ä. von Interesse sein.

Die Hypothesen, die den Modellrechnungen, also den formelmäßigen mathematischen Beschreibungen von Zusammenhängen, zugrundeliegen, sind klar definiert. Die Ergebnisse sind daher kontrollierbar bzw. beeinflußbar, wenn der Leser der Meinung ist, daß die Eingabedaten geändert werden sollten. Wir glauben, realistische Annahmen getroffen zu haben; wurde bewußt ein Vorgriff auf die Zukunft unternommen, um Entwicklungstendenzen aufzuzeigen, dann wurde dies besonders vermerkt.

Das schließt natürlich nicht aus, daß derjenige, dem gewisse Erkenntnisse noch nicht zugänglich sind oder auch derjenige, der über eine Spitzentechnologie auf einem Sondergebiet verfügt, diesen Umstand an geeigneter Stelle in den Modellen durch Ergänzungen oder Änderungen berücksichtigt.

Es gibt jedoch auch Fälle, wo Standortwahl, Grundstückspreis, staatliche Förderung, Notstand und ähnliche Sondersituationen einen wesentlich stärkeren Einfluß für oder gegen den Bau einer Anlage dieses oder jenes Konzepts ausüben als es durch die Optimierung der Gasturbinenanlage selbst geschehen würde. Solche Gegebenheiten zu erfassen wäre zwar mathematisch keinesfalls schwer gewesen, jedoch hätte man sich infolge der Fülle von Möglichkeiten bei jeder Einzelannahme dem Vorwurf der Willkürlichkeit oder Einseitigkeit kaum entziehen können. Daher wurde von Berechnungen dieser Art Abstand genommen.

Spalte F

Hier wird auf Skizzen, Abbildungen, Fotos usw. hingewiesen, die, z. T. an verschiedenen Stellen des Buches untergebracht, einen Eindruck der jeweiligen Anlage bzw. des entsprechenden Typs vermitteln.

2.2 Kurzbeschreibung der Einsatzfälle

1) Luftfahrt

Über 90 % der Verkehrsflugzeugkapazität basieren auf den Turbostrahltriebwerken und fast 100 % der Militärflugzeuge werden durch sie angetrieben, und zwar sowohl im Unterschall- als auch im Überschallgebiet. Die Antriebsaggregate für den Hyperschallflug von morgen werden auch noch die Fluggasturbinen enthalten, wenn auch vermutlich in Kombination mit Staustrahlern, Raketen usw., siehe diesbezüglich [FA, Kap. C. 1, D. 2 und D. 3]. Das andere Extrem, nämlich die Vertikal- und Kurzstarttechnik, (V/STOL - Vertical/ Short Take Off and Landing), ist nach dem heutigen Stand der Erkenntnisse nur mit Luftstrahlantrieben realisierbar [FA, Kap. D. 1]. Dem leisen Kurzstartflugzeug ist im übrigen Kap. E. 3 gewidmet.

Es gibt auch eine Reihe von Gasturbinen für Sonderzwecke, Antriebsaggregate für fliegende Menschen, Hilfsantriebe (APU - Auxiliary Power Unit) für Luft- und Raumfahrt usw.

2) Schiffsbau

Bei Verwendung in der Luftfahrt entwickelter Triebwerke wird meistens mit Heißgastemperatur und Drehzahl etwas zurückgegangen, um die Lebensdauer weiter zu steigern. Wahlweise werden hochverdichtete Anlagen ohne Wärmetauscher und niedrigverdichtete mit Wärmetauscher verwendet. Bei Kombinationsanlagen aus Diesel-Motor und Gasturbine können die Leistungen z.B. über Fluidkupplungen auf die Propellerwelle übertragen werden, wobei bei der Gasturbine wegen deren hoher Drehzahl noch ein Zwischengetriebe angeordnet ist, Bild 2. In Kap. E. 2 werden zwei Optimierungsbeispiele gezeigt und zwar solche ohne und mit Wärmetauscher, Bilder E. 2. 3/1 und E. 2. 3/27.

Da die Gasturbine in der Lage ist, außer Wellenleistung auch Druckluft abzugeben oder ein Gebläse zusätzlich anzutreiben, ist sie das ideale Antriebsaggregat für Luftkissenboote. Heutige Anlagen sind meist unter 100 t schwer und fahren unter 100 km/h, jedoch sind Projekte für Luftkissenfrachtfahrzeuge von 5000 t und für Geschwindigkeiten von 150 bis 180 km/h in Arbeit.

Die Bilder 3 und 4 zeigen das British Howercraft, das von der Rolls-Royce

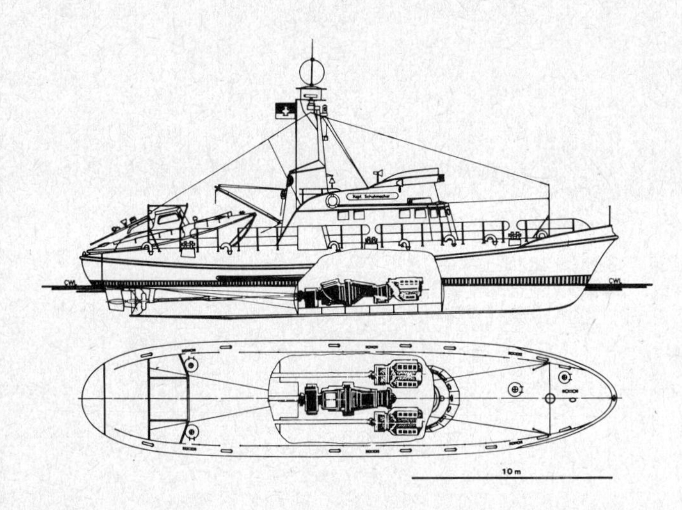

Bild 2. Antriebsanlage Seenotrettungskreuzer "Kapitän Schumacher".
2 Dieselmotoren MB 8 V 331, 780 PS;
1 Gasturbine Rolls-Royce Tyne, 4500 PS

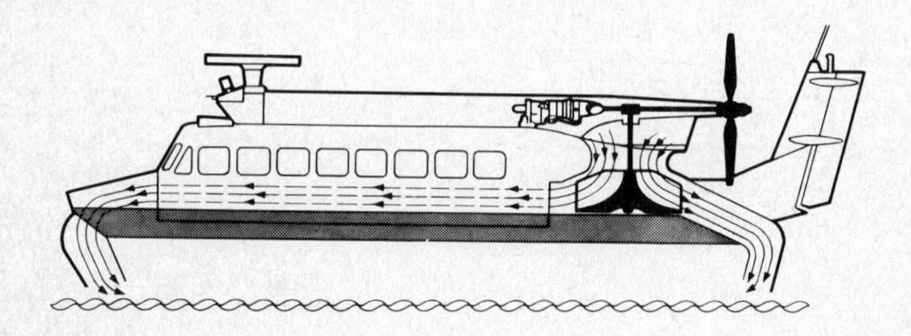

Bild 3. Luftkissenfahrzeug mit Gasturbine
Konzept: British Hovercraft
Gasturbine: Rolls-Royce Gnome

Gasturbine Gnome angetrieben wird und das japanische Mitsui PP 5, das mit einem General-Electric-Triebwerk ausgerüstet ist.

Bild 4. Luftkissenfahrzeug Mitsui PP5
Gasturbinenantrieb General Electric LM 1oo

3) Schienenverkehr

Wie im Schiffbau werden auch hier sowohl Kombinationsanlagen eingesetzt als auch Gasturbinen-Vollantriebe. Die Deutsche Bundesbahn hat. z.B. eine

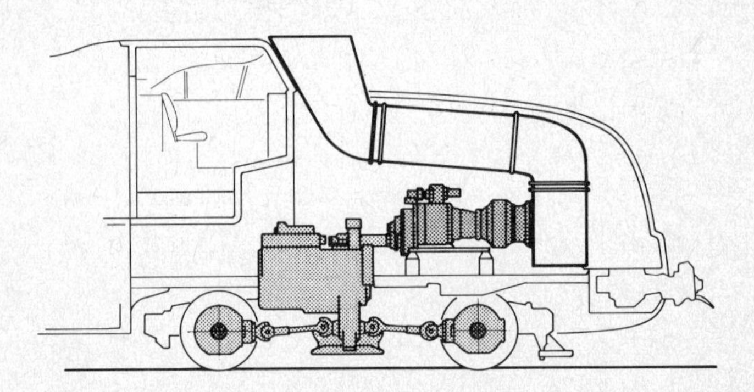

Bild 5. Schienen-Triebfahrzeug mit Gasturbinen-Antrieb, Versuchsfahrzeug DB

Lokomotive erprobt, bei welcher von einem Diesel-Motor über hydraulische Getriebe und Gelenkwellen 4 Radsätze angetrieben werden. Als Zusatzantrieb für höhere Geschwindigkeiten, größere Lasten oder bei Steigungen wird die Gasturbine T 53-L 12 von Lycoming zugeschaltet, Bild 5.

In Frankreich wurden relativ leichte Triebwagenzüge (4 bis 5 Wagen) mit je zwei Turboméca-Gasturbinen Turmo III von 860 kW Leistung, die über hydraulische Voith-Getriebe auf die Achsen übertragen wird, ausgerüstet. Diese sog. RTG-Züge mit 300 Plätzen sind seit 1973 im Einsatz und fahren etwa 200 km/h. Zum gleichen Datum wurden Versuchsfahrten mit der mit vier Turmo III bestückten TGV 001 (turbine à grande vitesse) begonnen und Geschwindigkeiten von über 300 km/h erreicht. Auf der Strecke Paris - Lyon sollen ab 1980 Gas-

Bild 6. Gasturbinen - Doppelanlage
Turboméca BI - Turmo III G

turbinenzüge mit einer Reisegeschwindigkeit von über 250 km/h eingesetzt werden. Eine Turbogruppe (zwei Turmo mit Untersetzungsgetriebe und Wechselstromgenerator) treibt die Achsen elektrisch an (Bild 6).

Verhältnisse, die etwa in den USA und Kanada sowie in der Sowjetunion herrschen, daß nämlich schwere Güterzüge sehr lange Strecken mit annähernd konstanter Geschwindigkeit (≈ konst. Last) fahren, sind natürlich für Gasturbinenbetrieb besonders attraktiv.

4) Schwerstfahrzeugbau

Hierher gehören z.B. schwere Fahrzeuge im Erztagebau, Baumaschinen, Muldenkipper und auch Panzerfahrzeuge. Die Leistungsklasse liegt etwa bei 500 bis 2000 kW. Insofern sind also auch die Ergebnisse der Kfz-Untersuchung des Kap. E.1 im vorliegenden Fall interessant.

In diesem Zusammenhang wäre die in den USA betriebene Entwicklung eines Schwerstfahrzeuges ($m_{max} \approx 300$ t, $m_{Fahrzeug} \approx 110$ t, $m_{Nutz} \approx 190$ t) zu nennen, das eine Geschwindigkeit von über 50 km/h erreichen soll und mit dem Avco-Lycoming Triebwerk TF 25 von etwa 1600 kW Leistung ausgerüstet ist (Bild 7). Die Gasturbine treibt über einen elektrischen Generator und Elektromotoren vier Zwillingsräderpaare an.

Bild 7. Avco-Lycoming TF 25

Lycoming hat auch eine Gasturbine mit Regenerator, die AGT-1500 C für Panzerantrieb entwickelt; sie hat bei einer Umgebungstemperatur von 38° C (100°F) eine Leistung von 1500 PS = 1100 kW und ist in Bild 8 dargestellt.

Bild 8. Avco-Lycoming AGT 1500. Leistung 1500 PS

5) Pumpstationen

Es ist naheliegend, bei der Förderung von flüssigen oder gasförmigen Brennstoffen zum Antrieb der Pumpen oder Verdichter Einfachstgasturbinen, die einen verhältnismäßig ungünstigen Brennstoffverbrauch haben, anzuwenden. Sie sind niedrig im Preis und anspruchslos (Automatisierung und Fernbedienung möglich), der höhere Brennstoffverbrauch hat in diesem Fall kaum

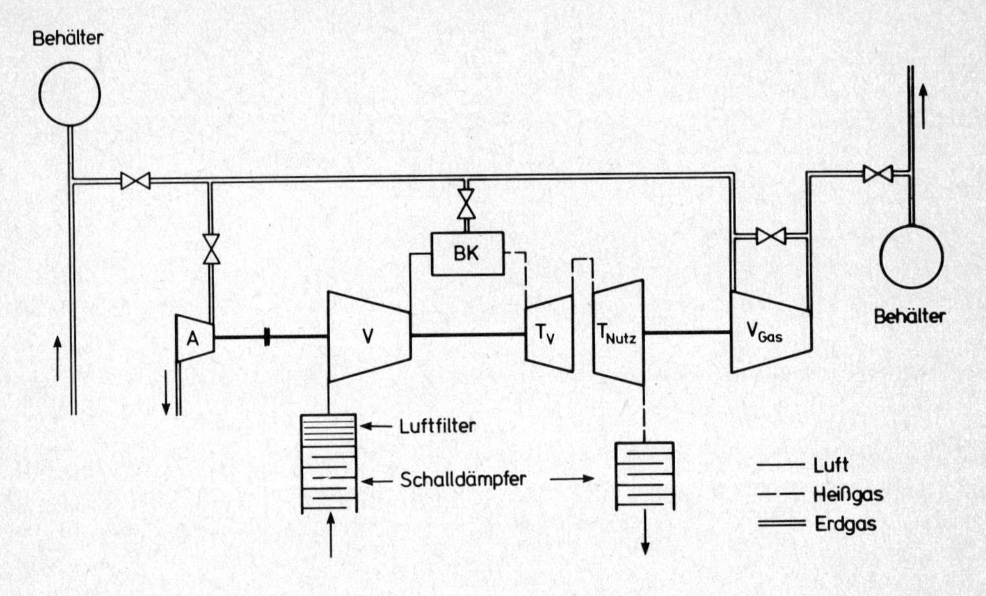

Bild 9. Pumpstation

ernstliche Nachteile. Aus der Schemaskizze (Bild 9) ist zu erkennen, daß die Brennkammer direkt aus der Erdgasleitung gespeist wird, auch der Turbinenanlasser kann über ein Verstellorgan vom Druckgas direkt beaufschlagt werden. Zur Abstimmung von Förderdruck und -menge kann die Drehzahl der Nutzturbine unabhängig von Leistung und Drehzahl des Gasgenerators geregelt werden. Auch über das Bypassventil kann zusätzlich die Lage des Betriebspunktes im Gasverdichter beeinflußt werden. Genügt bei extremen Forderungen dies alles noch nicht, kann in der Nutzturbine auch Leitradverstellung vorgenommen werden. Aus den Untersuchungen im Kap. E. 1 kann die Verbreiterung des Kennfeldes der Nutzturbine bei Anordnung von variabler Geometrie entnommen werden.

Bild 10 zeigt den Aufbau einer Pumpstation, die mit einer Gasturbine der USA-Firma Solar von etwa 900 kW Leistung betrieben wird.

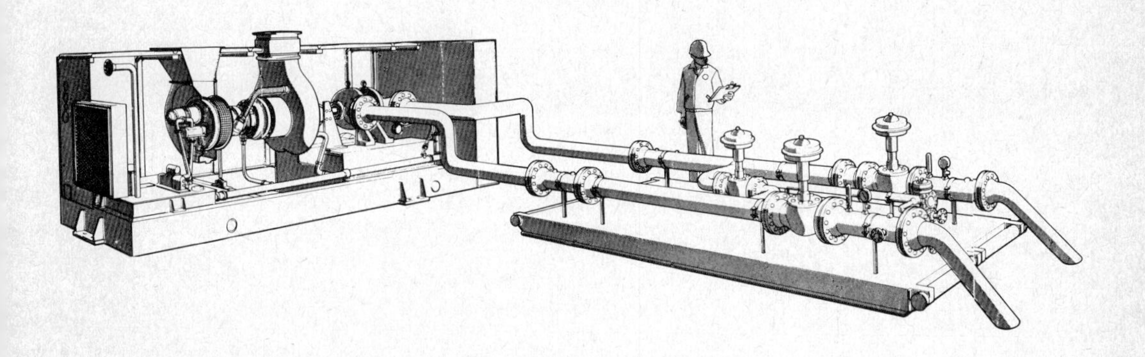

Bild 10. Pumpstation mit Gasturbinenantrieb. Leistung 900 kW, Solar Saturn

6) Druckluftspeicherkraftwerk

Es dient zur Spitzenstromerzeugung und soll nur etwa 50 bis 70 % der Kosten eines hydraulischen Pumpspeicherkraftwerks benötigen. Man unterscheidet sog. Festdruckspeicher, die ein oberirdisches Wasserbecken erfordern und Gleitdruckspeicher. Beide benötigen eine Kaverne im Fels. Zu Zeiten des Billigstroms, z.B. in der Nacht, treibt ein Elektromotor die Verdichter an, der Druckspeicher wird aufgefüllt; zur Spitzenlastdeckung wird die Hochdruckluft über Brennkammer und gegebenenfalls Zwischenerhitzer den Turbinen zugeführt und Strom erzeugt. Es sind hier zwar alle Komponenten einer Gasturbinenanlage vertreten, dennoch handelt es sich nicht um eine Gasturbine im klassischen Sinne, d.h. um eine selbständige Wärmekraftmaschine. Dies ist aber ein Vorteil, weil man so die Turbine für höhere Durchsätze auslegen kann als die Verdichter. Rechnet man z.B. mit einem Aufladebetrieb von 8 Stunden Dauer und einem Durchsatzverhältnis von $\dot{m}_T/\dot{m}_V \approx 4$, dann kann unter Berücksichtigung der Energieerhöhung durch Verbrennung etwa sechs bis achtmal soviel Leistung für Spitzenbedarf während zweier Stunden abgegeben werden als vorher dem Netz während des Aufladebetriebes, der allerdings viermal so lang dauerte, entnommen wurden.

Bild 11 zeigt schematisch die beiden Fälle Festdruckspeicher und Gleitdruckspeicher. Die Druckluft soll aus geologischen Gründen und wegen der Kapa-

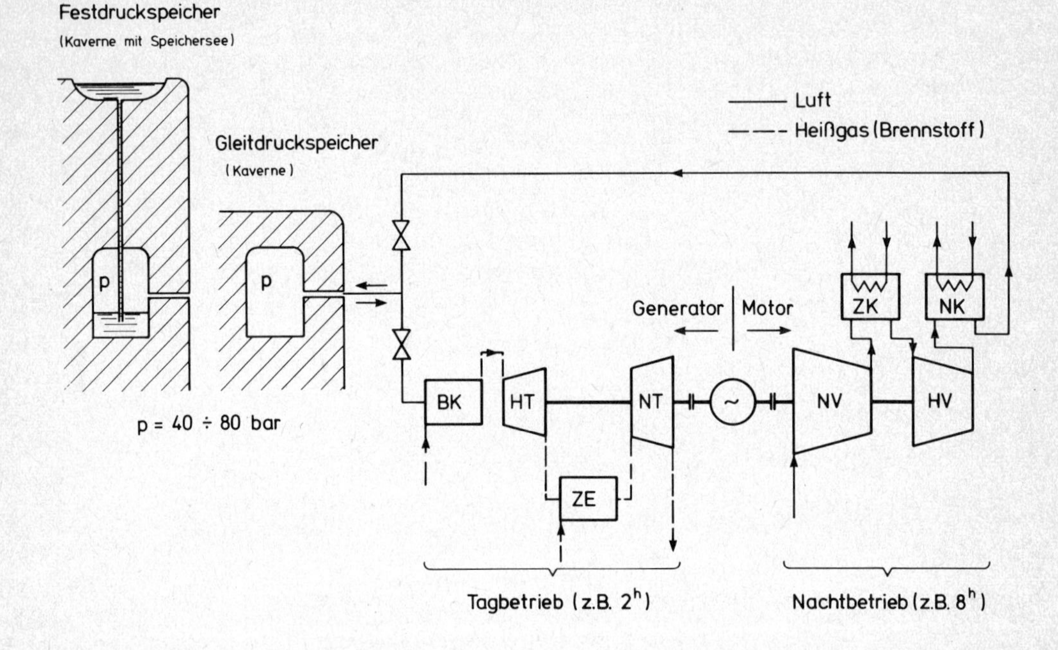

Bild 11. Druckluftspeicherkraftwerk

zität der Kaverne eine niedrige Temperatur haben, deswegen wird ein Nachkühler angeordnet. Eine ferngesteuerte mit Erdgas betriebene 290 MW-Gleitdruckanlage soll bei Bremen 1977 in Betrieb genommen werden.

7) Gasturbinen-Dampfturbinen-Kraftwerk

Hier unterscheidet man zwei Haupttypen, im ersten Fall - die Gasturbine ist der Dampfturbine vorgeschaltet - können die Hauptkomponenten beider Einheiten praktisch unverändert zusammenarbeiten. Wie das Schema (Bild 12) zeigt, geben die Turbinenabgase im Dampfkessel Wärme ab und machen damit den Dampfturbinenbetrieb möglich. Statt durch einen solchen Abhitzekessel zu strömen, kann das sauerstoffreiche Abgas im Dampfkessel auch zusätzlich verbrannt werden, wodurch pro Einheit des Luftdurchsatzes erhebliche Leistungen - über 1 MW/ (kg/s) - erreicht werden können. Verbrennt man nicht zusätzlich, arbeitet also mit reinem Abhitzebetrieb, kann durch

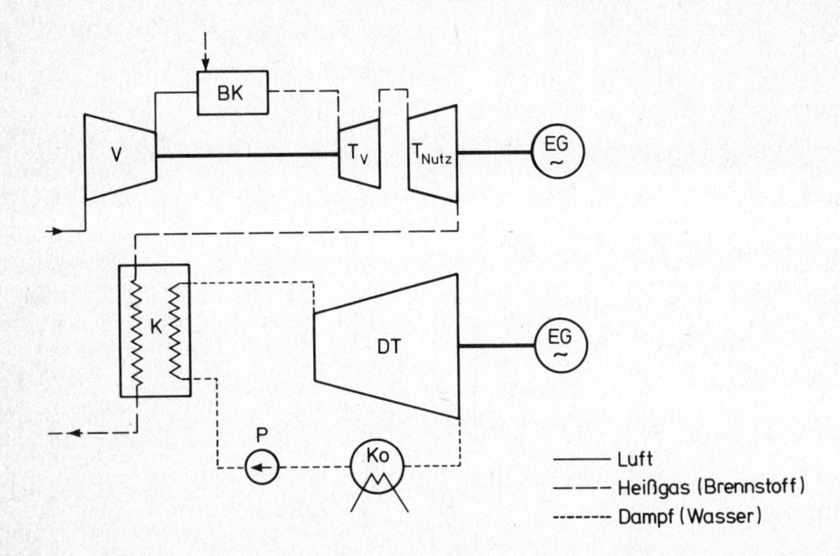

Bild 12. Gasturbinen-Dampfturbinen-Kraftwerk

das Zuschalten der Dampfturbine die Leistung um über 50 % erhöht werden. Eine ausgeführte Anlage der Firma AEG-Kanis zeigt Bild 13.

Läßt man das Heißgas um den Kessel herum ins Freie strömen, so kann die Gasturbine auch unabhängig laufen. Das gilt auch für die Dampfturbinenanlage, für deren unabhängigen Betrieb nur ein zusätzliches Frischluftgebläse erforderlich wird.

Beim zweiten Haupttyp geht es um eine echte Kombinationsanlage (Velox-Schaltung); ein unabhängiger Betrieb der Einzelanlagen, die es streng genommen auch gar nicht mehr gibt, ist nicht möglich. Der Dampferzeuger wird durch die vom Verdichter der Gasturbine gelieferte Druckluft aufgeladen. Wie das Schema (Bild 14) zeigt, ist der sog. Velox-Kessel der Dampferzeuger für den Dampfturbinenkreislauf und g l e i c h z e i t i g die Brennkammer der Gasturbine. Da bei dem Wärmeübergang sowohl die Strömungsgeschwindigkeit als auch die Dichte des Fluids eine entscheidende Rolle spielt, wird für gleiche Wärmeleistung der Velox-Kessel kleiner als ein mit

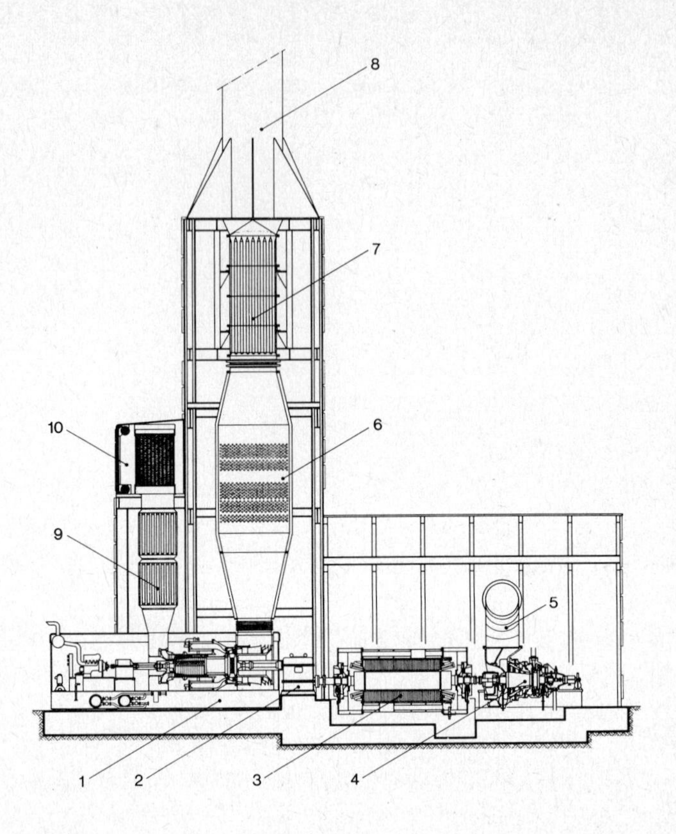

1 Gasturbinenpackage, 2 Lastgetriebe, 3 Generator, 4 Dampfturbine, 5 Überströmleitung zum nebenstehenden Kondensator, 6 Abhitzekessel, 7 Abgasschalldämpfer, 8 Kamin, 9 Eintrittsschalldämpfer, 10 Luftansauggebäude mit Filter

Bild 13. Gasturbinen-Dampfturbinen-Kraftwerk, AEG-Kanis

fast nur Umgebungsdruck beaufschlagter klassischer Kessel. Den Dampferzeuger kleiner bauen zu können war übrigens das Hauptanliegen der Velox-Schaltung. Von den Strömungsverhältnissen im Kessel hängt es ab, ob trotz des erheblichen Druckabfalls des Heißgases die abgegebene Turbinenleistung die notwendige Verdichterleistung übertrifft und im Gasturbinenanteil damit noch Nutzleistung zur Verfügung steht.

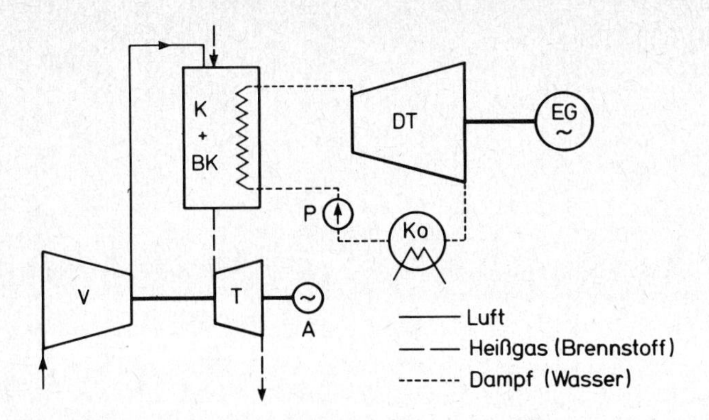

Bild 14. Velox-Schaltung

8) Notstromkraftwerk

Hier sind schon häufig Fluggasturbinen bei geringstem Umbau verwendet worden. Hat man es mit reinen Strahltriebwerken zu tun, dann wird anstelle der

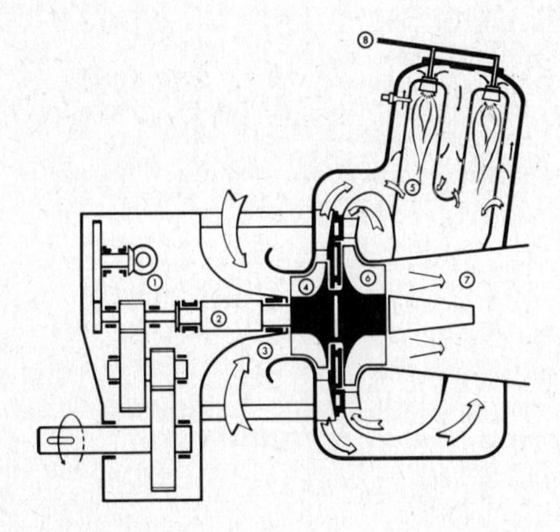

1 Untersetzungsgetriebe, 2 Turbinenwelle, 3 Luftzufuhr, 4 Verdichter, 5 Brennkammer, 6 Turbine, 7 Abgasdiffusor, 8 Brennstoffzufuhr

Bild 15. Einwellen-Gasturbine, Kongsberg KG 2-3, Notstromaggregat, Kurzzeitbetrieb, Leistung 1200 kW

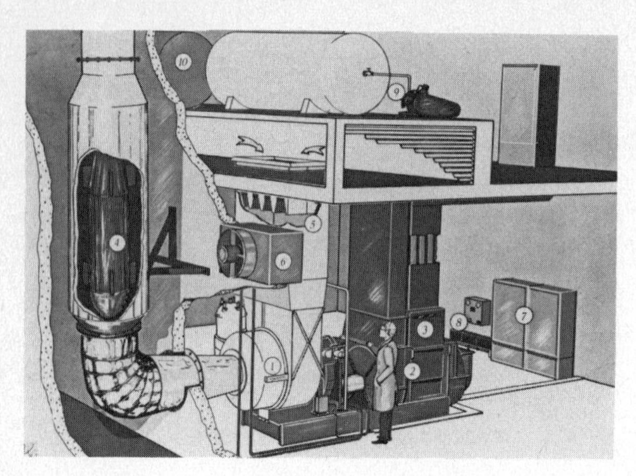

1 Gasturbine Kongsberg KG 2-3
2 bürstenloser Synchrongenerator
3 Leistungsschalter
4 Abgasdämpfer
5 Ansaugdämpfer
6 Luft-Öl-Kühler
7 Schaltschränke
8 Batterie und Ladegerät für die Steuerung
9 Anlassmotor und Verdichter
10 Tagesbrennstofftank

Bild 16. Gasturbinen-Generator-Einheit Kongsberg KG 2-3, Notstromaggregat

Bild 17. Stationäre GT-Verbundanlage mit 1 Nutzleistungsturbine, 10 Fluggasturbinen

Schubdüse eine Nutzleistungsturbine angebaut, die das sonst zur Strahlerzeugung zur Verfügung stehende Enthalpiegefälle verarbeitet. Die Bilder 15 u. 16 zeigen eine recht einfache Anlage von 1200 kW und Bild 17 eine ausgesprochene Großanlage. Hier beaufschlagen 10 ringförmig angeordnete Einwellen-Einstrom-Triebwerke des Typs GE J79 eine gemeinsame Nutzleistungsturbine von 100 MW, die Leistungsabgabe ist also rund achtzigmal höher.

9) Heizkraftwerk

Bei entsprechender Ausnützung der in Wärmetauschern (Zwischenkühler, Vorkühler oder evtl. auch der dann nicht direkt im Kreislauf geschaltete eigentliche Wärmetauscher) zur Abwärmeverwertung anfallenden Energien können Wirkungsgrade von über 80 % erreicht werden, wobei

$$\eta = \frac{N_{Nutz} + \dot{Q}_{verwertet}}{\dot{Q}_{Br}}$$

ist. Die Wärme kann zur Erzeugung von Heißdampf benützt werden, dann geht es um eine Kombinationsanlage wie unter Punkt 7. Man kann auch Prozeßwärme für die Verfahrenstechnik zur Verfügung stellen (z.B. zur Kohlenvergasung) oder ein Fernwärmenetz beliefern. Letztere Verfahren werden nicht zuletzt aus Gründen der Luftreinhaltung in zunehmendem Maße auf ihre Anlagenwirtschaftlichkeit untersucht.

Grundsätzlich kann das offene und das geschlossene Verfahren verwirklicht werden. Letzteres zeigt das Schema in Bild 18. Gegenüber dem offenen Prozeß sind dabei zwei bisher noch nicht erwähnte Komponenten erforderlich. Die eine, der Erhitzer, ersetzt als Wärmetauscher die Brennkammer. Er ist ein besonders teures Aggregat, da zur Erreichung einer hohen Maximaltemperatur im geschlossenen Kreislauf die Heißseite des Wärmetauschers ein noch höheres Temperaturniveau haben muß. Die andere Komponente ist der Vorkühler, dessen Aufgabe es ist, das Arbeitsmedium wieder auf die Ausgangstemperatur des geschlossenen Kreislaufes zurückzubringen. Der Vorkühler kann unterteilt werden in einen "Heizteil", in dem das austretende Kühlmittel eine so hohe Temperatur hat, daß die Abwärme verwertbar ist und in einen Kühlteil, dessen niedriges Temperaturniveau nicht mehr wirtschaftlich genutzt werden kann.

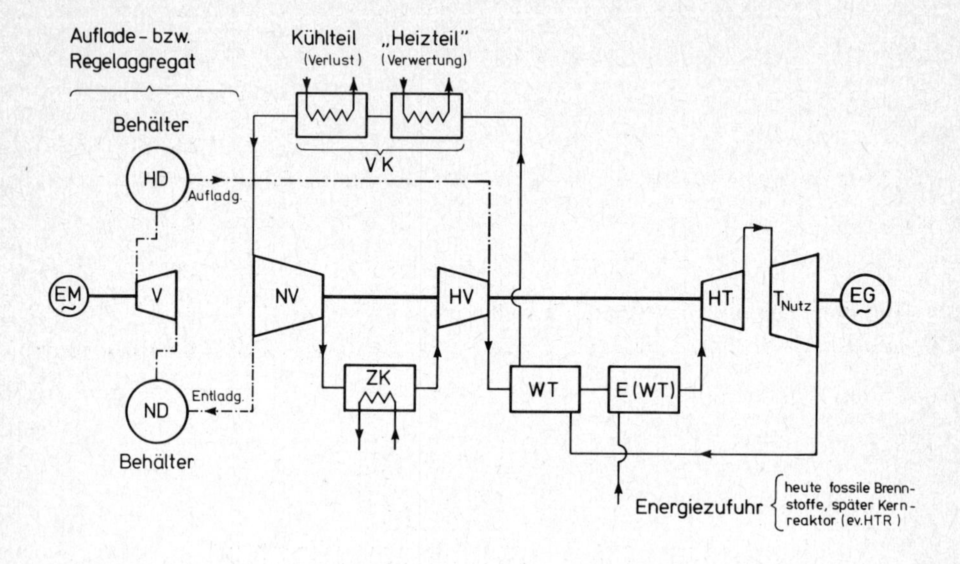

Bild 18. Geschlossene Gasturbinenanlage (Heizkraftwerk)

In der Schemazeichnung ist auch noch das aus Niederdruckbehälter, Verdichter und Hochdruckbehälter bestehende Auflade- bzw. Regelaggregat vereinfacht dargestellt. Das Vorhandensein dieser Zusatzanlage, die erst den geschlossenen Betrieb mit variablem Ausgangsdruckniveau gestattet, trägt auch zur Verteuerung geschlossener Anlagen bei. Der hohe Anlagenpreis ist einer der Gründe dafür, warum sich dieses Verfahren, das vor über 35 Jahren durch Ackeret und Keller in der Schweiz bekannt wurde, bisher nur sehr wenig durchgesetzt hat, obzwar es unbestreitbare Vorteile besitzt. Durch das Wegfallen der inneren Verbrennung und den sauberen Kreislauf (weder Erosions- noch Korrosionsgefahr) werden nämlich sehr lange, störungsfreie Betriebszeiten erzielt. Die Variation des Druckniveaus im geschlossenen Kreislauf gestattet gute Gesamtwirkungsgrade bis herunter zu sehr kleinen Teillasten. Außerdem ergibt sich wegen der Aufladung eine sehr hohe Volumenausnutzung.

10) Transportables Spitzenkraftwerk

Die Untersuchungen des Kap. E. 2 zeigen, daß die moderne Gasturbinentechnik gestattet, außerordentlich große Leistungen auf geringstem Raum zu realisieren. Die Montage solcher Anlagen in Straßen- oder Schienenfahrzeugen oder auch in durch Schiffe oder Flugzeuge transportierbaren Containern erlaubt die kurzzeitige Bereitstellung von Strom für fast alle Verwendungszwecke in allen Teilen der Erde. Als Sonderfall des (transportablen) Kraftwerks, das mannigfache Verwendung in Entwicklungsländern verspricht, kann dessen Montage auf ein Luftkissenfahrzeug angesehen werden. Hier wäre einerseits Transport auf der Straße möglich, indem die Gasturbine direkt auf die

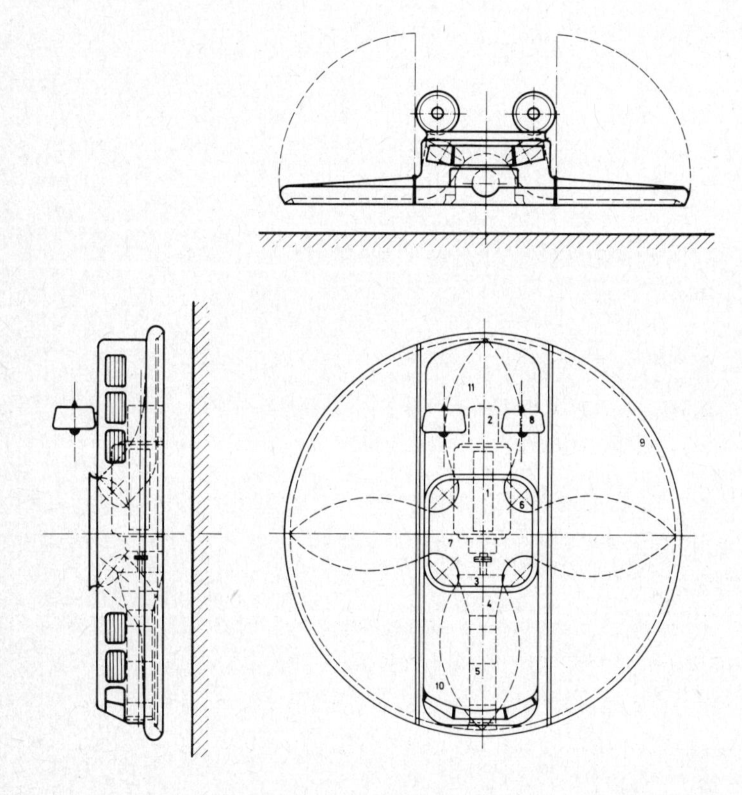

1 Stromgenerator, 2 Erregermaschine, 3 Nutzleistungsturbine, 4 Verteilerapparat, 5 Gasgenerator, 6 Auftriebsgebläse, 7 Luftansaugöffnung, 8 Vortriebspropeller, 9 Ringdüse, 10 Fahrzeugführerkabine, 11 Schaltraum

Bild 19. Kraftwerk auf Luftkissen [83]

Antriebsräder wirkt, andererseits kann sie bei unwegsamem Gelände oder über Wasser Druckluft für den Betrieb des Luftkissenfahrzeugs liefern. Am Bestimmungsort angekommen wird auf Generatorbetrieb umgeschaltet (siehe Bild 19).

Das Bild 20 zeigt eine 1973 für Straßentransport gebaute 6 MW-Anlage (auf Basis der Gasturbine Lycoming TF 35) von KHD-Siemens. Eine Zugmaschine von 330 kW bedient einen Anhänger von 14 m Länge, 2,6 m Breite und 4 m Höhe, in dem zwei Gasgeneratoren mit je einer Nutzturbine, das Getriebe

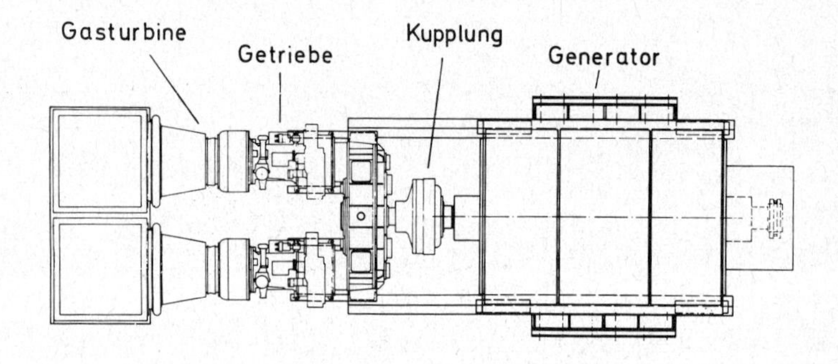

Bild 20. Mobiles-6-MVA-Kraftwerk, Gasturbine: Lycoming TFJ5

und der elektrische Generator sowie ein Anlaßaggregat - eine Kleingasturbine von 60 kW - untergebracht sind.

11) Kernkraftwerk mit Hochtemperaturreaktor (HTR).

Im geschlossenen Kreislauf der Gasturbinenanlage kann z.B. statt Luft Kohlendioxid oder Helium zirkulieren. Bei letzterem sind wegen der günstigen Wärmeübergangszahlen nur weniger als die Hälfte der Wärmetauscherflächen erforderlich. Wegen der dreimal höheren Schallgeschwindigkeit von Helium gegenüber Luft sind auch bei sehr hohen Gas- und Umfangsgeschwindigkeiten keine Kompressibilitätsprobleme in den Turbomaschinen zu befürchten; andererseits ist deren notwendige Stufenzahl um etwa die Hälfte größer als bei Luftbeaufschlagung. Heliumbetrieb reduziert auch die Korrosionsprobleme. Thermische Wirkungsgrade von über 40 % werden mit dem gasgekühlten HTR erwartet.

Allerdings sind noch viele technologische und sicherheitstechnische Probleme zu lösen.

Die Direktbeaufschlagung des Heliums im Reaktor, das als dessen Kühlmittel dient, führt dazu, daß der geschlossene Kreislauf sich von dem bereits unter Punkt 9 besprochenen nur dadurch unterscheidet, daß der Erhitzer (Wärmetauscher) im Reaktor eingebaut ist. Verbindet man den Gasturbinenkreislauf noch mit einem chemischen Prozeß, z.B. dem der Kohlevergasung, dann strömt das im Reaktor aufgeheizte Helium zunächst noch durch die Kohlevergasungseinrichtung bevor es die Turbinen beaufschlagt.

Bild 21 zeigt eine Versuchsanlage der GHH. Charakteristisch sind die ver-

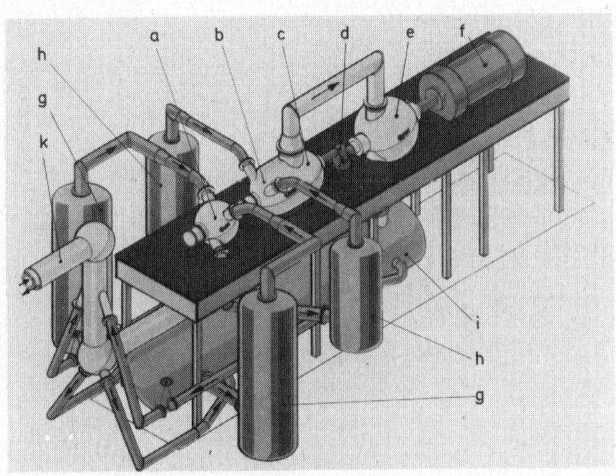

a Niederdruckverdichter, b Hochdruckverdichter, c Hochdruckturbine, d Getriebe, e Niederdruckturbine, f Generator, g Vorkühler, h Zwischenkühler, i Wärmetauscher, k Doppelrohrleitung zum Erhitzer

Bild 21. GHH-Heliumanlage

schiedenen kugelartigen Druckbehälter, die die einzelnen Komponenten umschließen. Es geht im wesentlichen darum, mit dem Heliumbetrieb Erfahrungen zu sammeln. Sind diese positiv, dann könnte statt der Aufheizung durch fossile Brennstoffe des heutigen Stadiums der HTR zur Energiegewinnung herangezogen werden, wenn dessen eigene Probleme inzwischen gelöst sind.

12) Automobilbau

Dieser Sektor wird ausführlich in Kap. E. 1 besprochen. Siehe auch dort die Bilder.

13) Energievollversorgung

Die notwendigen Bedingungen, um gegenüber dem klassischen Dampfturbinenkraftwerk auch im Bereich der größeren Leistungen konkurrieren zu können, sind in Spalte B der Tabelle 1 kurz aufgeführt. Zur Zeit wird elektrische Energie zu 80 - 90 % durch thermische Kraftanlagen gewonnen. [76].

B. Grundlegende mathematische Modelle

In diesem Buchteil werden allgemeine mathematische Modelle vorgestellt, die sozusagen die "Bausteine" der verschiedentlich recht komplexen Optimierungs-Anwendungsbeispiele des Teils E darstellen. Auch für die Berechnung des Betriebsverhaltens (Teil C) sind hier einige Grundlagen zu finden. Die Darstellung und der Aufbau der mathematischen Modelle ist auf ihre Verwendung in Rechenprogrammen ausgerichtet.

1. Zur Thermodynamik der Gasturbine

Die Grundlagen der thermodynamischen Berechnung von Gasturbinen werden als bekannt vorausgesetzt; sie können zum Beispiel in [FA] nachgelesen werden. Wir beschränken uns daher auf spezielle Verfahren, die besonders für die Anwendung auf dem Rechner geeignet sind.

1.1 Bestimmung der Daten von Luft und Verbrennungsgasen

1.1.1 Ausgangshypothesen

Für die Berechnung einer Gasturbine müssen die thermodynamischen Eigenschaften des verwendeten Strömungsmediums bekannt sein. Von trockener Luft weiß man, daß im für offene Gasturbinen maßgebenden Druckbereich das mathematische Modell des halbidealen Gases sehr gut die realen Verhältnisse wiedergibt. Bei den hier und in den weiteren Kapiteln und Abschnitten verwendeten Bezeichnungen ist zwischen statischen und Gesamtzustandsgrößen bei Druck, Temperatur und Enthalpie durch Klein- bzw. Großschreibung unterschieden. Einheiten sind dabei Pascal und bar für p, P; Kelvin für t, T und J/kg für h, H.

Aus der Thermodynamik ist bekannt, daß der Zustand eines Systems durch zwei Zustandsgrößen vollständig bestimmt ist. Also kann man zum Beispiel für die Enthalpie schreiben:

$$h = f\,(t, p).$$

Bilden wir von dieser Abhängigkeit das totale Differential so erhält man

$$dh = \left(\frac{\partial h}{\partial t}\right)_{p=const} dt + \left(\frac{\partial h}{\partial p}\right)_{t=const} dp.$$

Nach Definition ist

$$\left(\frac{\partial h}{\partial t}\right)_{p=const} = c_p$$

die spezifische Wärme bei konstantem Druck.

Im allgemeinsten Fall eines realen Gases ist

$$c_p = f\,(t, p),$$

$$\left(\frac{\partial h}{\partial p}\right)_{t=const} \neq 0.$$

Für das ideale Gas gilt bekanntlich

$$c_p = const,$$

$$\left(\frac{\partial h}{\partial p}\right)_{t=const} = 0.$$

Dazwischen liegt das halbideale Gas, das wir hier als ein Gas definieren wollen, für das gilt

$$c_p = f(t) \neq f(p),$$

$$\left(\frac{\partial h}{\partial p}\right)_{t=const} = 0.$$

Trockene Luft kann - wie schon erwähnt - in diesem Sinne als halbideales Gas betrachtet werden.

Neben Luft treten in einer Gasturbine aber auch Verbrennungsgase als Strömungsmedium auf. Die üblichen Brennstoffe sind Kohlenwasserstoffe, die Verbrennungsprodukte im wesentlichen also CO_2 und H_2O (Verbrennung mit Luftüberschuß). Die thermodynamischen Eigenschaften des Gasgemisches Luft und Verbrennungsprodukte können aus den Eigenschaften der Bestandteile des Gemisches berechnet werden. Dieses Verfahren ist allerdings recht zeitraubend; wenn nicht gerade der Einfluß der Zusammensetzung verschiedener Brennstoffe untersucht werden soll, empfiehlt sich ein inzwischen weit verbreitetes Vorgehen nach [18], das die Rechnung stark vereinfacht und gleichzeitig genügend genau ist.

Aus der Vielzahl der möglichen Kohlenwasserstoffe, die als Brennstoffe in Frage kommen (dazu gehören als "Grenzfälle" auch die Stoffe H_2 und C), wird nur einer ausgewählt, den wir als Standardbrennstoff bezeichnen wollen. Wenn man in diesem Standardbrennstoff die Anteile Kohlenstoff zu 86,08 Massenprozent und Wasserstoff zu 13,92 Massenprozent wählt, dann hat die Gaskonstante der Verbrennungsprodukte unabhängig von der Höhe des Luftüberschusses stets denselben Wert, nämlich den von Luft.

Der Standardbrennstoff hat einen unteren Heizwert von $43{,}1 \cdot 10^6$ J/kg bei 288 K, pro Grammatom Kohlenstoff sind 1,925 Grammatom Wasserstoff enthalten. Übliche Brennstoffe für Fluggasturbinen wie JP-4 und Kerosen weisen etwa dieselben Eigenschaften auf. Aber auch viele Brennstoffe, die für stationäre Anlagen oder Fahrzeuggasturbinen verwendet werden, sind ähnlich wie der Standardbrennstoff zusammengesetzt.

Die Rechenergebnisse, die man mit Standardbrennstoff gewinnt, lassen sich im übrigen leicht auf andere Brennstoffe übertragen. Während die auf den Massendurchsatz bezogenen Leistungen nahezu unabhängig vom verwendeten Brennstoff sind, erhält man je nach Heizwert unterschiedliche spezifische Verbräuche, wenn man vom Standardbrennstoff abgeht. Da der thermodynamische Wirkungsgrad einer Gasturbine aber - wie in [3] gezeigt wird - praktisch unabhängig von der Brennstoffart ist, kann man unter Berücksichtigung der entsprechenden Heizwerte leicht aus dem Wirkungsgrad die je nach Brennstoff unterschiedlichen spezifischen Verbräuche berechnen.

1.1.2 Spezifische Wärmekapazität

Die Abhängigkeit der spezifischen Wärme von der Temperatur wird durch ein Polynom dargestellt (Index L für Luft)

$$c_{p,L} = C_0 + C_1 t + C_2 t^2 + \dots \tag{1}$$

Für Verbrennungsgase wird ein Korrekturterm Θ_{c_p} eingeführt. Damit gilt für die spezifische Wärme eines Verbrennungsgases mit dem Brennstoff-Luftverhältnis α

$$c_p(t) = \left[c_{p,L}(t) + \alpha\, \Theta_{c_p}(t) \right] / (1 + \alpha). \tag{2}$$

Die von der Temperatur abhängigen Θ_{c_p}-Werte sind ebenfalls als Polynom darstellbar

$$\Theta_{c_p} = CP_0 + CP_1 t + CP_2 t^2 + \dots \tag{3}$$

1.1.3 Enthalpie

Für das halbideale Gas gilt

$$h_L = \int_0^t c_{p,L}\, dt, \tag{4}$$

oder als Polynom

$$h_L(t) = C_0\, t + \frac{C_1}{2} t^2 + \frac{C_2}{3} t^3 + \ldots + CH. \tag{5}$$

CH ist die Integrationskonstante; ihre Größe spielt bei Rechnungen keine Rolle, da stets nur Enthalpiedifferenzen von Bedeutung sind. Der Brennstoffanteil bei Verbrennungsgasen wird wie bei der spezifischen Wärme durch einen Korrekturterm berücksichtigt:

$$h(t) = \left[h_L(t) + \alpha\, \Theta_h(t)\right] / (1+\alpha) \tag{6}$$

$$\Theta_h(t) = H_0 + H_1 t + H_2 t^2 + \ldots \tag{7}$$

1.1.4 Entropiefunktion

Bei einer Zustandsänderung mit konstanter Entropie gilt die Isentropenbeziehung

$$\frac{dp}{p} = \frac{c_p(t)}{R} \frac{dt}{t} \tag{8}$$

oder

$$\int_{p_1}^{p_2} \frac{dp}{p} = \frac{1}{R} \int_{t_1}^{t_2} \frac{c_p(t)}{t}\, dt. \tag{9}$$

Wenn man die Entropiefunktion Ψ definiert nach

$$\Psi(t) = \frac{1}{R} \int_0^t \frac{c_p(t)}{t} \, dt, \tag{10}$$

dann gilt für eine isentrope Zustandsänderung

$$\ln p_2 - \ln p_1 = \Psi_2 - \Psi_1 . \tag{11}$$

Aus Gl. (10) erhält man

$$\Psi_L(t) = \frac{1}{R} (C_0 \ln t + C_1 t + \frac{C_2}{2} t^2 + \ldots + CF) \tag{12}$$

mit CF als Integrationskonstanter. Für die Verbrennungsgase wird wieder ein Korrekturterm üblicher Art eingeführt.

$$\Psi(t) = \left[\Psi_L(t) + \alpha \, \Theta_\Psi(t) \right] / (1+\alpha) \tag{13}$$

$$\Theta_\Psi(t) = F_0 + F_1 t + F_2 t^2 + \ldots \tag{14}$$

Aus der Herleitung der Entropiefunktion ist ersichtlich, daß man bei deren Anwendung das variable c_p exakt berücksichtigt. Mittlere c_p oder $\varkappa$ müssen nicht gebildet werden.

1.1.5 Effektiver kalorischer Wert

Die Energiebilanz bei Wärmezufuhr durch den Standardbrennstoff lautet

$$\dot{m}_L (h_{L,t_1} - h_{L,R}) + \dot{m}_{Br} (h_{Br,t_{Br}} - h_{Br,R}) + \dot{m}_{Br} H_{u,R} = (\dot{m}_L + \dot{m}_{Br})(h_{VG,t_2} - h_{VG,R}). \tag{15}$$

Die Indizes haben folgende Bedeutung:

- L = Luft
- Br = Brennstoff
- t_1 = Brennkammer - Eintrittstemperatur
- t_2 = Brennkammer - Austrittstemperatur
- R = Referenztemperatur, bei der der Heizwert H_u bestimmt wurde
- VG = Verbrennungsgas

Durch Einsetzen und Umformen folgt aus Gl. (15)

$$\alpha \left(h_{Br,t_{Br}} - h_{Br,R} + H_{u,R} - \Theta_{h,t_2} + \Theta_{h,R} \right) = h_{L,t_2} - h_{L,t_1} . \tag{16}$$

Mit der Definition des effektiven kalorischen Wertes

$$E(t_2) = H_{u,R} + \Theta_{h,R} - \Theta_{h,t_2} \tag{17}$$

folgt für das notwendige Brennstoff-Luft-Verhältnis

$$\alpha = \frac{h_{L,t_2} - h_{L,t_1}}{E_{t_2} + h_{Br,t_{Br}} - h_{Br,R}} . \tag{18}$$

Bei bekannten Brennkammer-Ein- und Austrittstemperaturen ist der exakte Wert für α bei vollständiger Verbrennung ohne Iteration sofort bestimmbar.

Wenn der Brennstoff der Brennkammer mit einer Temperatur zugeführt wird, die etwa der Referenztemperatur bei der Heizwertbestimmung entspricht, dann wird aus Gl. (18)

$$\alpha = \frac{h_{L,t_2} - h_{L,t_1}}{E_{t_2}} . \tag{19}$$

Der für die Wiedererhitzung eines Verbrennungsgases geltende Ausdruck analog zu Gl. (19) lautet

$$\alpha_2 - \alpha_1 = \frac{(1+\alpha_1)(h_{\alpha_1,t_2} - h_{\alpha_1,t_1})}{E_{t_2}} . \qquad (20)$$

Auch Gl. (20) kann ohne Iteration ausgewertet werden.

1.1.6 Unterprogramme für die thermodynamischen Eigenschaften

Für spezifische Wärme, Enthalpie, Entropiefunktion und für den effektiven kalorischen Wert wurden FUNCTION-Unterprogramme geschrieben, die im folgenden abgedruckt sind. Es ist praktisch, wenn man für die Enthalpie sowie die Entropiefunktion auch Umkehrfunktionen aufrufen kann; dazu dienen die FUNCTIONS TAUSH und TAPSI.

Zur Kontrolle von Rechenprogrammen empfiehlt es sich im übrigen, sich Tabellen mit den thermodynamischen Eigenschaften ausdrucken zu lassen. Diese sind dann für Handrechnungen sehr nützlich und lassen sich einfach anwenden.

```
C     FUNCTION CP VON STANDARD-FUEL: CP
      FUNCTION CP(T,ALFA)
      CPL=((((((2.5911245E-20*T-2.067263E-16)*T+6.0255823E-13)*T
     1-6.6446275E-10)*T-1.63922552E-7)*T+8.88192528E-4)*T
     2-0.38813454)*T+1047.8389
      IF (ALFA.GT.0.) GOTO 1
      CP=CPL
      RETURN
    1 CPB=((((((1.861686E-19*T-1.8977608E-15)*T+8.0742805E-12)*T
     1-1.8469668E-8)*T+2.4324662E-5)*T-0.018669409)*T
     2+9.2322194)*T+261.
      CP=(CPL+ALFA*CPB)/(1.+ALFA)
      RETURN
      END
```

```
C     FUNCTION H VON STANDARD-FUEL: HA
      FUNCTION HA(T,ALFA)
      HAL=(((((((3.2389056E-21*T-2.9532329E-17)*T+1.0042637E-13)*T
     1-1.3289255E-10)*T-4.0980638E-8)*T+2.96064176E-4)*T
     2-0.19406727)*T+1047.8389)*T-4040.6
      IF (ALFA.GT.0.) GOTO 1
      HA=HAL
      RETURN
    1 HAB=(((((((2.3271075E-20*T-2.7110868E-16)*T+1.3457137E-12)*T
     1-3.6939336E-9)*T+6.0811655E-6)*T-6.2231363E-3)*T
     2+4.6061438)*T+278.2402)*T+67080.
      HA=(HAL+ALFA*HAB)/(1.+ALFA)
      RETURN
      END
```

```
C     FUNCTION PSI VON STANDARD-FUEL: PSI
      FUNCTION PSI(T,ALFA)
      PSIL=3.650244*ALOG(T)+((((((1.2894887E-23*T-1.200250E-19)*T
     1+4.1981343E-16)*T-5.786793E-13)*T-1.9034645E-10)*T
     2+1.547050E-6)*T-1.352102E-3)*T+2.81661
      IF (ALFA.GT.0.) GOTO 1
      PSI=PSIL
      RETURN
    1 PSIB=0.921799*ALOG(T)+((((((9.2696163E-23*T-1.1024117E-18)*T
     1+5.6284307E-15)*T-1.6093578E-11)*T+2.8260446E-8)*T
     2-3.2535245E-5)*T+0.03217804)*T+10.276527
      PSI=(PSIL+ALFA*PSIB)/(1.+ALFA)
      RETURN
      END
```

```
C     FUNCTION EKW VON STANDARD-FUEL: EKW
      FUNCTION EKW(T)
      EKW=(((((((2.3271075E-20*T-2.7110868E-16)*T+1.3457137E-12)*T
     1-3.6939336E-9)*T+6.0811655E-6)*T-6.2231363E-3)*T
     2+4.6061438)*T+278.2402)*(-T)+43227630.
      RETURN
      END
```

```
C     TEMPERATUR T AUS H VON S.-FUEL: TAUSH
      FUNCTION TAUSH(H,ALPHA)
C     AUS DER ENTHALPIE H UND DEM BRENNSTOFF-LUFT-VERHAELTNIS
C     WIRD DIE TEMPERATUR BESTIMMT
      T=H/1100.
   68 HT=HA(T,ALPHA)
      IF (ABS(H-HT).LE.1.) GOTO 1
      T=T+(H-HT)/CP(T,ALPHA)
      GOTO 68
    1 TAUSH=T
      RETURN
      END
```

```
C     TEMPERATUR T AUS PSI VON S.-FUEL: TAPSI
      FUNCTION TAPSI(PPSI,ALPHA)
C     AUS DER ENTROPIE-FUNKTION PSI UND DEM BRENNSTOFF-LUFT-VERHAELTNIS
C     WIRD DIE TEMPERATUR BESTIMMT
      T=EXP((PPSI-2.81661)/3.648659)
   67 PSIT1=PSI(T,ALPHA)
      PSIT2=PSI(T+1.,ALPHA)
      IF (ABS(PPSI-PSIT1).LE.1.E-6) GOTO 1
      T=T+(PPSI-PSIT1)/(PSIT2-PSIT1)
      GOTO 67
    1 TAPSI=T
      RETURN
      END
```

1.2 Kreisprozeßrechnungen mit dem halbidealen Gas

Die im voranstehenden Kapitel beschriebenen Polynomansätze für die thermodynamischen Eigenschaften der Strömungsmedien in Gasturbinen erlauben sehr bequeme und gleichzeitig genaue Kreisprozeßrechnungen. Das sei am Beispiel der einfachsten Fluggasturbine, dem Einstrom-Einwellen-Turboluftstrahltriebwerk gezeigt. Es besteht aus Einströmhaube (diese wird für den nachfolgend besprochenen Standfall nicht gesondert behandelt), Verdichter, Brennkammer und der den Verdichter antreibenden Turbine. Das dann noch vorhandene Enthalpiegefälle wird in Strahlleistung zur Schuberzeugung umgesetzt.

Bild 1 zeigt ein Schema einer solchen Gasturbine zusammen mit ihrem Kreisprozeß im h-s-Diagramm.

Zahlen-Indizes bezeichnen die entsprechende thermodynamische Ebene, Buchstaben-Indizes eine Differenz. So ist zum Beispiel $H_V = H_2 - H_1$ die Differenz der Gesamtenthalpien zwischen Verdichteraus- und -eintritt und P_4/p_5 das an der Schubdüse anliegende Druckverhältnis (gesamt zu statisch).

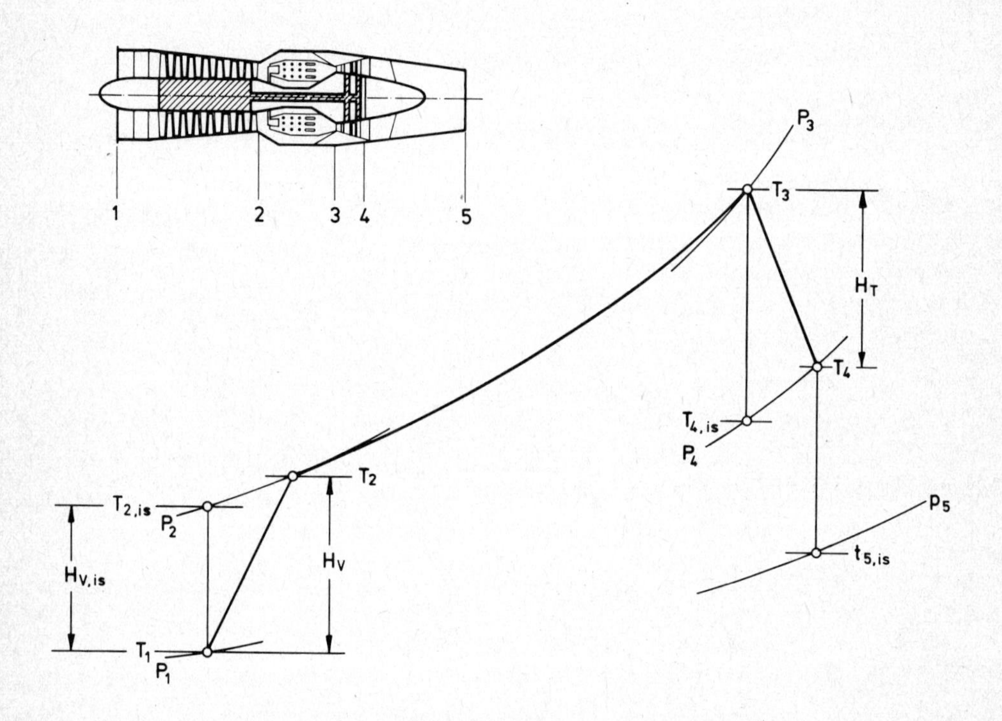

Bild 1. Bezeichnungen und Kreisprozeß eines Einstrom-Turboluftstrahltriebwerks

Die Gesamtzustände am Eintritt T_1, P_1 seien gegeben. Der Verdichter soll den Druck auf das π_V-fache erhöhen:

$$P_2 = \pi_V P_1 .$$

Die Temperatur T_{2is} wird über die Entropiefunktion bestimmt:

$$\psi_{2is} = \psi_1 + \ln \pi_V .$$

Aus dem Wert für ψ_{2is} kann auf T_{2is} geschlossen werden, daraus wieder erhält man den Enthalpiewert H_{2is}. Die isentrope spezifische Leistung des Verdichters folgt:

$$H_{Vis} = H_{2is} - H_1 .$$

Zusammen mit dem Wirkungsgrad η_{Vis} folgen daraus die Werte für die effektive spezifische Leistung und die Verdichteraustrittstemperatur:

$$H_V = \frac{H_{Vis}}{\eta_{Vis}} ,$$

$$H_2 = H_1 + H_V .$$

Die eben beschriebene Rechnung ist in der SUBROUTINE KOMP zusammengefasst:

```
SUBROUTINE KOMP(T,P,PI,ETA,TT,PP,HE)
A=PSI(T,0.)+ALOG(PI)
A=TAPSI(A,0.)
B=HA(T,0.)
HE=(HA(A,0.)-B)/ETA
TT=TAUSH(B+HE,0.)
PP=P*PI
RETURN
END
```

Vorgegeben sind Gesamttemperatur T, Gesamtdruck P, Druckverhältnis PI und der isentrope Wirkungsgrad ETA. Errechnet werden Austrittsgesamttemperatur TT und -druck PP sowie die effektive spezifische Leistung HE.

Bei vorgegebenen Werten für Endtemperatur T_3, Druckverlust Π_{BK} und Ausbrand η_{BK} erschöpft sich die Brennkammerberechnung in der Auswertung folgender Formeln

$$P_3 = P_2 \Pi_{BK},$$

$$\alpha_3 = \frac{H_{L,3} - H_2}{\eta_{BK} E_3}.$$

Durch den Index L wird angedeutet, daß die Enthalpie von Luft einzusetzen ist und nicht die des in Wirklichkeit in Ebene 3 vorhandenen Verbrennungsgases.

Die Turbine muß die aus dem Leistungsgleichgewicht errechnete spezifische Leistung H_T abgeben. Die isentrope spezifische Leistung ist

$$H_{T\,is} = \frac{H_T}{\eta_{T\,is}}.$$

Damit kann die isentrope Turbinenaustrittstemperatur T_{4is} bestimmt werden:

$$H_{4is} = H_3 - H_{T\,is}.$$

Über die Entropiefunktion ergibt sich das Gesamtdruckverhältnis:

$$\ln \frac{P_3}{P_4} = \Psi_3 - \Psi_{4is}.$$

Die Austrittstemperatur folgt aus

$$H_4 = H_3 - H_T.$$

Auch die Turbinenberechnung ist als SUBROUTINE formuliert:

```
SUBROUTINE TURB(T,P,ETA,ALPHA,H,TT,PP)
A=HA(T,ALPHA)
B=A-H/ETA
B=TAUSH(B,ALPHA)
PP=P/EXP(PSI(T,ALPHA)-PSI(B,ALPHA))
TT=TAUSH(A-H,ALPHA)
RETURN
END
```

Vorgegeben sind Gesamttemperatur T, Gesamtdruck P, der isentrope Wirkungsgrad ETA, das Brennstoff-Luft-Verhältnis ALPHA und die geforderte effektive spezifische Leistung. Errechnet werden die Gesamtzustände TT, PP am Austritt der Turbine.

Das die Turbine verlassende Gas wird über eine Düse entspannt; das Druckverhältnis ist vorgegeben. Die statische Enthalpie am Ende einer isentropen Expansion kann wieder über die Entropiefunktion berechnet werden:

$$\psi_{5\,is,stat} = \psi_4 - \ln \frac{P_4}{P_5}.$$

2. Teillastverhalten der Gasturbinen - Komponenten

Um das Verhalten von Gasturbinen bei variablen Betriebsbedingungen darstellen zu können, bedient man sich bei den Turbomaschinen sog. Kennfelder, in denen jeder Arbeitspunkt durch die Wahl zweier Werte aus Druckverhältnis (bzw. spezifischer Leistung), Durchsatz und Drehzahl festgelegt ist. Damit ist dann auch das Niveau des isentropen Wirkungsgrades gegeben.

2.1 Verdichter

2.1.1 Verwendete Ähnlichkeitsbeziehungen

Es wird davon ausgegangen, daß alle hier betrachteten Verdichter nach den Gesetzen kompressibler Strömung zu behandeln sind. Damit gibt es keine drehzahlunabhängige Darstellung des Betriebsbereiches, die etwa im unteren Drehzahlbereich thermischer Turbomaschinen vereinfachend inkompressible Betrachtung zuläßt. Die auch bei hydraulischen Strömungsmaschinen gebräuchlichen Proportionalitäten $\dot{m} \sim n$, $H \sim n^2$, $N \sim n^3$ sind somit nicht verwendbar.

Allen Kennfelddarstellungen liegt also primär die auf kompressible Verhältnisse ausgerichtete gasdynamische oder Mach-Ähnlichkeit zugrunde, auch dann, wenn es sich um Gebläse mit geringen Druckverhältnissen im Auslegungspunkt handelt. Die reduzierte spezifische Leistung wird dann gemäß H_V/T_1, der reduzierte Durchsatz gemäß $\dot{V}_1/\sqrt{T_1}$ oder $\dot{m}_1\sqrt{T_1}/P_1$ und die reduzierte Drehzahl gemäß $n/\sqrt{T_1}$ ausgedrückt. Temperaturen (T_1 = Gesamttemperatur am Verdichtereintritt) und Drücke (P_1 = Gesamtdruck am Verdichtereintritt) kann man auch mit den entsprechenden Werten des Umgebungszustandes dimensionslos machen. Es ergibt sich dann [FA, Kap. B. 2. 2. 6]

$$\frac{H_V}{T_1} \longrightarrow \frac{H_V}{T_1/t_0} = \frac{H_V}{\Theta},$$

$$\frac{\dot{V}_1}{\sqrt{T_1}} \longrightarrow \frac{\dot{V}_1}{\sqrt{T_1/t_0}} = \frac{\dot{V}_1}{\sqrt{\Theta}},$$

$$\frac{\dot{m}_1\sqrt{T_1}}{P_1} \longrightarrow \frac{\dot{m}_1\sqrt{T_1/t_0}}{P_1/p_0} = \frac{\dot{m}_1\sqrt{\Theta}}{\delta},$$

$$\frac{n}{\sqrt{T_1}} \longrightarrow \frac{n}{\sqrt{T_1/t_0}} = \frac{n}{\sqrt{\Theta}}.$$

Sekundär wird die für thermische Strömungsmaschinen meist weniger wichtige Reynolds-Ähnlichkeit zumindest so weit beachtet, als die dem Kennfeld entnommenen Wirkungsgrade eine Korrektur nach unten oder oben erfahren können (Kap. B. 3), wenn die betreffende Maschine bei einem gegenüber der Kennfeldaufnahme niedrigeren oder höheren Druckniveau arbeiten soll oder geometrisch verkleinert oder vergrößert wird. Untersuchungen mit Mehrstufenverdichtern zeigten, daß die Lage der Betriebspunkte durchaus beeinflußt werden kann. Wenn sich an vergleichbaren Stellen die Reynoldszahl ändert, können z. B. die Linien reduzierter Drehzahl ($n/\sqrt{T_1}$) in Richtung niedrigerer oder höherer Durchsätze verschoben werden, auch können sich die Druckverhältnisse (P_2/P_1) und gegebenenfalls die Lage der Pumpgrenze im Kennfeld ändern. Diese in Bild 1 schematisch dargestellten Verschiebungen, die in aller Regel nur wenig ausmachen (einige Promille bis wenige Prozente), wurden nicht berücksichtigt, die Abhängigkeit $\eta_{is} = f\,(Re)$ (im Bild nicht dargestellt) wurde jedoch beachtet.

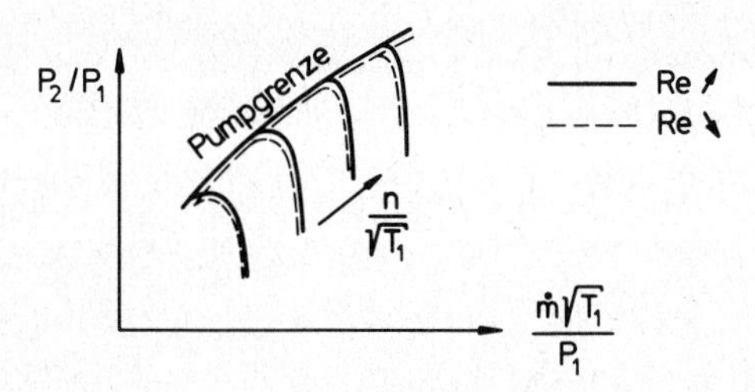

Bild 1. Mögliche Verschiebung der Drehzahllinien im Verdichter-Ähnlichkeitskennfeld durch Reynolds-Einfluß

Unterstellt man, daß sich bei für extreme Flugbedingungen (z. B. Höhenlangsamflug) ausgelegten Militärmaschinen der Bezugsdruck (z. B. im jeweiligen Verdichtereintritt) um eine Zehnerpotenz ändern kann, dann sind je nach Durchsatz und Größe des Verdichters durchaus Wirkungsgradabfälle von bis 5 % möglich (Kap. B. 3. 3).

2. 1. 2 Methoden der Kennfelderstellung

2. 1. 2. 1 Kennfeldaufnahme durch Versuch

Dies ist das genaueste Verfahren, den ganzen möglichen Betriebsbereich zu erfassen; es setzt allerdings voraus, daß der Originalverdichter bereits vorhanden ist. Sollte von ihm im Einsatz verlangt werden, daß er bei variablen Eintrittsdrücken und auch bei Inhomogenitäten bezüglich Druck, Geschwindigkeit, ja evtl. sogar Temperatur im Eintrittsquerschnitt arbeitet, dann sollten auch diese Verhältnisse versuchsmäßig dargestellt werden. In der Flugtechnik bedient man sich dabei eines Höhenprüfstandes, der Eintrittsdruck und -temperatur unabhängig voneinander zu variieren gestattet. Was die Inhomogenitäten in der Zuströmebene, die auch Strömungsverzerrung bzw. D i s t o r t i o n genannt werden, betreffen, die bei Strahltriebwerken - besonders bei transsonischen und supersonischen Fluggeschwindigkeiten - eine wichtige Rolle spielen, so können diese durch geeignete, vor dem Einlauf angebrachte Widerstandskörper (z.B. Siebe verschiedener Maschenbreite) erzeugt werden. Eine derartige Simulierung der Originaldistortion ist wiederum nur dann möglich, wenn Ergebnisse von Windkanalmessungen, die Triebwerkseinlaufzone am Flugzeug betreffend, vorliegen.

Die vorstehend behandelte Methode der Kennfeldaufnahme von Vollverdichtern erfordert bei höheren Durchsätzen beträchtlichen Prüfstandsaufwand und große Leistungen. Sind derartige Anlagen nicht vorhanden, kann man ersatzweise auch Teilverdichter, im Extremfall auch nur einzelne Stufen testen. Dieses Verfahren erlaubt nur dann eine gewisse Genauigkeit, wenn die Austrittsbedingungen der vorhergehenden Stufen, die ja die Zuströmung der darauffolgenden definieren, über den gesamten Strömungsquerschnitt erfaßt werden. Hier sei daran erinnert, daß besonders über der Schaufelhöhe Gradienten der Geschwindigkeitsvektoren (also in Größe und Richtung) auftreten, die einmal durch die Auslegung der Stufe selbst - z.B. durch das gewählte Drallgesetz - gegeben sind, zum andern jedoch auch durch den jeweiligen Drosselgrad beeinflußt werden [FA, Kap. 2.2.7 und 2.2.8]. Natürlich müssen auch die Grenzschichten, hervorgerufen durch die innere und äußere Gehäusewand, sowie der Einfluß der Sekundärströmungen beachtet werden. Außer diesen vornehmlich den radialen Verlauf der Strömungsparameter charakterisierenden Verhältnissen können auch noch Umfangsinhomogenitäten Berücksichtigung erfordern. Dies ist hauptsächlich dann der Fall, wenn kleine relative Schaufelteilungen, also große Schaufelzahlen, im Leitrad vorhanden sind und die daraus resultierenden Nachlaufdellen in der Druckverteilung die Beaufschlagung des nachfolgenden Laufrades beeinflußen.

2.1.2.2 Phänomene, die die Grenzen der Kennfeldberechnung erkennen lassen

Das oben behandelte Kapitel gibt eine Vorstellung darüber, worauf bei der Kennfeldvermessung zu achten ist. Hieraus geht bereits hervor, daß es unmöglich ist, alle diese Einflüsse exakt in die Rechnung einzuführen. Man muß also vereinfachen. Dies sollte so geschehen, daß gewisse Einflüsse (z.B. Verlustannahmen über der radialen Erstreckung des Strömungsfeldes bei Axialverdichtern) zumindest tendenzmäßig richtig erfaßt werden.

Worin bestehen die Schwierigkeiten der Erfassung von Betriebszuständen, die weit weg vom Auslegungspunkt liegen? Wir wollen sie anhand einiger physikalischer Phänomene erläutern.

Obzwar für die Durchströmung eines Schaufelkanals andere Kriterien maßgebend sind als für die Umströmung des Einzelprofils, gibt es bei Gitterströmung dennoch Zonen, die wesentlich durch das Verhalten des Einzelprofils beeinflußt werden. In Bild 2 ist dieses Gebiet innerhalb der strichlierten Begrenzungslinien mit E bezeichnet. In modernen Axialverdichtern mit kleinen Nabenverhältnissen $\nu = d_i/d_a$ können in den Außenschnitten durchaus relative Teilungen t/s auftreten, die größer als die im Bild angegebenen sind.

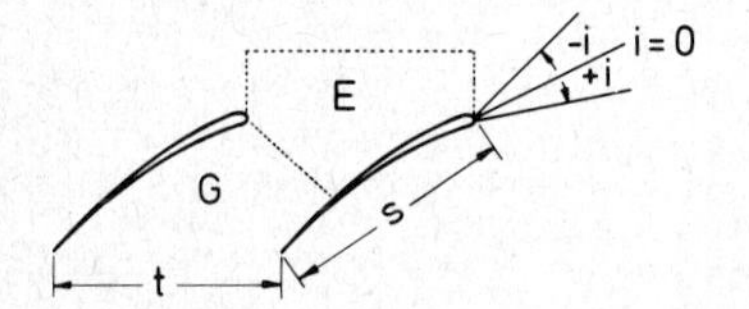

Bild 2. Ausschnitt aus einem Profilgitter

Der Bereich Einzelprofil wird dann gleichfalls größer. Das Problem der Druckverteilungsberechnung um Tragflügelprofile, das a priori vergleichsweise einfach erscheint, ist auch heute, nach 50 Jahren aerodynamischer Forschung, immer noch nicht für alle Zuströmbedingungen und Mach-Zahlen eindeutig gelöst. Dies gilt besonders bei schallnaher und Überschallzuströmung für von der Nullanströmung stark abweichende Richtungen. Unter Nullanströmrichtung (i = 0) wollen wir hier (trotz lokaler Einzelflügelbetrachtung) diejenige Richtung verstehen, die sich durch die Tangente an die Skelettlinie an deren Berührungspunkt mit der Profileintrittskante ergibt.

Im vielstufigen Axialverdichter gibt es stets Schaufelgitter, die bei starker Drosselung in der Nähe der Abreißgrenze arbeiten (stark positives i) und bei starker Entdrosselung in der Nähe der Durchsatzgrenze (stark negatives i). Welche Gitter das sind, hängt von der gewählten Drehzahl ab; die beiden vorgenannten Phänomene betreffen nur in Sonderfällen ein und dasselbe Gitter.

Ohne solide Messungen in einem Gitterkanal (ebene Gitter) mit genauer lokaler Verlusterfassung, besser jedoch in einem die dreidimensionalen Effekte (Schaufelfächerung, radiale Druckgradienten) erfassenden Ringgitter (feststehend bzw. umlaufend), sind keine Aussagen über die von Anströmwinkel, Anström-Mach-Zahl und Gitterumlenkung abhängigen Verluste möglich. Hierher gehört auch die Bestimmung der Abströmrichtung, die ja nicht mit dem geometrischen Winkel an der Schaufelaustrittskante zusammenfällt (Winkelübertreibung), als Basis für die Ermittlung der Zuströmrichtung zum darauffolgenden Gitter.

Denkt man sich den Gesamtverdichter in mehrere (5, 7, oder 9) koaxiale Teilverdichter zerlegt (ein Verfahren, das bei sog. Mehrschnittsrechnungen, s. auch Kap. B. 2. 1. 2. 3, angewandt wird), dann wird es besonders deutlich, daß der innerste Teilverdichter, der mit der inneren festen Kanalbegrenzung abschließt und der äußerste, dessen eine Begrenzung die äußere Gehäusewand ist, sich von den übrigen Teilverdichtern unterscheiden. Einmal stehen sie verstärkt oder ausschließlich unter dem Einfluß der jeweiligen Wandgrenzschicht und zum anderen ist die Kennliniensteilheit des Innenverdichters oder Innenschnitts meist geringer als die des Außenverdichters oder Außenschnitts (Bild 3). Die Euler'sche Strömungsmaschinengleichung heißt für alle Schnitte des Axialverdichters $H_{ST} = u \, \Delta c_u$. Im Auslegungspunkt wird man in den meisten Fällen längs der Schaufelhöhe gleiche Leistungen bzw. gleiches Druckverhältnis zu erhalten trachten, d. h. $(u_i \, \Delta c_{u,i})_{AP} = (u_a \, \Delta c_{u,a})_{AP}$.

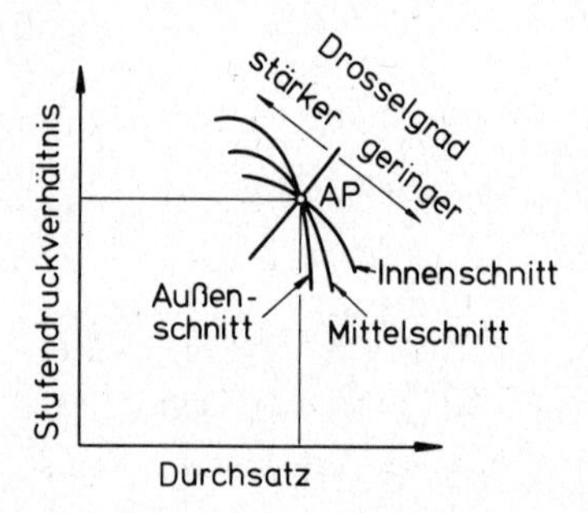

Bild 3. Kennlinien einer Verdichterstufe

Der Umlenkung und der Geschwindigkeitsverzögerung in den Schaufelkanälen sind Grenzen gesetzt [FA, Kap. B.2.2.3], der Wert Δc_u ist damit auch begrenzt. Bei einem Nabenverhältnis von z.B. $\nu = 0{,}4$ ist das Verhältnis der Umfangsgeschwindigkeiten von Außenschnitt zu Innenschnitt $u_a/u_i = d_a/d_i = 1/\nu = 2{,}5$. Hieraus erhält man die Abhängigkeit $H_{a,max} > H_{i,max}$, was sich auch durch die Druckreserve (Bild 3) darstellen läßt. Als Folge hiervon kann sich ein nach außen steigender Axialgeschwindigkeitsgradient ergeben [FA, Kap. B.2.2.7], wenn z.B. im Auslegungspunkt, also bei geringerer Drosselung, die Axialgeschwindigkeit über der Schaufelhöhe konstant war. Dieses Phänomen rechnerisch zu erfassen, ist bereits außerordentlich schwierig, das gilt auch für die sich daraus ergebenden radialen Stromlinienversetzungen. Je mehr man sich Grenzlastverdichtern nähert, bei denen maximale Stufendruckverhältnisse zu verwirklichen sind, desto größere Schwierigkeiten hat man mit den Innenschnitten, die auch bereits ohne Wandgrenzschicht zur Ablösung neigen, welcher Effekt durch diese natürlich noch verstärkt wird.

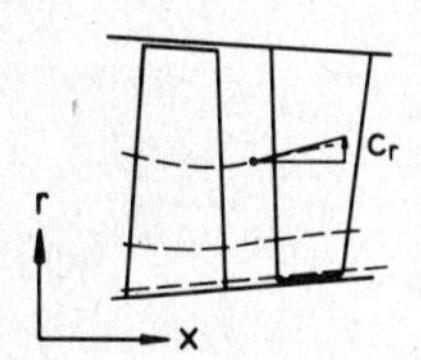

Bild 4. Stromlinienkrümmung bzw. $c_r = f(r, x)$

Bei Laufgittern sind allerdings auch die Außenschnitte nicht unproblematisch, da die Schaufelgrenzschicht nach außen zentrifugiert wird und dort zusammen mit der Wandgrenzschicht sehr unübersichtliche Verhältnisse schafft.

Es kann nicht Aufgabe dieses Buches sein, die bestehenden Methoden zur Kennfelderfassung bei Teillast zu erweitern oder zu verbessern. Der Hinweis auf einige Schwierigkeiten, die ja letztlich zu einer relativ großen Unsicherheit bei den Annahmen über die radiusabhängigen Verlustbeiwerte führen, gaben Anlaß dazu, wenn immer möglich, experimentell ermittelte Kennfelder zu benutzen. Andererseits können die eben genannten Unsicherheiten dazu führen, daß man bei der Rechnung die Verlustbeiwerte nur in den wandnahen Zonen ansteigen läßt, sie ansonsten über der Schaufelhöhe jedoch konstant hält oder nur in Abhängigkeit von einem Belastungskriterium, z.B. dem Diffusionskoeffizienten [FA, Gl. B.2.2.3/34], variiert.

2.1.2.3 Vorgehen bei Übernahme fremder Rechenprogramme

Da die Gefahr, mit einem nicht selbst entwickelten Rechenprogramm Schwierigkeiten zu haben oder gar falsche Ergebnisse zu erhalten, durchaus nicht klein ist, wurden zwei Wege der Kontrolle beschritten. Der erste bezieht sich auf die Ausgangshypothesen und Bestimmungsgleichungen, der zweite auf eine Globalkontrolle der mit bestimmten Eingabedaten erhaltenen Rechenergebnisse.

Kontrolle der Bestimmungsgleichungen

Anhand eines Beispiels soll das Vorgehen erläutert werden. Das NASA CR-72472, "Axial Flow Compressor Computer Program for Calculating Off-Design Performance (Program IV)", behandelt eine Verdichtermehrschnittsrechnung, wobei Änderungen in der spezifischen Wärmekapazität, radiale Stromlinienversetzungen sowie radiale Gradienten bezüglich Gesamtenthalpie und Entropie (Verluste) berücksichtigt werden können. Dort findet man unter Ausdruck 5 die Differentialgleichung des radialen Gleichgewichts in folgender Form angegeben:

$$\frac{\partial H_t}{\partial R} = T \frac{\partial S}{\partial R} + \frac{V_\theta}{R} \frac{\partial (RV_\theta)}{\partial R} + V_Z \left(\frac{\partial V_Z}{\partial R} - \frac{\partial V_R}{\partial Z} \right) + F_R . \tag{1}$$

Will man die Strömung zwischen zwei benachbarten Schaufelkränzen erfassen, müssen Druck-, Zentrifugal- und Trägheitskräfte, letztere hervorgerufen durch die Beschleunigung der Fluidteilchen nach innen oder außen, beachtet werden. Gemäß [FA, Gl. B.2.2/54] erhält man

$$\frac{1}{\rho} \frac{\partial p}{\partial r} = \frac{c_u^2}{r} - \frac{dc_r}{dt} . \tag{2}$$

Für stationäre Strömung (Bild 4) hängt die radiale Geschwindigkeitskomponente nur von den Koordinaten r und x ab; mit $c_r = f(r, x)$ kann daher auch geschrieben werden:

$$dc_r = \frac{\partial c_r}{\partial r} dr + \frac{\partial c_r}{\partial x} dx \tag{3}$$

und

$$\frac{dc_r}{dt} = \frac{\partial c_r}{\partial r}\frac{dr}{dt} + \frac{\partial c_r}{\partial x}\frac{dx}{dt} = c_r \frac{\partial c_r}{\partial r} + c_{ax}\frac{\partial c_r}{\partial x}. \tag{4}$$

Der Ausdruck für die Gesamtenthalpie H kann in folgender Weise geschrieben werden:

$$H = h + \frac{c^2}{2} = h + \frac{1}{2}(c_{ax}^2 + c_u^2 + c_r^2). \tag{5}$$

Hieraus ergibt sich

$$\frac{\partial H}{\partial r} = \frac{\partial h}{\partial r} + c_{ax}\frac{\partial c_{ax}}{\partial r} + c_u\frac{\partial c_u}{\partial r} + c_r\frac{\partial c_r}{\partial r}. \tag{6}$$

Für reversible Vorgänge und mit dem ersten Hauptsatz der Thermodynamik erhält man (s. auch FA S. 82)

$$dq = \vartheta\, ds = dh - v\,dp = dh - \frac{dp}{\rho}. \tag{7}$$

(Um Verwechslungen mit der Zeit t in den Gl. (2) und (4) auszuschalten, wurde für die statische Temperatur bei dieser Ableitung ϑ gesetzt.) Aus (7) finden wir

$$\frac{\partial h}{\partial r} = \vartheta\frac{\partial s}{\partial r} + \frac{1}{\rho}\frac{\partial p}{\partial r} \tag{8}$$

und in (6) eingesetzt ergibt sich

$$\frac{\partial H}{\partial r} = \vartheta\frac{\partial s}{\partial r} + \frac{1}{\rho}\frac{\partial p}{\partial r} + c_{ax}\frac{\partial c_{ax}}{\partial r} + c_u\frac{\partial c_u}{\partial r} + c_r\frac{\partial c_r}{\partial r} \tag{9}$$

bzw. unter Benutzung von (2) und (4)

$$\begin{aligned}\frac{\partial H}{\partial r} &= \vartheta\frac{\partial s}{\partial r} + \frac{c_u^2}{r} - \cancel{c_r\frac{\partial c_r}{\partial r}} - c_{ax}\frac{\partial c_r}{\partial x} + c_{ax}\frac{\partial c_{ax}}{\partial r} + c_u\frac{\partial c_u}{\partial r} + \cancel{c_r\frac{\partial c_r}{\partial r}} \\ &= \vartheta\frac{\partial s}{\partial r} + \frac{c_u}{r}\left(c_u + r\frac{\partial c_u}{\partial r}\right) + c_{ax}\left(\frac{\partial c_{ax}}{\partial r} - \frac{\partial c_r}{\partial x}\right).\end{aligned} \tag{10}$$

Da man für $c_u + r \dfrac{\partial c_u}{\partial r}$ auch $\dfrac{\partial (r c_u)}{\partial r}$ setzen kann, ergibt sich aus (10)

$$\frac{\partial H}{\partial r} = \vartheta \frac{\partial s}{\partial r} + \frac{c_u}{r} \frac{\partial (r c_u)}{\partial r} + c_{ax} \left(\frac{\partial c_{ax}}{\partial r} - \frac{\partial c_r}{\partial x} \right) . \tag{11}$$

Mit

$$H \longrightarrow H_t, \quad r \longrightarrow R, \quad \vartheta \longrightarrow T, \quad s \longrightarrow S,$$

$$c_u \longrightarrow V_\theta, \quad c_{ax} \longrightarrow V_Z, \quad c_r \longrightarrow V_R, \quad x \longrightarrow Z$$

erhält man aus (11) den Ausdruck aus dem NASA-Bericht, der hier mit Gl. (1) bezeichnet wurde, unter der Voraussetzung, daß der Reibungsterm $F_R = 0$ gesetzt werden kann. Dies ist bei der Strömung zwischen den Schaufelkränzen der Fall.

Globalkontrolle

Ein entsprechendes Beispiel wird im Kapitel Turbine gebracht.

2.1.3 Verwendete Kennfelder

Hier sollen diese Verdichterkennfelder kurz vorgestellt werden, und zwar entsprechend der Reihenfolge ihrer Verwendung in den Optimierungsbeispielen des Buchteils E.

Kfz-Anlage

Voruntersuchungen hatten gezeigt, daß für die Kfz-Gasturbine mit Regenerator Druckverhältnisse im Vollastbereich von $\pi_V = 5$ bis 10 in Frage kommen dürften. Als Grundkonzept wurde deshalb (s. auch Kap. E.1.2.1) ein Kombinationsverdichter, bestehend aus transsonischer axialer Vorstufe und Radialverdichter, gewählt. Bei $\pi_V > 10$ kämen evtl. zwei axiale Vorstufen in Frage und im Bereich unterhalb $\pi_V = 7$ bis 7,5 genügt auch eine radiale Stufe allein. Eine noch allgemeinere Aussage wäre, daß im interessierenden Druckbereich sowohl Kombinationsverdichter als auch reine Radialverdichter gewählt werden können.

Im Bild 5 ist das Kennfeld eines Kombinationsverdichters aus [47] aufgetragen. Da bei der Optimierung die Durchsätze jeweils auf denjenigen des Vollastpunktes bezogen werden, ist es gleichgültig, ob man den Abszissenmaßstab als reduzierten Durchsatz in Absolutwerten darstellt oder in prozentualer Form; Analoges gilt für die Parameterschar der reduzierten Drehzahlen.

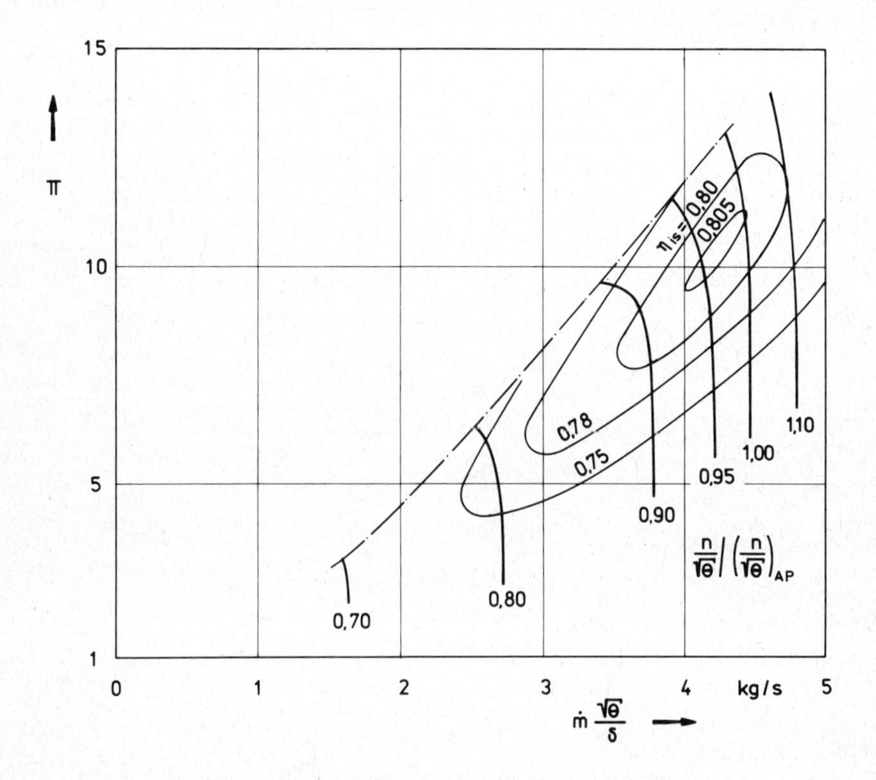

Bild 5. Kennfeld eines Kombinationsverdichters axial - radial

Die Wirkungsgrade sind in Absolutwerten angegeben, ihr Niveau entspricht den kleinen Durchsätzen und den relativ hohen Stufendruckverhältnissen. Um im niedrigen Teildrehzahlgebiet entsprechend gut operieren zu können, wurde der Betriebspunkt bei Vollast etwas oberhalb der Drehzahl von 100 % und dem Druckverhältnis von 10 gelegt. Im Beispiel von Kap. E.1 wird vorliegende Darstellung als "steiles" Kennfeld bezeichnet.

Demgegenüber steht das in Bild 6 gezeigte aus [33] stammende Kennfeld eines reinen Radialverdichters; wir nennen es das "flache" Kennfeld. Hier wurde der Vollastbetriebspunkt, der ja im Laufe der Optimierungsrechnung nach dem

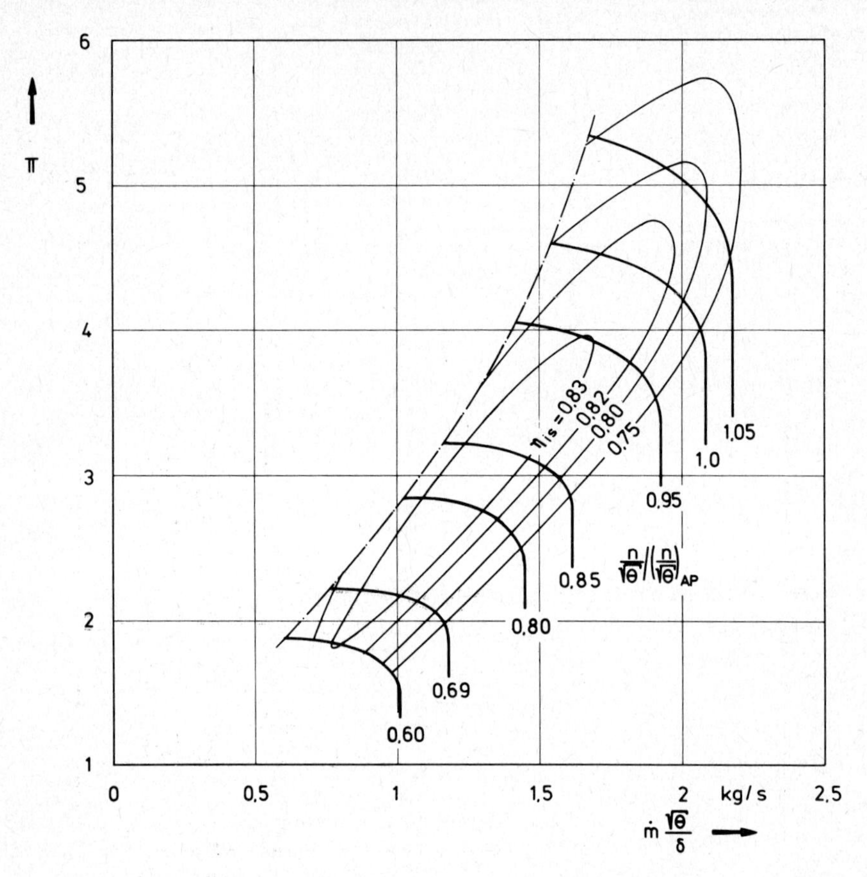

Bild 6. Kennfeld eines Radialverdichters

im Kapitel C. 2 erläuterten Verfahren relativiert wird, zunächst auf $\pi_V < 5$ gelegt.

Die Benutzung zweier in der Steilheit unterschiedlicher Kennfelder erlaubt es auch, deren Einflüsse und den der damit in Verbindung stehenden Verläufe der isentropischen Verdichterwirkungsgrade auf Gesamtergebnis, Teillastverhalten, Beschleunigungsvorgang und ähnliche die Kfz-Gasturbine interessierende Fragen zu beantworten.

Marineanlage

Fall: ohne Rekuperator

Für die Untersuchungen einer Gasturbine ohne Wärmetauscher, die auf niedrigen spezifischen Verbrauch auszulegen war, kam nur ein hohes Gesamt-

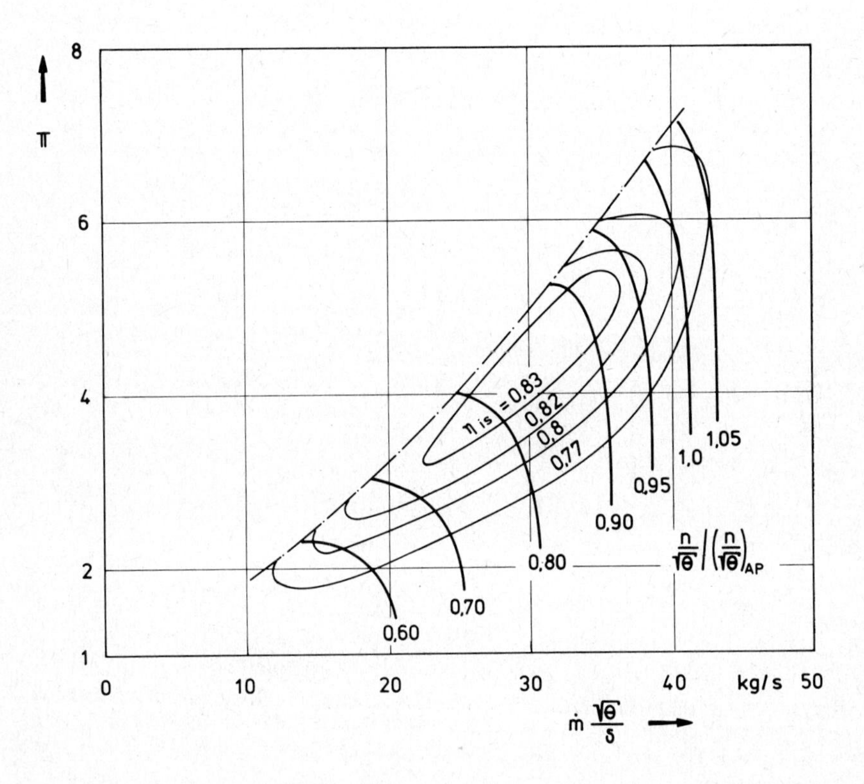

Bild 7. Kennfeld für einen Niederdruckverdichter

druckverhältnis in Frage, das einen Zweiwellen-Gasgenerator erfordert.

Dem Niederdruckverdichter lag das in Bild 7 dargestellte aus [30] stammende Kennfeld zugrunde. Das Druckverhältnis am Vollastpunkt war so zu wählen, daß es zusammen mit demjenigen des Hochdruckverdichters das in die Optimierung eingehende Gesamtdruckverhältnis ergab. Der Wirkungsgrad bei Volllast ist niedrig, es darf jedoch nicht vergessen werden, daß der zugrundegelegte Lastzyklus das Gebiet niedriger Drehzahlen, die relativ gute Wirkungsgrade aufweisen, entscheidend miteinbezieht.

Das Hochdruckverdichterkennfeld zeigt Bild 8 aus [FA, S. 183]. Der Vollast-

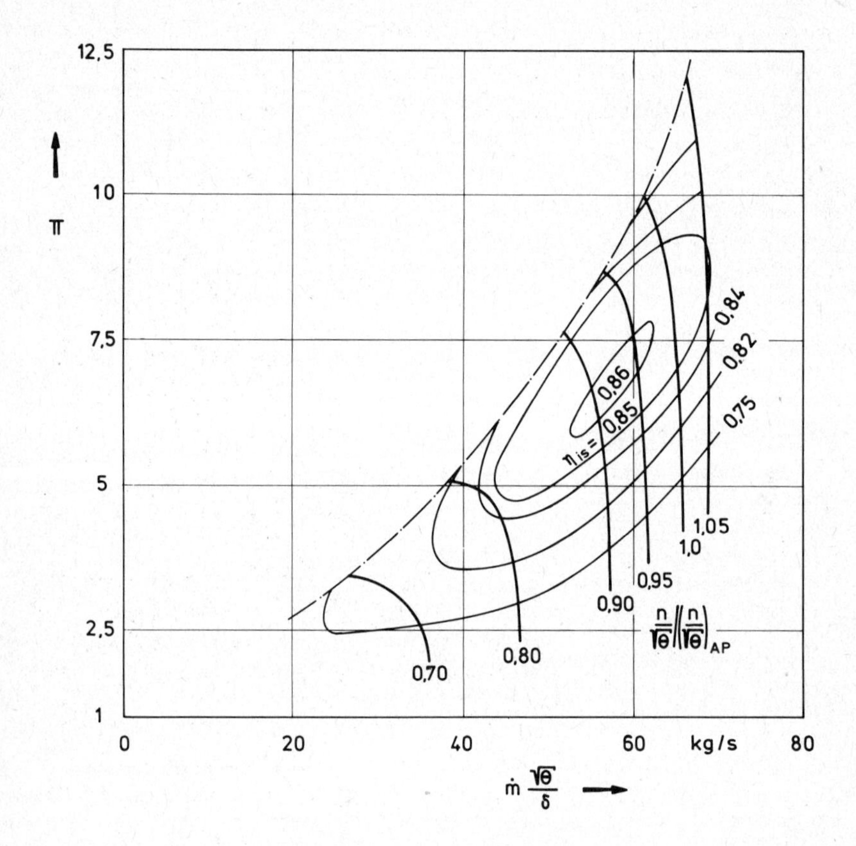

Bild 8. Kennfeld für einen Hochdruckverdichter

betriebspunkt liegt fast im Optimum. Da es für eine Zweiwellen-Gasturbine typisch ist, daß der überdeckte Betriebsbereich im Hochdruckteil gegenüber demjenigen im Niederdruckteil schmäler ist, wird die Zone niedriger Wirkungsgrade im Hochdruckverdichter somit gar nicht berührt werden.

Fall: mit Rekuperator

Hier hat der Gasgenerator nur eine Welle, als Kennfeld wurde gleichfalls dasjenige von Bild 8 genommen.

Luftfahrtanlage

Es handelt sich um das Beispiel eines STOL-Flugzeuges, das durch Bypasstriebwerke mit hohem Massenstromverhältnis angetrieben wird. Da es außerdem um eine Zweiwellen-Anlage geht, müssen also die Kennfelder des Ge-

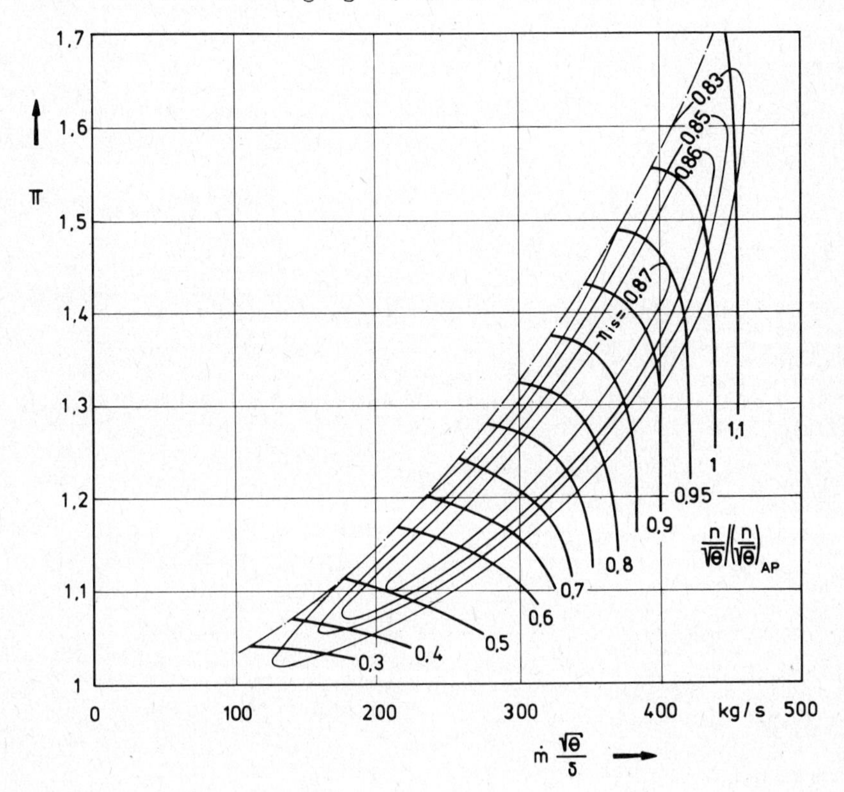

Bild 9. Fankennfeld

bläses (Fan), des Niederdruck- und des Hochdruckverdichters vorliegen.

Bild 9 zeigt das aus [23] stammende Gebläsekennfeld. Der zur Verfügung stehende Druckbereich ist ausreichend und die Zone guter Wirkungsgrade breit.

Bild 10 aus [30] wurde als Basis des Niederdruckverdichterverhaltens zugrundegelegt. Die Originaldarstellung enthält bereits die mit den Daten des Auslegungspunktes dimensionslos gemachten reduzierten Durchsätze, Drehzahlen und Wirkungsgrade. Der Ordinatenmaßstab ist gleichfalls auf die Daten des

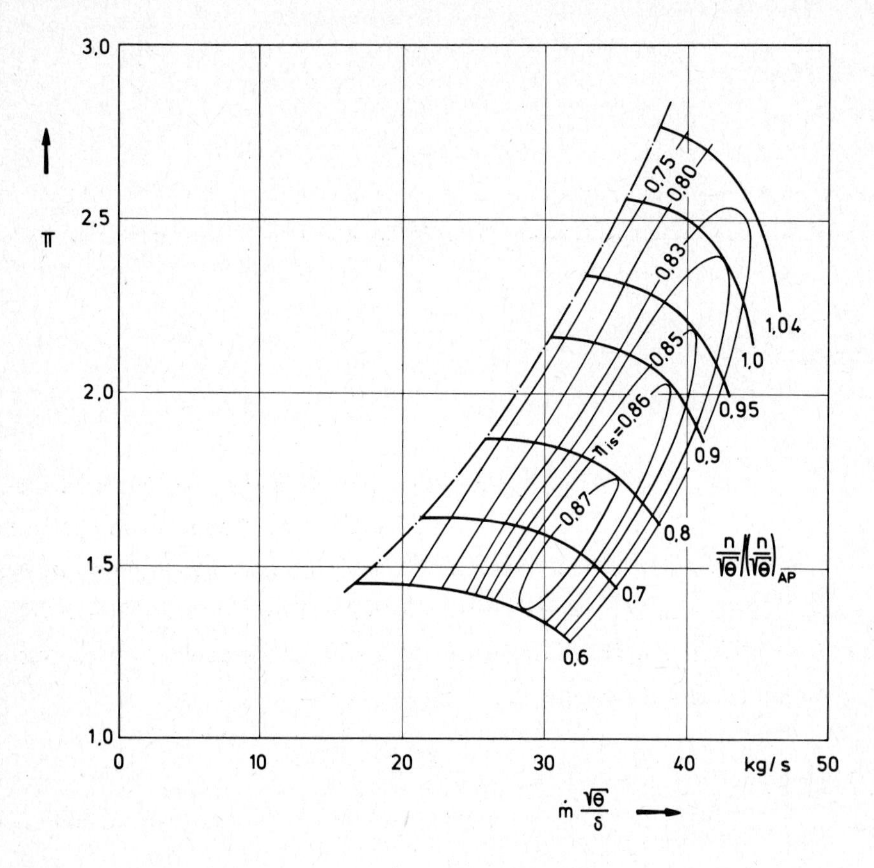

Bild 10. Kennfeld eines Niederdruckverdichters

Auslegungspunktes bezogen und erlaubt damit, das Basisdruckverhältnis in gewissen Grenzen zu variieren. Grundsätzlich ist bei der Verwendung so aufgebauter Verdichterkennfelder darauf zu achten, daß die zugrundegelegten Vollastpunkte nicht zu weit von demjenigen Druckverhältnis entfernt liegen dürfen, das dem Orignal- bzw. Bezugsverdichter entspricht. Es dürfte einleuchten, daß allein die Form des Strömungskanals (Konizität) eines vielstufigen Verdichters einen umso stärkeren Einfluß bei Teildrehzahlen hat, je höher das

Auslegungsdruckverhältnis und damit auch der Quotient von Eintritts- und Austrittsfläche ist. Diese Konizität ist es ja gerade, die dem in einem Verdichter ohne Verstellgeometrie realisierbaren Maximaldruckverhältnis eine Grenze setzt.

Für den Hochdruckverdichter wurde das schon vorgestellte Kennfeld gemäß Bild 8 benützt.

Energietechnische Anlagen

Da hier keine Teillastrechnungen vorgenommen wurden, brauchen auch keine Kennfelder angegeben zu werden.

2.2 Brennkammer

2. 2. 1 Ausbrand

Wir gehen davon aus, daß heutige Gasturbinen zumindestens im Bereich der Vollast einen Ausbrand von $\eta_A \approx 100$ % haben. Das Verhalten dieser Brennkammern bei niedrigen Lastzuständen bis hin zum Leerlauf kann je nach Auslegung zu mehr oder minder großen Wirkungsgradabfällen führen. Eine Vorstellung hierüber kann mit Hilfe eines aerothermodynamischen Belastungskriteriums, des Ausbrandparameters Ω_B erhalten werden.

2. 2. 1. 1 Ausbrandparameter

Die Basis unserer Überlegungen ist der in [FA, Gl. B. 3.1.2/5] näher erläuterte Brenngeschwindigkeitsparameter

$$\frac{\dot{m}_{Gas}}{P_2^{1,75-(1,80)}\, e^{T_2/n}\, Ad\, \frac{\Delta P}{q}} = f\left(\frac{\alpha}{\alpha_{\ddot{A}q}}, \eta_A\right). \quad (1)$$

Um diese für vorgemischte Gase empirisch gefundene Ausbrand-Brenngeschwindigkeitsparameter-Korrelation auch für Triebwerke mit Brennstoffeinspritzung brauchbar zu machen, wurde eine "Entfeinerung" vorgenommen, die besonders bei Triebwerken mit unveränderlicher oder wenig veränderlicher Geometrie brauchbare Abhängigkeiten ergibt (Bild 1).

Bei unveränderlicher Geometrie ist infolge der Tatsache, daß man unter Zugrundelegung der Mach-Ähnlichkeit von Fahrlinien anstatt von Fahrbereichen sprechen kann [FA, Kap. C. 1. 3. 3], die Brennkammer im Triebwerk zwischen Verdichter und Turbine "gefesselt" und das Äquivalenzverhältnis $\alpha/\alpha_{Äq}$ (siehe auch ϕ in Kap. B. 5. 2. 3) wird lastabhängig.

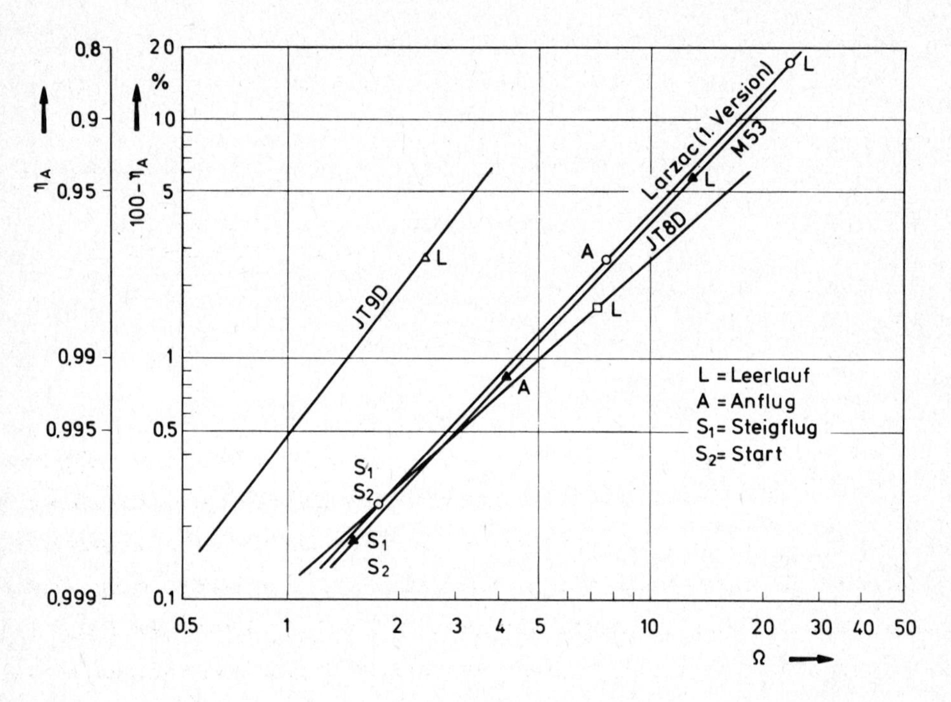

Bild 1. Korrelation η_A - Ω_B

Unter der Voraussetzung, daß die Gasturbineneintrittstemperatur zunächst als gegeben angesehen wird, gehört zu jedem Lastpunkt auch ein bestimmtes $\alpha/\alpha_{Äq}$, es braucht also bei einer durch Korrelationsparameter gekennzeichneten Betriebsverhaltensstudie eines Triebwerks nicht besonders angeführt zu werden. Mit dieser Überlegung kann das Herausfallen des Äquivalenzverhältnis-Einflusses beim Entfeinerungsprozeß (s. auch Gl. (2)) gerechtfertigt werden. So wird auch verständlich, daß der gleichfalls von $\alpha/\alpha_{Äq}$ abhängige Exponent n des Ausdrucks (1) durch einen Festwert, nämlich 300, in (2) ersetzt wurde.

Die Hypothese der einfachen Mach-Ähnlichkeit legt es auch nahe, anzunehmen, daß der zur Turbulenzerzeugung benötigte Druckverlustanteil, bezogen auf den dynamischen Druck der Brennzonenzuströmung, sich wenig verändern wird und deshalb auf den Parameter $\Delta P/q$ in (1) verzichtet werden kann. Die Flamme selbst kann in jedem Fall als turbulent angesehen werden.

Der Übergang von Ausdruck (1) nach (2) geschieht wie folgt:

$\dot{m}_{Gas}$ (vorgemischtes Gas) → $\dot{m}$ (in Brennkammer erhitzte Luft)

$P_2^{1,75 - (1,8)}$ → $P_2^{(1,75) - 1,8}$

n gemäß Formel → n = 300

A·d → V_B (analoge Aussage wie A·d; Zahlenwert evtl. anders)

$$\frac{\dot{m}}{P_2^{1,8}\, e^{T_2/300}\, V_B} = f(\eta_A) = \Omega_B . \qquad (2)$$

Dabei betreffen $\dot{m}$ (in kg/s), P_2 (in bar), T_2 (in K) den Verdichteraustritt. V_B (in m^3) ist das Brennraumvolumen, das nur einen Teil des Brennkammervolumens V_{BK} ausmacht. Wegen des relativ geringen Niveaus der Geschwindigkeiten in Brennernähe wurde darauf verzichtet, statische und Gesamtzustände zu unterscheiden; dies sei deshalb gesagt, weil bei gaskinetischen Betrachtungen stets die wahren, also statischen, Zustandswerte zugrundegelegt werden.

2.2.1.2 Korrelation von Ausbrand und Belastungskriterium

Versuche mit einer größeren Zahl von Triebwerksbrennkammern zeigten, daß man der Veränderung des Belastungskriteriums eine Veränderung des Ausbrands zuordnen kann, hierzu Bild 1 aus [59]. Es geht nicht um Berechnungen, bei verschiedenen Brennkammern und gleichem Ω_B sind die η_A-Werte verschieden, auch sind die Neigungen der Kurven ($\approx$ Geraden) verschieden und jeweils typisch für Brennkammer bzw. Triebwerk. Hat man zwei möglichst nicht zu nahe beieinander liegende Versuchspunkte ausgewertet, dann ist der Verlauf von η_A über dem gesamten Betriebsbereich annähernd festgelegt.

Die zu den verschiedenen Lastpunkten gehörenden Ω_B-Werte können natürlich gerechnet werden. Je nach Druckverhältnis im Auslegungspunkt und Charakteristik des Verdichters sinken Massendurchsatz $\dot{m}$, Brennkammereintrittsdruck P_2 und -eintrittstemperatur T_2 mit fallender Drehzahl in unterschiedlicher Weise, wenngleich diese Unterschiede nicht sehr groß sind. Der Einfluß der Verdichteraustrittswerte in Druck und Temperatur übertrifft jedoch denjenigen des Massenflusses auf den Ausbrandparameter, wie bereits aus der einfachen inkompressiblen Betrachtungsweise der Strömungsmaschine Verdichter ($\dot{m} \sim n$ und $\Delta P \sim n^2$) zu erwarten ist. Dies bedeutet, daß mit abnehmender Triebwerkslast Ω_B stets ansteigt, also bei Leerlauf mit der stärksten aerothermodynamischen Belastung der schlechteste Ausbrand erzielt wird.

An dieser Stelle muß erwähnt werden, daß die gefundenen Korrelationen sich auf Kohlenwasserstoffverbrennung und auf für Gasturbinentriebwerke typische Druckbereiche beziehen. Drückt man z. B. in den Formeln (1) oder (2) den Massendurchsatz durch das Produkt von Brenngeschwindigkeit, Brennfläche und Dichte aus und bezieht auf gleiche Brennkammer-Eintrittstemperatur, dann ergibt sich $w_{Br} \sim P_2^{0,75\,-\,0,8}$. Würde man das Druckniveau zu sehr kleinen oder sehr großen Werten ausdehnen, dann würde die angegebene Variationsbreite des Druckexponenten in der Brenn- oder Reaktionsgeschwindigkeit nicht ausreichen. Noch wesentlich anders liegen die Verhältnisse z. B. bei Wasserstoff-Luft-Gemischen, wo in für Gasturbinen interessanten Zonen von z. B. 800 - 1000 K und 1 bis 10 bar Abhängigkeiten gemäß $w_{Br} \sim P^{1,4\,-\,1,5}$ auftreten. Dieser Einschränkungen muß man sich stets bewußt sein, wenn man Brennkammerwirkungsgrad oder Schadstoffemissionen durch einfache Gesetze zu erfassen beabsichtigt.

Gleichwohl stellt die Benützung der tendenzmäßigen Aussagen von Bild 1 eine geringere Willkürlichkeit dar, als wenn man beispielsweise in den Triebwerksmodellrechnungen den Wert η_A lastunabhängig annehmen würde. Unterstellt man, daß - wie in Bild 1 geschehen - die Brennkammern im Maßstab $\log(1-\eta_A) = f(\log \Omega)$ durch Geraden zu charakterisieren sind, dann lautet die Beziehung:

$$\log\left(1-\eta_A\right) = A + B \log \Omega_B \, . \tag{3}$$

Folgende Steigungen B der Geraden ergeben sich:

JT 8 D	B = 1,34
M 53 und Larzac	B = 1,61
JT 9 D	B = 1,94.

Für unsere Untersuchungen soll etwa die mittlere Steigung aus diesen vier Fluggasturbinen-Beispielen gewählt werden, d.h. B = 1,6. Die Zuordnung der Daten des thermodynamischen Kreisprozesses für den Auslegungspunkt liefert den Bezugspunkt im Bild 1, durch den die Gerade zu ziehen ist.

Dies soll anhand eines Beispiels kurz erläutert werden. Zugrundegelegt sei ein Ausbrand η_A = 99,5 % und eine Brennkammerbelastung $q_{BK} = \dot{Q}/(V_{BK}\, P_2)$ = 200 s^{-1} für Vollast (s. auch Kap. B.5.2). Diese zur Brennkammerdimensionierung wichtige Zahl erlaubt, deren äußeres Volumen V_{BK} zu berechnen [s. auch FA, Gl. B. 3.1.2/7 und 7 a]. Für das Brennraumvolumen, das ja das eigentliche Flammrohr betrifft, gelte z.B. $V_B = 0{,}5\, V_{BK}$. Damit ist in Gl. (2) Ω_B festgelegt und der Auslegungspunkt AP fixiert. Der Wert A in Ausdruck (3) ist damit gleichfalls bestimmt

$$A = \log\left(1-\eta_A\right)_{AP} - 1{,}6 \log \Omega_{B,AP} \, .$$

Jeder andere Lastfall (Teillast) ist durch Umformung von (3) gemäß

$$\eta_{A,Teil} = 1 - 10^{A + B \log \Omega_{B,Teil}}$$

bestimmbar. Im allgemeinsten Fall ist der Verlauf von $\Omega_{B,Teil}$ durch das für die Gasturbine zugrundegelegte Regelgesetz gegeben, welches in unserem Fall vereinfachend durch die Geradengleichung (3) ersetzt wurde.

Es kann durchaus Fälle geben, wo eine Festlegung der Brennkammerbelastung q_{BK} für den Vollastpunkt nicht zweckmäßig ist, sondern bei einer niedrigeren Triebwerkslast erfolgen sollte. Bei Flugantrieben kann z.B. die Fähigkeit, ausgegangene Triebwerke während des Höhenflugs wieder anlassen zu können, für die Kammerdimensionierung entscheidend sein. Endlich sei noch daran erinnert, daß bei gegebenem Brennkammervolumen V_{BK} oder Brennraumvolumen V_B die durch Drehzahlrücknahme erreichten niedrigeren Triebwerkslasten höheren Werten des aerothermodynamischen Belastungskriteriums Ω_B entsprechen und auch einen, wenn auch kleineren, Anstieg der Brennkammerbelastung q_{BK} nach sich ziehen.

Will man die Belastungskriterien Ω_B und q_{BK}, die ja verschiedene physikalische Bedeutungen und auch unterschiedliche Einheiten haben, dennoch miteinander vergleichen, dann darf der Druck P_2 nicht in bar eingesetzt werden, wie im Abszissenmaßstab von Bild 1, sondern in Pascal, da die Zahlenwerte von [FA, Kap. B. 3. 1. 2] gleichfalls auf der Basis N/m^2 errechnet wurden.

2.2.1.3 Abweichungen von der einfachen Korrelation

Es soll noch kurz geprüft werden, was zu erwarten ist, wenn die Randbedingungen für die einfache Korrelation, nämlich unveränderte Gasturbineneintrittstemperatur T_1 und unveränderliche Geometrie, nicht mehr gegeben sind.

- Variable Eintrittstemperatur

  Die einfache Mach-Ähnlichkeit erfordert, daß ein beliebiger Betriebspunkt durch bestimmte Werte von T_2/T_1, T_3/T_1 usw. gekennzeichnet ist, was zur Folge hat, daß damit auch $(T_3 - T_2)/T_1$ gegeben ist. Eine bestimmte Zuordnung von $\alpha/\alpha_{Äq}$, d.h. auch $\dot{m}_{Br}/\dot{m}$, führt jedoch zu einer Fixierung von T_{BK} bzw. $(T_3 - T_2)_{BK}$. Wird also T_1 verändert (vergrößert), so ändert (vergrößert) sich gemäß der Mach-Ähnlichkeit auch $T_3 - T_2$. Der Einfluß der dazu notwendigen Änderung von $\alpha/\alpha_{Äq}$ ist durch Ausdruck (2) nicht erfaßbar. Orientierende Rechnungen zeigen, daß die tatsächlich vorkommenden Änderungen von T_1 sich in Grenzen halten und die Vernachlässigung des $\alpha/\alpha_{Äq}$-Einflusses hingenommen werden kann.

- Variable Geometrie

Die Brennkammer arbeite in einem Verband zwischen Verdichter und Turbine. Nur bei variabler Geometrie (z. B. verstellbare Schubdüse oder variable Leistungsentnahme an der Niederdruckturbine u. ä.) ist eine Betriebspunktverlagerung z. B. längs der Linie A (Bild 2) möglich.

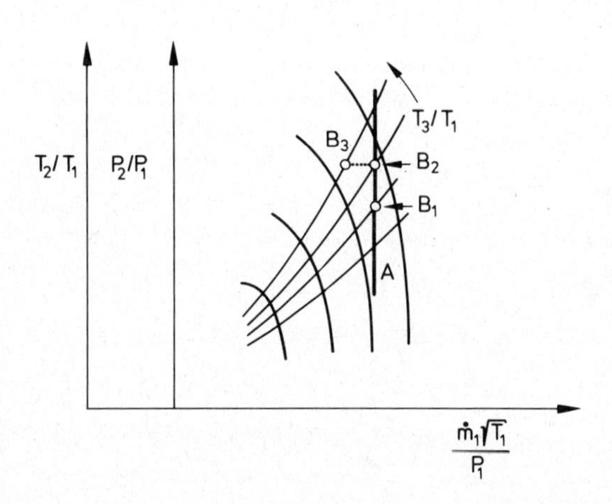

Bild 2. Betriebspunktverlagerung im Verdichterkennfeld

Würde man Punkt B_1, z. B. gültig für den Betriebsfall $H_o = 0$, $w_0 = 0$ (ISA 0/0) eintragen, dann wären über P_1, T_1 die Werte P_2, T_2 gegeben. Senkt man nun bei festgehaltenem T_1 den Wert P_1 (z. B. Höhenflug), würde $\dot{m}_1 \sim P_1 \sim P_2$ absinken (Punkt B_1 beibehalten). Der Ω_B-Wert im Höhenflug wäre größer und der Ausbrand η_A kleiner. Die gaskinetischen Grundgesetze der Verbrennung [FA, Kap. 3.1.2] sind also sehr wohl berücksichtigt, P_{BK}-Abnahme bedeutet η_A-Abnahme (α bzw. $\alpha/\alpha_{Äq}$ ist konstant geblieben).

Bei $P_{2,H_0} = 0,25\ P_{2,H_0=0}$ ergibt sich z. B.:

$$\frac{\Omega_{B,H_0}}{\Omega_{B,H=0}} = \frac{\dot{m}_{H_0}}{\dot{m}_{H_0=0}} \frac{P^{1,8}_{2,H_0=0}}{P^{1,8}_{2,H_0}} = \frac{P_{2,H_0}}{P_{2,H_0=0}} \frac{P^{1,8}_{2,H_0=0}}{P^{1,8}_{2,H_0}} = \frac{P^{0,8}_{2,H_0=0}}{P^{0,8}_{2,H_0}} = 4^{0,8} \approx 3.$$

Verschiebt man den Fahrpunkt von B_1 nach B_2 (z.B. bei gleichbleibendem $\dot{m}_1$, T_1 und P_1 durch Schubdüsenflächenverkleinerung bei gleichzeitiger Drehzahlerhöhung), steigen P_2, T_2 und Ω_B fällt, bzw. η_A steigt. Erhöhte Werte von P_2, T_2 verbessern also die Verbrennung, wie es die Brennkammer-Reaktionsmechanismen verlangen.

Gleichzeitig ist durch diese Verschiebung ($B_1 \rightarrow B_2$) die Kammertemperatur T_3 und damit das Brennstoff-Luft-Verhältnis α bzw. auch das Äquivalenzverhältnis $\alpha/\alpha_{Äq}$ gestiegen.

Nun soll, ausgehend von B_2, ein solcher Punkt B_3 gesucht werden, daß der verbesserte Ausbrand von B_2 gegenüber B_1 erhalten bleibt, obzwar $P_{2,B_3} < P_{2,B_2}$ sein soll. Das bedeutet auch $\Omega_{B_3} = \Omega_{B_2}$. Somit gilt

$$1 = \frac{\dot{m}_{B_3}}{\dot{m}_{B_2}} \; \frac{P_{2,B_2}^{1,8}}{P_{2,B_3}^{1,8}} \; \frac{e^{T_{2,B_2}/300}}{e^{T_{2,B_3}/300}} \, .$$

Offensichtlich können viele Kombinationen diese Forderung erfüllen. Wir suchen einen solchen Punkt B_3, bei dem gilt: $T_{2,B_3} = T_{2,B_2}$ und außerdem $(P_2/P_1)_{B_3} = (P_2/P_1)_{B_2}$. Dann ist auch $T_{1,B_3} = T_{1,B_2}$. Damit wird

$$\left(\frac{P_{2,B_3}}{P_{2,B_2}}\right)^{1,8} = \frac{\dot{m}_{B_3}}{\dot{m}_{B_2}} = \frac{\left(\frac{\dot{m}\sqrt{T_1}}{P_1}\right)_{B_3}}{\left(\frac{\dot{m}\sqrt{T_1}}{P_1}\right)_{B_2}} \; \frac{P_{1,B_3}}{P_{1,B_2}} \; \sqrt{\frac{T_{1,B_2}}{T_{1,B_3}}}$$

und

$$\frac{\left(\frac{\dot{m}\sqrt{T_1}}{P_1}\right)_{B_3}}{\left(\frac{\dot{m}\sqrt{T_1}}{P_1}\right)_{B_2}} = \left(\frac{P_{2,B_3}}{P_{2,B_2}}\right)^{1,8} \frac{P_{1,B_2}}{P_{1,B_3}} = \left(\frac{P_{1,B_3}}{P_{1,B_2}}\right)^{1,8} \frac{P_{1,B_2}}{P_{1,B_3}} = \left(\frac{P_{1,B_3}}{P_{1,B_2}}\right)^{0,8} .$$

Beispiel:

$$\frac{\dot{m}_{B_3}}{\dot{m}_{B_2}} = 0{,}5 = \left(\frac{P_{1,B_3}}{P_{1,B_2}}\right)^{1,8} \rightarrow \frac{P_{1,B_3}}{P_{1,B_2}} = 0{,}68\,; \qquad \frac{\left(\frac{\dot{m}\sqrt{T_1}}{P_1}\right)_{B_3}}{\left(\frac{\dot{m}\sqrt{T_1}}{P_1}\right)_{B_2}} = 0{,}73\,.$$

Wegen $P_{2,B_3} < P_{2,B_2}$ bzw. $P_{1,B_3} < P_{1,B_2}$ ist, auf gleiches T_1 bezogen, die Flughöhe des Punktes B_3 größer. Zum gleichen Ausbrandparameter kommt man im Beispiel durch Verringerung des Durchsatzes auf 50 %, jedoch die des reduzierten Durchsatzes nur auf 73 %. Wie die Lage des Punktes B_3 zeigt, sind T_3, α und $\alpha/\alpha_{Äq}$ gegenüber B_2 gestiegen.

In der Praxis werden die Änderungen in der Lage des Fahrpunktes (z. B. die Verschiebung von B_1 nach B_2) nur relativ unbedeutend sein, so daß der Einfluß der Änderung $\alpha/\alpha_{Äq}$ gleichfalls geringfügig ist. Ausnahmen hiervon können eintreten, wenn Verstellgeometrie im ersten nach der Brennkammer beaufschlagten Turbinenleitapparat vorgesehen ist (möglicher Fall einer Kfz-Turbine) oder wenn bei einem Strahltriebwerk die der Turbine nachgeschaltete Schubdüse große Flächenveränderungen erlaubt. In solchen Fällen sollten entsprechende Brennkammermessungen vorgenommen werden, da sich prinzipiell eine Verschiebung von B_1 nach B_2 günstig auswirkt, wie vorstehend gezeigt wurde und der umgekehrte Vorgang ($B_2 \rightarrow B_1$), der etwa durch Öffnen der Schubdüse erreichbar ist, zu größeren Ω_B-Werten und damit ungünstigeren Arbeitsbedingungen der Brennkammer führen wird.

2. 2. 2 Druckverlust

2. 2. 2. 1 Physikalische Bedingungen

Der Druckverlust einer Brennkammer hängt im wesentlichen von der Durchsatzbelastung und dem Aufheizgrad ab. Brennkammern mit einer großen mittleren Durchströmgeschwindigkeit, d. h. solche mit kleinen Verweilzeiten bzw. großen Belastungsparametern, werden hohe Druckverluste haben. Betrachtet man die Vielzahl heute laufender Anlagen, angefangen von großvolumigen, stationären Maschinen bis zu den am stärksten belasteten Fluggasturbinen, dann ergibt sich für den Auslegungspunkt ein Druckverlustkoeffizient von

$$\varepsilon_{BK} = \frac{\Delta P_{BK}}{P_2} \approx 0{,}01 \div 0{,}1 .$$

Es ist sinnvoll, den Druckverlust ΔP_{BK} auf den Verdichteraustrittsdruck P_2 zu beziehen.

Physikalisch sind zwei Phänomene für den Druckabfall verantwortlich.

- Die reinen Strömungsverluste, die zumindest bei den am häufigsten vorkommenden Gleichstrombrennkammern (direkter Durchfluß zwischen Verdichter und Turbine) hauptsächlich im vorderen Teil der Kammer entstehen, d.h. im Diffusor und in der Wirbelzone des Brenners. Definiert man

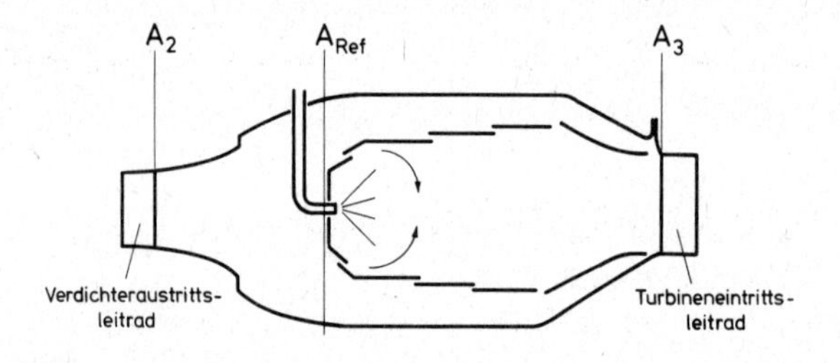

Bild 3. Brennkammerskizze mit Referenzfläche A_{Ref}

hierfür eine Referenzfläche A_{Ref} (Bild 3), dann ergibt sich für diesen Druckverlustanteil

$$\Delta P_{aerod} = \zeta_1 \frac{\rho_{Ref}}{2} w_{Ref}^2 .$$

Der Koeffizient ζ_1 erfaßt sämtliche durch aerodynamische Phänomene hervorgerufenen Verluste, also diejenigen, die durch Erweiterung des Strömungskanals zwischen Verdichter und Brenner, durch Wirbelbildung und zum Teil Rückströmung im Brennernachlauf, ferner durch Mischung der

Primär- und Sekundärluft und durch Wandreibung entstehen.

- Wärmezufuhr in einem strömenden Medium verursacht auch bei reibungsfreier Strömung eine Druckminderung. Obzwar die Brennkammer einer Gasturbine nicht immer eine zylindrische Form hat, kann doch in Analogie zu der Ableitung der Rayleigh-Linie [FA, Kap. B.1.1.1] die Druckminderung rechnerisch bestimmt werden. Wegen des niedrigen Geschwindigkeitsniveaus in der Referenzfläche kann ΔP_{therm} proportional der Kaltluftgeschwindigkeit w_{Ref} und der Aufheizung gesetzt werden. Der Druckverlustanteil durch Aufheizung ist damit

$$\Delta P_{therm} = \zeta_2 \frac{\alpha}{T_2} \sqrt{\frac{\rho_{Ref}}{2} w_{Ref}^2} \; ,$$

wobei die Aufheizung proportional dem Brennstoff-Luft-Verhältnis α ist, gemäß

$$\Delta T_{BK} = T_3 - T_2 \sim \alpha = \frac{\dot{m}_{Br}}{\dot{m}} \; .$$

Der Gesamtdruckverlust ist dann $\Delta P_{BK} = \Delta P_{aerod.} + \Delta P_{therm}$.

Bei hochbelasteten Kammern mit Druckverlusten im Auslegungspunkt von 5 bis 6 % ergibt eine Auswertung z.B.:

$$\frac{\Delta P_{BK}}{P_2} = \zeta_1 \frac{\frac{\rho_{Ref}}{2} w_{Ref}^2}{P_2} + \zeta_2 \frac{\alpha}{T_2} \frac{\sqrt{\frac{\rho_{Ref}}{2} w_{Ref}^2}}{P_2} \tag{1}$$

$$= \zeta_1 \frac{q_{Ref}}{P_2} + \zeta_2 \frac{\alpha}{T_2} \frac{\sqrt{q_{Ref}}}{P_2}$$

$$= \frac{\Delta P_{aerod}}{P_2} + \frac{\Delta P_{therm}}{P_2}$$

für $\Delta P_{BK}/P_2$ = 5,5 % einen aerodynamischen Anteil von 5,1 % und einen thermodynamischen von 0,4 %.

Bei niedrig belasteten Brennkammern ist der Einfluß des thermodynamischen Terms noch geringer. Zur Aufstellung von für Umrechnungen auf andere Betriebsbedingungen brauchbaren Ausdrücken wird im folgenden deshalb nur mit dem ersten Verlustterm gerechnet, allerdings unter entsprechender Aufwertung von ζ_1.

2.2.2.2 Verhalten bei unveränderlicher Geometrie

Die Brennkammer ist bei der einfachen, nur aus den Komponenten Verdichter, Brennkammer und Turbine bestehenden Gasturbine gewissermaßen zwischen den beiden Turbomaschinen betriebsmäßig "gefesselt". Die evtl. vorzusehende Zwischenschaltung eines Wärmetauschers bedeutet in diesem Zusammenhang nur die Notwendigkeit, auf der Kaltluftseite einen zusätzlichen Druckverlust berücksichtigen zu müssen. Es können sich bei stationären Verhältnissen nur diejenigen Zustände am Brennkammereintritt und -austritt einstellen, die kompatibel mit den Kennfeldbedingungen von Verdichter und Turbine sind. Vorausgesetzt wird dabei eine sog. unveränderliche Geometrie; Verstellschaufeln, Bypasskanäle für variable Luftentnahme usw. sind zunächst ausgeschlossen.

Auch für kompliziertere Zwei- oder Dreistromtriebwerke, mit oder ohne Mischung, mit zwei oder mehr Rotoren, ist die nachfolgende Ableitung brauchbar. Bedingung dabei ist, daß sich der Hochdruckläufer selbst frei einstellen kann, somit nicht mechanisch, sondern nur aerothermodynamisch mit den anderen Turbomaschinen gekoppelt ist. Da dies für moderne Antriebsanlagen in aller Regel zutrifft, kann der im Leistungsgleichgewicht arbeitende Hochdruckläufer, der die Brennkammer kreisprozeßmäßig einschließt, nach den Gesetzen der sog. einfachen Mach-Ähnlichkeit [FA, Kap. C.1.3] behandelt werden, wie die einfache Gasturbine auch.

Weil die Referenzgeschwindigkeit w_{Ref} aus Gl. (1) nicht leicht bestimmbar ist, soll versucht werden, in die Druckverlustbetrachtung eine lastbestimmende Größe, z.B. die Brennkammertemperatur T_3, einzuführen. Ausdruck (1) kann nun wie folgt dargestellt werden:

$$\Delta P_{BK} \sim \Delta P_{aerod} \sim \rho_{Ref} w_{Ref}^2 \approx \rho_{2,ges} w_{Ref}^2 \sim \frac{P_2}{T_2} w_{Ref}^2 . \tag{2}$$

Die Geschwindigkeit w_{Ref} ist so klein ($M_{Ref} \leq 0,1$), daß ein Gleichsetzen von ρ_{Ref} und dem aus Gesamtzuständen gebildeten ρ_{ges} möglich ist. Mit $\dot{m}_3 \sim \dot{m}_{Ref}$ ergibt sich

$$w_{Ref}\, \rho_{2,ges} \sim w_{Le}\, \rho_{Le} = \frac{w_{Le}}{\sqrt{T_3}} \, \frac{\sqrt{T_3}\, p_{Le}}{t_{Le}} . \tag{3}$$

Wir machen nun die Voraussetzung, daß im ersten nach der Brennkammer beaufschlagten Turbinenleitrad kritische Strömungsbedingungen herrschen. Dies trifft für die oberen Lastzustände moderner Gasturbinen weitgehend zu. (Es sei vermerkt, daß die Ableitung auch dann ihre Gültigkeit beibehält, wenn die Strömung im ersten Leitrad bereits im Auslegungspunkt unterkritisch ist, diese Mach-Zahl $M_{Le} < 1$ dann aber für andere Lastzustände unverändert bleibt.) Dies bedeutet, daß $w_{Le}/\sqrt{T_3}$, t_{Le}/T_3 und p_{Le}/P_3 Konstanten sind. Für Gl. (3) kann dann geschrieben werden:

$$w_{Ref}\, \rho_{2,ges} \sim \frac{P_3}{\sqrt{T_3}} \sim \frac{P_2}{\sqrt{T_3}} . \tag{4}$$

Letztere Vereinfachung schaut so aus, als ob man das Ergebnis gewissermassen vorwegnehmen würde, da ja $\Delta P_{BK} = P_2 - P_3$ ist; dennoch bringt sie kaum einen über 2 % hinausgehenden Fehler für den gesuchten lastabhängigen Druckverlust.

Mit (4) wird $w_{Ref} \sim T_2/\sqrt{T_3}$ und in (2) eingesetzt erhält man

$$\Delta P_{BK} \sim \frac{P_2}{T_2} \frac{T_2^2}{T_3} \text{ bzw. } \frac{\Delta P_{BK}}{P_2} \sim \frac{T_2}{T_3} . \tag{5}$$

Umfangreiche Vergleichsmessungen mit verschiedenen Triebwerken [74] zeigen, daß sich der Ausdruck

$$\frac{\Delta P_{BK}}{P_2} = K \frac{T_2}{T_3}$$

für Umrechnungen auf andere Lastbedingungen gut eignet.

Hat man durch Rechnung oder Versuch die Verhältnisse im Auslegungszustand bestimmt, kann geschrieben werden:

$$\frac{\dfrac{\Delta P_{BK}}{P_2}}{\left(\dfrac{\Delta P_{BK}}{P_2}\right)_{AP}} = \frac{\dfrac{T_2}{T_3}}{\left(\dfrac{T_2}{T_3}\right)_{AP}} .$$

Mit dem Druckverlustfaktor $\Pi_{BK} = P_3/P_2$ ergibt sich

$$\Pi_{BK} = 1 - \left(1 - \Pi_{BK,AP}\right) \frac{T_{3,AP}}{T_{2,AP}} \frac{T_2}{T_3} . \qquad (6)$$

2.2.2.3 Verhalten bei Verstellgeometrie

Hier soll unterschieden werden zwischen einer Anpassungs-Verstellgeometrie und einer solchen, die bei bestimmten Lastzuständen die mögliche Leistungsabgabe der Gasturbine erhöhen soll, z.B. um das Beschleunigungsverhalten zu verbessern. Vielstufige Axialverdichter hoher Druckverhältnisse arbeiten bei kleineren Drehzahlen mit ungünstigen Wirkungsgraden, da nur die mittleren Stufen korrekt angeblasen werden, während den Kopfstufen der Durchsatz "fehlt" und die Endstufen "zu viel Masse" zu verarbeiten haben. Verstelleiträder sind da hilfreich. Sie werden in den Erststufen geschlossen und evtl. in den Endstufen geöffnet. Der Verdichterwirkungsgrad wird hierdurch verbessert, der Durchsatz selbst meist nur wenig (< 5 %) beeinflußt. Anders ist es, wenn z. B. die Leiträder von Hoch- und Niederdruckturbine (oder auch Gasgenerator- und Nutzleistungsturbine) verstellbar sind. Hier können durchaus Massendurchsatzänderungen von über ± 20 % erzielt werden, die, wenn auch bei anderen Drehzahlen, von der Brennkammer verarbeitet werden müssen.

Entsprechend dem vorstehend Ausgeführten interessiert hier in erster Linie der Einfluß einer Verstellung des ersten von den Heißgasen nach der Brennkammer beaufschlagten Leitrades. Sowohl Rechen- wie auch Versuchsergebnisse zeigen, daß sich beim Öffnen bzw. Schließen des Leitrades der Durchsatz nicht in dem gleichen Maße vergrößert bzw. verkleinert, wie es der prozentualen Flächenverstellung entspräche (s. auch Kap. C. 2. 2).

In Bild 4 wird, nur um die Tendenz anzudeuten, vereinfacht so vorgegangen, als ob der Expansionsverlauf im Leitrad unabhängig vom Verhalten der vor- bzw. nachgeschalteten Turbomaschinen bestimmbar wäre. Würde sich die

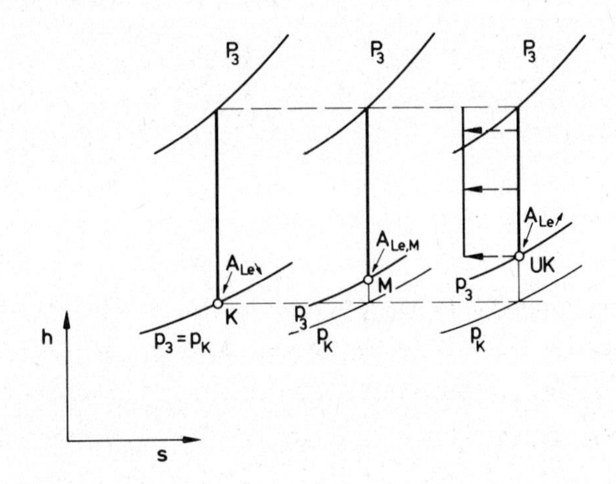

Bild 4. Detail im h-s Diagramm

Durchsatzänderung wie die Flächenänderung verhalten, was Konstanz der Massenstromdichte bedeuten würde, dann wäre

$$\frac{(\dot{m}/A_{Le})_{V.G.}}{(\dot{m}/A_{Le})_M} = 1 = \frac{c_{Le,V.G.}}{c_{Le,M}} \; \frac{\rho_{Le,V.G.}}{\rho_{Le,M}} . \tag{7}$$

Tatsächlich geht jedoch die Mach-Zahl der Absolutgeschwindigkeit M_c zurück, wenn die Fläche A_{Le} vergrößert wird; eine umgekehrte Tendenz im Fall der Flächenverkleinerung entspräche einem "symmetrischen" Verhalten der Turbine. Hieraus darf der Schluß abgeleitet werden, daß im mittleren Bereich, der hier mit dem Index M versehen ist, unterkritisches Betriebsverhalten herrschen sollte (s. Endpunkt M in Abb. 4). Wird A_{Le} verkleinert, kann sich die Mach-Zahl erhöhen und z.B. kritisch werden (Punkt K). Im Fall der Flächenvergrößerung ermittelt man einen noch stärker unterkritischen Betrieb (Punkt UK) als im mittleren Bereich, dem Auslegungsfall.

Wenn man auch für diese tendenzmäßig angenommene Mach-Zahl-Änderung der Leitradströmung die Konstanz der Massenstromdichte aufrecht erhalten möchte, dann würde im Fall des Öffnens $c_{Le,V.G.}/c_{Le,M} < 1$ und wegen Ausdruck (7) $\rho_{Le,V.G.}/\rho_{Le,M} > 1$. Die Folge hiervon wäre eine Verschiebung der Expansionsstrecke nach links, wie durch Pfeile angedeutet ist.

Hierdurch wären bereits die Randbedingungen, die zu Gl. (4) führten, geändert. Eine zweite Änderung, die in dem gleichen Sinne wirkt, kommt daher, daß die Massenstromdichte im Öffnungsfall tatsächlich kleiner wird. Dies zusammen führt zu der Empfehlung, die Flächenveränderung in der Druckverlustformel nur linear zu berücksichtigen gemäß:

$$\left(\frac{\Delta P_{BK}}{P_2}\right)_{V.G.} = \left(K \; \frac{T_2}{T_3}\right)_M \; \frac{A_{Le,V.G.}}{A_{Le,M}} .$$

Der Term $(K \cdot T_2/T_3)_M$ bezieht sich dabei auf den mittleren Bereich, der mit dem Index M versehen wurde oder anders ausgedrückt, auf die Turbine mit unveränderlicher Geometrie. Für den Druckverlustfaktor erhält man dann:

$$\pi_{BK,V.G.} = 1 - \left(1 - \pi_{BK,AP,M}\right)\left(\frac{T_2}{T_3}\right)_M \left(\frac{T_3}{T_2}\right)_{AP,M} \frac{A_{Le,V.G.}}{A_{Le,M}} . \qquad (8)$$

Hierin bedeuten:

$\pi_{BK,V.G.}$	Druckverlustfaktor bei beliebiger Last und Verstellgeometrie, d.h. bei beliebiger Le-Fläche
$\pi_{BK,AP,M}$	Druckverlustfaktor im AP und Mittelstellung des Le-Rades
$(T_2/T_3)_M$	Temperaturverhältnis bei beliebiger Last, jedoch Mittelstellung des Le-Rades
$(T_3/T_2)_{AP,M}$	Reziprokes Temperaturverhältnis im AP und Mittelstellung des Le-Rades
$A_{Le,V.G.}/A_{Le,M}$	Auf Mittelstellung bezogenes Leitradflächenverhältnis.

2.3 Turbine

2.3.1 Verwendete Ähnlichkeitsbeziehungen

Hier gelten, was Mach- und Reynolds-Ähnlichkeit betreffen, prinzipiell die Ausführungen von Abschnitt B.2.1.1. Wiederum beziehen wir auf die Zustände am Eintritt in die Komponente, d.h. auf Heißgastemperatur und -druck am Ende der Brennkammer. Gibt man der Ebene zwischen Brennkammer und Turbine den Index 3, wie dies häufig dann getan wird, wenn ein Triebwerkskennfeld auf der Basis von Einzelkomponentenkennfeldern (Verdichter, Brennkammer, Turbine) erstellt wird [FA, Kap. C.1.3.3], dann heißt die reduzierte spezifische Leistung H_T/T_3, der reduzierte Durchsatz $\dot{V}_3/\sqrt{T_3}$ oder $\dot{m}_3 \sqrt{T_3}/P_3$ und die reduzierte Drehzahl $n/\sqrt{T_3}$.

Auch hier können Temperatur und Druck mit den Daten der Umgebungsstandardatmosphäre dimensionslos gemacht werden. Wir erhalten dann:

$$\frac{H_T}{T_3} \longrightarrow \frac{H_T}{T_3/t_0} = \frac{H_T}{\Theta_T},$$

$$\frac{\dot{V}_3}{\sqrt{T_3}} \longrightarrow \frac{\dot{V}_3}{\sqrt{T_3/t_0}} = \frac{\dot{V}_3}{\sqrt{\Theta_T}},$$

$$\frac{\dot{m}_3\sqrt{T_3}}{P_3} \longrightarrow \frac{\dot{m}_3\sqrt{T_3/t_0}}{P_3/p_0} = \frac{\dot{m}_3\sqrt{\Theta_T}}{\delta_T},$$

$$\frac{n}{\sqrt{T_3}} \longrightarrow \frac{n}{\sqrt{T_3/t_0}} = \frac{n}{\sqrt{\Theta_T}}.$$

Stimmen im Fall des Verdichters die Eintrittszustände mit denjenigen der Standardatmosphäre überein, dann ergibt sich für das Temperaturverhältnis $\Theta = 1$ und für das Druckverhältnis $\delta = 1$. Ähnliches könnte im Fall der Turbine nur bei einem Kaltluftturbinenprüfstand erreicht werden, bei dem auf Unterdruck expandiert werden kann; dies ist ein höchst seltener Fall. Um anzudeuten, daß im Turbinenkennfeld die Ausgangswerte die Heißgaszustände darstellen und damit in aller Regel Temperatur- und Druckverhältnis den Wert 1 nicht erreichen, wurde in diesem Kapitel Θ durch Θ_T und δ durch δ_T ersetzt. Bedenkt man, daß sich die mit der Heißgas- bzw. der Umgebungstemperatur gebildeten kritischen Geschwindigkeiten wie $\sqrt{2\varkappa_H R T_3/(\varkappa_H+1)}$ zu $\sqrt{2\varkappa_K R t_0/(\varkappa_K+1)}$ verhalten, dann bedeutet der Quotient der Quadrate dieser kritischen Geschwindigkeiten, bei Berücksichtigung der Tatsache, daß die Isentropenexponenten im Heiß- und Kaltfall nicht gleich groß sind ($\varkappa_H \neq \varkappa_K$), eine Aussage, die nicht identisch mit derjenigen des einfachen Temperaturverhältnisses Θ_T ist. Das Verhältnis der Quadrate dieser kritischen Geschwindigkeiten, das also den Einfluß der Temperatur auf Isentropenexponent und spezifische Wärmekapazität berücksichtigt, heiße Θ_{cr}. In den meisten aus den USA stammenden Turbinenkennfelddarstellungen wird Θ_{cr} benutzt.

Betrachtet man nur die Komponente Turbine, also ohne die Verbindung zum Verdichter herzustellen, dann werden die Gesamtzustände am Eintritt (die sog. Kesselzustände) mit dem Index 0 versehen ($T_3 \rightarrow T_0$ und $P_3 \rightarrow P_0$).

2.3.2 Methoden der Kennfelderstellung

Auch hier gilt, daß versuchsmäßig ermittelten Kennfeldern der Vorzug vor gerechneten zu geben ist. Die Erfahrung zeigt, daß, von Extremfällen (z.B. Laufradumlenkung größer als 120 bis 130°, relative Eintritts-Mach-Zahl besonders am Fußschnitt $M_{w1,i} > 0,8$) abgesehen, durch Gittermessungen bestimmte Verlustkoeffizienten ohne allzu großes Risiko auf die Turbinenstufe übertragen werden können.

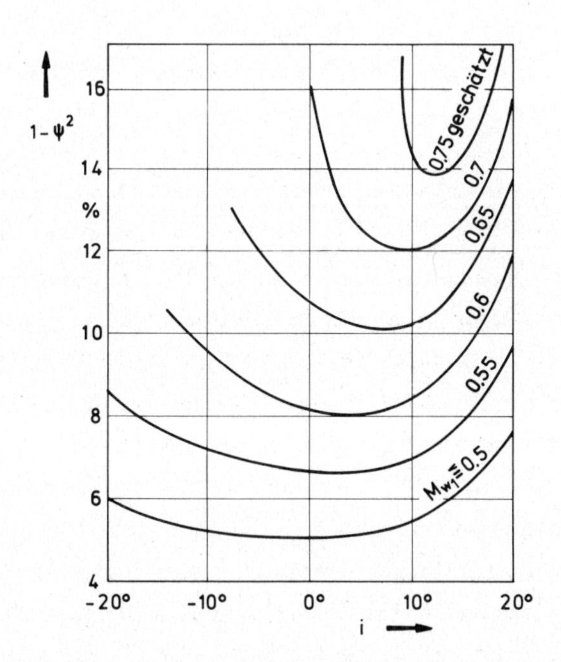

Bild 1. Messungen des Geschwindigkeitsbeiwertes $\psi = w/w_{is}$ an einem Turbinengitter

Die Beherrschung der Beschleunigungsströmung, wegen ihrer geringeren Neigung, störende Grenzschichten zu bilden, fällt doch erheblich leichter, als diejenige der Verzögerungsströmung im Verdichter in diffusorartigen Kanälen. Auch Abweichungen von der Nullanströmrichtung und gegebenenfalls Ablösungen im Gebiet der Schaufeleintrittskante lassen sich meist ohne nennenswerte zusätzliche Verluste ertragen, vorausgesetzt, daß das Mach-Zahl-Niveau niedrig und der Reaktionsgrad am Fußschnitt noch deutlich positiv ist. Turbinen sehr hoher Stufenzahl kommen im Gasturbinenbau selten vor, dagegen häufig solche mit ein bis drei Stufen. Auch hier liegt man günstiger als bei den vielstufigen Axialverdichtern, bei denen die Vorausberechnung der Zuströmbedingungen - besonders zu den rückwärtigen Stufen - schwierig ist.

Bild 1 zeigt Verlustmessungen an Turbinengittern, bei denen Anström-Mach-Zahl und -winkel in einem größeren Bereich erfaßt wurden. Man erkennt deutlich, daß eine Abweichung von der Nullanströmung bei niedrigen Mach-Zahlen wenig Einfluß auf die Höhe der Verlustbeiwerte hat. Bei Mach-Zahl-Vergrößerung steigen die Verluste und der empfehlenswerte Betriebsbereich verengt sich.

2.3.3 Erfassung der Verluste bei Hohlschaufelkühlung

Durch die Kühlung hohler Turbinenschaufeln entstehen im wesentlichen vier Verlustquellen, von denen drei rechnerisch recht gut zu erfassen sind. Die für das Laufrad erforderliche Verdichterkaltluft leistet je nach Kühlungsart nur geringe oder gar keine Arbeit, es entsteht also ein *Durchsatzverlust*. Zur *Förderung* dieser Kaltluft, die meist im Bereich der äußeren Schaufelpartien dem Heißgas zugeführt wird, muß das Turbinenlaufrad, das in diesem Fall wie ein Radialverdichter wirkt, Leistung abgeben. Die energieärmere Kühlluft für das Leitrad steht zwar mengenmäßig dem Laufrad zur Verfügung, jedoch ist, selbst im diesbezüglich günstigen Falle der Ausströmung an der Schaufelhinterkante im Bereich der Druckseite, die *Laufradzuströmung* ungünstig (Bild 2). Der Verlust kann bei gegebener Schaufelgeometrie überschlägig berechnet werden.

Der vierte Verlust, der kaum anders als versuchsmäßig bestimmt werden kann, entsteht dadurch, daß das an den besonders intensiv zu kühlenden vorderen Schaufelpartien austretende Kühlmedium wie eine Brause wirken kann (Filmkühlung, Transpirationskühlung) und eine gewisse "Profilaufdickung" hervorruft, d. h., die Profilverluste erhöht. Hierzu kommt noch, daß die komplizierte Kühlluftführung im Inneren der Schaufel sich häufig

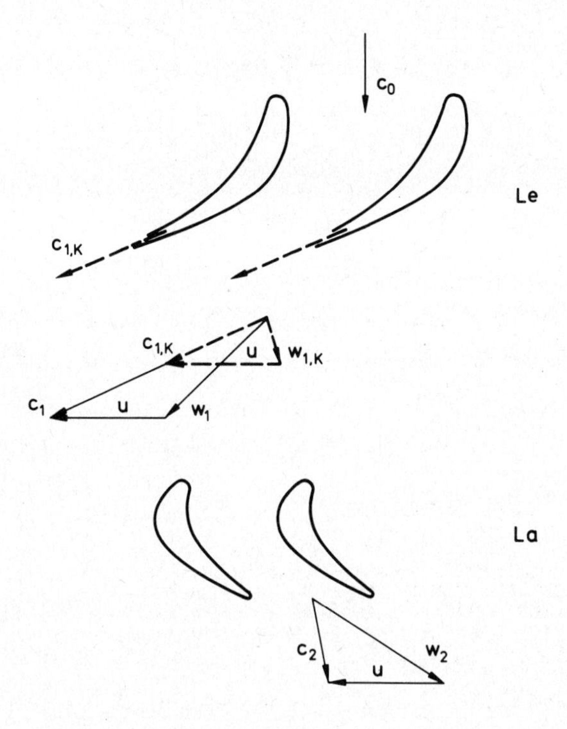

Bild 2. Ungünstige Beaufschlagung des Laufrades durch Kühlluft aus dem Leitrad

auch in einer weniger günstigen äußeren aerodynamischen Form auswirkt (z.B. große relative Schaufeldicke, verkürzte Schaufel-Austrittskante, große Abrundung an der Laufschaufel-Eintrittskante, die zwar für Anströmwinkeländerungen gut sein kann, jedoch für höhere Strömungs-Mach-Zahlen schlecht ist; s. Bild 3).

Unter Annahme einer Kühlluftaufteilung von z. B. je 3 % für Leit- und Laufrad wurde, bezogen auf eine ungekühlte Vollschaufelturbine, folgende Verlustbilanz aufgestellt.

Die Leistungsabgabe der Turbine wird reduziert um

3,0 %	infolge Durchsatzverlust am Laufrad
1,5 %	infolge Kühlluftförderleistung des Laufrades
1,0 % - 1,5 %	infolge einer für das Laufrad ungünstigen Zuströmung der Leitradkühlluft
1,0 % - 2,0 %	infolge ungünstiger Aerodynamik der Laufradumströmung
6,5 % - 8,0 %	

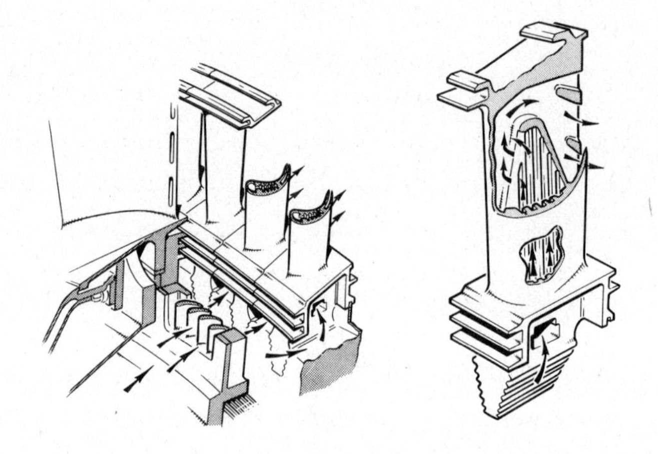

Bild 3. Kühlluftführung nach einer Darstellung von Rolls-Royce

Um die Rechnung nicht unnötig zu komplizieren, wurde g e n e r e l l so vorgegangen, als ob die zu kühlende Turbine nur mit einem Durchsatz gemäß $\dot{m} - \dot{m}_{k,Le} - \dot{m}_{k,La}$ beaufschlagt würde, ihr Wirkungsgrad wurde dagegen demjenigen der entsprechenden Vollschaufelturbine gleichgesetzt. Damit ergibt sich für unser Beispiel ein Rückgang der abgegebenen Turbinenleistung auf 94 %. Infolge der Beimischung der Kühlluft entsteht eine Temperaturabsenkung, die sich in der nächsten Stufe bemerkbar macht.

Der ein klein wenig zu günstigen Annahme bezüglich durch Kühlung reduzierter Leistungsabgabe der Turbine stehen eher vorsichtig angesetzte Metalltemperaturen gegenüber, die die Kühlluftmengen bestimmen. Die Annahmen für die Kühlluftmengen werden im folgenden hergeleitet.

Für ein gekühltes Gitter kann ein Verhältnis von Temperaturdifferenzen gebildet werden, das analog zu einem Wärmetauscher-Wirkungsgrad (vgl. Gl. B. 4/6) aufgebaut ist:

$$\varphi = \frac{\bar{t}_h - \bar{t}_M}{\bar{t}_h - t_k} .$$

Dabei ist $\bar{t}_h$ die mittlere Heißtemperatur, $\bar{t}_M$ die repräsentative Metalltemperatur der Schaufeln und t_k die Temperatur der Kühlluft bevor sie in die Kühlkanäle gelangt.

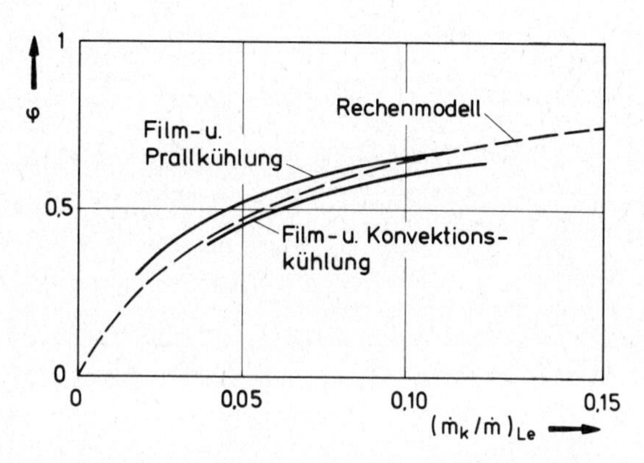

Bild 4. Kühlluftmenge für Leitradkühlung

Die Größe des Temperaturdifferenz-Verhältnisses φ hängt von der Kühlluftmenge ab und von der Konzeption der Kühlung (Film-, Konvektion-, Prallkühlung usw.). Meßergebnisse aus [14] zeigt Bild 4 zusammen mit einer empirischen Näherung, die unser Rechenmodell bildet. Letztere lautet:

$$\varphi = \frac{-0{,}0533}{\left(\frac{\dot{m}_k}{\dot{m}}\right)_{Le} + 0{,}0533} + 1 .$$

Aufgelöst nach der Kühlluftmenge ergibt sich

$$\left(\frac{\dot{m}_k}{\dot{m}}\right)_{Le} = -0{,}0533\ \frac{\varphi}{\varphi - 1}$$

oder

$$\left(\frac{\dot{m}_k}{\dot{m}}\right)_{Le} = 0{,}0533\ \frac{\bar{t}_h - \bar{t}_M}{\bar{t}_M - t_k}\ .$$

Bei der Anwendung dieses Zusammenhanges wurde insofern vereinfacht, als daß für das Laufrad die gleiche Kühlluftmenge angesetzt wurde wie für das Leitrad.

2.3.4 Verwendete Kennfelder

Es wird analog Kapitel B. 2. 1. 3 vorgegangen.

Kfz-Anlage

Gasgenerator (Hochdruckturbine)

Bild 5 zeigt das Kennfeld einer einstufigen Turbine aus [81], das auf andere Koordinaten bzw. Parameter umgerechnet wurde. Da es dabei um Versuche ging, die das Verhalten einer für hohe Temperaturen brauchbaren Turbine zeigen sollten, wurden verhältnismäßig dicke Profile für Leit- und Laufrad (nämlich 22 bzw. 20 %), ferner relativ kurze Schaufeln (Seitenverhältnisse h/s = 1,77 bzw. 1,75) und relativ große Krümmungsradien am Schaufeleintritt (r/s = 6,6 bzw. 6,5 %) und am Austritt (1,5 % für beide Schaufeln) zugrundegelegt. Die Bedingungen, unter denen eine Kfz-Gasgeneratorturbine zu arbeiten haben wird, sind damit recht gut erfüllt; dies gilt auch dann, wenn man an eine Keramikausführung denkt.

Die erhaltenen Wirkungsgrade waren für diese mit Druckluft beaufschlagte Turbine, die einen Durchsatz von 18 kg/s im Auslegungspunkt hatte und nicht aerodynamisch optimiert war, sehr gut. Einer der Gründe dürfte der beim Kaltversuch mögliche kleine Laufrad-Radialspalt von 0,74 % gewesen sein.

Die gemessenen Wirkungsgrade wurden bei der Kfz-Turbine, die nur etwa ein Zehntel des Durchsatzes hat, natürlich der Reynolds-Korrektur unterworfen.

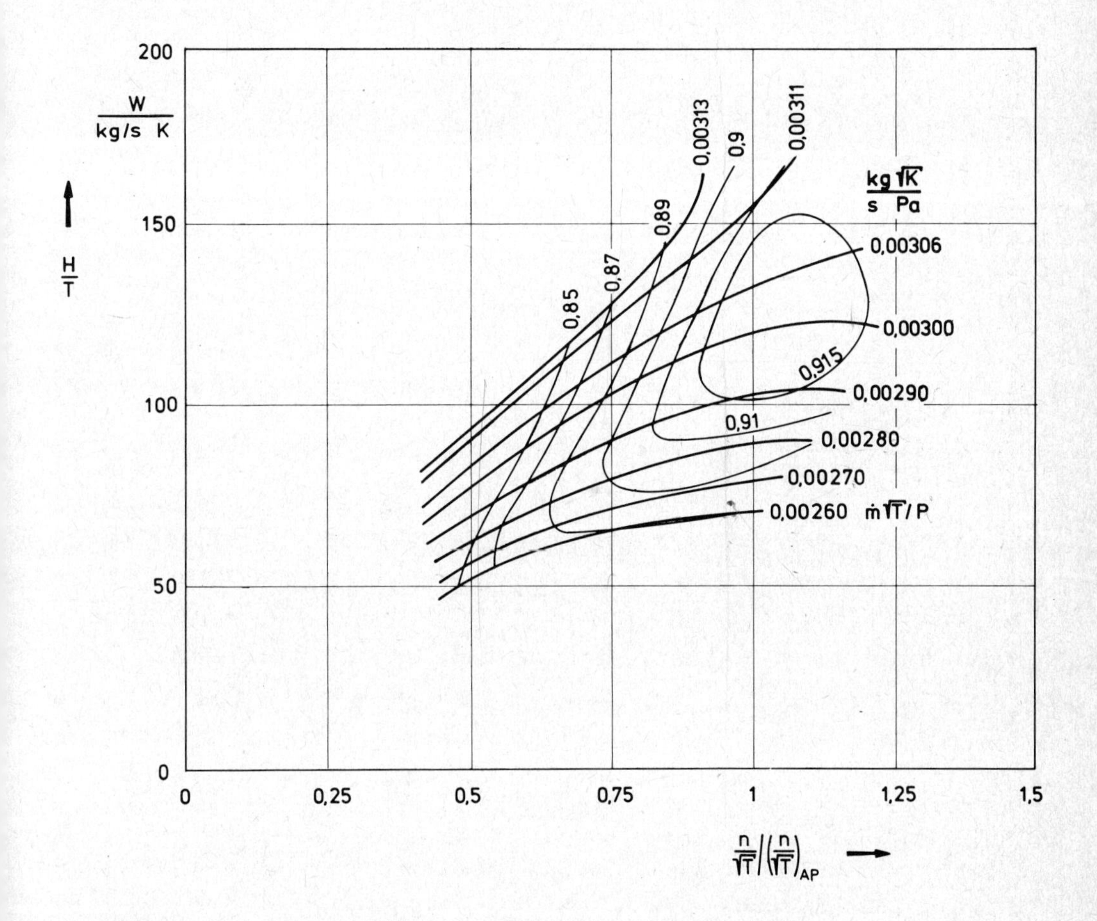

Bild 5. Kennfeld einer einstufigen Hochdruckturbine

Nutzlastturbine (Niederdruckturbine)

Die Bilder 6 bis 10 zeigen 5 gerechnete Teilkennfelder, die mit dem in [20,41] angegebenen Programm erhalten wurden. Das Programm wurde zunächst getestet und Übereinstimmung mit den im NASA-Bericht angegebenen Daten festgestellt (siehe auch Bemerkungen über die Globalkontrolle in Kapitel

B. 2. 1. 2. 3). Ferner wurde das handgerechnete und durch Versuche in einem weiten Bereich bestätigte Kennfeld (Bild 11) unter Verwendung der gegebenen

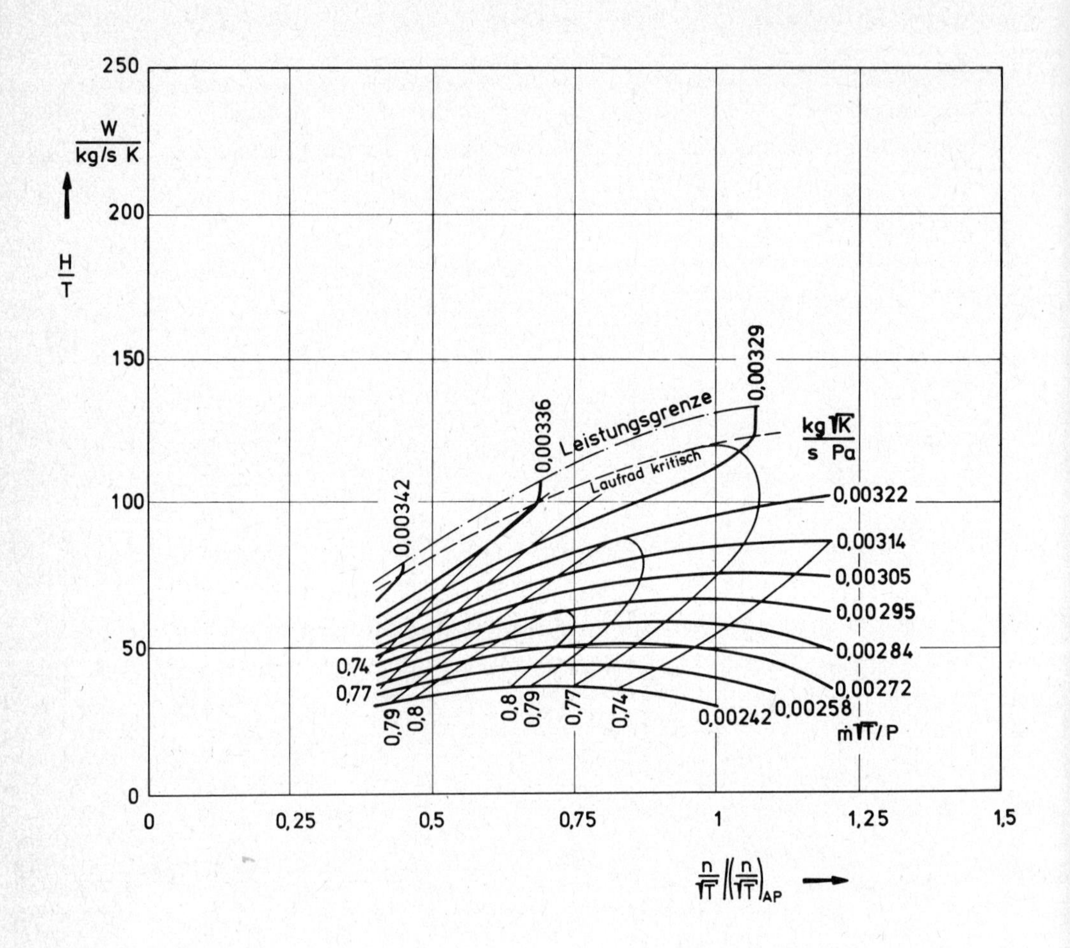

Bild 6. Verstellturbine, Leitradstellung A/A_{AP} = 1,3

variablen Verlustbeiwerte nachgerechnet und gleichfalls Übereinstimmung erzielt.

Dann erfolgte die Eingabe der für die kleinen Abmessungen der Kfz-Turbine passenden Beiwerte, wobei der Laufradverlust wie immer von Anströmwinkel,

Eintritts-Mach-Zahl der Relativströmung und Umlenkung abhängig ist.

Die Teilkennfelder bilden die Basis einer Studie, die den Einfluß von Leitradflächenänderungen auf die Charakteristiken einer einstufigen Turbine bzw. der

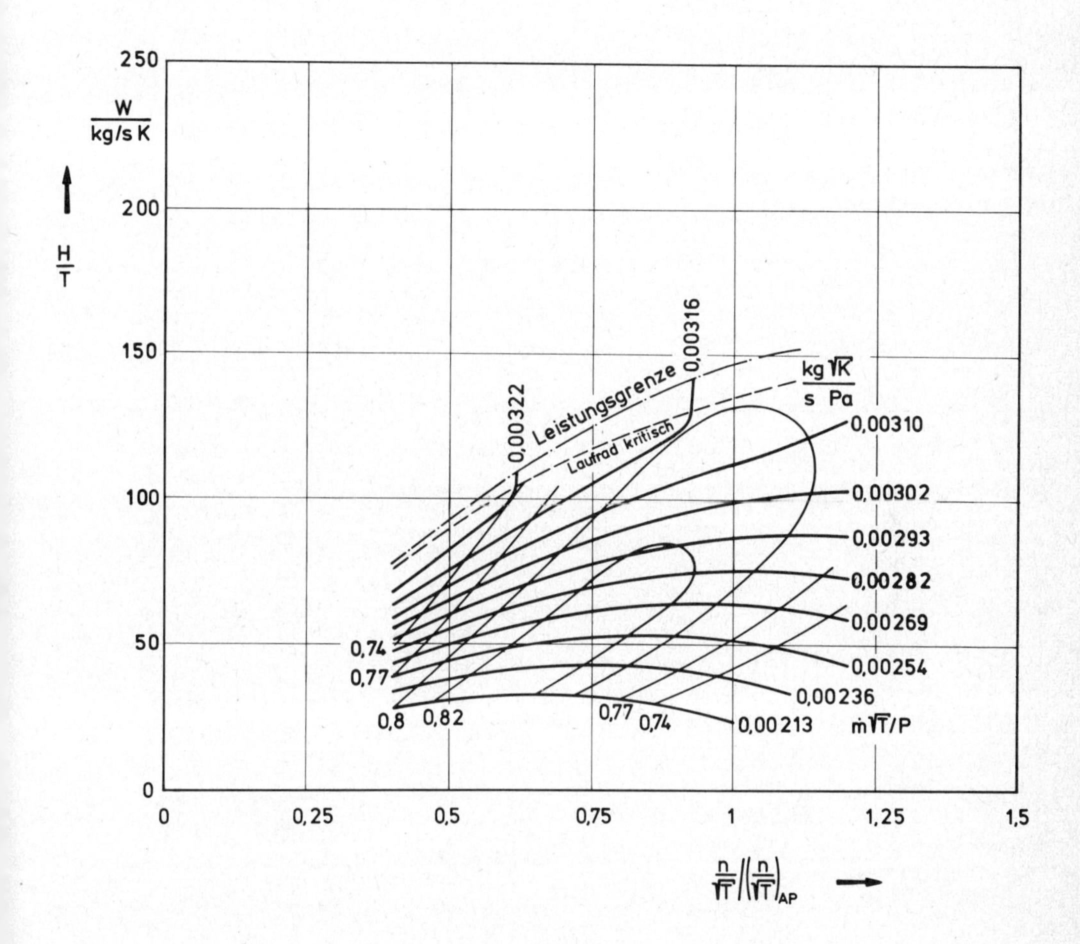

Bild 7. Verstellturbine, Leitradstellung A/A_{AP} = 1,14

ganzen Kfz-Anlage zeigen sollen. Das dritte Teilkennfeld ist gewissermaßen als Basiseinstellung anzusehen, gegenüber welcher Flächenänderungen von ± 15 bzw. ± 30 % untersucht wurden. Mit dem Basiskennfeld des Flächenverhältnisses A/A_{AP} = 1 wurden auch die Daten der Kfz-Anlage mit fester

Geometrie, d.h. unverstelltem Leitrad, erhalten. In diesem Fall gab es natürlich keine zusätzlichen Verluste durch den Leitradspalt zu berücksichtigen.

Vergleicht man die Teilkennfelder untereinander, so fallen folgende Tendenzen

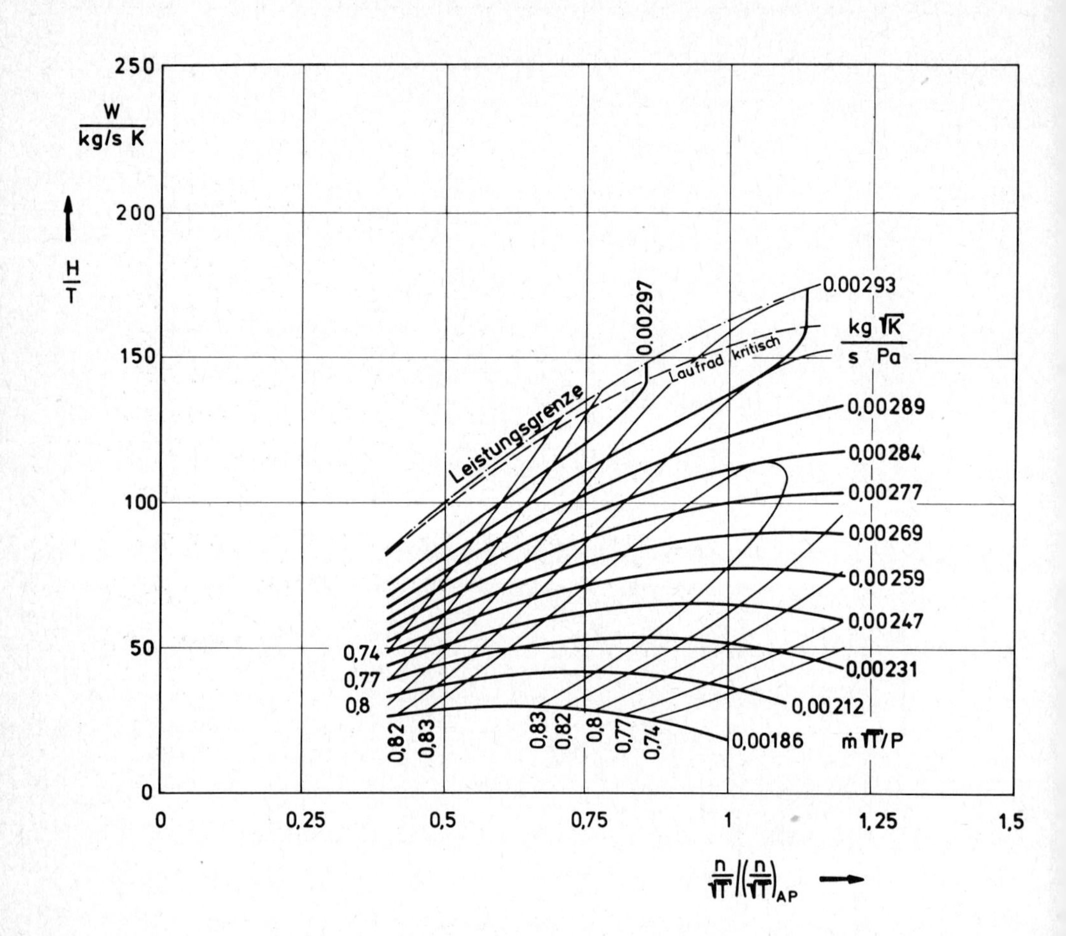

Bild 8. Verstellturbine, Leitradstellung $A/A_{AP} = 1$

auf. Gegenüber dem Basiskennfeld (Bild 8) steigt die Schluckfähigkeit wie erwartet, wenn man die Leitradfläche vergrößert, und sinkt bei den kleinen A/A_{AP}-Werten. Infolge der Relativierung des Abszissenmaßstabes ist die Durchsatzabhängigkeit nicht so leicht abzulesen. Dennoch sieht man, daß der

Schließvorgang etwa eine doppelt so starke Wirkung auf den reduzierten Grenzdurchsatz (dieser Zustand liegt dann vor, wenn sich in den engsten Stellen der Leitrad- oder Laufradbeschaufelung kritische Strömungsbedingungen

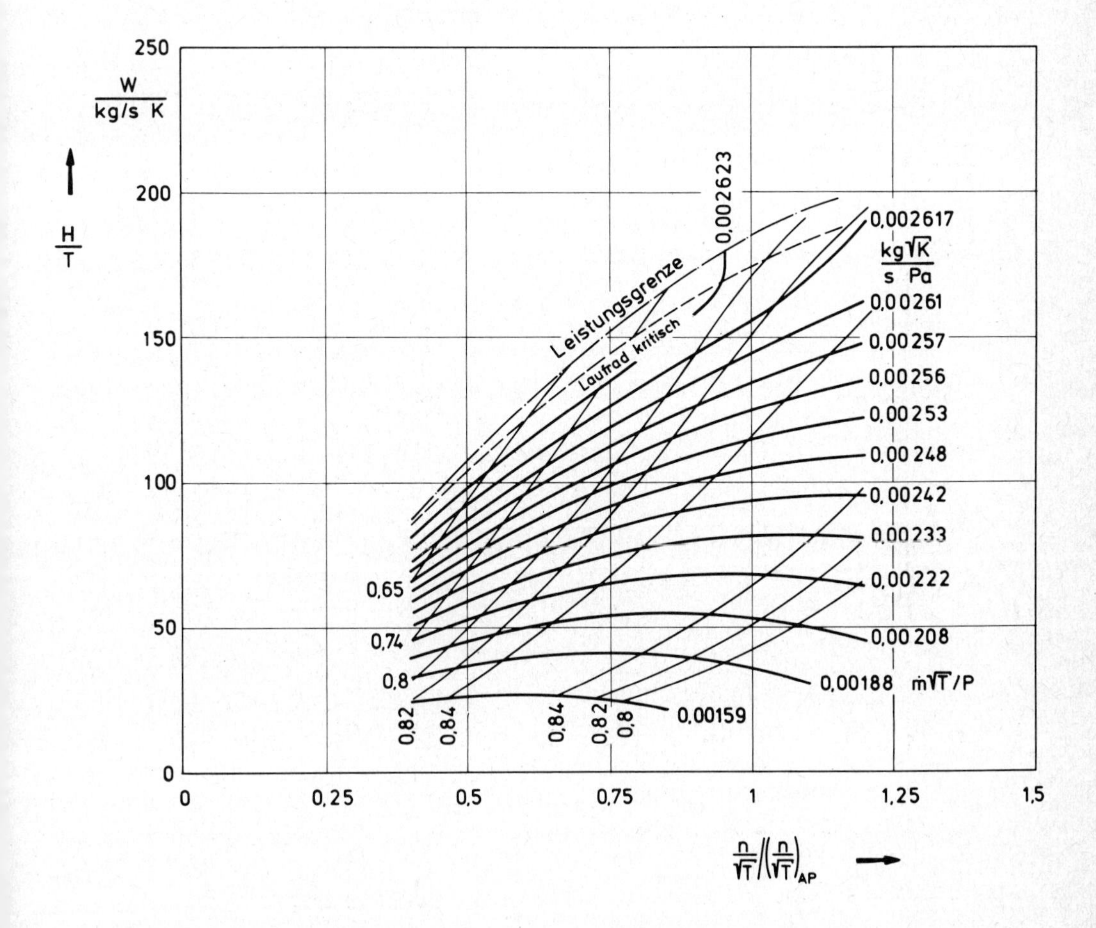

Bild 9. Verstellturbine, Leitradstellung $A/A_{AP} = 0,85$

einstellen) hat wie das Öffnen des Leitrades. Die maximalen Wirkungsgrade steigen - angefangen von der geöffneten bis zur geschlossenen Stellung - an und verschieben sich in Richtung hoher relativer reduzierter Drehzahlen. Gleiche Tendenzen gelten für die Leistungsgrenzen. Ein so bedeutender Anstieg der Maximalleistung wurde trotz der dafür günstigen Entwicklung der

Wirkungsgrade nicht erwartet.

In der Optimierungsstudie des Beispiels E. 1 wurden die 5 Kennfelder "kontinuierlich" abgetastet, d.h. zwischen benachbarten Punkten wurde jeweils linear

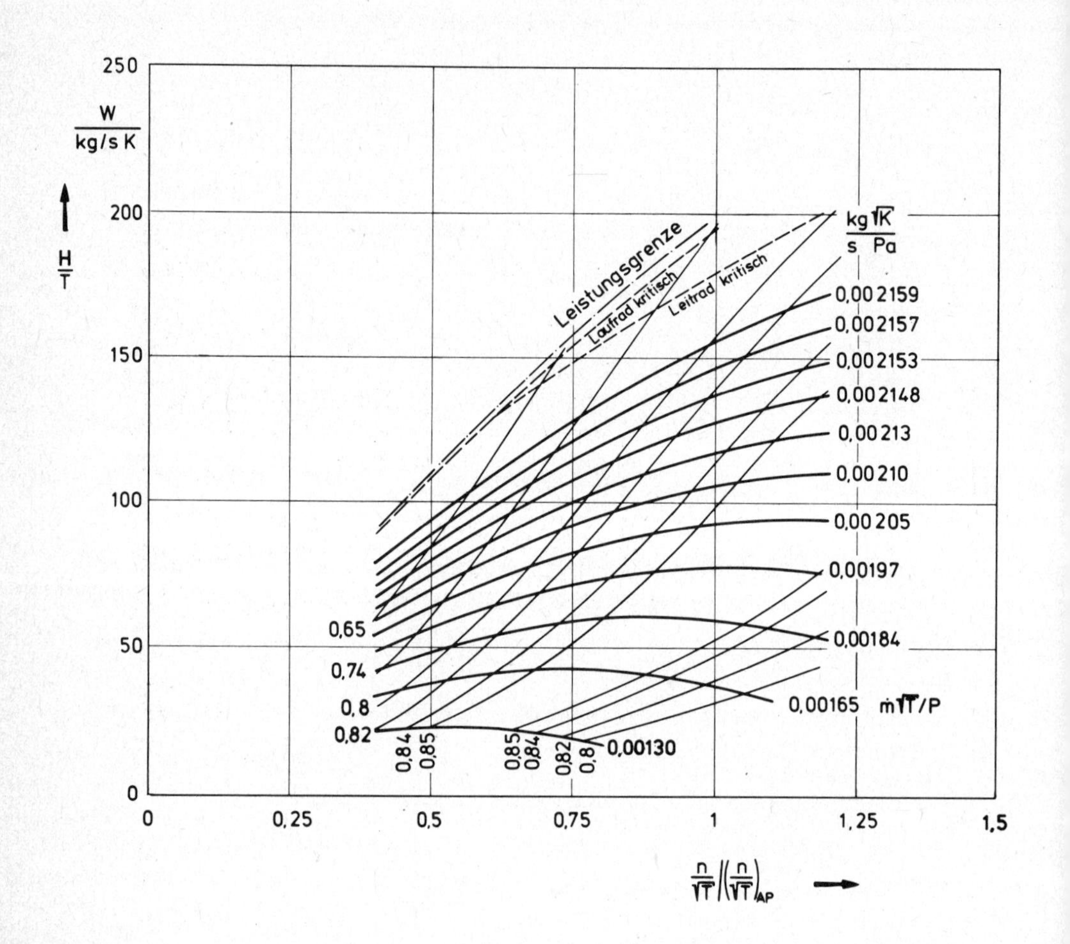

Bild 10. Verstellturbine, Leitradstellung $A/A_{AP} = 0{,}7$

interpoliert. Geht man vom Ergebnis einer solchen Berechnung aus, dann verliert der Begriff Basiskennfeld (3. Teilkennfeld) natürlich seinen Sinn. In diesem Zusammenhang muß auch erwähnt werden, daß das mit dem Basiskennfeld durchgerechnete Fahrprogramm der Kfz-Gasturbine mit unverstelltem

Leitrad nicht unbedingt das günstigste Ergebnis zu sein braucht, welches mit fester Geometrie erreichbar ist.

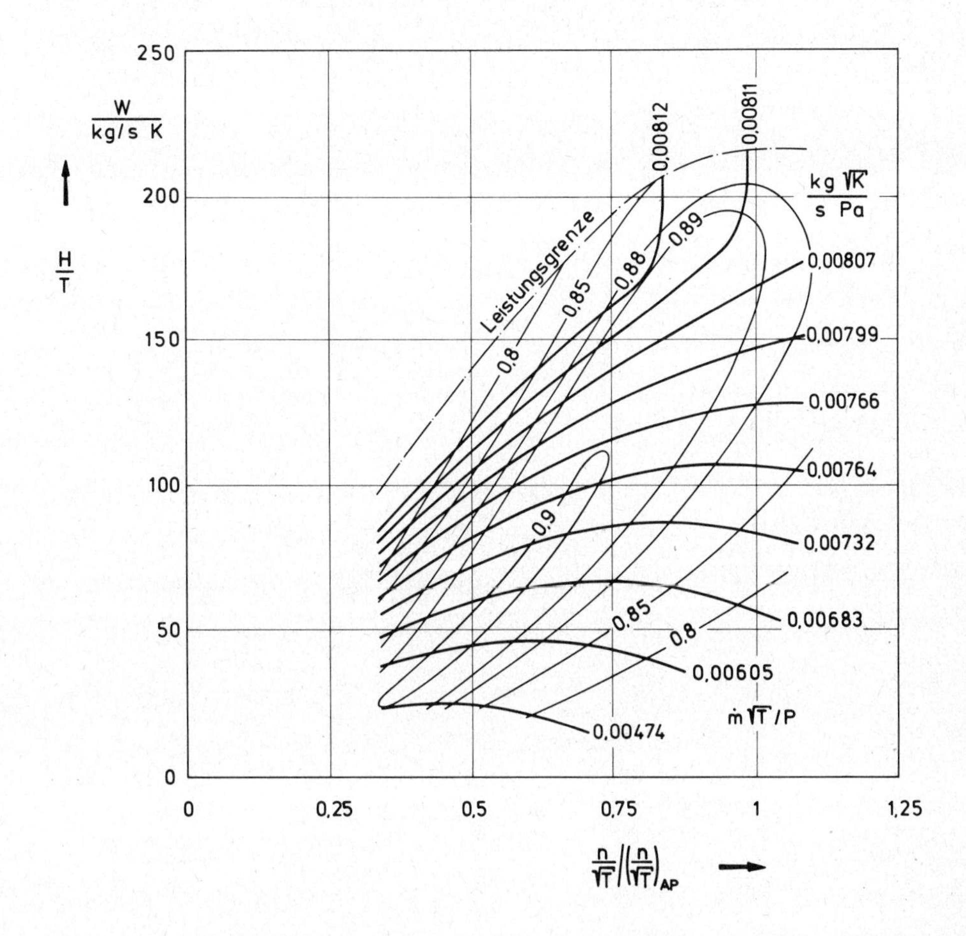

Bild 11. Kennfeld einer einstufigen Turbine

Marineanlage

Fall: ohne Rekuperator

Der Zweiwellen-Gasgenerator wurde im Hoch- und Mitteldruckteil mit einstufigen, relativ stark belasteten Turbinen ausgerüstet, deren Kennfeld

[FA, S. 256] entnommen ist; entsprechend umgezeichnet ergab sich Bild 11. Die Hochdruckturbine ist hohlschaufelgekühlt. Für die Mitteldruckturbine wurde für Fälle zu starker Belastungen (Ψ -Werte von über 7) als Alternative noch eine zweistufige Turbine, die einen entsprechend besseren Wirkungsgrad hat, in die Optimierungsbetrachtung mit aufgenommen.

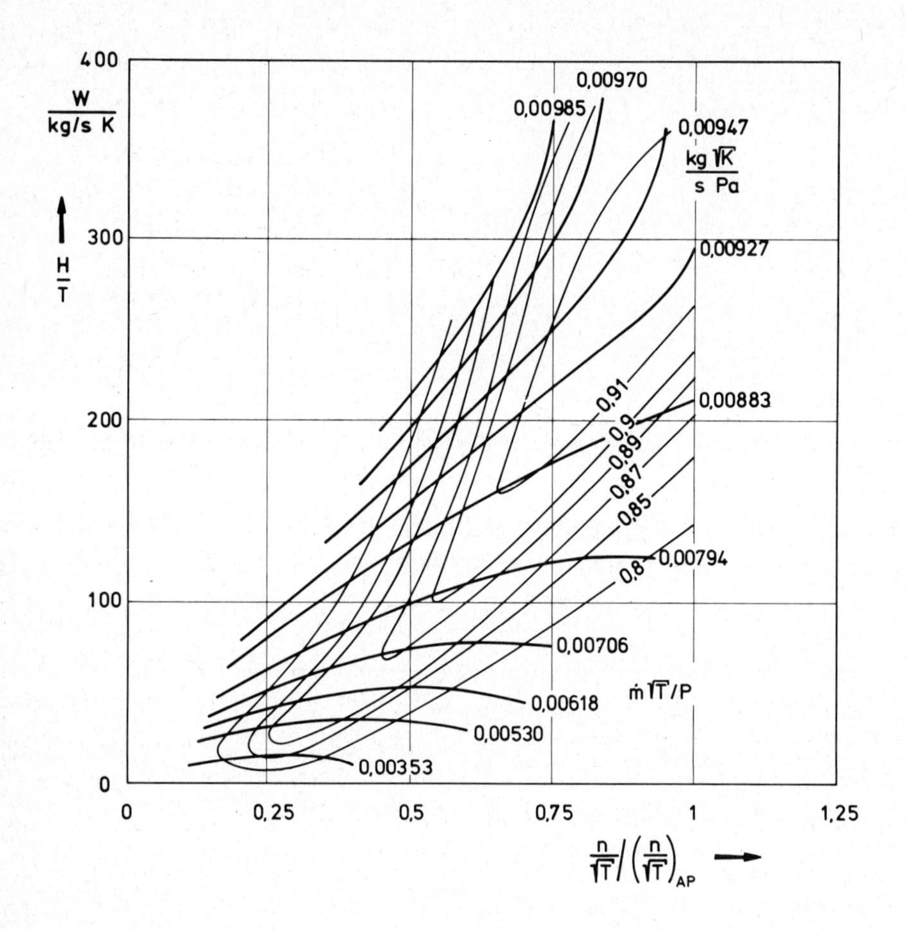

Bild 12. Kennfeld einer vierstufigen Niederdruckturbine

Die Nutzleistungsturbine wurde, um zu hohe Drehzahlen zu vermeiden, vierstufig ausgeführt. Sie setzt sich aus den ersten 4 Stufen der Fan-Turbine des General Electric-Triebwerkes CF-6 [23] zusammen. Die Belastung wurde gegenüber der Luftfahrtausführung etwas zurückgenommen, das Wirkungsgradniveau ist hoch und der günstige Fahrbereich entsprechend breit. Das Kennfeld ist in Bild 12 dargestellt.

Fall: mit Rekuperator

Hier ist die Gasgeneratorturbine nur einstufig, das Kennfeld ist dasjenige des Bildes 11. Für die Nutzleistungsturbine wurde, wie im Fall ohne Rekuperator, das Kennfeld der vierstufigen Anlage gemäß Bild 12 zugrundegelegt.

Luftfahrtanlage

Das Bypasstriebwerk hat im Hochdruckteil eine gekühlte Turbine; das Fan wird durch eine vielstufige Niederdruckturbine angetrieben. Die verwendeten Kennfelder wurden schon besprochen (Bilder 5 und 12).

Energietechnische Anlagen

Da hier keine Teillastrechnungen vorgenommen wurden, werden auch keine Kennfelder angegeben.

2.4 Abströmkanal und Düse

Über Charakteristik und Verluste des Abströmkanals einer Gasturbine ist nicht viel zu sagen, da letzterer nach den einschlägigen strömungsmechanischen Formeln der Rohrreibung berechnet werden kann. Dies gilt prinzipiell auch dann, wenn etwa Widerstandskörper in den Kanal eingebaut sind, die als sog. Flammenhalter eine Wiederaufheizung der die Turbine verlassenden Heißgase ermöglichen sollen [FA, Kap. C.1.3]. Bei der Berechnung der Verlustbeiwerte für diese Flammenhalter ist darauf zu achten, daß die in der Literatur für verschieden geformte Körper (Kegel, Platten, Ringe usw.) angegebenen Widerstandsbeiwerte meist aus Windkanalmessungen stammen. Dabei ist das Verhältnis von Windkanalstrahlquerschnitt und Modellfläche (Projektionsfläche senkrecht auf die Strahlrichtung A_W) meist sehr groß, es ergeben sich also annähernd Verhältnisse wie bei Freianblasung. Bei der Wiedererhitzung (Nachverbrennung) können die Widerstandskörper den Kanalquerschnitt A_K durchaus in nicht mehr zu vernachlässigender Weise versperren. Das Verhältnis A_W/A_K wird Versperrungsgrad genannt. Die durch die Restfläche A_K-A_W strömende Heißgasmenge hat also örtlich eine größere Geschwindigkeit. Die daraus resultierende Erhöhung des Widerstands steigt mit dem Versperrungsgrad und ist in der Verlustbilanz zu berücksichtigen.

Während bei einer mechanische Leistung abgebenden Gasturbine die Geschwindigkeit des Abgasstrahls aus Verlustgründen klein gehalten werden muß, findet bei Strahltriebwerken in der Schubdüse, die konvergent oder konvergent-divergent ausgebildet werden kann, eine teilweise recht erhebliche Geschwindigkeitserhöhung statt. Hohe Strahlschübe verlangen ja große Geschwindigkeiten; bei dieser Heißgasbeschleunigung entstehen jedoch auch Verluste.

2.4.1 Verlustbilanz

Berechnet man die durch die Expansion hervorgerufenen Verluste in der Schubdüse, so ist korrekterweise davon auszugehen, daß sie nur durch die Gasentspannung vom statischen Druck im Kanal unmittelbar vor der Schubdüse p_K bis zum Umgebungsdruck p_0 entstehen (Bild 1a). Demgegenüber hat sich eine vereinfachende Rechenmethode eingebürgert, bei der die Verluste

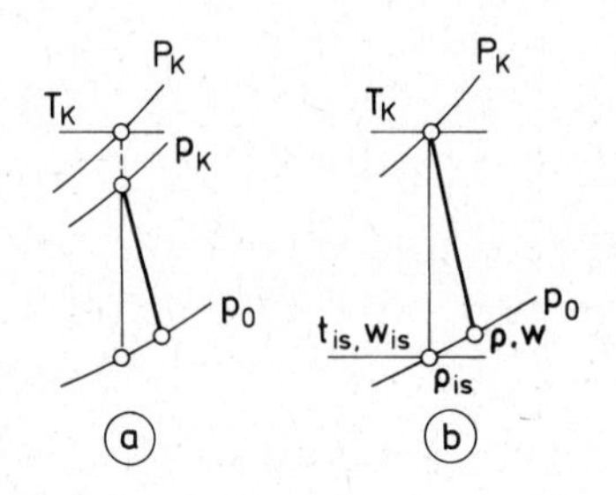

Bild 1. Expansionsverlauf

auf eine theoretische Geschwindigkeit w_{is} bezogen werden, die einer vom Kesselzustand (P_K, T_K) ausgehenden isentropen Entspannung auf p_0 entspricht (Bild 1b).

Liegen keine genauen Unterlagen über die Ausbildung der Schubdüse vor, dann kann ein Geschwindigkeitsbeiwert für unverstellbare Düsen gemäß $\varphi_{SD} = w/w_{is} = (98 \pm 0,5)\ \%$ und für Verstellschubdüsen (VSD) gemäß $\varphi_{VSD} = (97 \pm 1)\ \%$ angesetzt werden. Sind die Ausgangszustände (P_K, T_K) nicht klar definiert, wie dies z.B. bei Zweistrom-Triebwerken mit Mischung von Heiß- und Kaltstrom unmittelbar vor der Schubdüse der Fall sein kann, wobei sich Inhomogenitäten durch Geschwindigkeits-, Druck- und Temperaturausgleich ergeben können, oder handelt es sich um Schubdüsen mit großen Wandstärken am Austrittsquerschnitt oder solche mit aerodynamisch ungünstigen Innenkonturen (Krümmungssprünge etc.), kann man natürlich auch geringere als die angegebenen Geschwindigkeitsbeiwerte erhalten.

Herrscht im Düsenendquerschnitt nicht der Umgebungsdruck ($p_{SD} \neq p_0$), was sowohl bei unter- als auch überkritischen Expansionsdruckverhältnissen der Fall sein kann, dann ist zur Berechnung der Austrittsschubkraft F_{aus} noch die Druckkraft im Endquerschnitt zu berücksichtigen. Mit den Bezeichnungen aus Bild 2 erhält man

$$F_{aus} = \dot{m}w + (p_{SD} - p_0)\, A_{SD}\,. \qquad (1)$$

Ausdruck (1) gilt exakt nur dann, wenn die Düsenkontur am Austritt zylindrisch ist (Fälle a und b). Häufig, besonders bei den geschlosseneren Positionen von Verstelldüsen, endet die Schubdüse jedoch konisch. Je nach Gegendruck ergibt sich dann eine mehr oder minder große Strahlkontraktion (Fälle c und d). Man macht einen sehr kleinen Fehler in der Schubberechnung, wenn man Ausdruck (1) auch für den Fall der Strahlkontraktion benutzt, jedoch dann die Daten im gedachten zylindrischen Querschnitt A_{zyl} zugrundelegt.

Für *u n t e r k r i t i s c h e* Expansion $p_0/P_K \geqq \Pi_{kr}$, wobei $\Pi_{kr} = f(\varkappa, \varphi$ [FA, Kap. B.5.2] ist, ergibt sich dann $p_{zyl} = p_0$ und für den Schub $F_{aus} = \dot{m}w_{zyl}$. Dabei kann $w_{zyl} = w$ mit den vorstehend genannten φ-Werten berechnet werden. Die Kenntnis der Fläche A_{zyl} ist für die Schubberechnung bei der Triebwerksauslegung also nicht erforderlich. Dies bedeutet auch, daß bei Nichtberücksichtigung der Außenaerodynamik des Strahltriebwerks (Verluste durch Umströmung) die Kontraktion die Verlustbilanz - und damit den Schub - nicht beeinflußt. Dies entspricht weitgehend der Erfahrung bei Triebwerksstandversuchen.

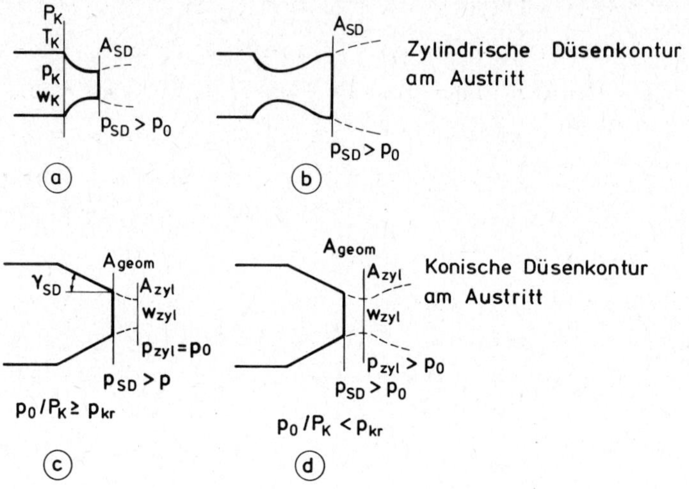

Bild 2. Schubdüsenformen

Bei überkritischer Expansion und auch bei Teillastrechnungen kommt man ohne Kenntnis von A_{zyl} nicht aus. Diese Fläche ist jedoch sofort bestimmbar, wenn eine Aussage über die Kontraktion (B. 2. 4. 2) gemacht werden kann.

Abschließend soll noch erwähnt werden, daß man den Austrittsschub statt nach (1) auch gemäß $F_{aus} = \dot{m} w_{res} = \dot{m}\, \varphi_{res} w_{is}$ ermitteln kann, siehe dazu auch die Diagramme in [FA, Kap. B. 5. 2]. Es kann vorkommen, daß infolge Umströmung von Flugzeugteilen, Interferenzen von Triebwerk und Zelle u. ä. der Gegendruck im Triebwerksaustritt nicht vollständig mit dem Umgebungsdruck übereinstimmt. Von solchen Fällen, über die ohne Kenntnis des Flugzeuggesamtkonzepts nichts ausgesagt werden kann, wurde hier abgesehen. Analog wurde bei der Behandlung der Strahleinschnürung verfahren.

2.4.2 Strahlkontraktion

Die Berücksichtigung der Strahlkontraktion, z.B. durch einen Flächen-Korrekturfaktor f_A, ist hauptsächlich wegen der Tatsache erforderlich, daß bei gegebener geometrischer Schubdüsenfläche und variabler Kontraktion das Triebwerk sich so verhält, als ob es mit Schubdüsenverstellung betrieben würde. Besonders bei Zwei- oder Mehrstromgeräten mit hohen Durchsatzverhältnissen und geringen Druckverhältnissen im Bypasskanal können beachtliche Abweichungen im Triebwerksverhalten (Drehzahlen, Drosselgrad usw.) gegenüber einer ohne Beachtung der Strahlkontraktion vorgenommenen Vorberechnung eintreten.

Zwischen Durchsatz- und Flächen-Korrekturfaktor besteht gemäß Bild 1b der Zusammenhang

$$f_{\dot{m}} = \frac{\dot{m}}{\dot{m}_{is}} = \frac{A}{A_{geom}} \frac{w}{w_{is}} \frac{\rho}{\rho_{is}} = f_A \, \varphi \frac{\rho}{\rho_{is}} \; . \tag{2}$$

Mit dem Dichteverhältnis

$$\frac{\rho}{\rho_{is}} = \frac{t_{is} / T_K}{1 - \varphi^2 \, (1 - t_{is} / T_K)}$$

ist der Flächen-Korrekturfaktor bestimmbar, wenn z.B. durch Messungen der Durchsatz-Korrekturfaktor (Durchsatzrückgang) festgestellt wurde. Man erhält

$$f_A = \frac{f_{\dot{m}}}{\varphi} \; \frac{1 - \varphi^2 (1 - t_{is} / T_K)}{t_{is} / T_K} \; . \tag{3}$$

Für kritische bzw. überkritische Druckverhältnisse kann mit $t_{kr,is}/T_K = 2/(\varkappa + 1)$ auch geschrieben werden

$$f_A = \frac{f_{\dot{m}}}{\varphi} \; \frac{\varkappa + 1 - \varphi^2 \, (\varkappa - 1)}{2} \tag{3a}$$

und für unterkritische Expansion unter Benutzung der Isentropengleichung

$$f_A = \frac{f_{\dot{m}}}{\varphi} \; \frac{1-\varphi^2\left[1-(p_0/P_K)^{\frac{\varkappa-1}{\varkappa}}\right]}{(p_0/P_K)^{\frac{\varkappa-1}{\varkappa}}} , \tag{3b}$$

wobei $\varkappa$ der Isentropenexponent des betreffenden Gases ist. Von der Berücksichtigung der Feinheit, daß bei verlustbehafteter Expansion ($\varphi \neq 1$) das kritische Druckverhältnis gegenüber demjenigen bei isentroper Expansion etwas ansteigt [FA, Kap. B. 5. 2], wurde hier abgesehen.

Bild 3 zeigt den Verlauf des Flächen-Korrekturfaktors für eine konische Düse in Abhängigkeit vom Konuswinkel γ_{SD} (Bild 2c) und dem Druckverhältnis p_0/P_K.

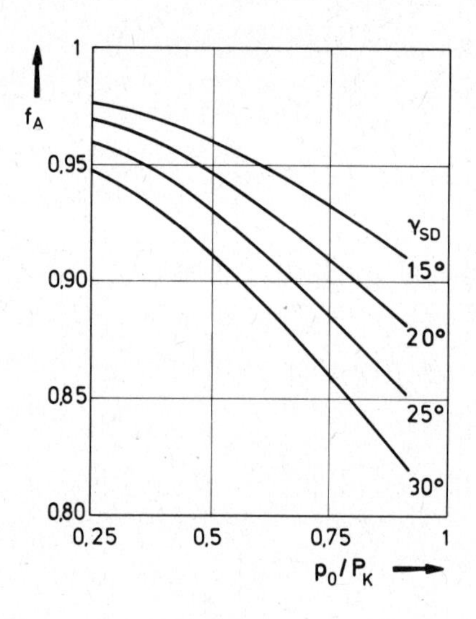

Bild 3. Flächen-Korrekturfaktor bei konvergenten Kreisdüsen

Es stellt eine Art Kennfeld der Schubdüse dar. Wie zu erwarten war, ist die Strahlkontraktion umso bedeutender, je größer γ_{SD} ist. Mit kleiner werdendem Gegendruck, also in Richtung überkritischer Schubdüsenexpansion, geht der Kontraktionseffekt zurück. Der durch die Düsengeometrie entstehenden

Strahleinschnürung wirkt hier die Tendenz des Strahles, aufzuplatzen - welches Phänomen bei ungeführter Expansion auf sehr kleine Gegendrücke aus der Gasdynamik bekannt ist - entgegen.

Bild 4 [79] zeigt Flächenkontraktionswerte von Kreisringdüsen, die für Berechnungen von Zweistrom-Triebwerken benutzt werden können; dabei bedeuten A_i/A_a das Flächenverhältnis, γ_{By} den Neigungswinkel der Bypassschubdüse und p_0/P_{By} das Bypassdruckverhältnis.

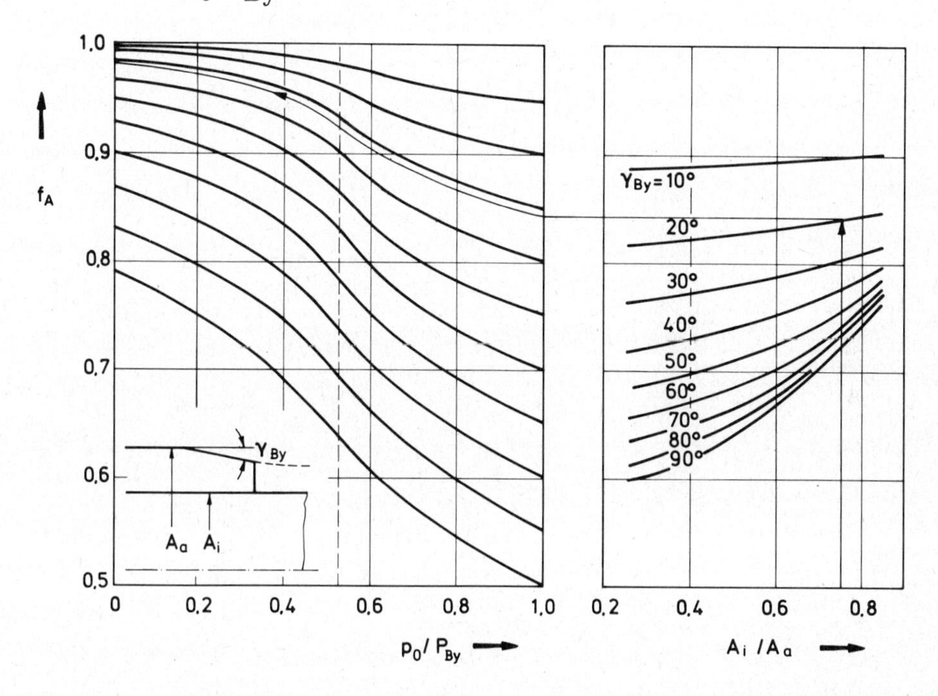

Bild 4. Flächen-Korrekturfaktor bei konvergenten Kreisringdüsen

2.4.3 Teillastrechnung

Für die Teillastrechnung erweist sich der folgende Aufbau der isentropen Düsenberechnung als praktisch. Andere Formulierungen des Problems können implizit oder direkt auf das Problem führen, aus der Massenstromdichte die Mach-Zahl im Endquerschnitt der Düse zu bestimmen. Da die Massenstromdichte aber bei der Mach-Zahl von 1 ein Maximum hat (vgl. FA, Kap. B. 5. 2), existieren im schallnahen Bereich entweder zwei Lösungen oder auch - bei zu großem Zahlenwert für die Massenstromdichte - überhaupt keine Lösung.

Zunächst ist aus dem geometrischen Düsenendquerschnitt die Fläche A_{zyl} zu bestimmen, was mit

$$A_{zyl} = f_A \ A_{geom}$$

und z. B. den Angaben für f_A aus den Bildern 3 und 4 geschehen kann. Letztere sind stückweise mit Polynomen anzunähern oder auch punktweise im Rechner zu speichern.

Nun wird eine isentrope Rechnung mit der Fläche A_{zyl} durchgeführt; die gefundene Abströmgeschwindigkeit ist gemäß $w = \varphi \, w_{is}$ auf den realen Wert zu korrigieren.

Als erstes ist dabei festzustellen, ob die Strömung unter- oder überkritisch ist. Für gerade kritische Strömung ist

$$t_{kr,is} = \frac{2\,T_K}{1+\varkappa}.$$

Beim Gegendruck p_0 müßte dann für sonische Strömung der Ruhedruck $P_{K,kr}$ herrschen (Bild 5):

$$P_{K,kr} = p_0 \left(\frac{T_K}{t_{kr,is}} \right)^{\frac{\varkappa}{\varkappa-1}}.$$

Der Massenstrom durch die Düse ist bei der Teillastrechnung vorgeschrieben durch die Menge, die von der vorgeschalteten Komponente (Gebläse, Turbine) geliefert wird. Um diesen Durchsatz bei kritischem Druckverhältnis auch abströmen zu lassen, muß der Querschnitt A_{kr} zur Verfügung stehen:

$$A_{kr} = \frac{\dot{m} R t_{kr,is}}{p_0 w_{kr,is}} .$$

Ist die so berechnete Fläche größer als die wirklich vorhandene, nämlich A_{zyl}, dann muß unterkritische Strömung herrschen, andernfalls kritische Strömung.

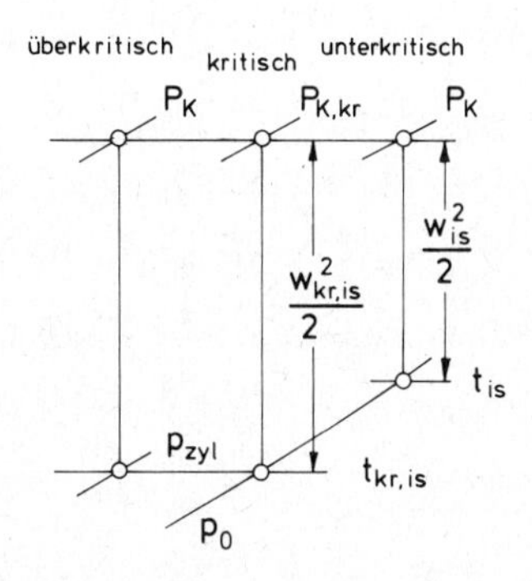

Bild 5. Bestimmung des erforderlichen Ruhedrucks bei unter- und überkritischer Strömung

Bei überkritischer Strömung muß nun - wenn der vorgeschriebene Durchsatz passieren soll - bei gleichbleibender Temperatur der Gesamtdruck bis zu einem solchen Wert P_K erhöht werden, daß sich ergibt

$$P_K = P_{K,kr} \frac{A_{kr}}{A_{zyl}} .$$

Dadurch steigt dann der statische Druck im Endquerschnitt auf

$$p_{zyl} = p_0 \frac{A_{kr}}{A_{zyl}} .$$

Bei unterkritischer Strömung errechnet sich die Abströmgeschwindigkeit aus der Kontinuitätsbedingung:

$$w_{is} = \frac{\dot{m} R t_{is}}{A_{zyl} p_0} .$$

Der erforderliche Gesamtdruck ist

$$P_K = p_0 \left(\frac{T_K}{t_{is}} \right)^{\frac{\kappa}{\kappa - 1}} .$$

Wir haben nun einen Gesamtdruck vor der Düse errechnet, der für einen bestimmten Durchsatz notwendig ist. Der Kreisprozeß der Fluggasturbine muß so geführt werden, daß jeweils nach der letzten Komponente vor der Düse, bzw. den Düsen, genau der hier berechnete Druck herrscht. Wie dieser Kreisprozeß errechnet werden kann, ist in Kap. C. 4 an Hand mehrerer Beispiele erläutert.

3. Umrechnung auf andere Abmessungen

3.1 Ausgangssituation

Zur Abschätzung des Wirkungsgrades von Strömungsmaschinen im Rahmen von Projektrechnungen muß man von bereits realisierten Anlagen ausgehen. Studien auf der Basis konstanter Leistungsabgabe ergeben, wenn die den Kreisprozeß hauptsächlich charakterisierenden Parameter wie Heißgastemperatur und Verdichterdruckverhältnis (gegebenenfalls auch Bypassverhältnis) variieren, auch eine Schwankung des Luftdurchsatzes, die sich jedoch meistens innerhalb enger Grenzen hält. Geht es darum, erprobte Turbomaschinen-Konzepte auf kleinere oder größere Maschinen zu übertragen, kann sich der Durchsatz um eine oder zwei Größenordnungen ändern; auch die Druckänderung kann bedeutend sein.

Um diese Einflüsse erfassen zu können, benötigt man als Basis eine R e y n o l d s - K o r r e k t u r und für besonders kleine Aggregate noch eine geometrische Korrektur. Sie ist deshalb erforderlich, weil bei Kleingasturbinen (wie sie z.B. im Kfz-Sektor vorkommen) die Spaltwirkungen, Profilstärken (Austrittskanten) der Beschaufelungen und Oberflächenrauhigkeiten eine überproportionale Rolle spielen. Aus Fertigungsgründen ist die geometrische Ähnlichkeit nicht mit aller Konsequenz realisierbar.

Man weiß aus Versuchen, daß der Re-Einfluß bei Strömungsmaschinen durchaus verschieden ausfallen kann, je nachdem, ob es sich um ein- oder mehrstufige Aggregate handelt, ob es um niedrigbelastete oder Hochleistungs-Maschinen geht, ob Unterschallströmung oder trans- und supersonische Verhältnisse vorliegen und ob es sich um Verzögerungs- oder Beschleunigungsgitter handelt.

Die Bestimmung von absoluten Re-Zahlen hat im Turbomaschinenbau sowieso nur beschränkte Bedeutung, weil sich von Gitter zu Gitter der Turbulenzfaktor ändert, und selbst die Größen von Referenzgeschwindigkeit und charakteristischer Länge nicht immer bestimmbar sind.

3.2 Voraussetzungen zur Erstellung möglichst allgemein verwendbarer Korrekturen

Zur Aufstellung nachstehend aufgeführter Korrekturformeln wurde von folgenden Voraussetzungen ausgegangen:

- Untersuchungen an Verdichtern und Turbinen, die bei jeweils gleichen Eintritts-Mach-Zahlen und Temperaturen (wenn letztere Unterschiede aufwiesen, wurden sie berücksichtigt) jedoch variablen Drücken getestet wurden [82], bilden die Basis der Bestimmung Re-abhängiger Wirkungsgrade. Diese wurden über dem Produkt von Durchsatz und Eintrittsdruck der jeweiligen Turbomaschine aufgetragen. Unter Beachtung obiger Versuchsbedingungen steigt dann z.B. das Produkt von $\dot{m}$ und P auf das Vierfache, wenn P selbst auf den doppelten Betrag erhöht wird.

- Das Wagnis, eine "allgemein verwendbare" Abhängigkeit von den den Re-Index beeinflußenden Größen herzustellen, hat nur dann eine gewisse Chance auf Erfolg, wenn man vereinfacht. Dies bedeutet hier, daß auf die Erfassung der Temperatur als Einflußgröße verzichtet wurde. Wenn man bedenkt, daß die Verdichtereintrittstemperaturen meist im Bereich von 290 $\pm$ 30 K liegen und diejenigen am Turbineneintritt bei 1450 $\pm$ 150 K, dann sind dies Schwankungen von jeweils $\pm$ 10 %. Die Drücke am Turbineneintritt liegen im Auslegungspunkt heutiger Gasturbinen zwischen 4 und 40 bar. Betrachtet man noch geschlossene Anlagen einerseits und Fluggasturbinen andererseits, so werden diese Grenzen noch nach beiden Seiten hinausgeschoben. Die Abmessungen schwanken gleichfalls um eine Grössenordnung. Demgegenüber tritt die Bedeutung des Temperatureinflusses deutlich in den Hintergrund. (Sollte man die Absicht haben, bei Mehrwellenanordnungen eine Re-Abhängigkeit des Hochdruckverdichters oder der Niederdruckturbine getrennt zu erfassen, dann muß mit größeren als den vorstehend genannten Temperaturschwankungen gerechnet werden. Doch auch in einem solchen Falle träte dieser Einfluß hinter demjenigen von Druck und Abmessungen eindeutig zurück).

- Je kleiner die Maschinen werden, desto mehr treten die vorstehend erwähnten geometrischen Korrekturen in den Vordergrund. Statistisch gesehen dürfte dieser Einfluß kontinuierlich wachsen. Um auch hier zu vereinfachen, wird so verfahren, daß unterhalb eines gewissen Produktes von $\dot{m}P$ (s. Bild 1) der Einfluß dieses Produktes stärker wird. Der Exponent in den Formeln 2 und 3 wird vergrößert. Der Knick kann auf dem nur für ein bestimmtes Beispiel geltenden kg/s-Abszissenmaßstab bei $\dot{m}$ = 10 kg/s abgelesen werden, wenn man, wie dort geschehen, auf P_1 = 1 bar bzw. P_3 = 10 bar bezieht. (Die Korrelationswerte für das Produkt von $\dot{m}P$ beim Verdichter wurden mit 10 und bei der Turbine mit 100 angesetzt.)

Da der Knick nicht sehr ausgeprägt ist, mußte er bei einem relativ hohen Durchsatz angesetzt werden, um bei kleineren $\dot{m}$-Werten die geometrische Korrektur merkbar werden zu lassen. Gegenüber dem reinen vereinfachten Re-Einfluß (gestrichelte Kurve links von der Grenzlinie) verliert man

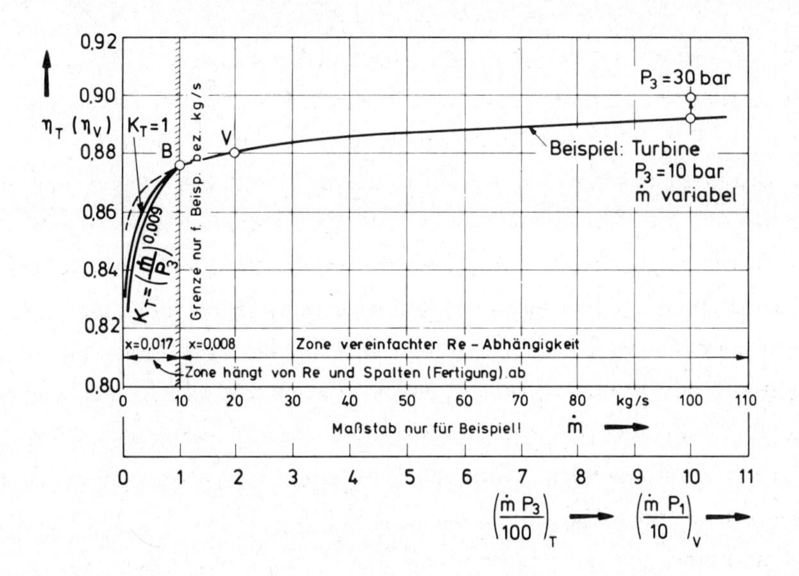

Bild 1. Einfluß von Massenstrom und Eintrittsdruck auf die Umrechnung von η_T und η_V bei Axialgeräten

durch geometrische Korrektur z u s ä t z l i c h

$$\Delta\eta_T = 1\ \%\ \text{bei}\ \dot m = 3\ \text{kg/s}$$
$$\Delta\eta_T = 2\ \%\ \text{bei}\ \dot m = 0{,}8\ \text{kg/s},$$

wobei auf der Kurve $K_V = K_T = 1$ abgelesen wurde.

- Es sollte noch berücksichtigt werden, daß bei hohen Drücken die Notwendigkeit geometrischer Korrektur offensichtlich bei gleichfalls höheren Massenströmen einsetzen wird. Diesen Umstand berücksichtigen die Faktoren K_V und K_T. Der Verlauf ist für das gewählte Beispiel gleichfalls in Bild 1 eingetragen.

- Diese Faktoren, die eine zusätzliche Feinkorrektur zur geometrischen Korrektur darstellen, sind selbst noch von dem Quotienten $\dot m/P$ abhängig. Ist der Massendurchsatz relativ hoch und der Druck relativ klein, z. B. im Fall Turbine bei $\dot{m}$ = 15 kg/s und P_3 = 5 bar, dann ist mit $\dot{m}/P_3 = 3 > 1$ keine Feinkorrektur nötig. Sind dagegen die Verhältnisse umgekehrt, tritt die Feinkorrektur wegen $\dot{m}/P_3 = 1/3 < 1$ in Kraft.

Manchem wird diese Feinkorrektur, die als unterste Kurve links vom Knick dargestellt ist, als eine übertriebene Vorsicht vorkommen. Er kann sie natürlich auch weglassen. Vermutet man, daß Re-bedingte und geometrische Einflüsse die Wirkungsgrade des Verdichters stärker drücken als die der Turbine, kann man eventuell auch beim Verdichter die Feinkorrektur berücksichtigen und bei der Turbine generell $K_T = 1$ setzen.

- Der im Bild 1 mit V bezeichnete Versuchspunkt stellt ein Beispiel aus dem Turbinenbau dar. Für einen mittleren Durchsatz von $\dot{m}$ = 20 kg/s und einen mittleren Druck von P_3 = 10 bar, also $\dot{m}P_3/100 = 2$, ergab sich ein $\eta_T = 0,88$. Die Re-abhängige Kurve gibt dann beim Abszissenwert $\dot{m}P_3/100 = 1$ den Bezugspunkt B mit $\eta_T = 0,875$. B stellt die Knickstelle dar, über die vorhin schon gesprochen wurde. Da dieses Wirkungsgradniveau auch von Verdichtern erreicht wird, wenn sie nicht zu vielstufig sind, ist an der Ordinate auch η_V in Klammern eingetragen.

- Besitzt man gemessene, aus einem Kennfeld stammende oder auch gerechnete Wirkungsgrade einer Strömungsmaschine, dann wäre es ein Zufall, wenn diese genau auf der Kurve durch den Bezugspunkt B in Bild 1 liegen würden. Man relativiert sie dann durch η_{rel}.

3.3 Umrechnungsformeln

Folgende Formeln für Umrechnungen auf andere Auslegungspunkte, Betriebsbedingungen oder Abmessungen thermischer Turbomaschinen können für Projektstudien, Optimierungsbetrachtungen o. ä. benutzt werden.

$$\eta_{\substack{\text{verkleinert}\\ \text{vergrößert}}} = \eta_{\substack{\text{Formel, Kleingerät}\\ \text{Großgerät}}}\ \eta_{rel}\,, \tag{1}$$

Verdichter

$$\eta_{Formel} = \eta_V = 0{,}875 \left(\frac{\dot{m}}{10}\,\frac{P_1}{1}\right)^x K_V, \tag{2}$$

hierbei ist:

$x = 0{,}017$ für $\dot{m}/P_1 < 10$
$x = 0{,}008$ für $\dot{m}/P_1 \geqq 10$
$\dot{m}$ in kg/s und P_1 in bar

$$K_V = \left(\frac{\dot{m}}{10\,P_1}\right)^{0{,}009} \quad \text{für } \dot{m}/P_1 < 10$$

$$K_V = 1 \quad \text{für } \dot{m}/P_1 \geqq 10$$

Turbine

$$\eta_{Formel} = \eta_T = 0{,}875 \left(\frac{\dot{m}}{10}\,\frac{P_3}{10}\right)^x K_T, \tag{3}$$

hierbei ist:

$x = 0{,}017$ für $\dot{m}/P_3 < 1$
$x = 0{,}008$ für $\dot{m}/P_3 \geqq 1$
$\dot{m}$ in kg/s und P_3 in bar

$$K_T = \left(\frac{\dot{m}}{P_3}\right)^{0{,}009} \quad \text{für } \dot{m}/P_3 < 1$$

$$K_T = 1 \quad \text{für } \dot{m}/P_3 \geqq 1$$

Der tatsächlich (z.B. aus Messungen) bekannte Wirkungsgrad (hier mit η_{bek} bezeichnet) wird gemäß η_{rel} in die Formel eingesetzt.

$$\eta_{rel} = \left(\frac{\eta_{bek}}{\eta_{Formel}}\right)_{\substack{\text{Großgerät}\\ \text{Kleingerät}}} \tag{4}$$

Beispiele:

Für Verkleinerung

Eine große Marineturbine mittlerer Belastung hat für $\dot{m}$ = 100 kg/s und P_3 = 30 bar ein η_{bek} = 0,92.

$\dot{m}P_3/100 > 1$, somit x = 0,008

$\dot{m}/P_3 > 1$, somit K_T = 1

$$\eta_{Formel} = 0{,}875 \left(\frac{100}{10} \cdot \frac{30}{10} \right)^{0{,}008} \cdot 1 = 0{,}899$$

$$\eta_{rel} = \frac{\eta_{bek}}{\eta_{Formel}} = \frac{0{,}92}{0{,}899} = 1{,}023 .$$

Die Verkleinerung soll führen zu:

$\dot{m}$ = 10 kg/s und P_3 = 30 bar

$\dot{m}P_3/100 > 1$, somit x = 0,008

$\dot{m}/P_3 < 1$, somit $K_T = (0,333)^{0,009} = 0,99$

$$\eta_{Formel,\,Kleingerät} = 0{,}875 \left(\frac{10}{10} \cdot \frac{30}{10} \right)^{0{,}008} \cdot 0{,}99 = 0{,}874 .$$

Der neue Wert der verkleinerten Turbine ist damit:

$$\eta_{verkleinert} = 0{,}874 \cdot 1{,}023 = 0{,}894 .$$

Für Vergrößerung

Eine Kfz-GT hat für $\dot{m}$ = 1 kg/s und P_3 = 5 bar ein η_{bek} = 0,80 (z. B. Keramik).

$\dot{m}P_3/100 < 1$, somit x = 0,017

$\dot{m}/P_3 < 1$, somit $K_T = (0,2)^{0,009} = 0,9856$

$$\eta_{Formel} = 0{,}875 \left(\frac{1}{10} \cdot \frac{5}{10}\right)^{0{,}017} \cdot 0{,}9856 = 0{,}82\,,$$

$$\eta_{rel} = \frac{0{,}8}{0{,}82} = 0{,}976\,.$$

Die Vergrößerung soll führen zu:

$\dot{m}$ = 20 kg/s und P_3 = 10 bar

$\dot{m}P_3/100 > 1$, somit x = 0,008

$\dot{m}/P_3 > 1$, somit K_T = 1

$$\eta_{Formel} = 0{,}875 \left(\frac{20}{10} \cdot \frac{10}{10}\right)^{0{,}008} \cdot 1 = 0{,}88\,.$$

Der neue Wert der vergrößerten Turbine ist damit:

$$\eta_{vergrößert} = 0{,}88 \cdot 0{,}976 = 0{,}859\,.$$

4. Wärmetauscher

Die für den Einsatz in Gasturbinen geeigneten Wärmetauscher müssen - besonders bei ortsbeweglichen Maschinen - Hochleistungsaggregate sein. Im Falle von Wärmetauschern, bei denen auf beiden Seiten Gas strömt, bedeutet das, daß auf kleinem Raum eine sehr große wärmeübertragende Fläche unterzubringen ist. Die Darstellung der Theorie und der Berechnungsunterlagen für solche Hochleistungswärmeübertrager kann hier nur in sehr verkürzter Form erfolgen. Der näher interessierte Leser wird auf die Fachliteratur wie z.B. [37, 38] verwiesen; die folgenden Ausführungen sind zum Teil diesen Quellen entnommen.

Der Wärmetauscher-Wirkungsgrad ε wird definiert zu

$$\varepsilon = \frac{\dot{Q}}{\dot{Q}_{max}} . \tag{1}$$

Der übertragene Wärmestrom $\dot{Q}$ errechnet sich aus

$$\dot{Q} = \dot{m}_k c_{p,k} \left(t_{k,aus} - t_{k,ein} \right) = \dot{m}_h c_{p,h} \left(t_{h,ein} - t_{h,aus} \right) . \tag{2}$$

In Gl. (2) kann man das Produkt aus Massenstrom und spezifischer Wärme jeweils zu einem Wärmekapazitätsstrom $\dot{C}$ zusammenfassen, so daß gilt

$$\dot{Q} = \dot{C}_k \left(t_{k,aus} - t_{k,ein} \right) = \dot{C}_h \left(t_{h,ein} - t_{h,aus} \right) . \tag{3}$$

Je nach den Umständen kann der theoretisch maximal übertragbare Wärmestrom von der Kalt- oder von der Heißseite bestimmt werden. Die Austrittstemperatur des kalten Fluides kann nicht höher sein als die Eintrittstemperatur des heißen Fluides; die Austrittstemperatur auf der Heißseite kann aber auch nicht niedriger sein als die Eintrittstemperatur der Kaltseite. Daher gilt

$$\dot{Q}_{max} = \min \begin{Bmatrix} \dot{C}_k \left(t_{h,ein} - t_{k,ein} \right) \\ \dot{C}_h \left(t_{h,ein} - t_{k,ein} \right) \end{Bmatrix} \tag{4}$$

oder

$$\dot{Q}_{max} = \dot{C}_{min} \left(t_{h,ein} - t_{k,ein} \right) \tag{5}$$

und damit wird aus Gl. (1)

$$\varepsilon = \frac{\dot{C}_k \left(t_{k,aus} - t_{k,ein} \right)}{\dot{C}_{min} \left(t_{h,ein} - t_{k,ein} \right)} = \frac{\dot{C}_h \left(t_{h,ein} - t_{h,aus} \right)}{\dot{C}_{min} \left(t_{h,ein} - t_{k,ein} \right)} . \tag{6}$$

Wenn die Massenströme auf beiden Seiten gleich sind, dann wird für Luft und Abgas-Luftmischungen stets $\dot{C}_{min} = \dot{C}_k$.

Der Wärmetauscher-Wirkungsgrad hängt ab von einer für den gesamten Übertrager repräsentativen Wärmedurchgangszahl k_m, der Fläche A, den Wärmekapazitätsströmen $\dot{C}_k$ und $\dot{C}_h$ sowie der Stromführung (Gleichstrom, Gegenstrom ...).

Die Wärmedurchgangszahl für eine einfache Rohrwand ohne Rippen ergibt sich unter Vernachlässigung der Wärmeleitung in der Trennwand:

$$k_h = \frac{1}{\frac{1}{\alpha_h} + \frac{A_h}{A_k}\frac{1}{\alpha_k}} . \tag{7}$$

Die wärmeübertragenden Flächen werden im allgemeinen auf den beiden Seiten unterschiedlich groß sein, ebenso die Wärmeübergangszahlen α_k und α_h.

Aus den Größen k_m, A und $\dot{C}_{min}$ kann man eine dimensionslose Wärmeübertragungsgröße ü bilden

$$ü = \frac{A\,k_m}{\dot{C}_{min}} = \frac{\int k\,dA}{\dot{C}_{min}} , \tag{8}$$

wobei k und A beide zur selben Seite des Übertragers gehören. Der Wärmetauscher-Wirkungsgrad läßt sich nun darstellen als

$$\varepsilon = f\left(ü, \frac{\dot{C}_{min}}{\dot{C}_{max}}, \text{Stromführung}\right). \tag{9}$$

4.1 Rekuperator

Unter Rekuperator versteht man einen Wärmetauscher, bei dem die Übertragung von der Heißseite auf die Kaltseite durch eine feststehende Wand erfolgt.

Beim Regenerator wird eine Speichermasse wechselweise vom heißen bzw. kalten Fluid beaufschlagt.

4.1.1 Bauarten

4.1.1.1 Platten- und Rohrbündelwärmetauscher

Bei den Rekuperator-Bauarten sind zwei Haupttypen anzutreffen, nämlich der Platten- und der Rohrbündelwärmetauscher. Bei beiden gibt es eine Fülle von möglichen Oberflächenformen, von denen Bild 1 nur einige typische zeigt.

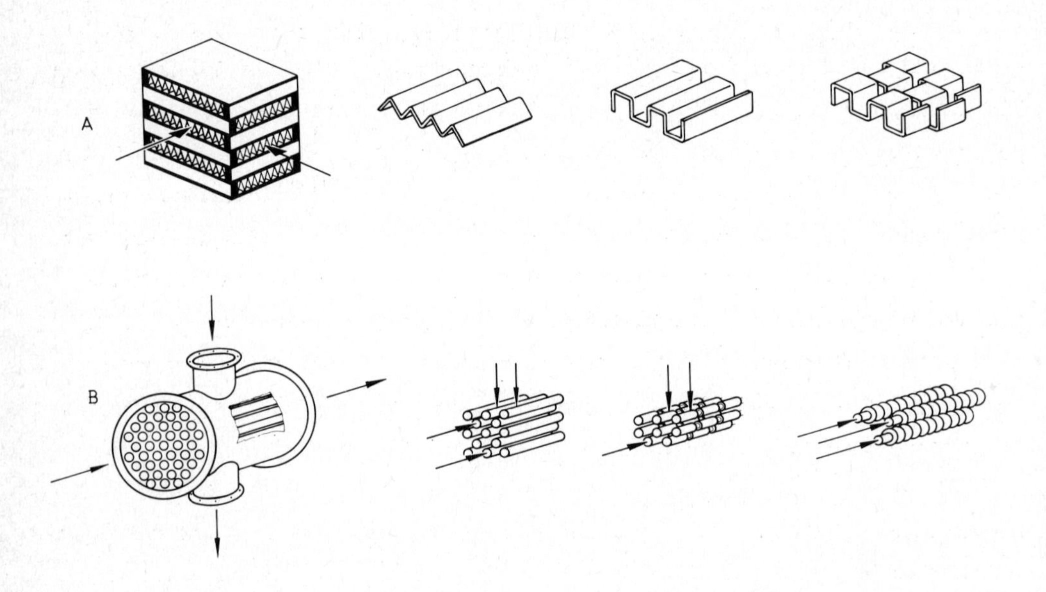

Bild 1. Oberflächenformen bei Platten- und Rohrbündel-Wärmetauschern

Plattenwärmetauscher werden aus einzelnen Schichten aufgebaut und gelötet. Besondere Abschlußstreifen an den jeweiligen Seiten werden dabei vorgesehen. Falls diese aus Vollmaterial bestehen, tragen sie und das Lötmittel zusammen einen nicht unerheblichen Anteil zur Gesamtmasse des Wärmetauschers bei.

Rohrbündel-Wärmetauscher sind in gewisser Weise einfacher herzustellen als Platten-Wärmetauscher. Da die Rohre nur mit den Abschlußplatten verbunden werden müssen, ist die Länge der Lötnähte insgesamt ganz wesentlich kleiner. Auch die einzelne Verbindung eines Rohres mit der Wand ist weniger problematisch. Die hohen Kosten für die Rohre sind der Hauptnachteil dieser Bauart. In der Praxis ist deren Anwendung daher meist auf Flächendichten von unter etwa 500 m^2/m^3 beschränkt.

Für die Anwendung in Gasturbinen muß aber - wenn der Rekuperator nicht überdimensional groß werden soll - auf sehr kompakte Oberflächenformen geachtet werden. Das heißt, in einem gegebenen Volumen ist eine möglichst große wärmeübertragende Oberfläche unterzubringen. Für die Zukunft werden Flächendichten bis zu 5000 m^2/m^3 und mehr angestrebt, die bei annehmbaren Herstellungskosten nur mit Plattenrekuperatoren erreicht werden können. Die Prototypen von Fluggasturbinen, die bisher mit Wärmetauschern ausgeführt wurden, arbeiteten mit Rohrbündel-Wärmetauschern. Gründe dafür sind u. a. die schon erwähnte einfachere Herstellung und die im Vergleich zu Plattenwärmetauschern geringere Masse. Bei fortschreitender Entwicklung wird sich aber letzterer trotz seiner höheren Masse durchsetzen können, wenn sehr hohe Flächendichten verwirklicht werden (vielleicht wird das in der Flugtechnik nicht gelten).

Entwicklungsprobleme sind neben den Herstellungsverfahren sowohl die inneren Wärmespannungen bei instationären Betriebszuständen (Anfahren u. ä.) als auch die äußeren an den Verbindungselementen für Zu- und Abströmung. Neben metallischen Plattenübertragern werden für hohe Temperaturen auch keramische untersucht; deren Entwicklung ist aber noch nicht sehr fortgeschritten.

4.1.1.2 Gleich-, Kreuz- und Gegenstrom

Neben der Einteilung nach Platten- und Rohrbündel-Bauweise ist es auch möglich, die Wärmetauscher nach ihrer Stromführung zu klassifizieren. Drei Grundschemata sind möglich: Gleich-, Kreuz- und Gegenstrom.

Wegen der auf etwa 50 % begrenzten Wirkungsgrade kommt die Gleichstromführung bei Gasturbinen-Wärmetauschern kaum in Frage. Als Ausnahme wäre denkbar, bei sehr hohen Eintrittstemperaturen den Gesamtwärmetauscher in einzelne Module zu unterteilen, wobei das 1. Element auf der Eintrittsseite in Gleichstrombauweise ausgeführt wäre. Damit erhielte man die für diesen Modul niedrigst möglichen Metalltemperaturen; nach dem Austritt aus dem Gleichstrom-Modul sind dann die Gastemperaturen so weit erniedrigt, daß Kreuz- oder Gegenstromführung möglich wird.

Die Kreuzstromführung gibt besonders bei Plattenwärmetauschern einfache Anschlußmöglichkeit für Zu- und Ableitungen. Will man hohe Wirkungsgrade erreichen, dann wird allerdings das erforderliche Volumen außerordentlich

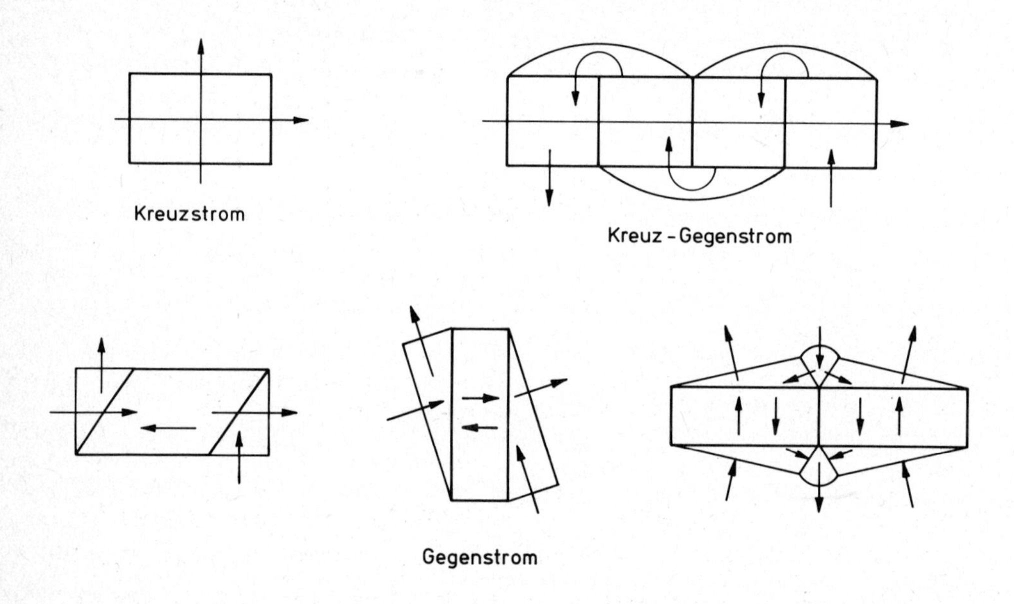

Bild 2. Bauarten von Kreuz- und Gegenstrom-Plattenrekuperatoren

groß. Man kann dann zur Kreuz-Gegenstrom-Anordnung übergehen (Bild 2), womit jedoch die Stromführung wieder komplizierter wird. Den Vergleich zwischen Kreuz-Gegenstrom und reinem Gegenstrom zeigt Bild 3 aus [46] für die bei Gasturbinen normalerweise ausgeführten Rekuperatoren.

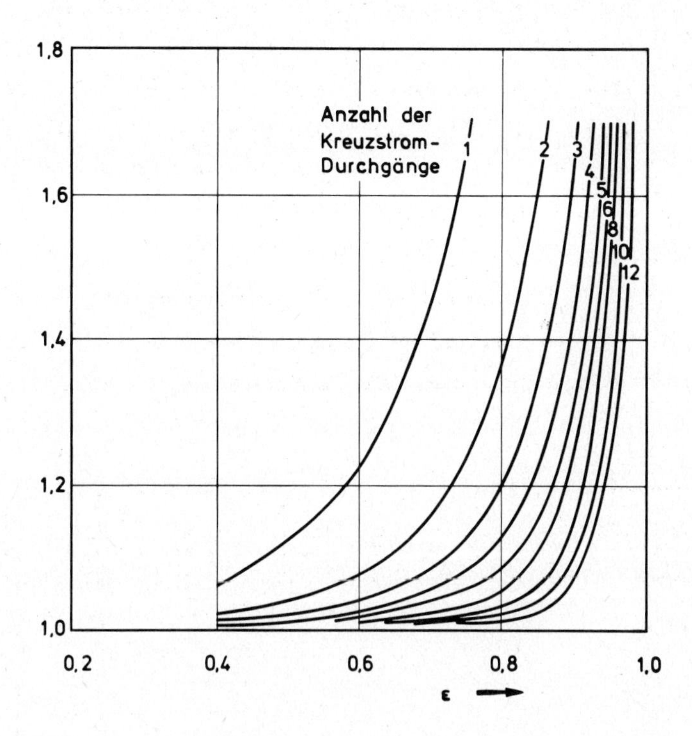

Bild 3. Erforderliches Wärmetauscher-Volumen bei Kreuz-Gegenstrom-Bauart im Vergleich zur reinen Gegenstrom-Bauart. [13]

Vom Gesichtspunkt der mechanischen Belastung durch Wärmespannungen in den Blechen und Rippen her ist der reine Kreuzstromwärmetauscher am ungünstigsten von allen hier besprochenen Bauarten. Während bei Gleich- und Gegenstrom quer zur Strömungsrichtung in den Platten im Idealfall der gleichmäßigen Durchströmung kein Temperaturgefälle auftritt, stellt sich beim Kreuzstromübertrager eine dreidimensionale Temperaturverteilung ein. Berücksichtigt man zusätzlich instationäre Betriebszustände (wie zum Beispiel Anlassen einer kalten Gasturbine), dann kann man sich leicht vorstellen, daß die mechanischen Probleme von Platten-Kreuzstromwärmetauschern nicht unterschätzt werden dürfen.

Der reine Gegenstromübertrager gibt bei vorgegebenem Wirkungsgrad das kleinste Bauvolumen. Allerdings bereitet die Trennung der Ströme an beiden Enden Schwierigkeiten. In Übergangszonen am Ein- und Austritt (Bild 2) herrschen die Bedingungen von Kreuzstromübertragern. Der Wärmeübergang in diesen Anschlußstücken ist klein im Vergleich zu dem im Gegenstromteil; man muß dort in erster Linie auf geringe Druckverluste und eine gute Geschwindigkeitsverteilung achten. Insgesamt nehmen die Anschlußstücke einen durchaus nicht vernachlässigbaren Anteil am Gesamtvolumen ein.

Da, wie erwähnt, der Gegenstromübertrager das kleinste Volumen und Vorteile bezüglich der Wärmespannungen bietet, wurde für die im Rahmen dieses Buches angestellten Untersuchungen eine solche Bauweise ausgewählt. Diese Wahl muß, besonders für kleinere Austauschgrade, keineswegs immer so ausfallen; für detaillierte Studien sei der Leser auf die entsprechende Fachliteratur verwiesen.

Bei der Gegenstrom-Bauart lautet der oben mit Gl. (9) angedeutete Zusammenhang (Bild 4)

$$\varepsilon = \frac{1 - e^{-\ddot{u}\left(1 - \frac{\dot{C}_{min}}{\dot{C}_{max}}\right)}}{1 - \frac{\dot{C}_{min}}{\dot{C}_{max}} e^{-\ddot{u}\left(1 - \frac{\dot{C}_{min}}{\dot{C}_{max}}\right)}} . \tag{10}$$

Dabei sind die Anschlußstücke mit ihrer Kreuzstromführung nicht berücksichtigt, die in Wirklichkeit einen etwas größeren Wirkungsgrad erwarten lassen. Andererseits gilt Gl. (10) für den Fall ohne Längswärmeleitung und mit idealer Geschwindigkeitsverteilung über die Frontquerschnitte. Das sind zwei Effekte, die den Wirkungsgrad gegenüber der Theorie des reinen Gegenstromwärmetauschers wiederum verschlechtern.

In den Rechenbeispielen wurde der Einfachheit halber direkt mit Gl. (10)

gerechnet. Bei den Druckverlusten (siehe Kap. B 4. 1. 2. 3) wurden die An-

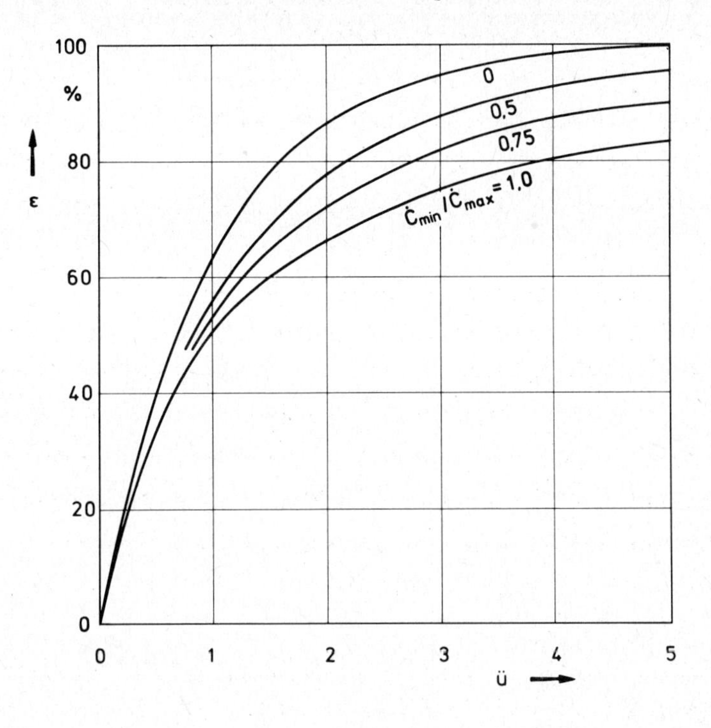

Bild 4. Wärmetauscher-Wirkungsgrad für reinen Gegenstrom

schlußstücke allerdings mit berücksichtigt.

4. 1. 2 Charakteristische Daten und Zusammenhänge für Plattenrekuperatoren

Es kann nicht Aufgabe dieses Buches sein, den Wärmetauscher mit seinen zahllosen möglichen Oberflächenformen im Detail zu optimieren. Vielmehr soll an Hand von Beispielen gezeigt werden, welche wesentlichen Parameter des Wärmetauschers den Entwurf der gesamten Gasturbine beeinflußen. Dazu werden ausgewählte Oberflächenformen benutzt, die für den jeweiligen Anwendungsbereich typisch sind. An Stelle von Meßdaten werden vereinfachte theoretische Zusammenhänge für Reibungs- und Wärmeübertragungseigenschaften verwendet.

Zum Vergleich verschiedener Plattenrekuperatoren werden im folgenden drei repräsentative Flächendichten betrachtet, nämlich 1000, 2000 und 5000 m^2/m^3. Selbst der kleinste dieser Werte gehört zu einem im heutigen Sinne des Wortes "kompakten" Wärmetauscher, Dennoch ist 5000 m^2/m^3 keine utopische Zahl (vgl. zum Beispiel [77]), wenn sie auch noch weit davon entfernt ist von dem, was heute industrielle Praxis ist.

4.1.2.1 Plattenrekuperatoren mit Flächendichten bis zu 3000 m^2/m^3

Von der Vielzahl von möglichen Oberflächenformen, die zum Beispiel in [37] beschrieben sind, eignen sich für Hochleistungsübertrager mit den Flächendichten im Bereich von 1000 - 3000 m^2/m^3 am besten Rippenformen in der Art, wie sie in Bild 1 ganz rechts dargestellt sind. Neben diesen rechteckigen, gegeneinander versetzten Rippen wurden noch viele andere Formen entwickelt, die ihre günstigen Eigenschaften ebenfalls dem Umstand verdanken, daß die den Wärmeübergang behindernde Grenzschicht immer wieder "aufgebrochen" wird.

Es bedeutet stets eine gewisse Willkür, sich für eine bestimmte Oberflächenform zu entscheiden. Um die prinzipiellen Zusammenhänge aufzuzeigen, gehen wir hier von den versetzten, rechteckigen Rippen nach Bild 5 aus. Es handelt

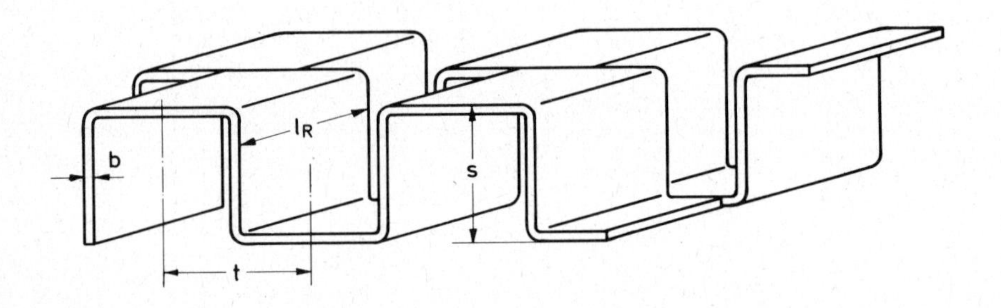

Bild 5. Bezeichnungen an Rechteckrippen

sich dabei um eine Form, die in der Praxis unter anderem wegen der einfachen Fertigung nicht selten als optimal angesehen wird [38,46].

An Stelle von Versuchsergebnissen kann eine verhältnismäßig einfache Modellvorstellung nach [38] dazu dienen, die Eigenschaften dieser Oberfläche mit relativ guter Genauigkeit zu beschreiben. Da die Rippen einen großen Anteil an der wärmeübertragenden Oberfläche haben und außerdem die Grenzschicht längs der Wände wegen der ständigen Unterbrechungen im Rippenblech ähnlich wie an den Rippenstegen immer wieder neu aufgebaut werden muß, kann man von einem hypothetischen Wärmetauscher ausgehen, der nur aus relativ kurzen, ebenen Rippen besteht. Längs der kurzen Rippen bildet sich eine laminare Grenzschicht, wie experimentell nachgewiesen wurde, obwohl die Vorderkanten der Stege keinesfalls aerodynamisch günstig geformt sind. Für den Wärmeübergang an einer ebenen Platte mit laminarer Grenzschicht gilt

$$St\, Pr^{2/3} = 0{,}664\; Re_{l_R}^{-0{,}5} \; .$$

Dabei ist die Reynolds-Zahl mit der Rippenlänge l_R zu bilden. Geht man auf

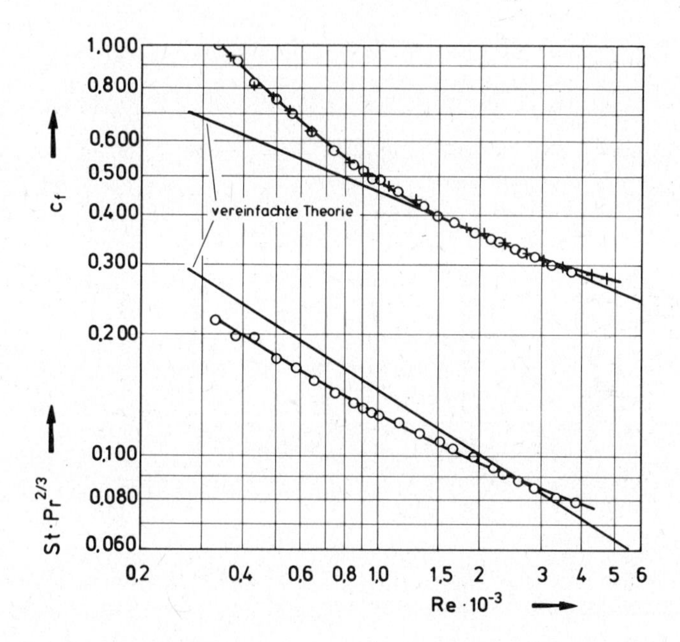

Bild 6. Vergleich der vereinfachten Theorie mit Meßdaten aus [38].

eine mit dem hydraulischen Durchmesser gebildete Reynolds-Zahl über, so gilt

$$St\,Pr^{2/3} = 0{,}664\sqrt{\frac{d_h}{l_R}}\,Re^{-0,5}\,. \tag{11}$$

Dieser Zusammenhang ist im Vergleich zu Meßdaten in Bild 6 aufgetragen [38]

Für den Reibungsbeiwert an einer ebenen Platte mit laminarer Strömung gilt

$$c_{f,R} = 1{,}328\,Re_{l_R}^{-0,5}\,.$$

Verwendet man wieder die Reynolds-Zahl mit dem hydraulischen Durchmesser, so gilt

$$c_{f,R} = 1{,}328\sqrt{\frac{d_h}{l_R}}\,Re^{-0,5}\,. \tag{12}$$

Vergleicht man Ergebnisse aus dieser Beziehung mit den Meßdaten aus Bild 6, so erkennt man, daß erstere viel zu niedrig liegen. Das liegt an dem rechteckigen Querschnitt der Rippe, die nicht nur den obigen betrachteten Reibungswiderstand an den Seitenwänden, sondern auch einen erheblichen Druck-

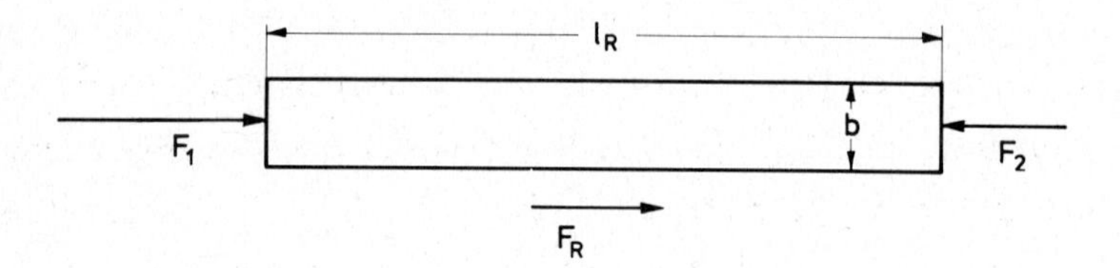

Bild 7. Kräftebilanz an einem Rippensteg

widerstand hat. Die Kräftebilanz (Bild 7) lautet für die gesamte Rippe

$$\Sigma F = A\rho\,\frac{w^2}{2}\left(2c_{f,R} + \frac{A_b}{A}\,c_w\right),$$

wobei c_w ein Widerstandsbeiwert für die Vorderkante sein soll. Für eine Rippenseite ergibt sich dann ein Reibungsbeiwert von

$$c_f = c_{f,R} + \frac{1}{2} \frac{A_b}{A} c_w .$$

Für den Widerstandsbeiwert kann nach [38] näherungsweise 0,88 eingesetzt werden. Mit der Rippendicke b gilt dann

$$c_f = 1{,}328 \sqrt{\frac{d_h}{l_R}} \, Re^{-0{,}5} + 0{,}44 \frac{b}{l_R} . \tag{13}$$

Die mit dieser Formel errechneten Werte sind in Bild 6 ebenfalls eingetragen.

Die idealisierte rechteckige Querschnittsform ist in der Wirklichkeit nie vorhanden. Da die Rippen in der Regel gestanzt werden, entstehen je nach Material und Werkzeugabnutzung Verformungen sowie Grate an Vorder- und Hinterkanten. Daher konnte man bei gleicher Geometrie, aber verschiedenen Materialien Unterschiede in den gemessenen Reibungsbeiwerten von 10-20 % feststellen.

Aus Gl. (11) kann man erkennen, daß es vom Wärmeübergang aus gesehen günstig ist, die Steglänge möglichst zu verkleinern. Gl. (13) dagegen führt zu dem Schluß, daß große Steglängen wegen der geringeren Reibungsverluste günstig sind. Die optimale Länge festzulegen ist schwierig; nach [38] bekommt man einen ausgewogenen Entwurf für Steglängen, die das 25-30-fache der Blechdicke betragen. Das durch die Gl. (11) und (13) beschriebene mathematische Modell ist auf ungefähr diesen Bereich der Steglängen beschränkt.

4. 1. 2. 2 Plattenrekuperatoren mit Flächendichten von 5000 m^2/m^3

Für sehr viele gebräuchliche Rippenformen gilt mit recht guter Genauigkeit die folgende Näherungsformel für den hydraulischen Durchmesser

$$d_h \approx \frac{3{,}8}{a} \frac{\frac{s}{b}-1}{\frac{s}{b}+1} .$$

Sehr hohe Flächendichten führen also zwangsläufig zu sehr kleinen Strömungskanälen und damit auch zu kleinen Reynolds-Zahlen. Im Bereich von Flächendichten um 5000 m^2/m^3 stellt sich eine laminare Strömung ein, die derart stabil ist, daß die Unterbrechung der Grenzschichten z.B. durch Versetzen von Rippen keinen gesteigerten Wärmeübergang mehr gibt. So kleine versetzte Rippen wären außerdem schwierig herzustellen und machen den Wärmetauscher anfälliger für Verschmutzung. Bei modernen Gasturbinen mit sorgfältig ausgelegten Brennkammern spielt die Verschmutzung praktisch keine Rolle; aber bei hydraulischen Durchmessern in der Größenordnung von 0,5 mm bleibt dies noch nachzuweisen.

Plattenrekuperatoren mit Flächendichten im Bereich von 5000 m^2/m^3 werden daher mit geraden, nicht unterbrochenen Rippen ausgeführt, die meist entweder quadratisch, rechteckig oder dreieckig geformt sind. Sowohl für den Wärmeübergang als auch für die Reibungsverluste existieren theoretische Lösungen für verschiedene Querschnittsformen.

Für den Wärmeübergang bei voll entwickelter laminarer Strömung - die man hier stets voraussetzen kann - ist die Nusselt-Zahl eine Konstante, deren Wert von der Querschnittsform abhängig ist. Handelt es sich dabei um ein Rechteck, dessen Seitenverhältnis a/b nicht kleiner als 0,4 ist, dann gilt mit ausreichender Näherung Nu ≈ 4 (Bild 8). Für annähernd gleichseitige Dreiecke ergibt sich Nu ≈ 3; vom Standpunkt der Wärmeübertragung her sind die Dreiecke - obwohl leichter herstellbar - den Rechtecken also unterlegen. Da dies im übrigen auch für den Reibungsverlust gilt, beschränken wir uns hier auf die Rechteck-Rippen.

Die Theorie verlangt, daß alle Strömungskanäle exakt den gleichen Querschnitt haben. In Wirklichkeit ist das natürlich nicht völlig einzuhalten; je kleiner der hydraulische Durchmesser wird, desto schwieriger wird das Problem.

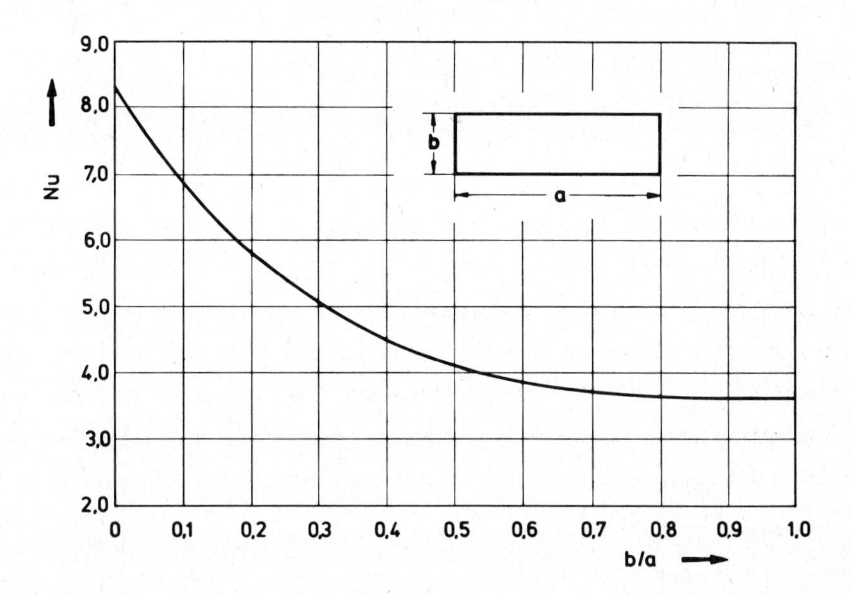

Bild 8. Nusselt-Zahl bei laminarer Strömung in Rechteck-Kanälen ($Nu = \alpha\, d_{hyd} / \lambda$).

Abweichungen von der Idealform ergeben einerseits einen geringeren Druckverlust, andererseits aber auch einen verschlechterten Wärmeübergang.

Zur Illustration der Größenordnung sei ein Beispiel aus [38] erwähnt, das für Rechteckrippen mit einem in dieser Beziehung ungünstigen Seitenverhältnis von 0,125 gilt. Für einen hydraulischen Durchmesser von 0,5 mm ist es erforderlich, daß die Kanalwände einen Abstand von 0,28 mm haben. Schon ein Fehler von nur 0,03 mm in der Lage dieser ca. 0,1 mm dicken und 2,24 mm hohen Kanalwand verschlechtert die Übertragungsgröße ü um mehr als 10 %! Wegen der ungenügenden Herstellungsgenauigkeit dürfte es in der Praxis kaum möglich sein, mit einem aus solchen Elementen aufgebauten Wärmetauscher die theoretisch mögliche Leistung zu erreichen.

Aus diesem Beispiel wollen wir zwei Lehren ziehen. Die erste ist, daß man für Flächendichten im Bereich von 5000 m^2/m^3 den Rechteckrippen eine möglichst quadratische Form gibt; dadurch wirken sich Herstellungsungenauigkeiten nicht so stark aus wie bei dem oben geschilderten Fall. Bei solchen fast quadratischen Rechteckrippen - das ist die zweite Lehre - wird die Abhängigkeit der Nusselt-Zahl vom Seitenverhältnis aber immer noch durch den Einfluß der Fertigungstoleranzen überdeckt werden. Für Projektrechnungen ist es daher ausreichend genau, mit Nu = const zu rechnen, statt gemäß Bild 8 vorzugehen. Die Herstellungsungenauigkeiten werden durch eine gegenüber der Theorie verminderte Nusselt-Zahl berücksichtigt, so daß für Plattenrekuperatoren mit Flächendichten von 5000 m^2/m^3 angesetzt werden kann

$$Nu = 3{,}6\,.$$

Auch die Druckverluste können theoretisch berechnet werden. Generell gilt

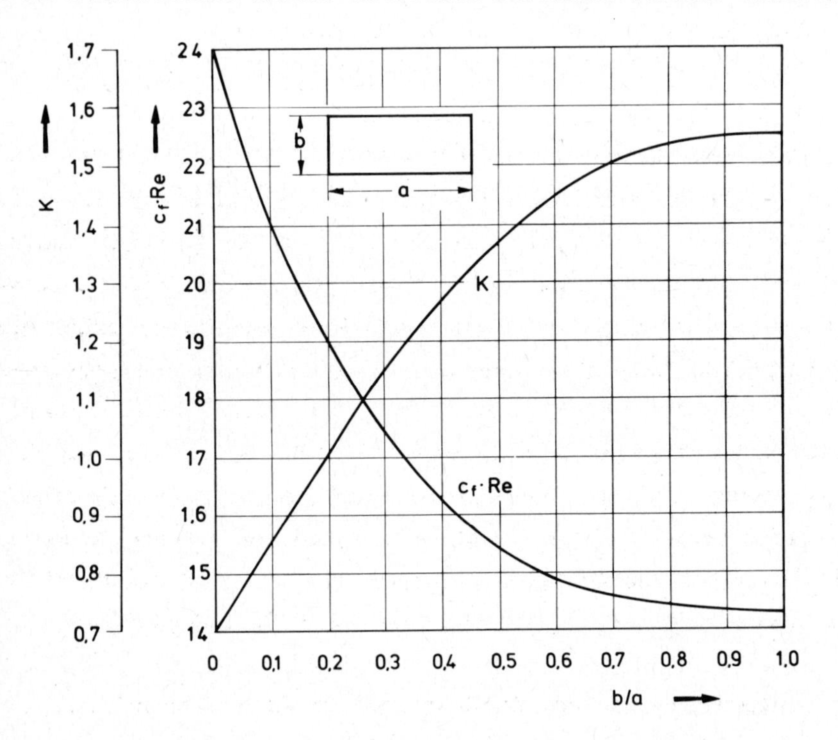

Bild 9. Strömungsverluste bei laminarer Strömung in Rechteck-Kanälen

für die voll ausgebildete laminare Strömung, daß das Produkt aus Reibungsbeiwert und Reynolds-Zahl eine Konstante ist, deren Wert wiederum vom Seitenverhältnis der Rechteckkanäle abhängt (Bild 9). Der Strömungsverlust einschließlich der Ein- und Austrittseffekte kann berechnet werden nach

$$\left(\frac{\Delta p}{\frac{\rho}{2} w^2}\right)_{Str} = 4 c_f \frac{l}{d_h} + K, \tag{14}$$

wobei K ebenfalls in Bild 9 dargestellt ist.

Herstellungsungenauigkeiten haben etwas geringere Druckverluste als nach der Theorie errechnet zur Folge. Andererseits sind dort Rauhigkeiten, wie sie z.B. durch Verschmutzungen oder auch durch das Lötmittel hervorgerufen werden, nicht berücksichtigt. Aus diesem Grund kann im weiteren direkt der theoretische Zusammenhang verwendet werden.

4.1.2.3 SUBROUTINE für Rekuperatorberechnung

Die SUBROUTINE REKUP enthält Zusammenhänge für Gegenstrom-Plattenwärmetauscher, die im Kap. B 4.1.2.1 beschrieben wurden. Ihr Aufbau ist so, daß bei der Auslegungsrechnung zunächst Schätzwerte für die Größe des Rekuperators sowie die thermodynamischen Zustandsgrößen am Ein- und Austritt der beiden Ströme gegeben sein müssen. Diese Schätzwerte erhält man aus der Kreisprozeßrechnung für die Gasturbine, in die der Rekuperator eingebaut werden soll. Mit diesen Werten sowie einer Anzahl weiterer Daten, wie geometrische Abmessungen, Materialeigenschaften u.ä., kann der Wirkungsgrad berechnet werden. Stimmt dieser Wirkungsgrad nicht mit dem für die Auslegung geforderten überein, dann wird die Größe des Rekuperators korrigiert. Die Auslegung eines Regenerators, dessen entsprechende SUBROUTINE ganz analog aufgebaut ist (vgl. Kap. B 4.2.2.2), erfolgt ebenso.

Bei einer Teillastrechnung sind sämtliche geometrischen Größen bekannt; Wirkungsgrad und Druckverluste können mit denselben Formeln wie im Auslegungsfall berechnet werden. Für Teillastrechnungen ist daher kein zusätzliches Unterprogramm erforderlich.

```
      SUBROUTINE REKUP(TT1,TT2,TT3,TT4,PT1,PT2,PT3,PT4,WPKTK,WPKTH,
     1DK,DH,ALFK,ALFH,BK,BH,A,RHOMAT,LAMMAT,SK,SH,FFWT,LL,LQ,AUS,IZAEHL,
     2TK,TH,DHYDK,DHYDH,ERROR,FK,FH,RK,RH,ALFAK,ALFAH,ETARK,ETARH,EPS,
     3PIK,PIH,RMASSE,VOL)
      INTEGER AUS
      REAL LQ,LL,LAMMAT,KEK,KEH,KKK,KKH,KK,KH,LZUDK,LZUDH
      LOGICAL ERROR
C     ES WERDEN DER WAERMETAUSCHER-WIRKUNGSGRAD EINES GEGENSTROM-PLATTEN-
C     REKUPERATORS UND DIE DRUCKVERLUSTE BERECHNET
C
C     TT1    = EINTRITTSTEMPERATUR KALTSEITE
C     TT2    = AUSTRITTSTEMPERATUR KALTSEITE
C     TT3    = EINTRITTSTEMPERATUR HEISSEITE
C     TT4    = AUSTRITTSTEMPERATUR HEISSEITE
C     PT1...PT4 = DRUCK, ANALOG TT1...TT4
C     WPKTK = WAERMEKAPAZITAETSSTROM KALTSEITE
C     WPKTH = WAERMEKAPAZITAETSSTROM HEISSEITE
C     DK     = MASSENDURCHSATZ KALTSEITE
C     DH     = MASSENDURCHSATZ HEISSEITE
C     ALFK   = FLAECHENDICHTE KALTSEITE
C     ALFH   = FLAECHENDICHTE HEISSEITE
C     BK     = BLECHDICKE DER RIPPEN, KALTSEITE
C     BH     = BLECHDICKE DER RIPPEN, HEISSEITE
C     A      = BLECHDICKE DER ZWISCHENPLATTEN
C     RHOMAT= DICHTE DES MATERIALS
C     LAMMAT= WAERMELEITFAEHIGKEIT DES MATERIALS
C     SK     = STEGHOEHE DER RIPPEN, KALTSEITE
C     SH     = STEGHOEHE DER RIPPEN, HEISSEITE
C     FFWT   = FRONTFLAECHE DES GEGENSTROMTEILES
C     LL     = LAENGE DES GEGENSTROMTEILES
C     LQ     = LAENGE QUER ZUR STROEMUNG,PARALEL ZU DEN PLATTEN
C     AUS    = 1 FUER AUSLEGUNGSFALL, 0 FUER TEILLAST
C     IZAEHL= 0 FUER ERSTEN ITERATIONSSCHRITT ZUR AUSLEGUNG; NUR DANN WERDEN
C              DIE NICHT DER ITERATION NACH FFWT UNTERLIEGENDEN GEOMETRISCHEN
C              WERTE BERECHNET
C     TK     = TEILUNG DER RIPPEN, KALTSEITE
C     TH     = TEILUNG DER RIPPEN, HEISSEITE
C     DHYDK = HYDRAULISCHER DURCHMESSER KALTSEITE
C     DHYDH = HYDRAULISCHER DURCHMESSER HEISSEITE
C     ERROR = .TRUE. BEI FEHLER IN GEOMETRIE INFOLGE NICHT KOMPATIBLER DATEN
C     FK     = WAERMEUEBERTRAGENDE FLAECHE KALTSEITE
C     FH     = WAERMEUEBERTRAGENDE FLAECHE HEISSEITE
C     RK     = REYNOLDSZAHL KALTSEITE
C     RH     = REYNOLDSZAHL HEISSEITE
C     ALFAK = WAERMEUEBERGANGSZAHL KALTSEITE
C     ALFAH = WAERMEUEBERGANGSZAHL HEISSEITE
C     ETARK = RIPPENWIRKUNGSGRAD KALTSEITE
C     ETARH = RIPPENWIRKUNGSGRAD HEISSEITE
C     EPS    = WIRKUNGSGRAD
C     PIK    = DRUCKVERLUST KALTSEITE
C     PIH    = DRUCKVERLUST HEISSEITE
C     RMASSE= MASSE DES REKUPERATORS EINSCHLIESSLICH ANSCHLUSSTUECKE
C     VOL    = VOLUMEN DES REKUPERATORS EINSCHLIESSLICH ANSCHLUSSTUECKE
C     MITTLERE TEMPERATUREN ALS BEZUGSGROESSEN FUER STOFFWERTE
      TMK=(TT1+TT2)*0.5
      TMH=(TT3+TT4)*0.5
C     MITTLERE DYNAMISCHE ZAEHIGKEITEN
      ZAEK=ZAEHDY(TMK)
      ZAEH=ZAEHDY(TMH)
C     EINTRITTS- UND AUSTRITTSDICHTEN
      RHOK1=PT1/(287.*TT1)
      RHOK2=PT2/(287.*TT2)
      RHOH1=PT3/(287.*TT3)
      RHOH2=PT4/(287.*TT4)
C     MITTLERE DICHTEN
      RHOK=0.5*(RHOK1+RHOK2)
      RHOH=0.5*(RHOH1+RHOH2)
C     MITTLERE SPEZIFISCHE WAERMEN
      CPK=WPKTK/DK
      CPH=WPKTH/DH
C     KLEINERER WAERMEKAPAZITAETSSTROM
      WMI=AMIN1(WPKTK,WPKTH)
      WMIMAX=WPKTK/WPKTH
      IF(WMIMAX.GT.1.0) WMIMAX=1./WMIMAX
      IF(AUS.EQ.0) GO TO 260
      IF(IZAEHL.GT.0) GO TO 250
      ERROR=.FALSE.
C     RIPPENTEILUNG
      TK=(2.*SK-4.*BK)/(ALFK*SK-2.)
      TH=(2.*SH-4.*BH)/(ALFH*SH-2.)
```

```
C     HYDRAULISCHE DURCHMESSER
      DHYDK=2.*(SK-BK)*(TK-BK)/(SK+TK-2.*BK)
      DHYDH=2.*(SH-BH)*(TH-BH)/(SH+TH-2.*BH)
      IF(DHYDK) 201,201,210
  210 IF(DHYDH) 201,201,220
  220 IF(TK) 201,201,230
  230 IF(TH) 201,201,235
  235 XX1=SK/SH
      IF(XX1.LT.0.05573.OR.XX1.GT.17.94) GO TO 201
      GO TO 240
  201 WRITE(6,202)
  202 FORMAT(26H GEOMETRIEWERTE UNMOEGLICH  )
      ERROR=.TRUE.
      RETURN
  240 XX1=SK+SH+2.*A
C     WAERMEUEBERTRAGUNGSFLAECHE PRO GESAMTVOLUMEN
      FKSTR=SK*ALFK/XX1
      FHSTR=SH*ALFH/XX1
C     MITTLERE MATERIALDICHTE GEGENSTROMTEIL
      ROMG=RHOMAT*(2.*A+BK*(1.+(SK-BK)/TK)+BH*(1.+(SH-BH)/TH))/XX1
C     MITTLERE MATERIALDICHTE ANSCHLUSSTUECKE
      ROMA=0.5*ROMG+RHOMAT*A/XX1
C     RIPPENFLAECHE PRO GESAMTFLAECHE
      FRKFK=(SK-BK)/(SK+TK-2.*BK)
      FRHFH=(SH-BH)/(SH+TH-2.*BH)
C     GESAMTVOLUMEN DES GEGENSTROMTEILES
  250 VGESG=LL*FFWT
C     MASSE DES REKUPERATORS
C     LAENGE DES KALTSEITEN-EINTRITTS
      ELQK=LQ*1.118034*SK/(SK+SH)
C     LAENGE DES HEISSEITEN-EINTRITTS
      ELQH=ELQK*SH/SK
C     VOLUMEN DER ANSCHLUSSTUECKE
      XX1=0.25*LQ**2*SQRT(1.-(1.118034*(SK-SH)/(SK+SH))**2)
C     VOLUMEN GESAMT
      VOL=XX1+VGESG
C     MASSE GESAMT
      RMASSE=1.10*(ROMG*FFWT*LL+ROMA*XX1)
C     LAENGE DER STROEMUNGSKANAELE ZU DHYD
      LZUDK=(LL+ELQH)/DHYDK
      LZUDH=(LL+ELQK)/DHYDH
C     GESAMTE WAERMEUEBERTRAGUNGSFLAECHEN
      FK=FKSTR*VGESG
      FH=FHSTR*VGESG
C     FREIER STROEMUNGSQUERSCHNITT
      FFK=FKSTR*DHYDK*FFWT*0.25
      FFH=FHSTR*DHYDH*FFWT*0.25
C     WAERMELEITWIDERSTAND DER ZWISCHENPLATTEN, REZIPROKWERT
      REZWW=A/(LAMMAT*(1.-FRKFK))
C     KONTRAKTIONSKORREKTUR - BEIWERTE
      PHIK=FFK/FFWT
      PHIH=FFH/FFWT
      KKK=(-0.3*PHIK-0.1)*PHIK+0.89
      KKH=(-0.3*PHIH-0.1)*PHIH+0.89
C     EXPANSIONSKORREKTUR - BEIWERTE
      KEK=(0.95*PHIK-2.42)*PHIK+1.
      KEH=(0.95*PHIH-2.42)*PHIH+1.
C     REYNOLDSZAHLEN
  260 RK=DHYDK*DK/(ZAEK*FFK)
      RH=DHYDH*DH/(ZAEH*FFH)
C     STANTONZAHLEN
C     FUER PRANDTL-ZAHL 0.7 EINGESETZT
C     RIPPENSTEGLAENGE = 25*BLECHDICKE
      STK=0.1685/SQRT(BK/DHYDK*RK)
      STH=0.1685/SQRT(BH/DHYDH*RH)
C     WAERMEUEBERGANGSZAHLEN
      ALFAK=STK*DK/FFK*CPK
      ALFAH=STH*DH/FFH*CPH
C     RIPPENWIRKUNGSGRAD
      XX1=SK*SQRT(ALFAK/(2.*LAMMAT*BK))
      ETARK=TANH(XX1)/XX1
      XX1=SH*SQRT(ALFAH/(2.*LAMMAT*BH))
      ETARH=TANH(XX1)/XX1
C     OBERFLAECHENWIRKUNGSGRAD
      ETAOK=1.-FRKFK*(1.-ETARK)
      ETAOH=1.-FRHFH*(1.-ETARH)
C     WAERMEDURCHGANGSKOEFFIZIENT, REZIPROKWERT
      REZKK=1./(ETAOK*ALFAK)+REZWW+1./(ETAOH*ALFAH)
C     UEBERTRAGUNGSGROESSE
      UE=FK/(WMI*REZKK)
```

```
C     WAERMETAUSCHER-WIRKUNGSGRAD
      XX1=EXP(-UE*(1.-WMIMAX))
      EPS=(1.-XX1)/(1.-WMIMAX*XX1)
C     DRUCKAENDERUNGEN
C     REIBUNGSBEIWERTE
      CFK=0.2656/SQRT(RK/DHYDK*RK)+0.0176
      CFH=0.2656/SQRT(RH/DHYDH*RH)+0.0176
      XX1=KKK+1.-PHIK**2+2.*(RHOK1/RHOK2-1.)+CFK*4.*LZUDK
     1  *RHOK1/RHOK-(1.-PHIK**2-KEK)*RHOK1/RHOK2
C     DRUCKVERHAELTNIS KALTSEITE
      PIK=1.-(DK/FFK)**2/(2.*RHOK1*PT1)*XX1
      XX1=KKH+1.-PHIH**2+2.*(RHOH1/RHOH2-1.)+CFH*4.*LZUDH
     1  *RHOH1/RHOH-(1.-PHIH**2-KEH)*RHOH1/RHOH2
C     DRUCKVERHAELTNIS HEISSEITE
      PIH=1.-(DH/FFH)**2/(2.*RHOH1*PT3)*XX1
      RETURN
      END
```

Nach diesem Überblick über den Aufbau der SUBROUTINE sollen nun einige Details daraus näher beschrieben werden. Zunächst folgen einige geometrische Zusammenhänge, die für die in den vorangegangenen Kapiteln diskutierten Oberflächen gelten.

Von den geometrischen Werten sind sowohl für Kalt- als auch für die Heißseite vorzugeben (vgl. Bild 5)

- Steghöhen s_k, s_h
- Flächendichten α_k, α_h
- Rippendicken b_k, b_h
- Dicke der Zwischenplatten a

Daraus können die Teilungen der Rippen t_k und t_h sowie die hydraulischen Durchmesser $d_{h,k}$ und $d_{h,h}$ berechnet werden (vgl. Protokoll!). Für Rippen, die nicht die hier vorausgesetzte Rechteckform haben, sind die entsprechenden geometrischen Zusammenhänge zu ändern. Weiterhin folgt aus diesen Daten das Verhältnis der Rippen- zur gesamten wärmeübertragenden Fläche.

Die Masse des Rekuperators kann aus einer mittleren Dichte berechnet werden. Diese ergibt sich für den Gegenstromteil aus der Masse einer Doppelschicht (= 1 Kaltseite + 1 Heißseite), dividiert durch das Produkt aus Grundfläche und Dicke dieser Schicht.

$$\rho_{m,geg} = \frac{\rho_{Mat}\left[2a + b_k\left(1 + \frac{s_k - b_k}{t_k}\right) + b_h\left(1 + \frac{s_h - b_h}{t_h}\right)\right]}{2a + s_k + s_h} .$$

Die Gesamtgeometrie des Wärmetauschers mit seinen Anschlußstücken zeigt Bild 10. Die Anschlußstücke sind Kreuzstromübertrager mit relativ geringem Wärmeübergang und sollten daher möglichst klein sein. Andererseits muß darauf geachtet werden, daß die Gase dem Gegenstromteil möglichst verlustarm und gleichmäßig zugeführt werden. Ein detaillierter Entwurf, der auch die Wärmespannungen berücksichtigen muß, kann hier nicht durchgeführt werden. Daher wird ein vereinfachter Zusammenhang angesetzt. Für den Fall, daß die Steghöhen auf Kalt- und Heißseite gleich groß sind, soll die vordere "Ecke" des Anschlußstückes genau in der Mitte um $l_q/4$ vor der jeweiligen

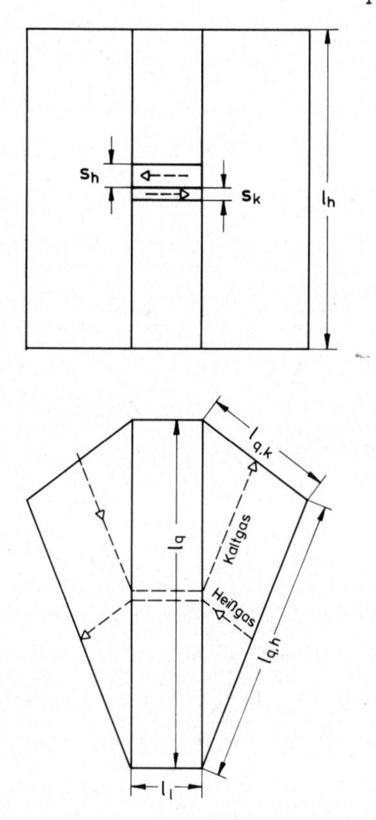

Bild 10. Bezeichnungen an einem Gegenstrom-Wärmetauscher

Front des Gegenstromteiles liegen. Bei anderen Steghöhen soll gelten

$$l_{q,k} + l_{q,h} = \text{const} = \left(l_{q,k} + l_{q,h}\right)_{s_k = s_h}$$

$$\frac{l_{q,k}}{l_{q,h}} = \frac{s_k}{s_h} .$$

Die mittlere Dichte der Anschlußstücke wird im allgemeinen geringer sein als im Gegenstromteil, da meist nur wenige Rippen zur Strömungsführung vorgesehen werden. Wenn dort überhaupt keine Rippen wären, dann erhielte man als Dichte

$$\rho_{m,\text{ohne Rippen}} = \frac{\rho_{Mat}\, 2a}{2a + s_k + s_h} .$$

Da die Anzahl der Rippen sicher davon abhängt, welche Oberflächen im Gegenstromteil verwendet werden, kann man als Näherung für die mittlere Dichte in den Anschlußstücken setzen

$$\rho_{m,An} = \frac{1}{2}\left(\rho_{m,\text{ohne Rippen}} + \rho_{m,geg}\right).$$

Bei den oben beschriebenen geometrischen Beziehungen für $l_{q,h}$ und $l_{q,k}$ gilt für die beiden Dreiecksflächen zusammen

$$A_{An} = \frac{l_q^2}{4} \sqrt{1 - \left(\frac{\sqrt{5}}{2}\, \frac{\frac{s_k}{s_h} - 1}{\frac{s_k}{s_h} + 1}\right)^2} .$$

Die Gesamtmasse des Wärmetauschers ergibt sich dann mit einem Zuschlag von 10 % für Randstreifen und Lötmittel zu

$$m_{ges} = 1{,}1\left(\rho_{m,geg}\, l_h\, l_q\, l_l + \rho_{m,An}\, l_h\, A_{An}\right).$$

Die Druckänderungen im Wärmetauscher setzen sich nach [37] aus folgenden vier Anteilen zusammen:

$$\frac{\Delta p}{p_1} = \left(\frac{\dot m}{A_F}\right)^2 \frac{1}{2\rho_1 p_1} \Bigg[\underbrace{(K_k + 1 - \Phi^2)}_{\text{Eintrittseffekt}} + \underbrace{2\left(\frac{\rho_1}{\rho_1} - 1\right)}_{\text{Strömungsbeschleunigung}} + \underbrace{c_f \frac{4l}{d_h} \frac{\rho_1}{\rho_m}}_{\text{Reibungsverlust}} - \underbrace{\left(1 - \Phi^2 - K_e\right) \frac{\rho_1}{\rho_2}}_{\text{Austrittseffekt}} \Bigg] . \qquad (15)$$

Die Indizes 1 und 2 beziehen sich auf den Ein- bzw. Austritt des Wärmetauschers, die einzelnen Größen sind (soweit nicht in der Liste der Bezeichnungen enthalten):

A_F = freier Strömungsquerschnitt

K_k, K_e = Korrekturbeiwerte für Strömungskontraktion (Eintritt) bzw. -expansion (Austritt)

Φ = Verhältnis des freien Strömungsquerschnittes zur Frontalfläche

Um die Rechnung zu vereinfachen und um mit den Ergebnissen auf der sicheren Seite zu liegen, werden die Anschlußstücke behandelt als ob sie zum Gegenstromteil gehören würden. Für die Länge l der Strömungskanäle gilt dann

Heißseite:
$$l_h' = l_l + l_q \frac{s_k}{s_h}$$

Kaltseite:
$$l_k' = l_l + l_q \, .$$

Die Korrekturbeiwerte K_k und K_e hängen von Φ und im allgemeinen auch von der Form der Oberfläche und der Reynolds-Zahl ab. Bei gegeneinander versetzten Rippen, wie sie bei Flächendichten unter 3000 m^2/m^3 verwendet werden, sind K_k und K_e im wesentlichen nur noch von Φ abhängig [37].

Die Strömungsverluste in Plattenrekuperatoren mit Flächendichten von 5000 m^2/m^3 können nach Gl. (14) bestimmt werden. In Gl. (15) sind für diesen Fall K_k und K_e gleich Null zu setzen, da die entsprechenden Effekte in dem Anteil K aus Gl. (14) bereits enthalten sind.

Die Druckverlustberechnung von Regeneratoren, die ja ebenfalls Flächendichten im Bereich von 5000 m^2/m^3 aufweisen, kann mit denselben Formeln durchgeführt werden.

4.2 Regenerator

4.2.1 Allgemeines

Es gibt zwei vom Prinzip her unterschiedliche Bauarten des Regenerators. In beiden Fällen wird eine wärmespeichernde Masse abwechselnd vom kalten und vom heißen Medium durchströmt. Bei der einen Version werden durch Umschaltventile zwei getrennte Speicher periodisch erwärmt bzw. abgekühlt. Diese Bauart wird nicht weiter betrachtet. Bei der anderen Version dreht sich die durchlässige Speichermasse durch die beiden Stoffströme; der Wärmespeicher kann als Scheibe oder als Trommel ausgeführt werden (Bild 1).

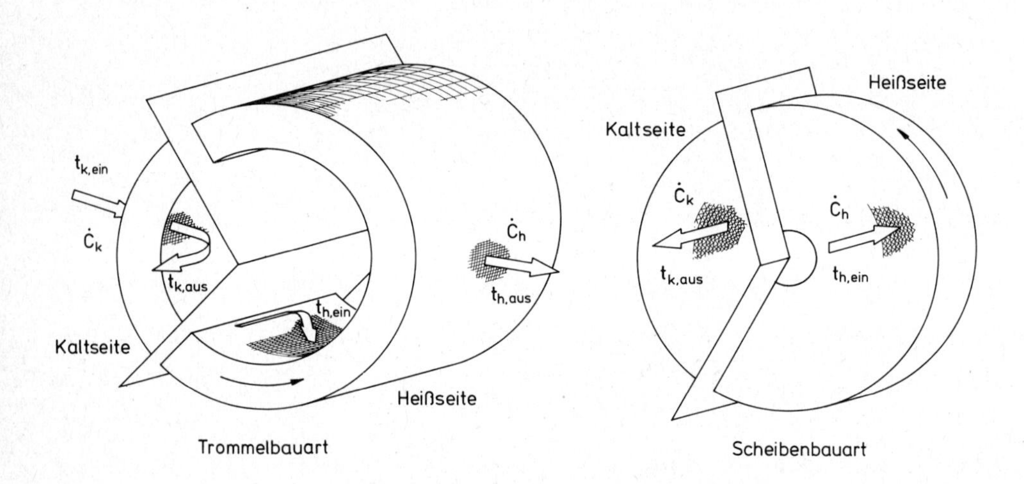

Bild 1. Regenerator-Bauarten

Die Durchströmrichtungen sind so gewählt, daß ein Gegenstrom-Wärmetauscher entsteht. Gegenüber dem Rekuperator hat der Regenerator einige Vorteile. Man kann in ihm eine wesentlich kompaktere Wärmeübertragungsoberfläche realisieren, die zudem bei der Verwendung von Keramik noch billig ist. Ferner ist die Gefahr von Verschmutzungen oder gar Verstopfungen der feinen Strömungskanäle gering, da sie ja abwechselnd in beiden Richtungen durchströmt werden. Dem gegenüber stehen die unvermeidlichen Leckverluste durch die Dichtungen, die entlang der Oberfläche der porösen Matrix - wie man die Speichermasse wegen ihres Aussehens (Wabenstruktur) auch nennt -

schleifen. Auch durch die Drehung der Matrix wird eine geringe Gasmenge von beiden Seiten zur jeweils anderen transportiert.

Der Wirkungsgrad eines Regenerators in Scheiben- und in Trommelbauweise läßt sich wie folgt berechnen. Es gilt

$$\varepsilon = f\left(ü_0, \frac{\dot{C}_{min}}{\dot{C}_{max}}, \frac{\dot{C}_r}{\dot{C}_{min}}\right). \tag{1}$$

Dabei ist $ü_0$ eine durch folgende Definition festgelegte modifizierte Wärmeübertragungsgröße

$$ü_0 = \frac{1}{\dot{C}_{min}} \frac{1}{\frac{1}{\alpha_h A_h} + \frac{1}{\alpha_k A_k}}. \tag{2}$$

Die Größe $\dot{C}_r$ ist der Wärmekapazitätsstrom der mit ω Umdrehungen pro Sekunde rotierenden Speichermasse (Matrix) m_{Mat}

$$\dot{C}_r = \omega\, m_{Mat}\, c_{Mat}. \tag{3}$$

Der in Gl. (1) angedeutete Zusammenhang ist in den Bildern 2 a-c für den

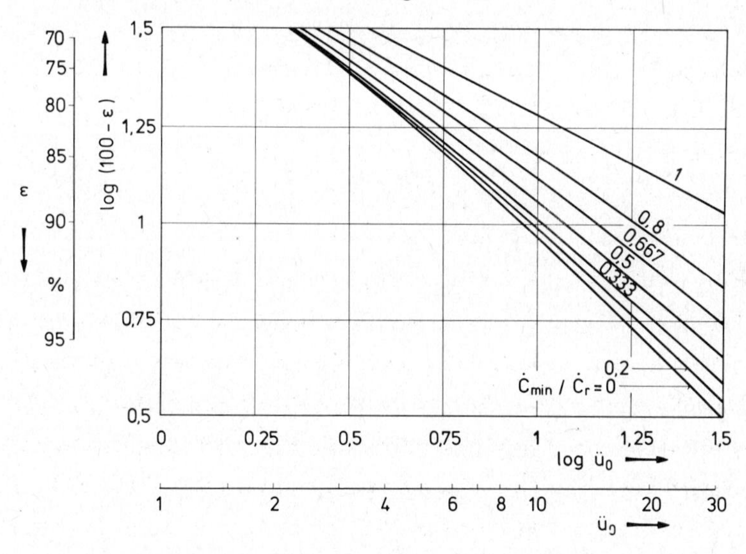

Bild 2 a. Regenerator-Wirkungsgrad $C_{min}/C_{max} = 1,0$

bei Gasturbinen interessanten Bereich von $\dot{C}_{min}/\dot{C}_{max} = 0,9 \div 1$ dargestellt.

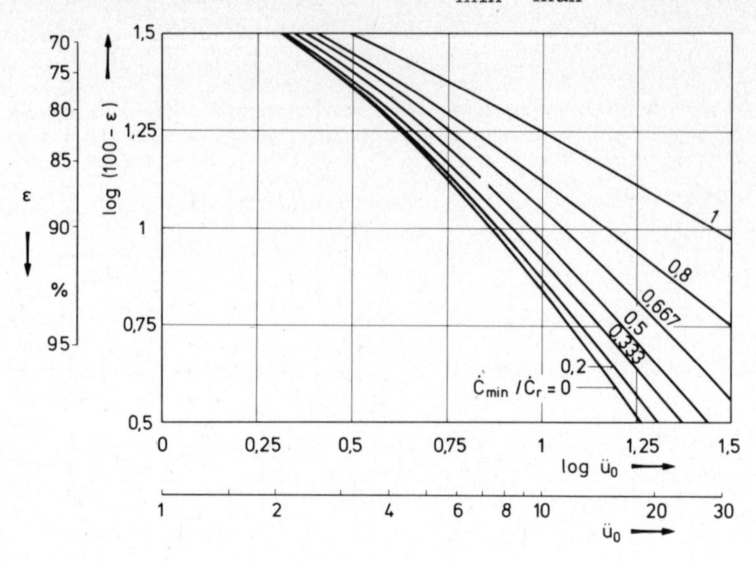

Bild 2 b. Regenerator-Wirkungsgrad $C_{min}/C_{max} = 0,95$

In der hier verwendeten Form können diese Bilder genauso im Rechner gespeichert und verwendet werden als ob es Turbinenkennfelder wären (vgl. Kap. C.2.2). Bei bekannten Werten von log $ü_0$ und $\dot{C}_{min}/\dot{C}_r$ kann man dann mit der SUBROUTINE SUCHE den Wert für log $(100 - \varepsilon)$ bestimmen. Zwischen den einzelnen Diagrammen für die $\dot{C}_{min}/\dot{C}_{max}$-Werte kann linear interpoliert werden.

Bei den in den Bildern 2 a-c gezeigten Ergebnissen ist vorausgesetzt, daß die Wärmeleitung im Matrixmaterial nur senkrecht zur Strömungsrichtung erfolgt. Die in Wirklichkeit zusätzlich vorhandene "Längsleitung" verschlechtert den Wirkungsgrad des Übertragers. Dieser Wirkungsgradabfall kann als Funktion des folgendermaßen definierten dimensionslosen Parameters λ_L dargestellt werden:

$$\lambda_L = \frac{\lambda_{Mat} \, A_{Mat}}{\dot{C}_k \, l} . \tag{4}$$

Dabei sind λ_{Mat} die Wärmeleitfähigkeit und A_{Mat} die Querschnittsfläche des Matrixmaterials, l ist die Länge des Strömungskanals. Wenn der Zahlenwert

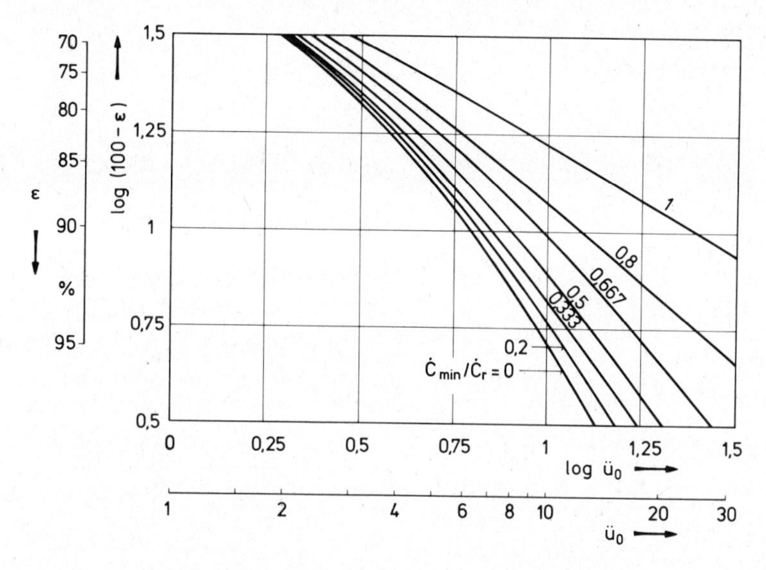

Bild 2 c. Regenerator-Wirkungsgrad
$C_{min}/C_{max} = 0,9$

von λ_L unter 0,01 liegt, was zum Beispiel für Glaskeramikregeneratoren von Gasturbinen stets gilt, dann ist der Wirkungsgradabfall für $\varepsilon < 98$ % kleiner als 1 %. Aus diesem Grund ist bei den weiteren Ausführungen der Einfluß der Längswärmeleitung vernachlässigt worden.

Die Auslegung eines Gasturbinenregenerators ist vielfach mit der Kreisprozeßrechnung verbunden. Es ist daher nicht möglich, direkt die benötigte Matrixmasse als Funktion der Eingangsvariablen darzustellen. Die notwendige iterative Berechnung ist in Kap. C 4.2 für den Fall einer Gasturbine mit Einwellen-Gasgenerator und Freifahrturbine zur Leistungsabgabe näher beschrieben. Für die Regeneratorberechnung in dieser Iteration sind folgende Größen (zum Teil nur als geschätzte Werte) bekannt:

- Ein- und Austrittstemperaturen
- Ein- und Austrittsdrücke
- Massen- und Wärmekapazitätsströme

- Masse der Matrix m_{Mat}.

Ferner müssen einige für die Bauart charakteristische Daten bekannt sein:

- Dichte des Matrixwerkstoffes ρ_{Mat}
- Porositätsfaktor p (= freie Durchgangsfläche/Frontfläche)
- Flächendichte α (= innere Oberfläche/Volumen)
- hydraulischer Durchmesser d_{hyd}
- Länge des Strömungskanals l (= Dicke der Matrix)
- Umdrehungen pro Sekunde ω der Matrix
- durch Dichtungen blockierter Anteil der Frontfläche k_{bl}
- Verhältnis der Strömungsgeschwindigkeit im Kaltsektor zu der im Heißsektor w_k/w_h.

Aus diesen Angaben kann man den Wirkungsgrad und die Druckverluste mit Hilfe von empirischen Unterlagen über Wärmeübergang und Reibungsbeiwert berechnen.

4.2.2 Regeneratoren aus Keramik

Aus Keramik können relativ preisgünstig Regeneratoren mit sehr hohen

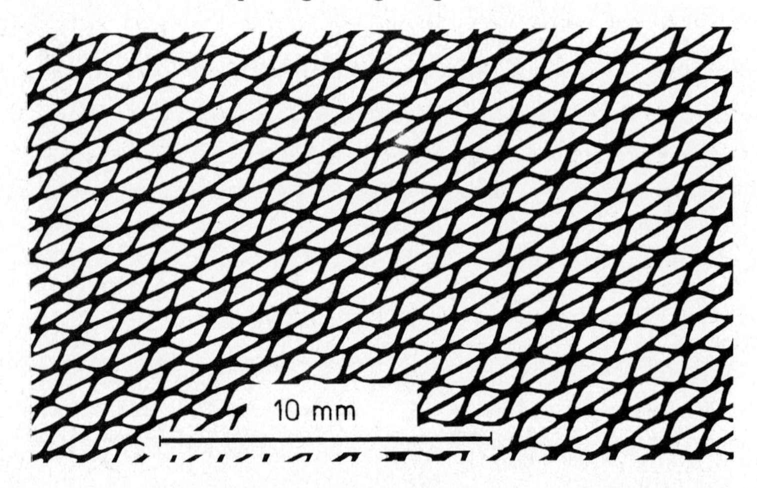

Bild 3. Matrix einer Regeneratorscheibe aus Glaskeramik

Flächendichten hergestellt werden, wie sie zum Beispiel für Kraftfahrzeug-Gasturbinen erforderlich sind.

Beim heutigen Stand der Kfz-Gasturbine ist davon auszugehen, daß eine Steigerung der BK-Temperatur bis etwa 1600 K erforderlich wird, um verbrauchsmäßig gleich oder günstiger zu liegen als der Diesel- bzw. Otto-Motor. Da wegen der Kleinheit der Luftdurchsätze nicht an die aus der Flugtechnik bekannten Kühlmethoden für hohle Turbinenschaufeln gedacht werden kann, wird seit einiger Zeit die Keramikturbine entwickelt. Es ist verständlich, daß auch andere, sehr hohen Gastemperaturen ausgesetzte Bauteile, wie Brennkammer und Wärmetauscher, gleichfalls aus Keramik gefertigt werden sollen. Ob die Entwicklung dabei über glaskeramische Regeneratoren zu der Verwendung von Hochtemperaturkeramik führt, oder ob man direkt z.B. Aluminium-Silikate verwenden wird, ist zur Zeit noch nicht mit Sicherheit zu sagen.

4.2.2.1 Charakteristische Daten und Zusammenhänge

Dem heutigen Entwicklungsstand entsprechend sind die Berechnungsunterlagen für Keramikwärmetauscher natürlich noch nicht umfassend. In [44] sind die Eigenschaften einiger typischer Matrixformen mit geraden, dreieckigen Strömungskanälen zusammengestellt. Die Bereiche der geometrischen Abmessungen der dort untersuchten Speicher enthält die Tabelle 1. Daten daraus sind bei den Rechnungen auch für die oben angesprochene Hochtemperaturkeramik verwendet worden.

Tabelle 1 Geometrische Daten von Glaskeramik aus [44]

Anzahl der Strömungskanäle pro cm^2	80 - 350
Porositätsfaktor p	0,794 - 0,644
hydraulischer Durchmesser in mm	o,75 - 0,33
Flächendichte α in m^2/m^3	4200 - 7860
Länge/hydr. Durchmesser l/d_{hyd}	100 - 233

Für einigermaßen gleichmäßige Matrixformen (Strömungsquerschnitte der einzelnen Kanäle weichen um nicht mehr als $\pm$ 20 % voneinander ab) gilt für den

Wärmeübergang bei Luft und Verbrennungsgasen ($Pr \approx 0,7$)

$$Nu = 2,7 \tag{5}$$

und für den Reibungsbeiwert

$$c_f = \frac{14}{Re} . \tag{6}$$

Der Korrekturwert K für Ein- und Austrittseffekte aus Gl. (14) ist für die hier vorausgesetzte Geometrie annähernd symmetrischer Dreiecke etwa gleich 1,9. Bedingung ist, daß die Reynolds-Zahl Re kleiner als 1000 bleibt und daß l/d_{hyd} größer als etwa 50 ist.

4.2.2.2 SUBROUTINE für Regeneratorberechnung

Die soeben geschilderte Rechnung ist in der SUBROUTINE REGEN enthalten. Neben den hier nicht abgedruckten FUNCTION's WLAM (T) und ZAEHDY (T), die die Wärmeleitfähigkeit und die dynamische Zähigkeit von Luft berechnen, wird dort noch die FUNCTION CMAT (T) aufgerufen, die die spezifische Wärme des Matrixmaterials in Abhängigkeit von der Temperatur berechnet. Für das Keramikmaterial, das in [44] untersucht wurde, ist c_{Mat} in Bild 4 aus

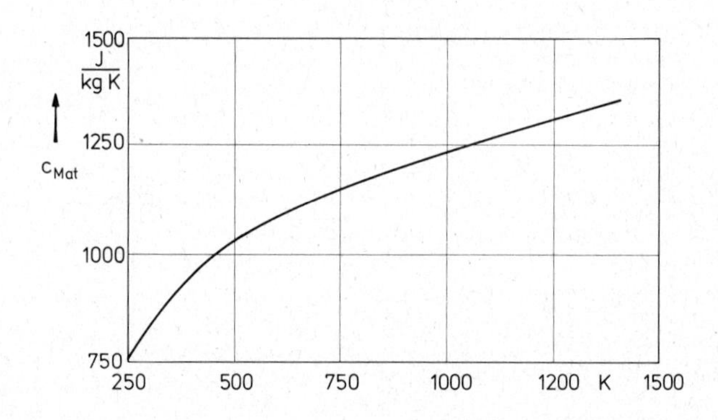

Bild 4. Spezifische Wärmekapazität von Glaskeramik

```
      SUBROUTINE REGEN(TT1,TT2,TT3,TT4,PT1,PT2,PT3,PT4,WPKTK,WPKTH,DK,DH
     1,KW,MMAT,RHOMAT,PORF,OMEGA,KBL,LZUD,DHYD,ALF,AUS,EPS,PIK,PIH,VWT,A
     2LFK,ALFH,FK,FH,RK,RH)
C     ES WERDEN DER WAERMETAUSCHER-WIRKUNGSGRAD EINES REGENERATIV-
C     WAERMETAUSCHERS IN SCHEIBENBAUART UND DIE DRUCKVERLUSTE BERECHNET
C     TT1    = EINTRITTSTEMPERATUR KALTSEITE
C     TT2    = AUSTRITTSTEMPERATUR KALTSEITE
C     TT3    = EINTRITTSTEMPERATUR HEISSEITE
C     TT4    = AUSTRITTSTEMPERATUR HEISSEITE
C     PT1...PT4 = DRUCK, ANALOG TT1...TT4
C     WPKTK = WAERMEKAPAZITAETSSTROM KALTSEITE
C     WPKTH = WAERMEKAPAZITAETSSTROM HEISSEITE
C     DK     = MASSENDURCHSATZ KALTSEITE
C     DH     = MASSENDURCHSATZ HEISSEITE
C     KW     = GESCHW.KALTSEKTOR/GESCHW.HEISSEKTOR IM AUSLEGUNGSFALL
C     MMAT   = MASSE DER MATRIX
C     RHOMAT= DICHTE DES WERKSTOFFES DER MATRIX
C     PORF   = POROSITAETSFAKTOR
C     OMEGA  = UMDREHUNGEN DER MATRIX PRO SEKUNDE
C     KBL    = BLOCKIERUNGSFAKTOR ZUR FRONTFLAECHE FUER TRENNBLECHE U. A.
C     LZUD   = SCHEIBENDICKE DURCH HYDRAULISCHER DURCHMESSER
C     DHYD   = HYDRAULISCHER DURCHMESSER
C     ALF    = INNERE OBERFLAECHE PRO VOLUMEN DER MATRIX
C     AUS    = 1 FUER AUSLEGUNGSFALL, 0 FUER TEILLAST
C     EPS    = WIRKUNGSGRAD
C     PIK    = DRUCKVERLUST KALTSEITE
C     PIH    = DRUCKVERLUST HEISSEITE
C     VWT    = VOLUMEN DER MATRIX
C     ALFAK = WAERMEUEBERGANGSZAHL KALTSEITE
C     ALFAH = WAERMEUEBERGANGSZAHL HEISSEITE
C     FK     = WAERMEUEBERTRAGENDE FLAECHE KALTSEITE
C     FH     = WAERMEUEBERTRAGENDE FLAECHE HEISSEITE
C     RK     = REYNOLDSZAHL KALTSEITE
C     RH     = REYNOLDSZAHL HEISSEITE
      REAL KW,MMAT,KBL,LZUD
      INTEGER AUS
      DIMENSION ELGNTU(15,15),ELG1(15,15),ELG2(15,15),ELG3(15,15),ENULL(
     115,15),WMIWMA(15),NPKWW(15)
      DATA WMIWMA /0.0,0.1,0.2,0.333,0.5,0.667,0.8,1.0,7*0.0/
      DATA NPKWW /8*7,7*0/
      DATA ENULL/225*0.0/
      DATA ELG1/
     1 1.699,1.6995,1.6998,1.702,1.707,1.712,1.718,1.727,7*0.0,
     2 1.522,1.524,1.526,1.533,1.545,1.561,1.576,1.601,7*0.0,
     3 1.398,1.400,1.405,1.415,1.435,1.459,1.483,1.522,7*0.0,
     4 1.223,1.225,1.233,1.250,1.281,1.320,1.358,1.418,7*0.0,
     5 0.959,0.964,0.982,1.009,1.057,1.117,1.179,1.276,7*0.0,
     6 0.681,0.690,0.716,0.756,0.813,0.892,0.973,1.130,7*0.0,
     7 0.514,0.532,0.562,0.607,0.671,0.754,0.847,1.043,127*0.0/
      DATA ELG2/
     1 1.694,1.6942,1.695,1.697,1.702,1.708,1.713,1.723,7*0.0,
     2 1.508,1.509,1.512,1.520,1.533,1.550,1.566,1.593,7*0.0,
     3 1.373,1.375,1.380,1.393,1.413,1.442,1.467,1.511,7*0.0,
     4 1.176,1.179,1.188,1.210,1.246,1.290,1.332,1.401,7*0.0,
     5 0.857,0.863,0.881,0.919,0.982,1.057,1.127,1.248,7*0.0,
     6 0.447,0.462,0.505,0.591,0.663,0.778,0.912,1.090,7*0.0,
     7 0.115,0.150,0.217,0.345,0.437,0.577,0.773,0.985,127*0.0/
      DATA ELG3/
     1 1.688,1.6884,1.689,1.692,1.696,1.702,1.708,1.719,7*0.0,
     2 1.493,1.494,1.497,1.505,1.520,1.538,1.555,1.584,7*0.0,
     3 1.346,1.348,1.354,1.369,1.393,1.423,1.452,1.498,7*0.0,
     4 1.127,1.130,1.140,1.167,1.207,1.260,1.307,1.386,7*0.0,
     5 0.740,0.748,0.778,0.826,0.903,0.996,1.079,1.223,7*0.0,
     6 0.176,0.204,0.279,0.415,0.505,0.663,0.826,1.053,7*0.0,
     7 -0.20,-0.15,-0.04,0.160,0.261,0.455,0.673,0.951,127*0.0/
      DATA ELGNTU /15*0.0,15*0.30103,15*0.4771,15*0.69897,
     1             15*1.0,15*1.30103,15*1.4771,120*0.0/
```

```
C     MITTLERE TEMPERATUREN ALS BEZUGSGROESSEN FUER STOFFWERTE
      TMK=(TT1+TT2)/2.
      TMH=(TT3+TT4)/2.
C     MITTLERE WAERMELEITFAEHIGKEITEN DER KALT- UND HEISSGASE
      WLAMK=WLAM(TMK)
      WLAMH=WLAM(TMH)
C     MITTLERE DYNAMISCHE ZAEHIGKEITEN
      ZAEK=ZAEHDY(TMK)
      ZAEH=ZAEHDY(TMH)
C     EINTRITTS- UND AUSTRITTSDICHTEN
      RHOK1=PT1/(287.*TT1)
      RHOK2=PT2/(287.*TT2)
      RHOH1=PT3/(287.*TT3)
      RHOH2=PT4/(287.*TT4)
C     MITTLERE DICHTEN
      RHOK=0.5*(RHOK1+RHOK2)
      RHOH=0.5*(RHOH1+RHOH2)
C     MITTLERE SPEZIFISCHE WAERMEN
      CPK=WPKTK/DK
      CPH=WPKTH/DH
C     KLEINERER WAERMEKAPAZITAETSSTROM
      WMI=AMIN1(WPKTK,WPKTH)
C     VERHAELTNIS WMIN/WMAX
      WMIMAX=WPKTK/WPKTH
      IF(WMIMAX.GT.1.0) WMIMAX=1./WMIMAX
      WMAT=MMAT*CMAT((TT3+TT1)/2.)*OMEGA
      IF(AUS.EQ.0) GO TO 100
C     VOLUMEN DES REGENERATORS
      VWT=MMAT/RHOMAT/(1.-PORF)
C     FRONTFLAECHE DES WAERMETAUSCHERS
      FFWT=MMAT/(1.-PORF)/(LZUD*DHYD*RHOMAT)
C     FREIE STROEMUNGSQUERSCHNITTE  KALT- UND HEISSEKTOR
      FFK=PORF*KBL*FFWT/(1.+DH/DK*RHOK/RHOH*KW)
      FFH=FFK*DH/DK*RHOK/RHOH*KW
C     FREIER STROEMUNGSQUERSCHNITT DES WAERMETAUSCHERS
      FSWT=FFWT*KBL*PORF
C     INNERE UBERFLAECHEN
      FK=ALF*VWT*FFK/FFWT
      FH=ALF*VWT*FFH/FFWT
C     REYNOLDSZAHLEN
      XX1=ALF*LZUD*DHYD**2/(PORF*KBL)
      RK=DK*XX1/(FK*ZAEK)
      RH=DH*XX1/(FH*ZAEH)
      PIK=1.-(DK/FFK)**2/(PT1*RHOK1*2.)*((1.+PORF**2)*(RHOK1/RHOK2-1.)
     1 +(56./RK+1.9/LZUD)*LZUD*RHOK/RHOK1)
      PIH=1.-(DH/FFH)**2/(PT3*RHOH1*2.)*((1.+PORF**2)*(RHOH1/RHOH2-1.)
     1 +(55./RH+1.9/LZUD)*LZUD+RHOH/RHOH1)
C     WAERMEUEBERGANGSZAHLEN
  100 ALFK=WLAMK*2.7/DHYD
      ALFH=WLAMH*2.7/DHYD
C     LOGARITHMUS VON NTUO
      ENTUO=ALOG10(1./(WMI*(1./ALFK/FK+1./ALFH/FH)))
      WMI=WMI/WMAT
      IF(WMIMAX-0.95) 105,105,106
  105 CALL SUCHE(-1.,WMI,8,WMIWMA,NPKWW,ELGNTU,ELG3,ENULL,ENTUO,ELE90,
     1 XX,I)
  106 CALL SUCHE(-1.,WMI,8,WMIWMA,NPKWW,ELGNTU,ELG2,ENULL,ENTUO,ELE95,
     1 XX,I)
      IF(WMIMAX.LE.0.95) GO TO 107
      CALL SUCHE(-1.,WMI,8,WMIWMA,NPKWW,ELGNTU,ELG1,ENULL,ENTUO,ELE100,
     1 XX,I)
      ELEPS=ELE95 +20.*(WMIMAX-0.95)*(ELE100-ELE95)
      GO TO 108
  107 ELEPS=ELE90 +20.*(WMIMAX-0.90)*(ELE95 -ELE90)
C     WIRKUNGSGRAD IN PROZENT
  108 EPS=100.-10.**ELEPS
      RETURN
      END
```

[70] dargestellt. In der SUBROUTINE REGEN ist ferner ein Blockierungsfaktor

$$k_{Bl} = 1 - \frac{A_{Bl}}{A_{ges}}$$

eingeführt. Damit kann man denjenigen Anteil der Frontfläche der Scheibe berücksichtigen, der von den Dichtungen und Trennwänden zwischen Kalt- und Heißsektor bedeckt wird. Dieser Blockierungsfaktor läßt sich zum Beispiel errechnen aus dem Durchmesser der Scheibe und einer konstanten Breite des Dichtungsstreifens, die bei bisher ausgeführten Regeneratoren aus Glaskeramik etwa 5 - 10 cm beträgt.

4. 2. 2. 3 Leckluft-Abschätzung

Bei einem Regenerator aus Glaskeramik entstehen Leckluftverluste aus den folgenden Gründen:

1. Undichtigkeit der Dichtungen.
   Gastransport von der Seite höheren Druckes zur Seite niedrigeren Druckes, also von der Kaltseite zur Heißseite.
2. Gasdurchläßigkeit der Matrix infolge Porosität. Gastransport ebenfalls von der Seite hohen Druckes zur Seite niedrigen Druckes.
3. Gastransport infolge der Regeneratordrehung. Sowohl von der Heißseite zur Kaltseite als auch umgekehrt tritt ein Gastransport auf.

Die Größe der einzelnen Leckluftmengen hängt natürlich sehr stark von der Bauart und Konzeption der Dichtungen und des Regeneratormaterials ab. Die technologische Entwicklung dieser Teile des Regenerators ist noch voll im Fluß; daher kann hier nur ein mathematisches Modell in Frage kommen, in dem empirische Konstanten dazu dienen, das Modell an das spezifische Konzept anzupassen. Folgender Ansatz wird gewählt:

Die Leckluftmenge gemäß Punkt 1 der obigen Liste sei proportional der Druckdifferenz $p_k - p_h$ und dem Scheibendurchmesser (für $p_k/p_h = 1$ muß $\dot{m}_{L,1} = 0$ sein)

$$\dot{m}_{L,1} \sim \left(\frac{p_k}{p_h} - 1\right), d_s .$$

Damit wird vereinfachend angenommen, daß durch Dichtungen am Scheibenumfang praktisch keine Leckluft entweicht. Im Vergleich zu radialen Dichtungen sind die konstruktiven Probleme von Umfangsdichtungen leichter zu lösen; Leckluft am Umfang könnte durch die folgende Modifikation im obigen Ansatz berücksichtigt werden ($1 < a < 2$):

$$\dot{m}_{L,1} \sim \left(\frac{p_k}{p_h} - 1\right), d_s^a .$$

Der zweite Anteil hängt zudem noch von der Länge der Strömungskanäle der Matrix l (= Scheibendicke) ab:

$$\dot{m}_{L,2} \sim \left(\frac{p_k}{p_h} - 1\right), d_s \cdot l .$$

Der dritte Anteil verändert sich nicht mit der Druckdifferenz, sondern mit der Regeneratordrehzahl:

$$\dot{m}_{L,3} \sim \omega, d_s \cdot l .$$

Für die gesamte Leckluft, bezogen auf den Kaltsektor-Massendurchsatz, gilt dann:

$$\beta_L = \frac{\dot{m}_L}{\dot{m}_K} = k_1 \left(\frac{p_k}{p_h} - 1\right) d_s + k_2 \left(\frac{p_k}{p_h} - 1\right) d_s l + k_3 \omega d_s l .$$

Wenn ein bestimmtes Entwurfsprinzip mit diesem mathematischen Modell beschrieben werden soll, dann müssen für einen Betriebszustand sämtliche Werte aus dieser Gleichung bekannt sein. Es lassen sich neue Konstanten einführen gemäß (Index B = Bezugswert):

$$\frac{\beta_L}{\beta_{L,B}} = k_1' \frac{\left(\frac{p_k}{p_h} - 1\right)}{\left(\frac{p_k}{p_h} - 1\right)_B} \frac{d_s}{d_{s,B}} + k_2' \frac{\left(\frac{p_k}{p_h} - 1\right)}{\left(\frac{p_k}{p_h} - 1\right)_B} \frac{d_s\, l}{d_{s,B}\, l_B} + k_3' \frac{\omega d_s\, l}{\omega_B d_{s,B}\, l_B} .$$

Für den Bezugs-Betriebszustand gilt :

$$\frac{\beta_L}{\beta_{L,B}} = 1 = k_1' + k_2' + k_3' .$$

Die k_1', k_2' und k_3' sind die oben erwähnten empirischen Konstanten, die für einen bestimmten Regeneratorentwurf als charakteristische Daten in das mathematische Modell eingehen. Als Anhalt für allgemeine Berechnungen können zum Beispiel die folgenden aus [65] entnommenen Werte dienen:

$(p_k/p_h)_B = 4$ $\qquad$ $k_1' = 0,67$

$d_{S,B} = 0,712$ m $\qquad$ $k_2' = 0,10$

$l_B = 0,0712$ m $\qquad$ $k_3' = 0,23$

$\omega_B = 0,35$ U/s .

Die Massenstrombilanz für einen Regenerator lautet :

$$\dot{m}_{k,aus} = \dot{m}_{k,ein} + \dot{m}_{h \to k} - \dot{m}_{k \to h} ,$$

$$\dot{m}_{h,aus} = \dot{m}_{h,ein} - \dot{m}_{h \to k} + \dot{m}_{k \to h} .$$

Mit der beschriebenen Leckluftformel kann der Massenstrom $\dot{m}_{k \to h}$ abgeschätzt werden. Daneben wird aber infolge der Regeneratordrehung auch ein Massentransport von der Heiß- zur Kaltseite $\dot{m}_{h \to k}$ stattfinden. Man kann sich vorstellen, daß während des Passierens der Dichtungen kurzzeitig die Strömungskanäle der Matrix an beiden Seiten abgedeckt sind. Bei den in der nächsten Gleichung vorkommenden Massenströmen handelt es sich also um einen Gastransport senkrecht zu den Hauptströmungsrichtungen im Regenerator. Wegen der unterschiedlichen Dichten gilt:

$$\frac{\dot{m}_{h \to k,\omega}}{\dot{m}_{k \to h,\omega}} = \frac{\rho_h}{\rho_k} = \frac{p_h}{p_k} \frac{t_k}{t_h} .$$

Der von der Regenerator-Drehzahl abhängige Durchsatz von der Kalt- zur Heißseite ist:

$$\dot{m}_{k \to h,\omega} = \dot{m}_k \beta_L \left(\beta_{L,B} k_3' \frac{\omega}{\omega_B} \frac{d_s}{d_{s,B}} \frac{l}{l_B} \right) .$$

Abschließend zur Leckluftberechnung soll darauf hingewiesen werden, daß durch entsprechende Wahl der empirischen Konstanten das Optimierungsergebnis bei einer Gasturbine besonders bezüglich der optimalen Regeneratordrehzahl unter Umständen stark beeinflußt wird. Wäre nämlich mit der Drehung keinerlei Verlust verbunden, dann folgt aus der Theorie (vgl. Bilder 2 a-c), daß unendlich große Drehzahl bei vorgeschriebenem Wärmetauscher-Wirkungsgrad zum kleinsten Übertrager führen würde. Werden die Verluste mit dem hier geschilderten Leckluftmodell berücksichtigt, dann ergeben sich relativ flache Minima bezüglich der Drehzahl (vgl. Bild 43 in Kap. E. 1. 3), die der Natur der Sache nach durch kleine Änderungen im mathematischen Modell leicht verschoben werden können. Da aber bei einer vernünftig ausgelegten Gasturbine die Regenerator-Leckluft nur einen kleinen Prozentsatz ausmacht, ist dort deren Einfluß gering. Die genaue Abstimmung der Regeneratordrehzahl, unter anderem auch mit der Lebensdauer der Dichtungen, hängt auch vom Ergebnis experimenteller Untersuchungen ab.

4. 2. 2. 4 Antriebsleistung

Die für den Regenerator notwendige Antriebsleistung rührt in erster Linie von den Reibungskräften der Dichtungen am Umfang her. Zwar entstehen auch infolge der Anpreßkräfte der radialen Dichtungen Drehmomente, die überwunden werden müssen; wegen der kleineren Hebelarme und der geringeren Länge sind sie aber viel niedriger als die durch Umfangsdichtungen hervorgerufenen Momente.

Wie schon im voranstehenden Kapitel über die Leckluftberechnung erwähnt wurde, sind die konstruktiven Probleme der Dichtungen und die Materialauswahl heute noch keiner allgemein akzeptierten Lösung zugeführt worden. Daher kommt auch zur Leistungsberechnung nur ein empirisches Modell in Frage, das leicht an die entsprechenden Gegebenheiten angepaßt werden kann. Man kann zum Beispiel für die Antriebsleistung einer Scheibe ansetzen

$$N_{Reg} = K_u \frac{d_s}{2} \omega' .$$

Die Umfangskraft ist dabei proportional zum Scheibenumfang

$$K_u = k_u d_s ,$$

womit sich ergibt

$$N_{Reg} = k_u \frac{d_s^2}{2} \omega .$$

Für die günstigsten Verhältnisse aus [65] ist ein Wert von

$$k_u \approx 250 \frac{N}{m}$$

repräsentativ. Es muß aber erwähnt werden, daß während instationärer Betriebszustände auch doppelt so große Dichtungskräfte auftreten können.

Die Antriebsleistung ist von der Gasgeneratorwelle über ein Getriebe mit einem Untersetzungsverhältnis von etwa 1:2000 abzuzweigen. Dabei dürfte ein Getriebewirkungsgrad von kaum mehr als 80 - 85 % erreichbar sein, da es ja außerdem zum Teil nicht geschmiert werden kann.

Insgesamt ist die Antriebsleistung für die Regeneratorscheiben gering, obzwar die Flankenpressung am Ritzel sehr hohe Werte annehmen kann. Für Projektrechnungen ist es daher angemessen, - vor allem, wenn über Details der Dichtungskonstruktion nichts bekannt ist - die erforderliche Leistung im mechanischen Wirkungsgrad der entsprechenden Turbomaschinenwelle zu berücksichtigen.

5. Umweltschutz

Jedes selbständig arbeitende Antriebsaggregat, in dem im Brennstoff (flüssigen, gasförmigen, evtl. festen Aggregatzustandes) gebundene chemische Energie durch Verbrennung mit Luftsauerstoff in thermische Energie verwandelt wird, produziert auch akustische Energie und emittiert Schadstoffe.

5.1 Lärmemission

5.1.1 Flugtechnik

Die entscheidenden Lärmquellen bei Gasturbinen sind auf der Einströmseite die Verdichter (besonders das Gebläse) und auf der Abströmseite Gebläse, Brennkammer, Turbine und der Strahlmischungsprozeß mit der Umgebungsluft. Dort, wo man kaum lange Kanäle für Luft- und Gasführung vor- bzw. nachschalten kann, also beim Turboluftstrahltriebwerk (Fluggasturbine), muß die Lärmentstehung besonders bekämpft werden.

Lärmabstrahlung nach vorn

Hier sind in den letzten Jahren bereits bedeutende Fortschritte erreicht worden. Die akustischen Phänomene, hervorgerufen durch Interferenz zwischen den Lauf- und Leiträdern des Verdichters, wurden durch mehrere Maßnahmen verbessert. Diese sind: Abstimmung der Laufrad- und Leitradschaufelzahlen (z.B. $n_{Le} \geqq 2n_{La}$), Vergrößerung der axialen Abstände von umlaufenden Gittern und feststehenden Gittern oder Gehäuseteilen, vollständige Unterdrückung gesamter Leiträder. Moderne Zweistromtriebwerke werden mit immer größer werdenden Massenstromverhältnissen ausgeführt, wodurch der den Gesamtluftstrom verarbeitende Niederdruckverdichter (Gebläse), was die Lärmentstehung anbetrifft, immer stärker in den Vordergrund rückt. Die vorstehend geschilderten Maßnahmen wurden daher hauptsächlich bei dieser Komponente angewandt.

Beachtet man noch, daß die Reduzierung der aerodynamischen Belastung der Verdichterstufen - z.B. ausgedrückt durch den Diffusionsbeiwert [FA, Kap. B.2.2.3] - und die Verkleinerung der Umfangsgeschwindigkeit gleich-

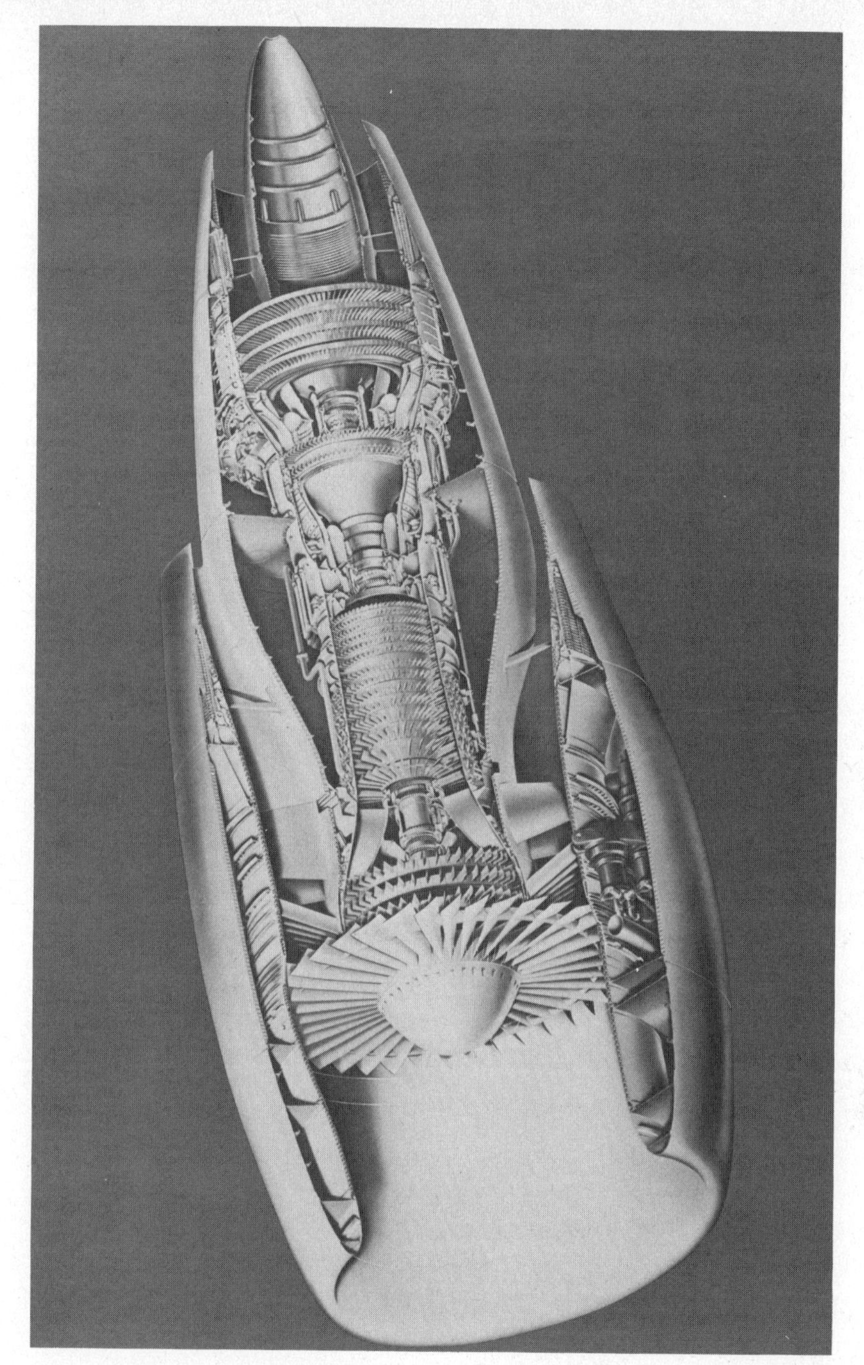

Bild 1. Zweiwellen-Zweistromtriebwerk, General Electric CF6-50; eingebaut u.a. im Airbus A 300

falls die Lärmemission herabsetzen, so hat man im Verein mit schalldämmenden Einbauten im Einlaufdiffusor bereits eine ganze Palette von Maßnahmen zur Verfügung, die - sinnvoll kombiniert - die Lärmemission in Grenzen halten.

Durch besondere Gestaltung von verstellbaren Triebwerkseinläufen, die beispielsweise eine Strömungsquerschnittsverengung in der Weise einzustellen gestattet, daß die dortige Strömungsgeschwindigkeit der Schallgeschwindigkeit sehr nahe kommt, kann das nach vorn Austreten hochfrequenter Verdichtergeräusche weitgehend vermieden werden.

Lärmabstrahlung nach hinten

Die das eigentliche Basistriebwerk verlassenden Heißgase können entweder mit dem kalten Bypassstrom gemischt werden, oder es sind getrennte Schubdüsen vorhanden.

Der Mischungsprozeß wird hauptsächlich bei militärischen Maschinen angewendet, da dadurch die Wiedererhitzung des Gesamtmassenstroms erleichtert wird. Bei Überschall-Verkehrsflugzeugen können Zweistromtriebwerke mit kleinen Bypassverhältnissen Verwendung finden (z.B. Tupolev 144 und gewisse amerikanische Projekte), bei denen gleichfalls Mischung und in begrenztem Ausmaß Erhöhung der Strahlenergie durch Wiedererhitzung, gegebenenfalls auch Aufheizung im getrennt bleibenden Zweitstrom, stattfinden. Die Aufgabenstellung, Erhöhung der Schubleistung für gewisse Flugzustände (transsonische Beschleunigung, evtl. Start), unterscheidet sich hier nur graduell gegenüber derjenigen bei militärischen Überschallmaschinen.

Der getrennt austretende Kaltluftstrahl umschließt kreisringförmig den Heißgasstrahl der Primärdüse. Durch diesen "isolierenden" Ummantelungseffekt, und natürlich besonders wegen des bei allen Zwei- und Dreistromtriebwerken (ZTL, DTL) stark reduzierten Niveaus der Heißgasgeschwindigkeit, wird die durch Schubdüsenstrahlen emittierte akustische Energie gering gehalten. Die Geschwindigkeitsverteilung im Flugzustand ist meist so abgestuft, daß die Primärgeschwindigkeit (Heißgas) größer als die Sekundärgeschwindigkeit

(Bypassluft) und diese wiederum höher als die Fluggeschwindigkeit ist, also $w_I > w_{II} > w_0$. Erinnern wir uns daran, daß zumindest im Bereich von $w > 100$ m/s die Schalleistung pro Strahlfläche mit der achten Potenz der Strahlgeschwindigkeit (diese ist als Relativgeschwindigkeit gegenüber demjenigen bewegten oder unbewegten Medium, in das der Strahl eindringt, definiert) anwächst. Durch Reduktion der Strahlgeschwindigkeit(en) kann bei Bypasstriebwerken mit Massenstromverhältnissen von 5 - 10 eine Herabsetzung des Lärmpegels von 25 - 35 PNdB (perceived noise decibel) gegenüber dem Einstromtriebwerk (TL) gleichen Startschubs erreicht werden.

Es kann vorkommen, daß trotz Schallauskleidung auf der Abströmseite die Lärmquellen Brennkammer und Turbine - und im Bypassteil das Gebläse - störender in Erscheinung treten als der Strahllärm. Eine bezüglich Schallemission ausgewogene Triebwerksauslegung wird dann vorliegen, wenn keine der vorgenannten Lärmquellen vom menschlichen Ohr als dominierend empfunden wird. Als diesbezüglich fortschrittliche Realisation kann der deutsch-französische Airbus A 300 (Triebwerke GE CF 6-50) angesehen werden, der als leises Flugzeug vom Publikum sehr gut aufgenommen wurde. Die Tabelle aus [2] zeigt Meßergebnisse (die Lage der Meßpunkte ist genau vorgeschrieben), die mit dem Typ A-300 B2, unter Hinzuziehung offizieller Dienststellen, in Frankreich erhalten wurden. Gegenübergestellt sind die durch die international gültige Norm der ICAO (International Civil Aviation Organisation) zugelassenen Grenzwerte. Der "arithmetische Mittelwert" liegt um 12 EPNdB (effective perceived noise decibel) unter demjenigen der zugelassenen Werte. Hätte man die etwas strengere USA-Norm FAR-36 zugrundegelegt, wäre der Gewinn noch immer 11 EPNdB gewesen.

Tabelle 3 Lärmmessungen (in EPNdB) am Airbus

"Flug"-Zustand		Messung	ICAO-Norm	Gewinn
Start	in Abflugrichtung	88	103	15
	seitlich	90	106	16
Landeanflug		101	106	5
"Arithmet. Mittelwert"		93	105	12

Lärmmessungen, auf den Flughäfen München, Paris und Zürich durchgeführt, brachten die im Bild 2 gezeigten Ergebnisse; die zugelassenen Grenzwerte

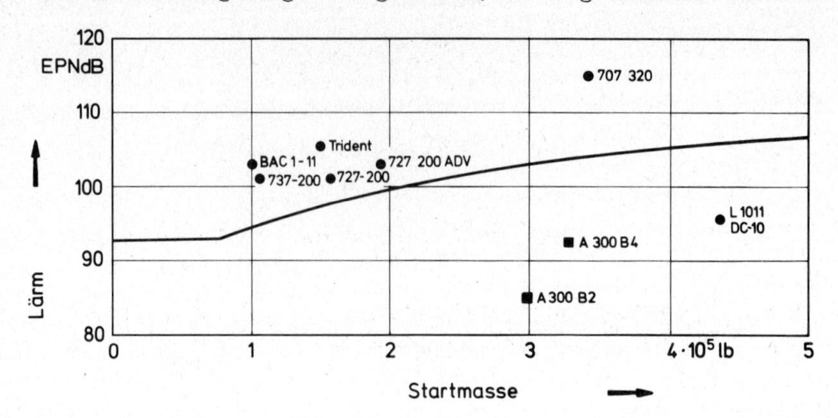

Bild 2. Lärmmessung beim Start

(eingetragene Linie) sind abhängig von der maximalen Startmasse des Flugzeuges. Man erkennt, daß auch eine weitere Reduzierung des zugelassenen Lärmniveaus (man spricht von einer Senkung um 10 Dezibel bis 1984) keine Änderungen am Airbus erfordern würden. Dies gilt sogar für den Typ A 300 B 4 mit 150 t.

Um die Störung durch Flugzeuge in der Nähe von Flughäfen besonders augenfällig darstellen zu können, bedient man sich auch der Darstellung "beschallter Flächen". In Bild 3 sind am Beispiel des Flughafens Paris-Orly diejenigen Flächen gerastert eingetragen, die außerhalb des eigentlichen Flugplatzgeländes liegen und innerhalb welcher der Lärm 90 EPNdB (entspricht etwa dem Lärmniveau stark frequentierter Straßen) übersteigt. Gegenüber den vierstrahligen Verkehrsflugzeugen vom Typ Boeing 707 und DC 8, beträgt beim Airbus A 300 B 2 die beschallte Fläche nur etwa 2,7 %. Diese sehr beachtliche Verminderung der Umweltbelästigung ist einmal auf die vorstehend aufgeführten Maßnahmen im Triebwerksbau zurückzuführen, zum anderen auf ein geändertes Startverfahren. Wegen des günstigen Verhältnisses von Startschub und Startmasse beim Airbus gegenüber den anderen Flugzeugen ist die Startstrecke kürzer und der mögliche Steigwinkel größer.

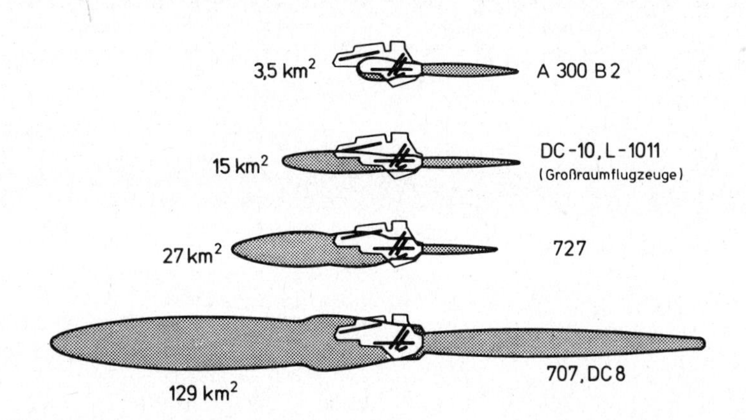

Bild 3. Beschallte Fläche (≥90 EPNdB) außerhalb des Flugplatzes (Beispiel: Paris-Orly)

Obzwar der Airbus die obere Lärmgrenze also erheblich unterschreitet, wäre eine noch weitere Absenkung des triebwerksbedingten Lärmniveaus technisch durchaus möglich. Es erhebt sich aber die Frage, ob die dadurch entstehende weitere Verteuerung des Flugzeuges gesamtwirtschaftlich vertretbar ist. Der Begriff Lebensqualität darf nicht zu begrenzt gesehen werden. Zu aufwendige Fortschritte auf einem bestimmten Gebiet können andere der Allgemeinheit zugute kommende Entwicklungen verzögern, gegebenenfalls sogar verhindern.

In Abschnitt E.3 werden einige für die Triebwerksakustik wichtige Zusammenhänge anhand eines Beispiels erläutert.

5.1.2 Stationäre und Fahrzeugtechnik

Bei Gasturbinen für diese Verwendungszwecke können in aller Regel Luftzuström- und Gasabströmkanäle so lang ausgeführt werden, daß bei Einbau von Schalldämpfern ein sehr wirksamer Lärmschutz erreicht wird. Im Gegensatz zu den Strahltriebwerken, wo die sekundliche kinetische Strahlenergie am Austritt des Gerätes vom Standpunkt des Vortriebs stets nützliche Schubleistung darstellt, ist sie hier Verlustleistung (von Sonderfahrzeugen, die sich wie die

Strahlantriebstechnik des Prinzips der Impulsübertragung bedienen, sei hier zunächst abgesehen). Man wird also die Austrittsgeschwindigkeit hinter der zuletzt beaufschlagten Turbine klein halten. Dies ist für Nutzleistung und Schallpegel günstig.

Wird hinter dem Turbosatz das Heißgas noch durch einen Wärmetauscher geleitet, wie dies in Zukunft oftmals der Fall sein wird, dann hat es schon aus diesem Grund ein sehr geringes Geschwindigkeitsniveau. Der Wärmetauscher selbst läßt darüberhinaus nur noch wenig von dem innerhalb der Gasturbine erzeugten Lärm durch. Im Einlaufkanal wird in vielen Fällen eine Luftfilterung erforderlich sein, die gleichfalls dämpfend wirkt.

Bei Vergleichen mit dem Verbrennungsmotor, z.B. auf dem Fahrzeugsektor, wurde noch bis vor kurzer Zeit davon gesprochen, daß der pro Leistungseinheit erforderliche Massenstrom bei der Gasturbine etwa vier- bis fünfmal desjenigen bei motorischem Betrieb sei, und daß diese großen umgewälzten Luftmengen die Gasturbine sehr laut machen müssen. In der Zwischenzeit ist die auf den Durchsatz bezogene Nutzleistung so gesteigert worden, daß die Gasturbine nur etwas über den doppelten Massenstrom benötigt. Es besteht begründete Hoffnung, anzunehmen, daß sie aus akustischen Gründen auch im Straßenverkehr nicht gehandikapt sein wird.

Als Resümee kann gesagt werden, daß dort, wo das durch die Gasturbine erzeugte Lärmniveau noch vor wenigen Jahren kaum erträglich schien (nämlich in der Flugtechnik), sich dieses Problem bei den modernen Bläser-Triebwerken kaum mehr ernstlich stellt. Für alle anderen Anwendungen war es schon immer vergleichsweise weniger kritisch.

5.2 Schadstoffemission

5.2.1 Relative Belastung durch Gasturbinen

Will man die Gasturbinen bezüglich ihrer Schadstoffemission gegenüber den anderen Quellen der Luftverunreinigung einordnen, wird man sich statistischen Materials bedienen müssen, bei dem die Flugtechnik miterfaßt ist. Nur dort liegen nämlich breite Betriebserfahrungen vor. In Bild 1 [56] sind für den Bereich der USA die von Industrieabgasen, Motorfahrzeugen und Turboflug-

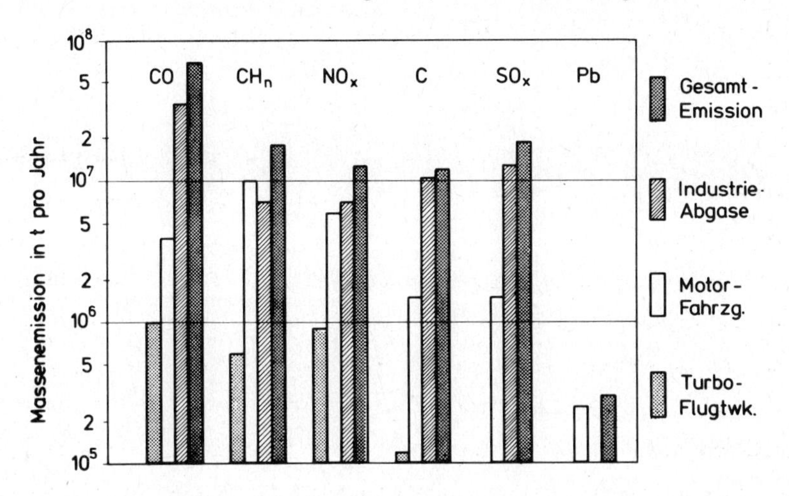

Bild 1. Anteile an der Gesamtschadstoffemission (USA)

triebwerken stammenden jährlichen Emissionen aufgetragen. Hervorzuheben wäre:

a) Die Schadstoffmasse, die aus der Fluggasturbine stammt, beträgt weniger als 2 % der Gesamtemission.

b) Die ins Gewicht fallenden Mengen, die beiden Stoffe Kohlenmonoxid (CO) und Stickoxid (NO_x, d.h. NO und NO_2) sind giftig und die unverbrannten Kohlenwasserstoffe (CH_n) belästigend. Der zur Rauchbildung führende unverbrannte Kohlenstoff (C) spielt bereits eine geringere Rolle. Bei bestimmten Konzentrationen sind jedoch die beiden letztgenannten Stoffe karzinogen.

Sollte es in absehbarer Zeit zu einer bedeutenden Verwendung der Gasturbine im Kfz-Bereich kommen, dann muß an der Brennkammer noch intensiver gearbeitet werden als es heute bereits im Luftfahrtsektor der Fall ist. Für die Flugtechnik ist die Aufgabe, eine saubere Verbrennung zu erzielen, aus zwei Gründen schwerer als außerhalb dieser. Einmal muß die Brennkammer eines Turbostrahltriebwerks nicht nur bei verschiedenen Lastzuständen, sondern auch variabler Flughöhe, d.h. bei stark schwankendem Basisdruckniveau, einwandfrei arbeiten und zum andern ist die Forderung nach kleinem Kammervolumen sehr viel strenger.

Obzwar das nachfolgend Gesagte grundsätzlichen Charakter hat, muß doch erwähnt werden, daß die gezeigten Meßergebnisse größtenteils Kohlenwasserstoffe des Typs Kerosen betreffen. Dieser Brennstoff dürfte auch der wichtigste für die zukünftige Gasturbine sein. Mögliche andere Brennstoffe, wie verflüssigtes Erdgas, Methan, flüssiger Wasserstoff etc. werden hier nicht behandelt.

5.2.2 Lastabhängigkeit der Emissionsindizes

Als Beispiel dafür, wie die einzelnen Schadstoffmengen vom Lastzustand der

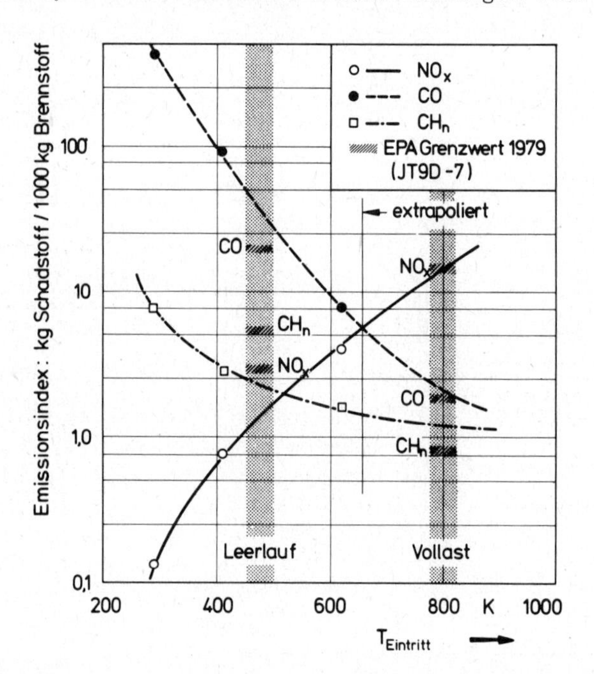

Bild 2. Vergleich der gemessenen Schadstoffemission einer schadstoffarmen Brennkammer mit den EPA-Grenzwerten für 1979

Gasturbine abhängen, sei die aus [36] stammende Darstellung des Emissionsindexes (Bild 2) angeführt. Der Abszissenmaßstab stellt die Eintrittstemperatur in die Brennkammer bzw. Austrittstemperatur des (Hochdruck-) Verdichters dar. Sie steigt bei sonst gleichen Bedingungen mit der (den) Triebwerksdrehzahl(en), d.h. dem Lastzustand an. Man hätte an die Abszisse auch nach rechts ansteigend den Brennkammer-Eintrittsdruck schreiben können oder auch das Brennstoff-Luft-Verhältnis oder die Brennkammer-Austrittstemperatur. Die von der Environmental Protection Agency (EPA) in den USA für das Jahr 1979 für das Triebwerk PW-JT9D-7 (die Vorschriften sind für die einzelnen Triebwerksklassen unterschiedlich) festgelegten Grenzwerte sind für CO, NO_x und CH_n eingetragen. Weiterhin sind einige Versuchsergebnisse, die mit einer Modellbrennkammer bei Umgebungsdruck erhalten wurden, mit aufgenommen. Letztere sind mit den Grenzwerten nicht unmittelbar vergleichbar, da die Brennkammerdrücke im Triebwerk bei Leerlauf und Vollast verschieden hoch sind.

Das Bild interessiert weniger wegen der Absolutwerte als zur Veranschaulichung der Tendenzen. Mit steigendem Lastzustand nimmt der Emissionsindex für CO und CH_n ab, während der für NO_x steigt. Wie die eingetragenen Bal-

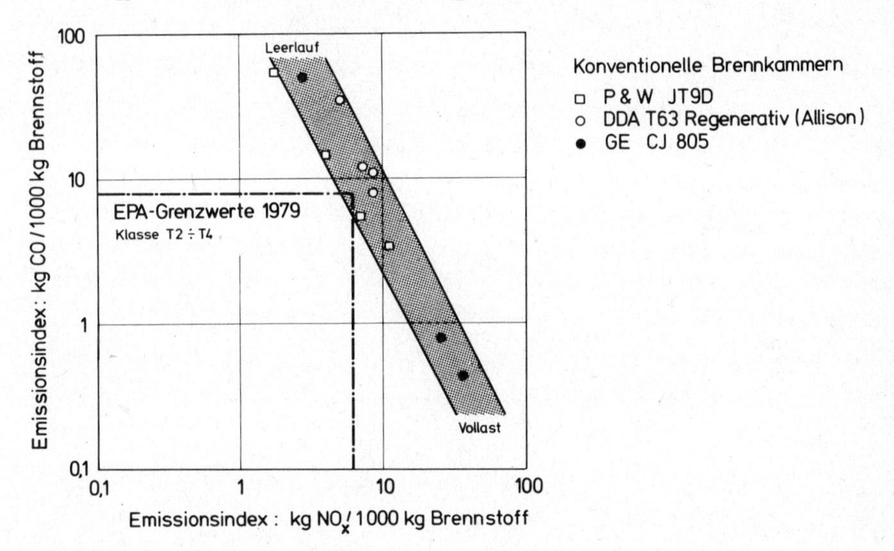

Bild 3. Gegenläufiges Verhalten der CO- und NO_x-Emission

ken beweisen, hat der Gesetzgeber diesem Verhalten auch Rechnung getragen.

In Bild 3 sind die für drei USA-Triebwerke gemessenen Daten bezüglich CO und NO_x für verschiedene Lasten, aber jeweils auf 1000 kg Brennstoff bezogen, aufgetragen. Bedenkt man, daß es sich um verschiedene Triebwerkskonzepte und verschiedene Hersteller handelt, ist der alle Meßpunkte einhüllende Balken nicht einmal so breit. Entwicklungsarbeit ist also sowohl bezüglich der CO- als auch der NO_x-Emission zu leisten, denn die Meßpunkte aller Lastzustände sollen letztlich innerhalb der strichpunktiert eingetragenen Grenzlinie liegen. Der Balken muß also verkürzt und nach links verschoben werden.

5.2.3 Maßnahmen zur Verminderung von CO und NO_x

5.2.3.1 Kohlenmonoxid (CO)

Eines der gewünschten Endprodukte der Kohlenwasserstoffverbrennung ist bekanntlich CO_2. Die Verbrennung von Kohlenstoff zu Kohlenmonoxid CO erfolgt verhältnismäßig schnell, jedoch diejenige von CO in Kohlendioxid CO_2 relativ langsam. Je nach den vorhandenen Drücken und Temperaturen im Brennraum, weiter abhängig davon, ob Brennstoff- oder Sauerstoffüberschuß herrscht, ob es sich um Tröpfchenverbrennung oder Zusammenführung gasförmiger Reaktionspartner handelt, d.h. mit Brennstoffvorverdampfung gearbeitet wird - es könnten noch andere Einflußparameter genannt werden - sind die Reaktionszeiten und -zwischenprodukte verschieden. Dies ist der Grund dafür, weshalb hier keine quantitativen Angaben gemacht werden. Ganz abgesehen davon, daß der Verlauf mancher reaktionskinetischer Mechanismen der Schadstoffentstehung noch nicht völlig geklärt ist.

Als Beispiel für die CO-Abnahme innerhalb einer Brennkammer, die wegen des Zeitmaßstabes auf der Abszisse auch Rückschlüsse darüber erlaubt, welche Auswirkungen eine Reduktion der Aufenthaltszeit selbst hätte, zeigt Bild 4 [68]. Gemäß der Definition des Äquivalenzverhältnisses

$$\Phi = \frac{\text{stöchiometrisch erforderliche Luftmenge}}{\text{vorhandene Luftmenge}}$$

liegt mit $\Phi = 0,75$ Luftüberschuß vor.

Trotz der vorstehend angedeuteten Unsicherheiten können Empfehlungen zur Vermeidung hoher CO-Emissionen in den Abgasen gegeben werden. Die Verbrennung in der Primärzone sollte mit Luftüberschuß (Sauerstoffüberschuß)

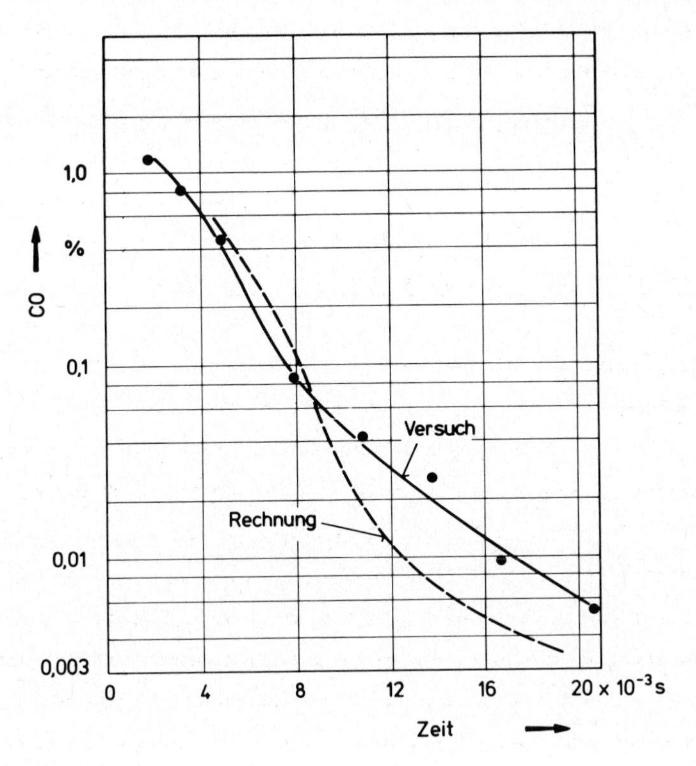

Bild 4. CO-Verlauf in einer kleinen Versuchsbrennkammer p ≈1 bar, Φ =0,75

erfolgen, d.h. es soll armes Gemisch vorliegen. (Die Ausdrücke überstöchiometrisch und unterstöchiometrisch werden bewußt vermieden, weil sie für den gleichen Sachverhalt, je nach Definition, austauschbar sind.) Die Verweilzeit t_V des Verbrennungsgases in den einzelnen Zonen der Brennkammer darf nicht zu kurz sein, da sonst die Gefahr besteht, daß die CO-Konzentration des chemischen Gleichgewichts auch nicht annähernd erreicht wird. Wegen der Verantwortlichkeit der Oxydationsrate wird also bei kleinen Brennkammern (gemeint ist hier nicht eine Brennkammer von einem kleinen Triebwerk, sondern eine Brennkammer, die wegen zu hoch angesetzter Brennkammerbelastung relativ zum Triebwerk zu klein ausgefallen ist), bei denen t_V ebenfalls klein ist, keine ausreichende Reaktionszeit zur Verfügung stehen. Die CO-Konzentration liegt dann auch noch beim Verlassen der Brennkammer erheblich oberhalb des chemischen Gleichgewichts. Offensichtlich würde hier also eine eher geringe Brennkammerbelastung günstige Folgen haben.

Der Verlauf der Ausbrandverluste $(1 - \eta_A)$ über dem Ausbrandparameter Ω (s. Kap. B. 2. 2, Bild 1) zeigt das Brennkammerverhalten bei verschiedenen Triebwerken und jeweils verschiedenen Lastzuständen. Betrachtet man den Verlauf einer Kurve, dann ändern sich die Bezugsgrößen so, daß in Richtung Triebwerksteillast oder gar Leerlauf die Brennkammerbelastung steigt und bei Vollast niedrigere Werte annimmt. Aus diesem Grunde wirkt sich das vorstehend für den Umwandlungsmechanismus $CO \rightarrow CO_2$ als notwendig Erachtete so aus, daß bei Leerlauf der prozentuale (nicht unbedingt der absolute) CO-Anteil erheblich höher als bei Vollast liegt. Dies alles ergibt sich aus der Tatsache, daß die Brennkammer in der Gasturbine zwischen Verdichter und Turbine "gefesselt" ist, worauf schon in Kap. B. 2. 2 hingewiesen wurde. Bei Versuchen an der Komponente Brennkammer wird hierauf häufig nicht genug geachtet und es werden Schlüsse aus Ergebnissen von Parameterkombinationen gezogen, die sich im Triebwerk niemals einstellen können. Im Bereich der Vollast, also bei niedrigen Werten des Ausbrandparameters Ω, ist wegen der hohen η_A-Werte die Chance, daß die Rate der unverbrannten Kohlenwasserstoffe CH_n gering ist, natürlich gegeben.

5. 2. 3. 2 Stickoxide (NO_x)

Hier sind die Verhältnisse noch recht unübersichtlich und zum Teil schwer zu deuten [35, 48] . Im Gegensatz zur CO-Emission, bei der die Oxydationsrate (gemeint ist hier auch die Weiterverbrennung zu CO_2) entscheidend ist, ist es für die NO_x-Bildung die Entstehungsrate. Die vorstehend zur Herabsetzung der CO-Emission geforderte längere Verweilzeit erhöht a priori damit die Neigung zur NO_x-Bildung. Bild 5 [36] zeigt das Schema einer mit Flüssigkeitseinspritzung arbeitenden Brennkammer. Für die Bedingungen niedrig verdichtete Kleingasturbinen mit Wärmetauscher (z. B. für Fahrzeuge) sind gerechnete Temperaturverläufe für Vollast und Leerlauf eingetragen.

Ganz unten im Bild sind aus reaktionskinetischen Analysen abgeleitete qualitative Verläufe von Schadstoffkonzentrationen für den Vollastfall angegeben.

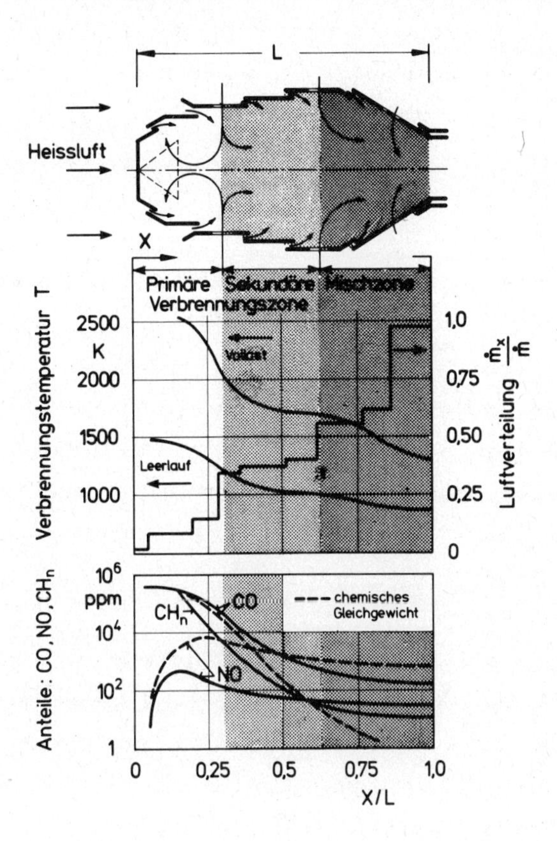

Bild 5. Strömungs-, Temperatur- und Konzentrationsverlauf entlang einer konventionellen Brennkammer

Zu diesen voll ausgezogenen Kurven gehören noch die für chemisches Gleichgewicht errechneten Daten, die strichliert eingetragen sind.

Die höchsten Schadstoffwerte treten in der Primärzone auf (der hier als Sekundärzone bezeichnete Teil der Brennkammer hätte genauso gut zur Mischzone gerechnet werden können). Für die Bildung von $CO \rightarrow CO_2$ bleibt nicht genügend Zeit, das chemische Gleichgewicht ist auch am Ende der Brennkammer noch nicht erreicht. Im Fall des NO_x ist es gerade umgekehrt, da es um die Entstehungsrate geht. Wäre die Verweilzeit vor allem in der heißen Primärzone länger gewesen, dann hätte sich noch mehr NO_x gebildet, d.h. die Konzentration wäre dem Gleichgewichtszustand näher gekommen. Grundsätzlich ist dieser Sachverhalt auch aus Bild 3 ersichtlich. Der Vollastbereich bringt einen hohen NO_x-Emissionsindex.

In Sonderfällen, z.B. bei Strahltriebwerken mit Wiedererhitzung (Nachverbrennung), können im Heißgas nach dessen Mischung mit der Umgebungsluft noch Reaktionen eintreten. Erst nach deren Abklingen kann man sich ein Bild über den Grad der Luftverschmutzung, etwa durch Probenentnahme, machen.

Einen sehr großen Einfluß auf die Stickoxidkonzentration hat die Temperatur und in zweiter Linie der Druck. Für stöchiometrische Verhältnisse und thermodynamisches Gleichgewicht der Verbrennungsgase ergibt die Rechnung (z.B. bei einem für Gasturbinen interessanten Druckbereich von 10 bzw. 40 bar) praktisch 0 ppm für T = 1800 K und 400 bzw. 350 ppm für T = 2000 K.

Da mit der Temperatur grundsätzlich auch die Reaktionsgeschwindigkeiten steigen, sind Ergebnisse von Gleichgewichtsbetrachtungen nur als Anhaltswerte verwendbar. Es sollte das Ziel jeder Verbrennungsführung sein, Temperaturen, die wesentlich über 1800 bis 2000 K hinausgehen, zu vermeiden.

Bei der klassischen Direkteinspritzung von flüssigem Brennstoff werden sich auch bei sehr guter Zerstäubung hohe Temperaturspitzen einstellen. Der durch Energiezufuhr aus der Flammenumgebung mittels Wärmeleitung und Strahlung entstehende Brennstoffdampf um das Tröpfchen reagiert mit dem Luftsauerstoff. Obzwar das Tröpfchen gegenüber seiner Umgebung normalerweise eine endliche Relativgeschwindigkeit hat, wird sich der immer neu produzierte Brennstoffdampf, der sich anfänglich wie ein geschlossener isolierender Mantel um das Tröpfchen bildet, die für die Verbrennung in der Diffusionsflamme notwendige Luft aus der Umgebung holen. Bei diesem nahezu stöchiometrischen Ablauf werden sich, wenn auch sehr lokal, Temperaturspitzen von > 2400 K nicht vermeiden lassen.

Durch Druckluftzerstäubung, Brennstoffvorverdampfung, Vermischung mit Luft, entsprechender Homogenisierung und anschließender Verbrennung des Luft-Dampf-Gemisches unter Vermeidung von Temperaturspitzen lassen sich dagegen Primärzonen mit geringer NO_x-Bildung erreichen.

Durch Maßnahmen, wie variable Geometrie in der Brennkammer, kann man lokal und auch lastabhängig die Brennstoff-Luft-Verhältnisse ändern. Auch durch Anordnung von zwei oder mehr Einspritzzonen zur Erleichterung der Vorverdampfung kommt man dem Ziel, eine langsam ansteigende Temperatur längs der Brennkammer unter Vermeidung von Temperaturspitzen zu erreichen, näher.

Man muß bei alledem berücksichtigen, daß das Niveau der mittleren Eintritts- und Austrittstemperatur durch das Triebwerkskonzept vorgegeben ist. Z.B.

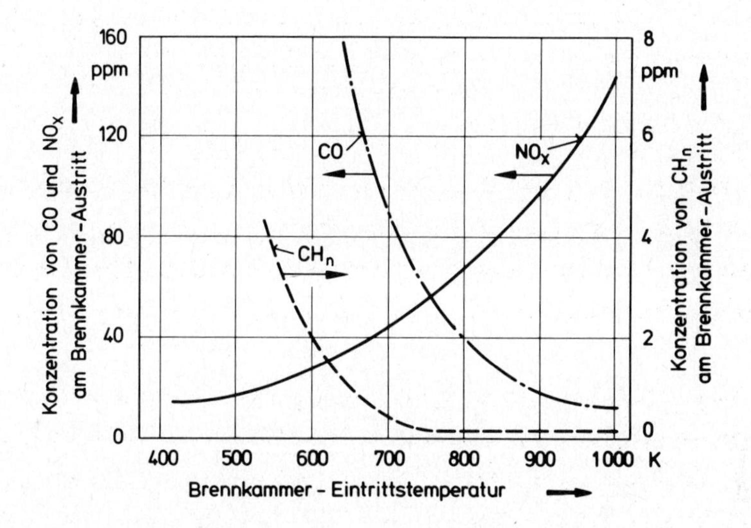

Bild 6. Einfluß der Brennkammer-Eintrittstemperatur auf die Bildung von CH_n, CO und NO_x

kann bei Verwendung von Wärmetauschern, die sich besonders außerhalb der Luftfahrt in steigendem Maße durchsetzen, die Brennkammer-Eintrittstemperatur Werte von 1100 K erreichen. Wie stark eine Erhöhung dieser Eintrittstemperatur auf die NO_x-Rate im Brennkammeraustritt wirken kann, zeigt eine bereits einige Jahre zurückliegende Untersuchung aus den USA in Bild 6 [9]. Andererseits muß sich die Tatsache, daß bei Wärmetausch bei gleicher Leistung weniger Brennstoff benötigt wird, auch positiv in der Schadstoffbilanz auswirken.

Zur Veranschaulichung der Einflüsse des Temperaturniveaus in der Primärzone und der Vermeidung von stöchiometrischer Verbrennung dienen Ergebnisse von bei United Aircraft an Kfz-Gasturbinen durchgeführten Messungen

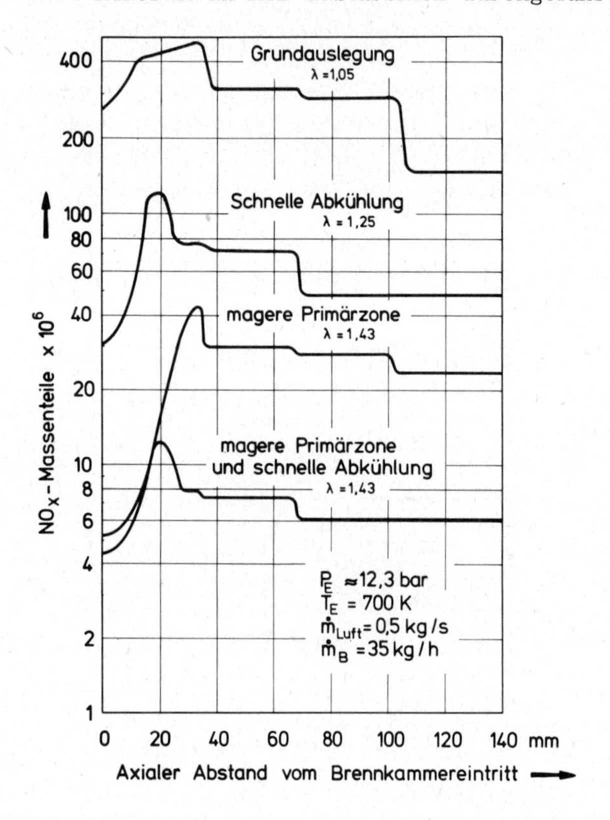

Bild 7. Einfluß von Luftüberschuß in der Primärzone und Abkühlgeschwindigkeit auf die NO_x-Emission

(Bild 7, [78]). Eine schnelle Abkühlung in der Primärzone, etwa durch Zufuhr von unaufgeheizter Sekundärluft, reduziert die Aufenthaltszeit bei hoher

Temperatur und damit auch den NO_x-Ausstoß am Brennkammerende. Luftüberschuß (etwa der Übergang von annähernd stöchiometrischer Verbrennung gemäß $\lambda = 1,05$ auf $\lambda = 1,43$) brachte bei diesen Versuchen ein besonders spektakuläres Ergebnis. Die kombinierte Wirkung von schneller Abkühlung und magerem Gemisch in der Primärzone reduzierte den NO_x-Massenanteil gegen das Ende der Brennkammer auf unter 1/20 des ursprünglichen Wertes bei der Grundauslegung!

Eine schnelle Abkühlung der Primärzone einer mit Wärmetauscher ausgerüsteten Gasturbine ist etwa dadurch zu erreichen, daß man einen Teil der

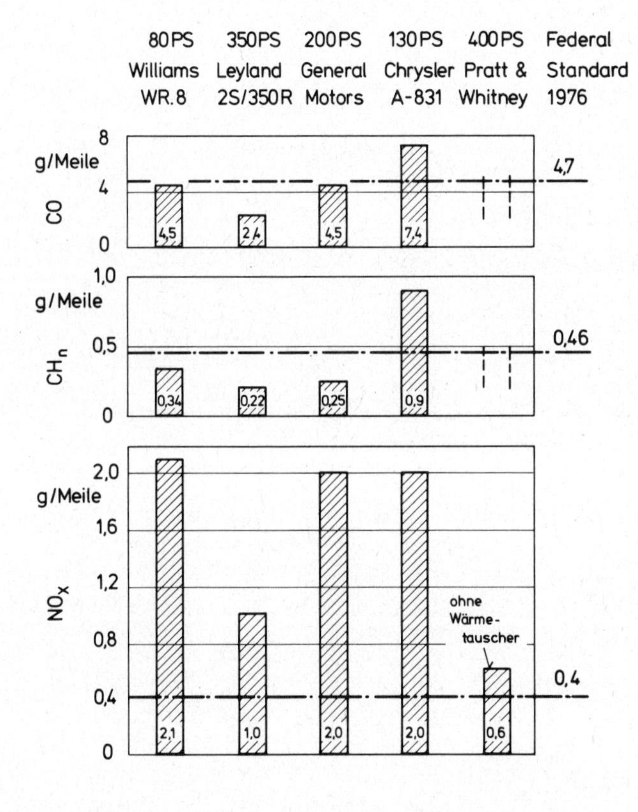

Bild 8. Abgasdaten von Gasturbinen-Brennkammern

den Verdichter verlassenden Luft, die verhältnismäßig kalt ist, unter Umgehung des Wärmetauschers direkt in die Brennzone leitet. Ob diese Maßnahme, die natürlich verbrauchsverschlechternd wirkt, tatsächlich notwendig sein wird, kann nur die weitere Entwicklung zeigen.

Daß die Vermeidung von Temperaturspitzen zu starkem Rückgang in der NO_x-Emission führt (allerdings die Gefahr der Erhöhung der andern Schadstoffraten mit einschließt), zeigten auch Versuche mit Wassereinspritzung in die Brennkammer bzw. den Verdichter. Diese etwas brutale Methode sollte man sich allerdings für Sonderfälle, wie etwa Leistungssteigerung bei hoher Umgebungstemperatur u. ä., aufheben.

Die für das Ende der 70er Jahre vorgesehenen Schadstoffgrenzen (das Stichjahr liegt nun später als 1976) wurden in den USA bezüglich CO und CH_n bereits vor einigen Jahren erreicht, wie Bild 8 [12] zeigt. Die NO_x-Daten lagen allerdings zum Teil noch fünfmal so hoch wie die Sollwerte. Tabelle 1 [35,45], in der die USA-Schadstoffgrenze bezüglich CO etwas niedriger angegeben ist als in Bild 8, enthält Werte aus in der Bundesrepublik durchgeführten Messungen an gängigen Pkw- und Lkw-Motoren. Auch hier wurden die NO_x-Werte etwa in der gleichen Größenordnung überschritten wie bei den Gasturbinenautomobilen. Die CO-Werte lagen allerdings besonders bei den Pkw-Otto-Motoren um ein Vielfaches höher.

Tabelle 1 Schadstoffemission

1976	(USA-Grenzwerte)	Pkw	Lkw(Diesel)
CO	3,4 g/Meile	~ 28,2 g/Meile	~ 9,6 g/Meile
NO_x	0,4	~ 1,6	~ 2,4
CH_n	0,4	~ 0,8	~ 0,5

Bei Laborversuchen [22] mit Pkw-Gasturbinenbrennern und simulierten Tests wurden für den Fall "Zweiwellen-Turbine mit Wärmetausch" Abgasraten erzielt, die für alle drei Schadstoffe (also auch für NO_x) unterhalb der USA-Grenzwerte lagen.

Tabelle 2 Abgasemission der Pkw-Gasturbinen nach dem CVS-Test[1] in g/Meile

	Solar[2]	Solar[3]	AiResearch[4]	Federal 1976
NO_x	0,169	0,327	1,39	0,4
CH_n	0,105	0,498	0,003	0,41
CO	0,898	2,604	1,74	3,4

[1] Simuliert ohne Betrachtung der instationären Betriebsweise der Kfz-Gasturbine.

[2] Für die Zweiwellen-Turbine mit Wärmetauscher

[3] Für die Einwellen-Hochdruckturbine ohne Wärmetauscher

[4] Teilhomogenisierung von Brennstoff-Luft-Gemisch ohne Bypass. Mit Bypass wird etwa 0,14 g/Meile NO_x erwartet.

Die Zwei- oder Mehrstufenverbrennung und die Brennstoffvorverdampfung erfordern natürlich ebenfalls eine größere Brennkammer, insofern also eine auch für die CO-Verminderung nützliche Maßnahme. In diesem Zusammenhang muß auch auf die Möglichkeit, die Zahl der Brennkammern innerhalb eines bestehenden Volumens zu erhöhen, hingewiesen werden. Wie [54] zeigt, wurden damit gleichfalls niedrigere Schadstoffemissionen erreicht. In einer großen Brennkammer ist es grundsätzlich schwierig, die lokalen Bedingungen an allen Stellen so zu beherrschen, daß optimale Verhältnisse für näherungsweise hundertprozentigen Ausbrand und geringste Schadstoffemission erreicht werden. Die Erfahrung, daß es leichter fällt, bei kleinen Brennkammern höhere Belastungen zu erreichen als bei großvolumigen, gehört auch hierher.

Abschließend sei noch darauf hingewiesen, daß außer dem bisher hauptsächlich behandelten *thermischen* NO, welches z.B. über die Reaktion $N_2 + O \rightleftharpoons NO + N$ gebildet wird, noch auf zwei andere Arten Stickoxid entstehen kann. Das sogenannte *prompte* NO kann z.B. über die Reaktionen $C_2 + N_2 \rightarrow 2CN$ und $CN + O_2 \rightarrow NO + \ldots$ gebildet werden und das sogenannte *Brennstoff-NO* entsteht besonders bei der Verbrennung von

N-Verbindungen enthaltendem Heizöl. Sowohl die Bildung von promptem NO als auch die von Brennstoff-NO hängt stark von der Sauerstoffkonzentration in der Reaktionszone, jedoch nur wenig von deren Temperatur ab.

5.2.4 Auswirkungen auf die Modellrechnungen

Da im Kapitel Schadstoffemission versucht wurde, die physikalischen und verbrennungstechnischen Gegebenheiten kurz zu beleuchten, wäre eine Unterteilung in einerseits Flugtechnik und andererseits stationäre sowie Fahrzeug-Technik, wie sie sich bei der Lärmemission organisch ergab, nicht zweckmäßig gewesen. Es muß jedoch beachtet werden, daß die zugelassenen Schadstoffgrenzwerte für Flugtriebwerke (Bild 2) bzw. Kfz-Gasturbinen (Bild 8, sowie die Tabellen 1 und 2) verschieden sind.

Die Entwicklung hochbelasteter Gasturbinenbrennkammern hat ohne Zweifel in der Flugtechnik ihre entscheidenden Impulse erhalten; sie werden zur Zeit auf Fahrzeug- und stationäre Technik übertragen. In der Kfz-Technik müssen natürlich die Schadstoffvorschriften berücksichtigt werden, die auch für Otto- und Diesel-Motor in Zukunft zu beachten sind und die zunächst für diese erlassen wurden. Wie wir gesehen haben, dürfte es der Gasturbine nicht sonderlich schwer fallen, die zulässigen Grenzwerte bezüglich CO und CH_n zu erreichen bzw. zu unterschreiten. Entwicklungsarbeit ist besonders auf dem NO_x-Sektor weiterhin notwendig.

Vorstehende Gegebenheiten wurden in den Projekt-Modell-Rechnungen des Abschnitts E dadurch berücksichtigt, daß z.B. im Fall der Kfz-Gasturbine eine Brennkammerbelastung für Vollast von 200 s^{-1} und im Fall der Marine-Gasturbine eine solche von 150 s^{-1} zugrundegelegt wurde. Gemäß [FA, Kap. B.3.1.2] haben moderne Luftstrahltriebwerke Werte von

$$q_{BK} = \frac{\dot{Q}}{V_{BK}\, P_2} = 400 \text{ bis } 600 \text{ s}^{-1}$$

bei Maximallast am Boden.

C. Berechnung des Betriebsverhaltens von kompletten Gasturbinen-Anlagen

1. Grundlegende Bemerkungen

Es besteht theoretisch keine Veranlassung zu glauben, daß es nicht möglich sein sollte, ein noch so k o m p l i z i e r t e s Antriebssystem (Gasturbinen-Anlage) bei Betriebsbedingungen, die weit von denjenigen des Auslegungspunktes entfernt sind (off design points), sowohl für stationäre als auch i n s t a t i o n ä r e Verhältnisse - unter Berücksichtigung besonderer t r i e b w e r k s s p e z i f i s c h e r Bedingungen - exakt vorherzuberechnen. Die Voraussetzung hierzu wäre n u r die genaue Kenntnis der physikalischen und technologischen Gegebenheiten an jeder Stelle und zu jedem Zeitpunkt im System. Gerade dies ist jedoch in vielen Fällen nicht erreichbar.

Da sich z.B. die Strömungsbedingungen in den einzelnen Schaufelgittern der Turbomaschinen nicht nur mit den sie unmittelbar beeinflussenden reduzierten Drehzahlen und Belastungskriterien ändern, sondern auch infolge ungleichmäßiger Aufheizung von Rotor und Stator über die Änderung der Radialspalte usw. beeinflußt werden - die Aufzählung von Beispielen auch im Zusammenhang mit anderen Komponenten, wie Brennkammer, Wärmetauscher und Abströmkanal könnte beliebig fortgesetzt werden - ist es praktisch kaum möglich, eine Aufeinanderfolge zuverlässiger "Momentaufnahmen" bezüglich der Triebwerkszustände zu erhalten. Genau dieses wäre jedoch nötig, um etwa einen schnellen Beschleunigungsvorgang einer Gasturbine realistisch beurteilen zu können.

Da die Genauigkeit und Realitätsnähe einer Betriebsverhaltensstudie stets von der Gültigkeit der Ausgangshypothesen und hier natürlich vom Informationsgehalt der Modelle des Gesamtsystems und der Untersysteme abhängen, stellt sich die Frage nach der sinnvollen Komplexität dieser Modelle. Die Antwort kann nur im Zusammenhang mit der Fragestellung nach der Priorität der gewünschten Aussage gegeben werden.

Den vorstehend aufgeführten Stichwörtern sollen im folgenden noch einige Erklärungen hinzugefügt werden.

1.1 Komplexität des Systems

Angefangen von der einwelligen stationären Gasturbine bzw. dem Einwellen-Einstrom-Strahltriebwerk bis zu den sehr komplexen Mehrwellen-Mehrstromanlagen mit und ohne Mischung, mit und ohne Wiedererhitzung, ferner evtl. unter Verwendung eines Wärmetauschers, der Einführung von sogenannter variabler Geometrie in mehreren Komponenten, war es ein weiter Weg. All das hat sich natürlich auch auf die Berechnungsmethoden ausgewirkt.

Die ersten Gasturbinen - etwa die der 30er Jahre - fußten bezüglich der Berechnung des Verdichters auf den Kennzahlen, die für hydraulische Maschinen eingeführt worden waren und bezüglich der Turbine natürlich auf dem Erfahrungsstand der Dampfturbine. Mit der in der Hydraulik üblichen inkompressiblen Betrachtungsweise war z.B. die spezifische Leistung der Verdichterstufe H_V oder auch einer mehrstufigen Einheit durch den Druck- oder Leistungsbeiwert

$$\psi = \frac{\Delta P_V}{\frac{\rho}{2} u^2} = \frac{H_V}{\frac{u^2}{2}}$$

definiert. Mit der Festlegung des Durchsatzbeiwertes gemäß $\Phi = c_{ax}/u$ erhält man die Drehzahl-Proportionalitäten

$$\dot{m} \sim n \,;\, H_V \sim n^2 \,;\, N_V \sim n^3 .$$

Auf der Turbinenseite galten ähnliche Überlegungen. Somit waren zur Aufstellung von Leistungsschaubildern Kennfelder auf der Basis der Mach-Ähnlichkeit (Kap. B. 2. 1) gar nicht erforderlich.

Die Berechnung der einfachen Turbostrahltriebwerke Anfang der 40er Jahre kam noch mit der Aufstellung von Verdichter- und Turbinenkennfeld aus, wobei die sie verbindende Durchsatzfunktion im Vollastbereich häufig durch das kritische Druckverhältnis im Leitrad der meist einstufigen Turbine festgelegt war. Durch Einführung der äußeren variablen Geometrie (z. B. durch die Möglichkeit, die engste Fläche der Schubdüse verstellen zu können) war es möglich, die bis dato nur auf je eine Fahrlinie im Verdichter- bzw. Turbinenkennfeld begrenzte Engheit des Betriebsbereiches zu verlassen und größere Teile dieser Kennfelder zu verwerten; die Fahrlinien wurden zu Fahrbereichen [FA, Kap. C. 1. 3. 3]. Das Verhalten der Brennkammer wurde dabei meist durch Festlegung von Druckverlustfaktor und Ausbrenngrad erfaßt und dasjenige der im interessierenden Betriebsbereich meist kritisch arbeitenden Schubdüse durch den hierfür besonders einfachen gasdynamischen Zusammenhang.

Die Einführung der inneren variablen Geometrie, also derjenigen im Gasgenerator selbst, z. B. im Bereich des Verdichters (Verstell-Leiträder), erforderte bereits die Superponierung von mehreren Kennfeldern für diese Komponente. Allerdings wurde durch eine geeignete, ebenfalls von Mach-ähnlichen Größen abhängige Regelung meist erreicht, daß die Schaufeln so verstellt wurden, daß zwar jeweils neue Kennfelddarstellungen notwendig wurden, die Betriebsbereiche sich jedoch nicht überschnitten, sondern aneinanderreihten. Zum Beispiel geöffnete Schaufeln im oberen Drehzahlbereich, etwas geschlossenere bei mittleren und stärker geschlossene bei unteren Drehzahlen. Dies geschah in den 50er Jahren.

Die Einführung von Kennfeldern zur Charakterisierung des Betriebsverhaltens von Brennkammern bei Teillast bzw. Höhenflug fiel in die 60er Jahre. Infolge der Entwicklung der Bypass-Triebwerke mit hohem Kalt-Heiß-Massenverhältnis mußte auch die Schubdüse durch Kennfelder erfaßt werden. Hier war es besonders das stark variierende Düsendruckverhältnis im Nebenstrom, welches den Schubdüsenwirkungsgrad und vor allem das Kontraktionsverhältnis beeinflußte. Eine feste Schubdüse, die nicht zylindrisch endet, arbeitet nämlich im Bereich unterkritischer und leicht überkritischer Expansion mit variabler Strahlkontraktion, wodurch gewissermaßen das Funktionsverhalten eines

Triebwerkes mit Verstellschubdüse vorgetäuscht wird.

Die 70er Jahre werden durch das weitere Vordringen der äußeren und inneren variablen Geometrie bei mehreren Komponenten (Eintrittsdiffusor, Verdichter, evtl. Brennkammer, Turbine, Schubdüse usw.) gekennzeichnet [53]. Hinzu kommt, zunächst besonders bei Nicht-Luftfahrtanlagen, der Wärmetauscher in den Formen Rekuperator und Regenerator. Besonders letzterer arbeitet bei variablen Drücken auch mit sich ändernden Leckluft-Prozentsätzen, was gleichfalls eine Erfassung durch Kennfelder oder Rechenmodelle erforderlich macht.

Wegen der vorstehend angedeuteten, sich ständig steigernden Kompliziertheit ist es nicht mehr möglich, die noch in den 60er Jahren gebräuchliche kombinierte Rechenmethode, bei der zwar weitgehend von der Datenverarbeitung Gebrauch gemacht wurde, jedoch stellenweise Kennfeldpunkte von Hand eingelesen wurden, zu verwenden. Die rechnerische Erfassung der Kennfelder muß vielmehr Teil des gesamten EDV-Programmes oder gegebenenfalls des zu erstellenden Triebwerk-Rechenmodelles werden.

Geben die Kennfelder der Komponenten deren Verhalten einwandfrei wieder, ist natürlich auch eine beinahe beliebige Genauigkeit bei der Berechnung des Betriebsverhaltens des Gesamtsystems möglich. Für Projektrechnungen, Optimierungen u. ä. ist es gegebenenfalls erforderlich, die auf der Mach-Ähnlichkeit basierenden Darstellungen, denen evtl. andere Durchsätze und Drücke zugrunde zu legen sind als es bei den vorhandenen der Fall war, noch durch Berücksichtigung des Reynolds-Einflusses zu korrigieren (Kap. B. 3).

1.2 Instationäres Betriebsverhalten

Hier sollen anhand eines der typischsten instationären Vorgänge, nämlich dem der Triebwerksbeschleunigung, die Probleme kurz gestreift werden.

Wird von dem in einem bestimmten durch die Winkelgeschwindigkeit ω_0 gekennzeichneten Betriebspunkt von dem herrschenden Gleichgewichtszustand dadurch abgegangen, daß die den Verdichter antreibende Turbine um ΔN_T mehr Leistung abgibt als der Verdichter im Augenblick der Betrachtung benötigt, erhöht sich die Drehzahl des Rotors. Das zusätzliche Drehmoment

$$\Delta M = \Delta N_T / \omega_0$$

bewirkt nach dem Newton'schen Grundgesetz der Dynamik eine Beschleunigung $\varepsilon = \Delta M/\Theta$, wobei Θ das Massenträgheitsmoment des Rotors darstellt. Ein solcher dynamischer Vorgang im Sinne der im Gasturbinenbau zu beachtenden Übergangszustände liegt allerdings nur dann vor, wenn der Lastwechselvorgang schnell vor sich geht.

Im Schwermaschinenbau der Antriebstechnik (Dampfturbinenkraftwerke, Schiffsdiesel usw.) kommen Zeiten von der Inbetriebnahme der Anlage bis zur Erreichung der Vollast vor, deren Größenordnung durch 1000 s gekennzeichnet werden kann. Bei der Indienststellung des Gasturbinenschiffes Euroliner wurde besonders die Mobilität der Antriebsaggregate, die durch Verwendung moderner Gasturbinen möglich wurde, hervorgehoben. "Das Schiff ist nach 3 Minuten startklar". Im Sinne der zur Debatte stehenden Übergangszustände interessiert besonders der zeitliche Abstand zwischen Leerlauf und Vollast; er kann für den Euroliner durch die Größenordnung von 100 s gekennzeichnet werden. Das dynamische Verhalten kann auch in diesem Fall durch eine schrittweise Aneinanderreihung quasi-statischer Zustände rechnerisch, ohne das Risiko unakzeptable Fehler zu begehen, angenähert werden.

Anders liegt der Fall in der Flugtechnik und im Automobilbau. Bei normalen Marschtriebwerken wird die betreffende Beschleunigungszeit durch die Größenordnung 10 s gekennzeichnet und bei den für die Vertikalstarttechnik erforderlichen kurzen Schubansprechzeiten ist die Größenordnung 1 s repräsentativ. Auch im Kfz-Bau wäre es von großem Vorteil, wenn der Gasgenerator ähnlich schnell auf volle Drehzahl gebracht werden könnte. Daß dies bei Einfachst-Gasturbinen möglich ist, hat die Entwicklung der Hubtriebwerke (z.B. Rolls-Royce 162) gezeigt. Es ist allerdings denkbar, daß in der Kfz-Technik auf gewisse Material-Eigenschaften (Thermoschock-Empfindlichkeit) Rücksicht genommen werden muß, z.B., falls sich Keramik-Konzepte einführen sollten.

1.3 Triebwerksspezifische Probleme

Wie bereits angedeutet, hat es wenig Sinn, diese Sonderprobleme, die außerordentlich bedeutsam sein können und die erfolgreiche Entwicklung von komplizierten Systemen manchmal um Monate und Jahre verzögern, a priori in Triebwerks-Rechenmodellen unterbringen zu wollen. Was vorteilhaft sein kann, ist die Erfassung der Auswirkungen gewisser Anomalien auf das Betriebsverhalten, wie Nichterreichen von Teilwirkungsgraden, zu niedrige Verdichterpumpgrenze, unzureichende Kühlluftmenge, Ungleichmäßigkeiten der Druck- und Geschwindigkeitsverteilung (Distorsion, mehr bekannt ist die englische Schreibweise Distortion) im Triebwerkseintritt u. ä.. Es empfiehlt sich, durch Testläufe jedes mögliche Phänomen getrennt zu untersuchen; sei es, daß man die Ausgangshypothesen im Rechenprogramm ändert oder im Falle der Distortion das Modell nach Erfahrungswerten adaptiert. Eine r e i n r e c h n e r i s c h e Behandlung wird hier nur in Ausnahmefällen realitätsnahe Verhältnisse simulieren können.

Die spezifischen Daten des Verdichters, der am schwersten besonders im Teillastgebiet vorzuberechnenden Komponente, hängen von sehr vielen Einflußgrößen ab. Hier seien einige aufgezählt: reduzierte Drehzahl, aerodynamische Belastung der Gitter, Belastungsverteilung längs der Schaufelhöhe (Notwendigkeit der Einhaltung der Grenzlast, besonders in den nabennahen Schnitten), Reaktionsgrad, relative Schaufelteilung, Seitenverhältnis der Schaufeln (hiervon hängen die radialen Verschiebungen der einzelnen Fluidelemente ab), Spalt- und Sekundärverlust, relative Schaufeldicke und Eintritts- sowie Austrittskantenabrundung der Profile, Konizität des Hauptströmungskanals, Mach-Zahl-Verteilung der Relativströmung vor dem Laufgitter und der Absolutströmung vor dem Leitgitter, Reynolds-Zahl-Einflüsse, Oberflächenrauhigkeit, Grenzschichtaufdickung usw. Ferner kann es vorkommen, daß sich bei kurzen Schaufeln (z. B. bei Hochdruckverdichtern mit Nabenverhältnissen von $\nu \approx 0,9$) die Grenzschichten, die an den äußeren und inneren Begrenzungswänden entstehen, berühren; der ganze Kanal wird dann durch die Grenzschichtströmung beeinflußt. Bei Triebwerken, die mit ständiger Luftentnahme (z. B. zur Kühlung, zum Achsschubausgleich usw.) arbeiten, können durch die Entnahmestellen Störungen im Strömungskanal hervorgerufen werden. Auch das bei den meisten Berechnungen vorausgesetzte adiabate

Verhalten braucht nicht immer gegeben zu sein. Auch außerhalb der Beschleunigungs- und Verzögerungsphasen kann durchaus ein Austausch von Wärme zwischen dem Gas und den Kanal-Begrenzungswänden eintreten, den zu erfassen sich lohnt (z.B. bei Gasturbinen kleiner Durchsätze). Die häufig zugrundegelegte Rotationssymmetrie der Strömung am Eintritt in Lauf- und Leitgitter ist tatsächlich umso weniger gegeben, je enger die Teilungen sind (große Schaufelzahlen) und je größer die jeweilige Gitterbelastung ist.

Wer hätte da noch den Mut oder würde es gar als sinnvoll ansehen, im "off-design-point-Bereich" den Einfluß auf die Änderung der Verdichterdaten einer z.B. durch einen Überschalldiffusor oder durch einen Strömungsteiler bei einem Bypasstriebwerk erzeugten Distortion rechnersich bestimmen zu wollen. Man kommt zwangsläufig dazu, "Ersatzmodelle" aufzustellen, die die einzelnen physikalischen Vorgänge nicht mehr exakt erfassen. Diese Modelle können nach Vorliegen mehrerer Versuchsreihen adaptiert werden und sind natürlich systemtypisch.

Auf triebwerksspezifische Probleme wurde auch bereits an mehreren Stellen im Kapitel B. 2 hingewiesen.

2. Aufbereitung der Komponenten-Kennfelder

Basis der Betriebsverhaltens-Rechnung ist das Verhalten der Einzelkomponenten der Gasturbine. Es kann, wie bereits in Kap. B. 2 diskutiert, durch rechnerische Zusammenhänge oder - besser noch - durch gemessene Kennfelder beschrieben werden.

Wenn bei der zu untersuchenden Gasturbine keine gemessenen Kennfelder für die Komponenten zur Verfügung stehen, kann man Kennfelder von ähnlichen, bereits vermessenen Maschinen verwenden. Diese werden dann mittels geeigneter Korrekturfaktoren auf die zu untersuchenden Verhältnisse umgerechnet.

Wir behandeln im folgenden als Beispiel diejenigen beiden Komponenten, deren

Betriebsverhalten am schwersten durch Rechenmodelle direkt erfaßbar sind.

Die Kennfelder von Verdichtern und Turbinen werden punktweise eingelesen. Zwischen den einzelnen Werten wird - wenn aus dem Kennfeld "abgelesen" werden soll - linear interpoliert. Speichert man genügend Punkte, dann ist dieses Verfahren ausreichend genau. Als Anhaltswert für eine recht genaue Darstellung kann man sowohl für ein Verdichter- als auch für ein Turbinenkennfeld die Zahl von ca. 200 Punkten nennen.

2.1 Einlesen und Kontrolle der Daten

Bei der relativ großen Anzahl von zu speichernden Kennfeldpunkten ist es sehr wichtig, eine möglichst übersichtliche Form der Dateneingabe zu verwenden. Die hier beschriebene Form hat sich in dieser Hinsicht gut bewährt.

Zum Einlesen wird eine SUBROUTINE LESEKF verwendet, die für alle Kennfelder außer denen von Verstellturbinen geeignet ist. Bei letzteren geschieht

```
      SUBROUTINE LESEKF (INKF,EN,NP,PIKF,DRKF,ETAKF)
      DIMENSION EN(15),PIKF(15,15),DRKF(15,15),ETAKF(15,15),NP(15)
      DIMENSION TITEL(20)
      READ(5,9)  (TITEL(I),I=1,20)
    9 FORMAT(20A4)
      WRITE(6,10) (TITEL(I),I=1,20)
   10 FORMAT(26X,20A4)
      READ(5,20) INKF
   20 FORMAT(I2)
      DO 30 I=1,INKF
   30 READ(5,31) EN(I),NP(I)
   31 FORMAT(F20.10,I20)
      DO 40 I=1,INKF
      JJ=NP(I)
      DO 40 J=1,JJ
   40 READ(5,41) PIKF(I,J),DRKF(I,J),ETAKF(I,J)
   41 FORMAT(3F20.10)
      RETURN
      END
```

das Einlesen jedoch ganz analog; es sind nur Modifikationen bei Feldvereinbarungen notwendig.

Feldvereinbarungen und zwei Beispiele für den Aufruf von LESEKF sind am Anfang von Kap. C. 2. 2 zusammengestellt. Die dort verwendeten aktuellen FORTRAN-Namen werden im folgenden Text jeweils beigefügt und damit erklärt.

Als erstes wird von LESEKF eine Titelkarte mit beliebigem Text verlangt, der nach dem Lesen sofort gedruckt wird. Die Titelkarte ist ein wichtiges Hilfsmittel zum Identifizieren einzelner Lochkartenstapel. Wenn man öfter Probleme des Betriebsverhaltens von Gasturbinen zu untersuchen hat, wird man automatisch im Laufe der Zeit eine ganze Reihe von Typkennfeldern in verschiedenen Varianten erstellen. Diese allein an ihren Zahlenwerten zu unterscheiden ist meist recht zeitraubend.

Dann folgt eine Zahl für NV bzw. NT, die angibt, wieviele "Linien" das Kennfeld enthält. Beim Verdichter sind das Linien gleicher relativer reduzierter Drehzahlen und bei Turbinen Linien gleichen reduzierten Durchsatzes.

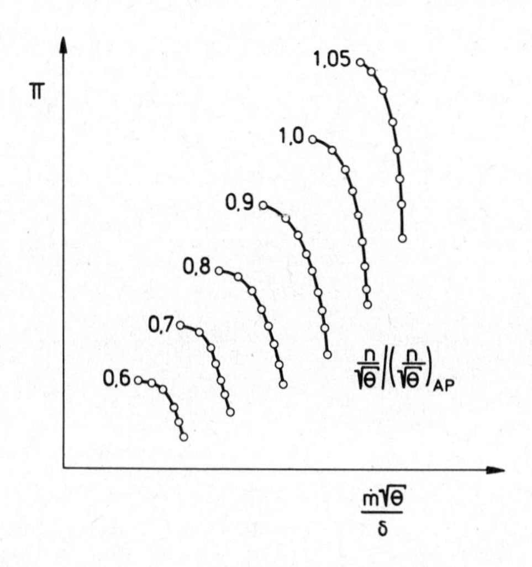

Bild 1a. Schema zum Einlesen von Verdichterkennfeldern

Im Beispiel von Bild 1 a wäre NV = 6, bei Bild 1 b wäre NT = 4.

Auf jeder dieser Linien - zu der jeweils ein Parameterwert gehört - kann eine unterschiedliche Zahl von Punkten liegen. Parameterwerte und Punktzahlen werden als nächstes eingelesen, und zwar in s t e i g e n d e r Reihenfolge bezüglich der Parameterwerte. Die Daten für unsere Beispiele sind in Tabelle 1 zusammengestellt.

Die Abstände zwischen den einzelnen Parameterwerten sind beliebig, jedoch größer als Null; auch jenseits der Durchsatzgrenze der Turbinen muß nu-

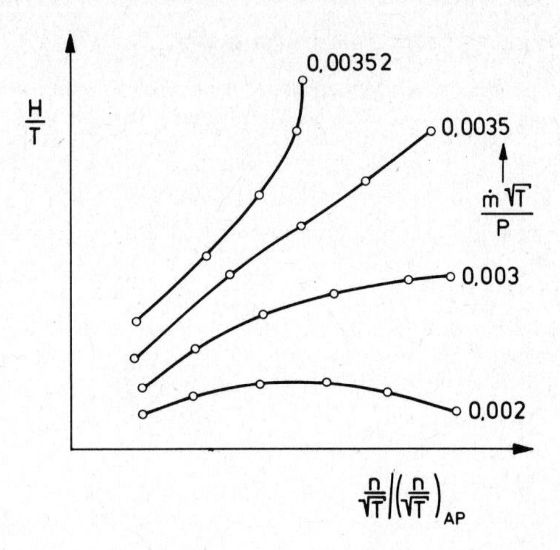

Bild 1b. Schema zum Einlesen von Turbinenkennfeldern

merisch der Durchsatz noch steigen. Der Anstieg des Durchsatzes darf aber - solange er größer als die Rechengenauigkeit ist - beliebig klein sein. Die physikalische Erscheinung der "blockierten" Turbine kann genügend genau dargegestellt werden.

Tabelle 1 Einlesebeispiele

Verdichterkennfeld (Bild 1 a)		Turbinenkennfeld (Bild 1 b)	
Parameterwert (Feld ENV)	Punktzahl (Feld NPV)	Parameterwert (Feld DRT)	Punktzahl (Feld NPT)
0. 6	6	0 .002	6
0. 7	7	0. 003	6
0. 8	8	0. 0035	5
0. 9	9	0. 00352	5
1. 0	9		
1. 05	8		

Die Anzahl der Punkte auf den einzelnen Linien ist vom Prinzip her im Rahmen der Feldvereinbarung im Programm beliebig. Die Punkte können auch in ungleichmäßigen Abständen über die Linien verteilt werden. Im Bereich starker Krümmungen der Linien (man beachte dabei auch die Wirkungsgrade, siehe Bild 2) sollten sie dichter gewählt werden als in den übrigen Zonen.

Anschließend an das letzte Paar Parameterwert-Punktzahl folgen jeweils 3 Werte zu jedem Kennfeldpunkt. Beim Verdichterkennfeld sind dies

1. Druckverhältnis (Feld PI)
2. Durchsatz (Feld DRV)
3. Wirkungsgrad (isentrop) (Feld ETAV),

beim Turbinenkennfeld

1. reduzierte Leistung (Feld HT)
2. relative reduzierte Drehzahl (Feld ENT)
3. Wirkungsgrad (isentrop, zwischen Gesamtgrößen) (Feld ETAT).

Die Reihenfolge ist so, daß mit den Punkten auf der Linie mit dem niedrigsten Parameterwert begonnen wird. Danach kommen die anderen Linien, jeweils in der Reihenfolge ihrer Parameterwerte. Auf jeder Linie wird mit dem niedrigsten Druckverhältnis (Verdichter) bzw. der niedrigsten relativen reduzierten Drehzahl (Turbine) begonnen. Sowohl die Druckverhältnisse als auch die relativen reduzierten Drehzahlen müssen beim jeweils folgenden Punkt derselben Linie größer sein als beim zuvor eingelesenen.

Es ist eine monotone Tätigkeit, ein z.B. gemessenes Kennfeld oder auch eines der Literatur in der geschilderten Art darzustellen und auf Karten abzulochen. Fehler sind dabei kaum zu vermeiden; sie können aber leicht erkannt und verbessert werden, wenn man mit einem Zeichenprogramm das Kennfeld aufzeichnen läßt. Dabei sollten bewußt keine Maßnahmen zur Glättung der Kurven eingesetzt werden; die einzelnen Punkte sind durch Gerade miteinander zu verbinden. So erhält man auch einen optischen Eindruck, wie

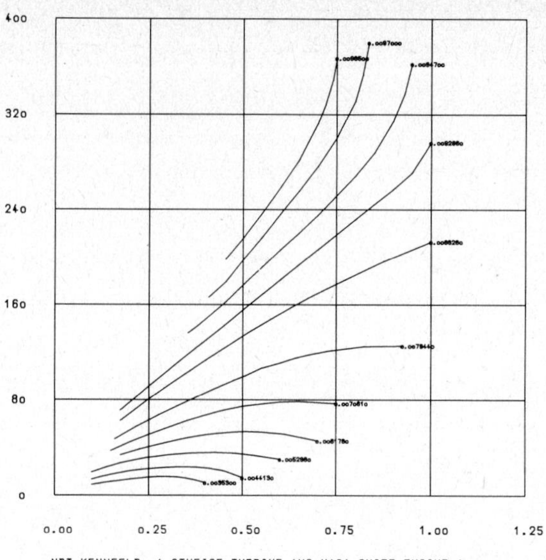

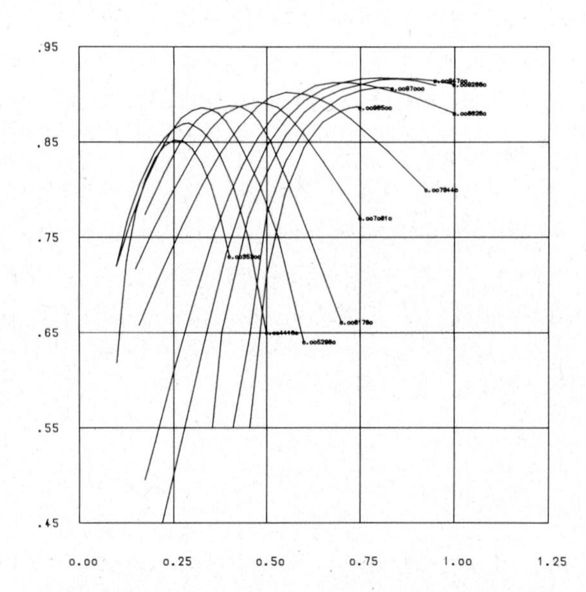

Bild 2. Beispiel einer Kontrollzeichnung
oben: reduzierte spezifische Leistung
unten: Wirkungsgrad
Abszisse jeweils relative reduzierte Drehzahl
Parameterwert: reduzierter Durchsatz

das ursprüngliche Kennfeld durch die lineare Interpolation verfälscht wird. Ein Beispiel einer solchen von der Maschine gezeichneten Datenkontrolle zeigt Bild 2.

Ein Verstellturbinenkennfeld setzt sich aus mehreren Teilkennfeldern zusammen, die jeweils für eine Leitradstellung gelten. Mit 5 Teilkennfeldern wird man im allgemeinen die Turbine genügend genau beschreiben. Die Teilkennfelder sind ebenso wie oben beschrieben einzulesen; die Datenfelder haben jedoch immer einen Index mehr. Ein zusätzliches Feld enthält dann die Flächenverhältnisse bei den entsprechenden Leitradstellungen in der Form $A_{Le}/A_{Le,AP}$. Die Teilkennfelder sind in steigender Reihenfolge dieses Flächenverhältnisses anzuordnen.

2.2 „Ablesen" aus Kennfeldern

Ein Kennfeldpunkt ist durch zwei Koordinaten festgelegt, die im Fall der Verdichter anders gewählt wurden als bei den Turbinen. Daher können nicht - wie beim Einlesen - alle Kennfelder praktisch gleich behandelt werden.

Die erste Zahl beim Aufruf der SUBROUTINE SUCHE, die für beide Kennfeldarten geeignet ist, dient als Unterscheidungskriterium. Ist sie positiv, dann handelt es sich um die Druckverhältnis-Kenngröße Z eines Verdichterkennfeldes, andernfalls liegt ein Turbinenkennfeld vor.

Feldvereinbarungen, Aufrufe von LESEKF und SUCHE lauten für die Kennfeldarten z.B. folgendermaßen:

Verdichterkennfeld:

```
DIMENSION ENV(15), NPV(15), PI(15, 15), DRV(15, 15), ETAV(15, 15)
CALL LESEKF (NV, ENV, NPV, PI, DRV, ETAV)
CALL SUCHE (Z, ENRV, NV, ENV, NPV, PI, DRV, ETAV,
            gegeben
PIL, DRL, ETAVL, NCODE)
  abgelesen      Kontrollgröße
```

```
      SUBROUTINE SUCHE(P,A,NA,AX,NO,BX,CX,DX,B,C,D,NCODE)
      DIMENSION AX(15),BX(15,15),CX(15,15),DX(15,15),NO(15)
C     SUCHE BENACHBARTE AX-WERTE
      NCODE=0
      DO 1 I=1,NA
      IH=I
      IF (A.LE.AX(IH)) GO TO 2
    1 CONTINUE
C     A IST GROESSER ALS AX(NA)
      NCODE=2
      A=AX(NA)
      GO TO 3
    2 IF (IH.GT.1) GO TO 3
C     A IST KLEINER ALS AX(1)
      NCODE=1
      IH=2
      A=AX(1)
    3 IL=IH-1
      LIMH=NO(IH)
      LIML=NO(IL)
C     SUCHE B-WERT
      PRM=(A-AX(IL))/(AX(IH)-AX(IL))
      IF (P.GT.0.) GO TO 6
C     TURBINENKENNFELD
   50 BMAX=BX(IL,LIML)+PRM*(BX(IH,LIMH)-BX(IL,LIML))
      IF (B-BMAX) 52,52,51
   51 NCODE=NCODE+20
      B=BMAX
   52 IF(B-BX(IH,1)) 53,53,54
   53 NCODE=NCODE+10
      B=BX(IH,1)
      GO TO 56
   54 IF(B-BX(IL,1)) 55,55,56
   55 NCODE=NCODE+10
      B=BX(IL,1)
   56 BH=B
      BL=B
      GO TO 70
C     VERDICHTERKENNFELD
    6 BH=P*(BX(IH,LIMH)-BX(IH,1))+BX(IH,1)
      BL=P*(BX(IL,LIML)-BX(IL,1))+BX(IL,1)
C     VERDICHTER- UND TURBINENKENNFELD
   70 DO 71 J=2,LIMH
      JH=J
      IF(BH.LE.BX(IH,J)) GO TO 80
   71 CONTINUE
   80 JL=JH-1
      DO 81 K=2,LIML
      KH=K
      IF(BL.LE.BX(IL,K)) GO TO 90
   81 CONTINUE
   90 KL=KH-1
      IF(P.GT.0.) GO TO 200
C     TURBINENKENNFELD
      BHI=BX(IL,KH)+PRM*(BX(IH,JH)-BX(IL,KH))
      CHI=CX(IL,KH)+PRM*(CX(IH,JH)-CX(IL,KH))
      DHI=DX(IL,KH)+PRM*(DX(IH,JH)-DX(IL,KH))
      BLI=BX(IL,KL)+PRM*(BX(IH,JL)-BX(IL,KL))
      CLI=CX(IL,KL)+PRM*(CX(IH,JL)-CX(IL,KL))
      DLI=DX(IL,KL)+PRM*(DX(IH,JL)-DX(IL,KL))
      PR=(BL-BLI)/(BHI-BLI)
      C=CLI+PR*(CHI-CLI)
      D=DLI+PR*(DHI-DLI)
      RETURN
C     VERDICHTERKENNFELD
  200 PR=(BX(IH,JL)-BH)/(BX(IH,JH)-BX(IH,JL))
      CH=CX(IH,JL)-PR*(CX(IH,JH)-CX(IH,JL))
      DH=DX(IH,JL)-PR*(DX(IH,JH)-DX(IH,JL))
      PR=(BX(IL,KL)-BL)/(BX(IL,KH)-BX(IL,KL))
      CL=CX(IL,KL)-PR*(CX(IL,KH)-CX(IL,KL))
      DL=DX(IL,KL)-PR*(DX(IL,KH)-DX(IL,KL))
      B=BL+PRM*(BH-BL)
      C=CL+PRM*(CH-CL)
      D=DL+PRM*(DH-DL)
      RETURN
      END
```

Turbinenkennfeld:

```
DIMENSION DRT(15), NPT(15), HT(15, 15), ENT(15, 15), ETAT(15, 15)
CALL LESEKF (NT, DRT, NPT, HT, ENT, ETAT)
CALL SUCHE (-1., DRTT, NT, DRT, NPT, ENT, HT, ETAT,
                 gegeben
ENRT,    HTL, ETATL,   NCODE)
gegeben  abgelesen     Kontrollgröße
```

2.2.1 Verdichterkennfeld

Im Verdichter-Kennfeld wird ein Punkt festgelegt durch die relative reduzierte Drehzahl ENRV und eine Druckverhältnis-Kenngröße Z, die folgendermaßen definiert ist:

$$Z = \frac{\Pi - \Pi_{min}}{\Pi_{max} - \Pi_{min}} .$$

Unter Π_{min} ist dabei das minimale Druckverhältnis zu verstehen, das bei dieser relativen reduzierten Drehzahl durch lineare Interpolation erhalten werden kann, Π_{max} ist das maximale Druckverhältnis (Bild 1).

Beim "Ablesen" aus dem Kennfeld wird zunächst festgestellt, zwischen welchen beiden gespeicherten Drehzahlwerten ENRV liegt. Mit Hilfe des ebenfalls gegebenen Z-Wertes kann nun auf den beiden Nachbar-Drehzahllinien jeweils ein Punkt lokalisiert werden. In Bild 1 ist dies für ein Z von 0,7 geschehen; berechnet wurden aus Z die Druckverhältnisse $\Pi_{0,8}$ und $\Pi_{0,9}$. Zwischen den vier zu diesen Druckverhältnissen benachbarten gespeicherten Punkten (in Bild 1 ausgefüllt) werden nun die gesuchten Werte von Druckverhältnis PIL, Durchsatz DRL und Wirkungsgrad ETAVL linear interpoliert.

Wie schon im vorangehenden Kapitel erwähnt wurde, müssen die Druckverhältnisse von den Punkten mit Π_{min} an monoton steigen bis Π_{max}. Nur dann kann durch Z auf jeder Drehzahllinie genau eine Stelle festgelegt werden. Ist diese Bedingung nicht erfüllt, dann wird die SUBROUTINE SUCHE so rechnen, als ob der gestrichelte Bereich der Drehzahllinie in Bild 2 überhaupt nicht existieren würde. Die Pumpgrenze wird gewissermaßen vom Punkt A nach Punkt B verschoben, weil das Druckverhältnis im Punkt A als Π_{max} interpretiert wird. Dies ist eine Einschränkung der Formenvielfalt bei den ver-

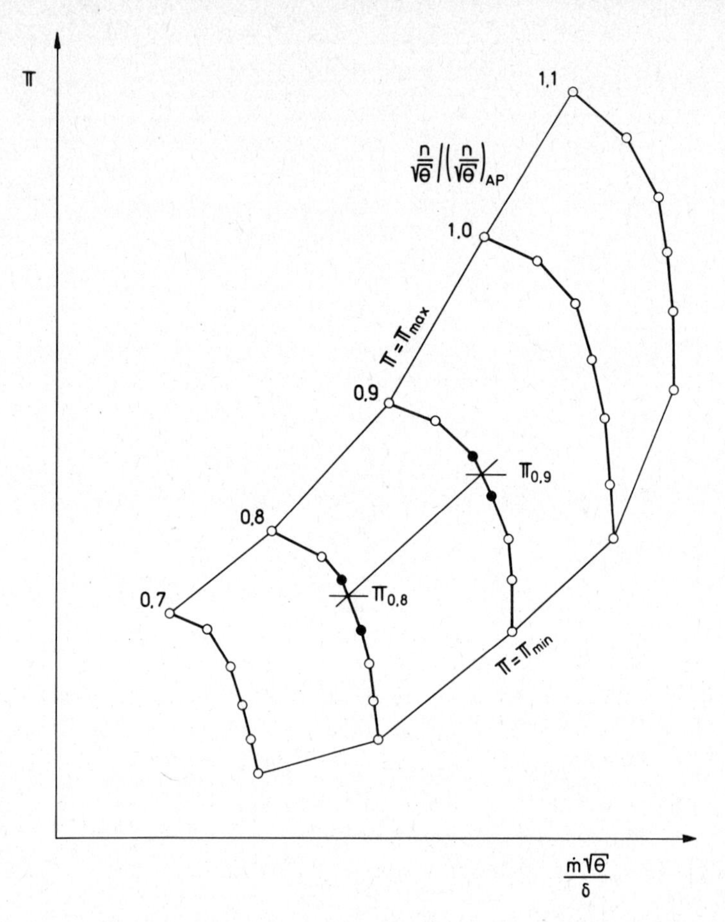

Bild 1. Zur Definition der Druckverhältnis-Kenngröße Z

wendbaren Verdichterkennfeldern. Da stationäre Betriebspunkte bei konstanter Drehzahl in aller Regel aber ohnehin im Bereich abfallender Druckverhältnisse bei zunehmendem Durchsatz liegen müssen, ist diese Einschränkung unerheblich.

Falls SUCHE mit einem relativen reduzierten Drehzahlwert aufgerufen wird, der kleiner als der Parameterwert der ersten gespeicherten Linie oder größer als der der letzten Linie ist, dann wird der Drehzahlwert auf den entsprechenden Randwert geändert. Ferner wird die Größe NCODE mit 1 bzw. 2 be-

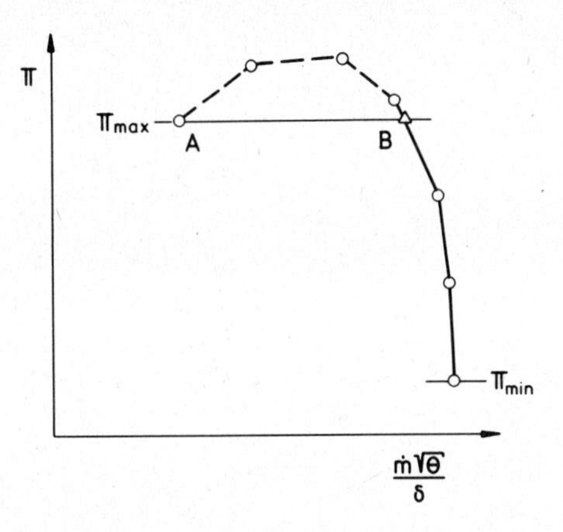

Bild 2. Verbotene Form einer Drehzahllinie

setzt, während sie nach normalem Ablauf von SUCHE stets Null ist. Für den Randwert werden dann Druckverhältnis, reduzierter Durchsatz und Wirkungsgrad bestimmt.

Schon aus der Physik ist im übrigen klar, daß die Druckverhältnis-Kenngröße Z nur Werte zwischen 0 und 1 annehmen darf. Dies sollte vor jedem Aufruf von SUCHE überprüft werden.

2.2.2 Turbinenkennfeld

Im Turbinenkennfeld wird ein Punkt festgelegt durch die relative reduzierte Drehzahl ENRT und den reduzierten Durchsatz DRTT. "Abgelesen" werden die reduzierte spezifische Leistung HTL und der isentrope Wirkungsgrad zwischen Gesamtgrößen ETATL.

Im größten Teil des Kennfeldes ist es kein Problem, die dem gesuchten Punkt (Beispiel: Punkt A in Bild 3) benachbarten vier gespeicherten Punkte (in Bild 3 ausgefüllt) zu bestimmen. Anders jedoch in Randzonen, wie man am Punkt B erkennen kann. Dort sind als Basispunkte gewählt B_1 bis B_4, von denen aus in beschränktem Maße extrapoliert wird, nämlich maximal bis zur Verbindungslinie von B_4 und B_5.

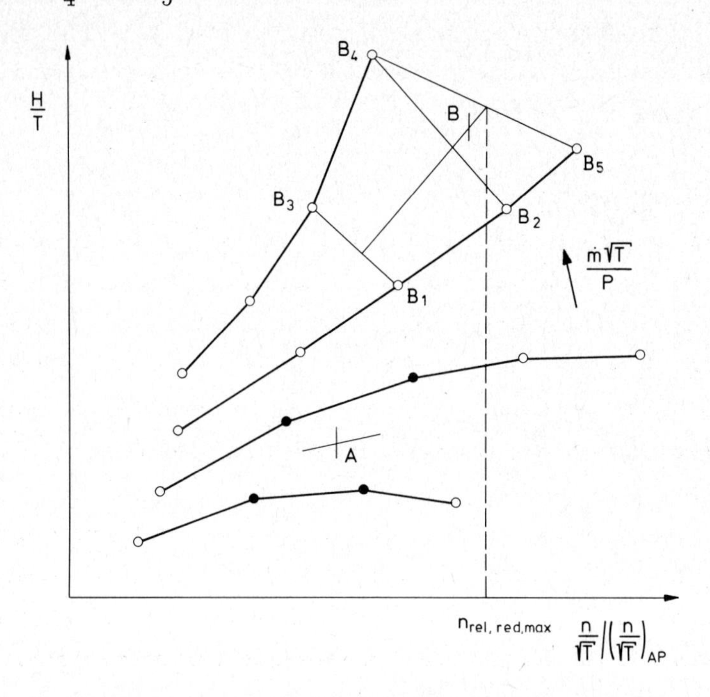

Bild 3. Interpolationsformen im Turbinenkennfeld

Wenn die zum reduzierten Durchsatz des Punktes B geforderte relative reduzierte Drehzahl größer ist als der im Bild 3 gekennzeichnete Maximalwert, dann wird innerhalb von SUCHE der Drehzahlwert auf $n_{rel, red, max}$ geändert. Analoge Maßnahmen sind bei zu kleinen geforderten Drehzahlwerten und bei zu kleinen bzw. zu großen reduzierten Durchsätzen vorgesehen. Somit hat nach dem Aufruf von Suche das Wertepaar relative reduzierte Drehzahl - reduzierter Durchsatz eine Zahlenkombination, die in jedem Fall innerhalb oder auf dem Rand der gespeicherten Kennfeldzone liegt.

Die Größe NCODE ist Null, wenn das ursprüngliche Wertepaar unverändert erhalten geblieben ist. Andernfalls wird sie mit einer positiven ganzen Zahl besetzt, die angibt, welche Werte in welcher Richtung (vergrößert, verkleinert) geändert wurden. Näheres dazu kann dem Protokoll entnommen werden.

Bei den in Kap. C.4 beschriebenen Anwendungen wird NCODE nur abgefragt, ob es größer als 0 ist oder gleich 0; für diese beiden Fälle unterscheidet sich dann der weitere Programmablauf. Die absolute Höhe eines Zahlenwertes von NCODE > 0 wird nicht ausgewertet; man kann aber dementsprechend informative Texte ausdrucken lassen.

2.2.3 Verstellturbinenkennfeld

Beim Verstellturbinenkennfeld ist zusätzlich zu den Werten von relativer reduzierter Drehzahl und reduziertem Durchsatz noch die Leitradstellung durch das Flächenverhältnis $A_{Le}/A_{Le,AP}$ anzugeben. Für fünf Flächenverhältnisse sind Teilkennfelder gespeichert, aus denen ebenso "abgelesen" werden kann wie im vorangehenden Kapitel beschrieben. Zwischen den einzelnen Teilkennfeldern wird dann wieder linear interpoliert.

Diese Interpolation muß aber mit einem besonderen Verfahren vorgenommen werden. In Bild 4 sind als Beispiel die reduzierten Durchsätze der Teilkennfelder aus Kap. B.2.3.4 über dem Leitradflächenverhältnis aufgetragen. Wollte man mit einem üblichen Verfahren interpolieren, so würde man für dasselbe Wertepaar relative reduzierte Drehzahl - reduzierter Durchsatz in den beiden entsprechenden, dem gesuchten Leitradflächenverhältnis benachbarten, Teilkennfeldern wie oben beschrieben "ablesen" und daraus den interpolierten Wert berechnen. Dieses Verfahren ist allerdings nur dann möglich, wenn in b e i d e n Teilkennfeldern der gewünschte reduzierte Durchsatz auch vorkommt. Der Bereich gemeinsamer reduzierter Durchsatzwerte bei Nachbarkennfeldern ist in Bild 4 einfach schraffiert. Die Summe dieser Bereiche ist deutlich kleiner als der eigentliche gespeicherte Kennfeldbereich, der durch die strichpunktierte Linie umrandet ist.

In der Praxis ist dieses Problem noch erheblich verstärkt dadurch, daß oft Betriebspunkte bei höheren reduzierten Leistungen gesucht werden. Bei diesen Leistungen ist der reduzierte Durchsatz schon nahe an seinem Maximum. Läßt man von den Kennfeldern die unteren Leistungsbereiche weg (etwa das Gebiet, in dem weniger als die Hälfte der Maximalleistung abgegeben wird; in Bild 4 nicht direkt ablesbar), dann bleibt von den Durchsatzbereichen nur noch das dick ausgezogene Teilstück übrig. Nur noch bei geöffneten Leitrad existieren Bereiche gemeinsamer reduzierter Durchsätze von Nachbar-

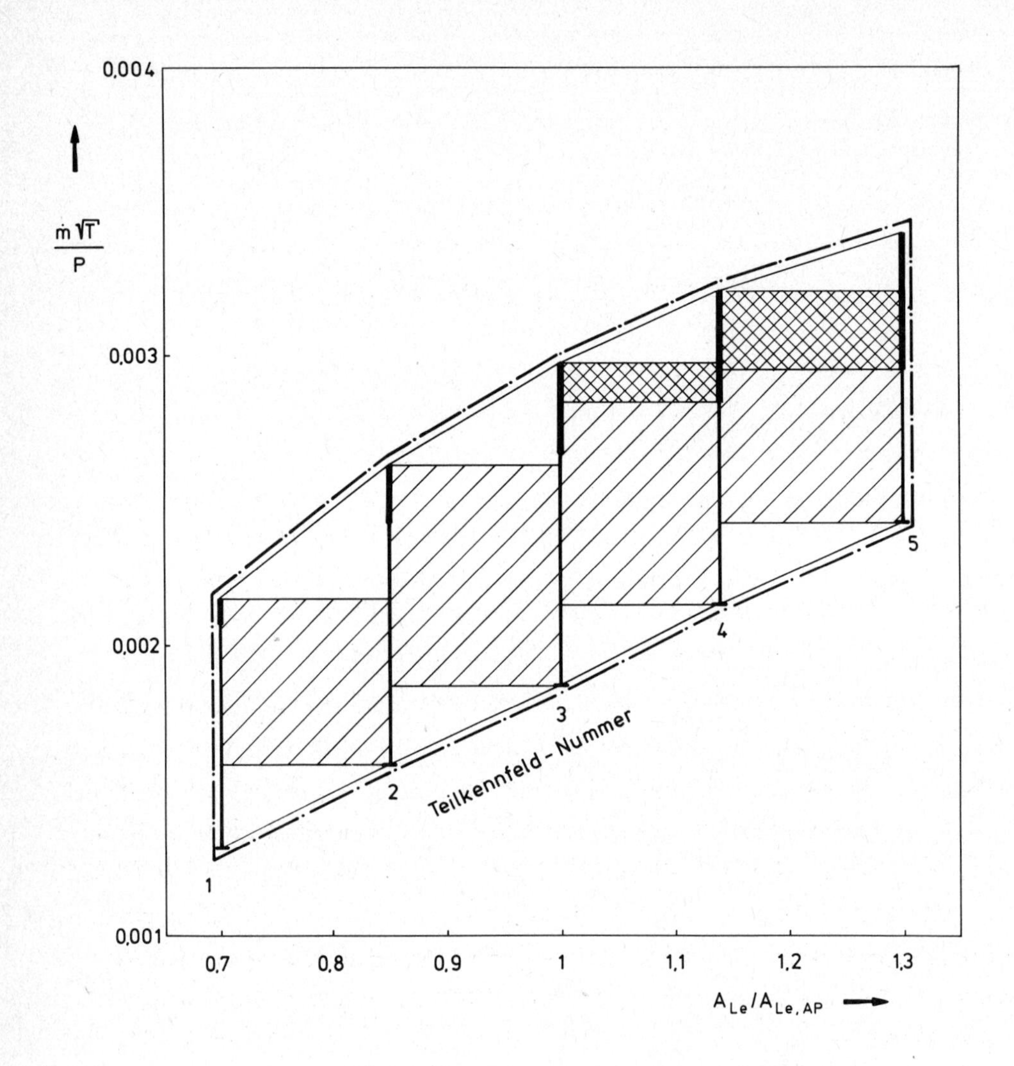

Bild 4. Zur Interpolation bei Verstellturbinenkennfeldern

kennfeldern, eine Interpolation wie bisher beschrieben wäre also nur noch in den doppelt schraffierten Bereichen möglich.

In der SUBROUTINE SUCHEV wird ein Interpolationsverfahren angewendet, das den gesamten Bereich innerhalb der strichpunktierten Kontur von Bild 4

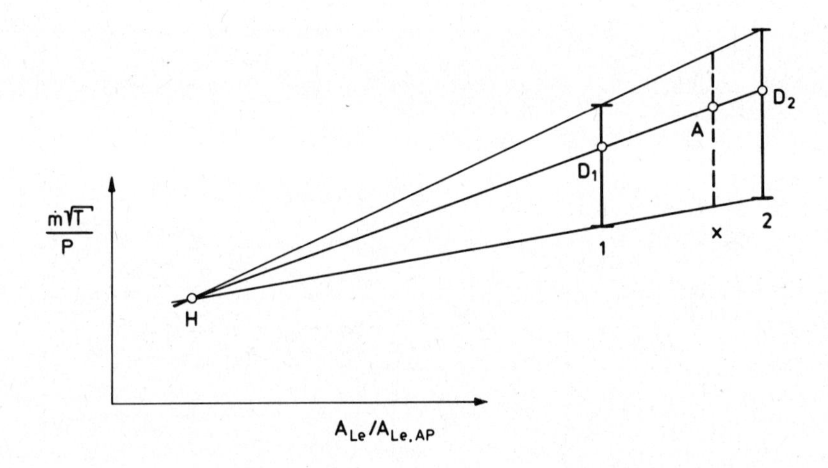

Bild 5. Hilfsgeraden zur Interpolation

zu erreichen gestattet. Es arbeitet folgendermaßen (vgl. Bild 5).

Zwischen den beiden Teilkennfeldern 1 und 2 sei bei Stellung x zu interpolieren. Zunächst werden dazu zwei Hilfsgeraden miteinander zum Schnitt gebracht, die durch die maximalen bzw. minimalen gespeicherten reduzierten Durchsätze gegeben sind. Der Schnittpunkt sei H; er existiert immer, wenn man beim Einlesen eines Verstellturbinenkennfeldes darauf achtet, daß nicht zufällig die Durchsatzbereiche zweier benachbarter Teilkennfelder exakt gleich sind. Parallele Hilfsgeraden haben in SUCHEV eine Division durch 0 zur Folge.

Beim "Ablesen" ist die Stellung x bekannt und auch der reduzierte Durchsatz, womit Punkt A festgelegt ist. Als Interpolationsgerade wird nun die Gerade durch H und A gewählt, die die reduzierten Durchsätze D_1 und D_2 in den gespeicherten Teilkennfeldern zu errechnen erlaubt.

```
      SUBROUTINE SUCHEV(DEALF,ID,DEA,AL,NA,AX,NO,BX,CX,DX,BS,C,D,NCODE)
      DIMENSION DEA(5),NA(5),AX(5,15),NO(5,15),BX(5,15,15),CX(5,15,15),
     1DX(5,15,15)
      DIMENSION XA(2),XB(2),XC(2),XD(2),ADD(5)
C     VOR AUFRUF VON SUCHEV IST SICHERSZUSTELLEN, DASS
C     DEA(1)KLEINERGLEICH DEALF KLEINERGLEICH DEA(ID)
      NNCODE=0
      NCODE=0
      RAND=0.0
      IF(DEALF.NE.DEA(1).AND.DEALF.NE.DEA(ID)) GO TO 13
      IF(DEALF.EQ.DEA(ID)) GO TO 11
      NL=1
      GO TO 12
   11 NL=ID
   12 RAND=1.0
      ADD(NL)=AL
      GO TO 16
C     ALLGEMEINER FALL
   13 DO 14 N=2,ID
      NH=N
      IF (DEALF.LE.DEA(NH)) GO TO 15
   14 CONTINUE
   15 NL=NH-1
C     BESTIMMUNG DER EINZELKENNFELD - DURCHSAETZE
      XX1=(AX(NH,1)-AX(NL,1))/(DEA(NH)-DEA(NL))
      NANL=NA(NL)
      NANH=NA(NH)
      XX2=(AX(NH,NANH)-AX(NL,NANL))/(DEA(NH)-DEA(NL))
      XZ=DEA(NL)+(AX(NL,NANL)-AX(NL,1))/(XX1-XX2)
      YZ=AX(NL,NANL)+XX2*(AX(NL,NANL)-AX(NL,1))/(XX1-XX2)
      XX3=(YZ-AL)/(XZ-DEALF)
      ADD(NL)=AL+XX3*(DEA(NL)-DEALF)
      ADD(NH)=AL+XX3*(DEA(NH)-DEALF)
   16 NNN=0

      DO 500 NN=NL,NH
      NNN=NNN+1
      A=ADD(NN)
      B=BS
      NANN=NA(NN)
      DO 1 I=1,NANN
      IH=I
      IF(A.LE.AX(NN,IH)) GO TO 2
    1 CONTINUE
C     A IST GROESSER ALS AX(NN,NA)
      NCODE = 2
      A =AX(NN,NANN)
      GO TO 3
    2 IF (IH.GT.1) GO TO 3
C     A IST KLEINER ALS AX(NN,1)
      NCODE = 1
      IH=2
      A =AX(NN,1)
    3 IL=IH-1
      LIMH=NO(NN,IH)
      LIML=NO(NN,IL)
      XA(NNN)=A
C     SUCHE B-WERT
      PRM=(A -AX(NN,IL))/(AX(NN,IH)-AX(NN,IL))
   50 BMAX=BX(NN,IL,LIML)+PRM*(BX(NN,IH,LIMH)-BX(NN,IL,LIML))
      IF(B-BMAX) 52,52,51
   51 NCODE=NCODE+20
      B=BMAX
   52 IF(B-BX(NN,IH,1))53,53,54
   53 NCODE=NCODE+10
      B=BX(NN,IH,1)
      GO TO 56
   54 IF(B-BX(NN,IL,1)) 55,55,56
   55 NCODE=NCODE+10
      B=BX(NN,IL,1)
   56 XB(NNN)=B
      DO 71 J=2,LIMH
      JH=J
      IF(B .LE.BX(NN,IH,J)) GO TO 80
   71 CONTINUE
   80 JL=JH-1
      DO 81 K=2,LIML
      KH=K
      IF(B .LE.BX(NN,IL,K)) GO TO 90
   81 CONTINUE
```

```
   90 KL=KH-1
      BHI=BX(NN,IL,KH)+PRM*(BX(NN,IH,JH)-BX(NN,IL,KH))
      CHI=CX(NN,IL,KH)+PRM*(CX(NN,IH,JH)-CX(NN,IL,KH))
      DHI=DX(NN,IL,KH)+PRM*(DX(NN,IH,JH)-DX(NN,IL,KH))
      BLI=BX(NN,IL,KL)+PRM*(BX(NN,IH,JL)-BX(NN,IL,KL))
      CLI=CX(NN,IL,KL)+PRM*(CX(NN,IH,JL)-CX(NN,IL,KL))
      DLI=DX(NN,IL,KL)+PRM*(DX(NN,IH,JL)-DX(NN,IL,KL))
      PR=(B -BLI)/(BHI-BLI)
      XC(NNN)=CLI+PR*(CHI-CLI)
      XD(NNN)=DLI+PR*(DHI-CLI)
      NNCODE=100*NNCODE+NOCDE
      IF(RAND.LE.0.) GO TO 500
C     RANDKENNFELD
      AL=A
      BS=B
      C=XC(NNN)
      D=XD(NNN)
      RETURN
  500 CONTINUE
      PRM=(DEALF-DEA(NL))/(DEA(NH)-DEA(NL))
      AL=XA(1)+(XA(2)-XA(1))*PRM
      BS=XB(1)+(XB(2)-XB(1))*PRM
      C=XC(1)+(XC(2)-XC(1))*PRM
      D=XD(1)+(XD(2)-XD(1))*PRM
      NCODE=NNCODE
      RETURN
      END
```

Abschließend seien noch als Beispiel Feldvereinbarungen und ein Aufruf von SUCHEV angeführt.

DIMENSION A(5), NT(5), DRT(5, 15), NPT(5, 15), HT(5, 15, 15), ENT(5, 15, 15), ETAT(5, 15, 15)

CALL SUCHEV (ALE, 5, A, DRTT, NT, DRT, NPT, ENT, HT,
gegeben gegeben

ETAT, ENRT, HTL, ETATL, NCODE)
gegeben abgelesen Kontrollgröße

Vor dem Aufruf muß sichergestellt sein, daß die Leitradstellung innerhalb des gespeichterten Bereiches liegt.

3. Newton-Raphson-SUBROUTINE für die Berechnung des Teillastverhaltens von Gasturbinen verschiedenster Bauart

Die Teillastrechnung von Gasturbinen läuft darauf hinaus, die Betriebspunkte in den Komponentenkennfeldern zu finden. Das ist nur mit Hilfe von Iterationsverfahren möglich, wenn man realistische - möglichst gemessene -

Kennfelder verwenden möchte. Das Newton-Raphson-Verfahren eignet sich gut für diese Aufgabenstellung.

In [39] und [19] wird dieses Verfahren auf einfache und sehr komplexe Turboluftstrahltriebwerke in jeweils sehr umfangreichen, verschachtelten Rechenprogrammen angewendet. Aber auch für die Berechnungen von Wellenleistung abgebenden Gasturbinen eignet es sich hervorragend.

In diesem Kapitel wird eine SUBROUTINE vorgestellt, in der das Iterationsverfahren praktisch vollständig unabhängig vom speziellen Typ der Gasturbine ist. Damit hat man ein u n i v e r s e l l e s Mittel in der Hand, das leicht zu handhaben und zu kontrollieren ist.

Die erforderliche Rechenzeit für einen Betriebspunkt hängt natürlich davon ab, wie kompliziert und aus wievielen Komponenten die betreffende Gasturbine besteht. Als Beispiele für Rechner-Kernzeiten seien die Zahlen von ungefähr 0,5 bis 1 Sekunde für eine Einstrom-Einwellen-Fluggasturbine und 3 - 5 Sekunden für ein Zweistrom-Dreiwellen-Triebwerk mit Mischung genannt. Der Kernspeicherbedarf liegt bei beiden Problemen unter 32 K.

Die Kontrolle, ob das Iterationsverfahren richtig gearbeitet hat, kann o h n e K e n n t n i s des Ablaufes der Iteration an Hand der Ergebnisse erfolgen. Man läßt sämtliche Kreisprozeßdaten und Kennfeldwerte des zu kontrollierenden Betriebspunktes am Ende der Iteration ausdrukken und kann dann prüfen, ob alle Leistungs-, Durchsatz- und Drehzahlbedingungen erfüllt sind. Da man die physikalischen Bedingungen für den Betriebspunkt auf zahllose verschiedene Arten formulieren kann, bieten sich eine Menge von Kontrollgleichungen an, die im Rechenprogramm nicht enthalten sind, dennoch aber erfüllt sein müssen. Es ist also möglich, die beschriebene SUBROUTINE NEWRAP zu verwenden ohne deren Ablauf im Detail zu kennen.

3.1 Prinzipieller Lösungsweg

Das zu lösende Problem ist folgendermaßen aufgebaut:

Neben fest vorgegebenen Eingabedaten sind für einige Parameter, die im folgenden einfach als die "Variablen" bezeichnet werden, geschätzte Werte einzusetzen. Als Folge davon erhält man Ergebnisse, die nicht alle Bedingungen des Problems erfüllen. Die Abweichungen von den Sollwerten bezeichnen wir als "Fehler".

Allgemein mathematisch stellt sich das Problem folgendermaßen dar:

Wir haben n Funktionen von je n Variablen:

$$\begin{aligned} f_1 (V_1, V_2, \ldots V_n) &= F_1 \\ &\vdots \\ f_n (V_1, V_2, \ldots V_n) &= F_n . \end{aligned} \tag{1}$$

Es wird nun eine Lösung dieses Gleichungssystems gesucht, die alle F_i, die "Fehler", zu Null macht. Dazu bilden wir zunächst die totalen Differentiale:

$$\begin{aligned} df_1 &= \frac{\partial f_1}{\partial V_1} dV_1 + \frac{\partial f_1}{\partial V_2} dV_2 + \cdots + \frac{\partial f_1}{\partial V_n} dV_n \\ &\vdots \\ df_n &= \frac{\partial f_n}{\partial V_1} dV_1 + \frac{\partial f_n}{\partial V_2} dV_2 + \cdots + \frac{\partial f_n}{\partial V_n} dV_n . \end{aligned} \tag{2}$$

Geht man von den Differentialen zu Differenzen über, dann erhält man

$$\begin{aligned} \Delta f_1 &= \frac{\partial f_1}{\partial V_1} \Delta V_1 + \frac{\partial f_1}{\partial V_2} \Delta V_2 + \cdots + \frac{\partial f_1}{\partial V_n} \Delta V_n \\ &\vdots \\ \Delta f_n &= \frac{\partial f_n}{\partial V_1} \Delta V_1 + \frac{\partial f_n}{\partial V_2} \Delta V_2 + \cdots + \frac{\partial f_n}{\partial V_n} \Delta V_n . \end{aligned} \tag{3}$$

Wenn man alle F_i zu Null machen möchte, dann muß man - ausgehend von der Lösung des Gleichungssystems (1) für die Variablen V_i, die die Werte F_i ergab - die V_i so ändern, daß die $\Delta f_i = - F_i$ werden. Wir suchen nämlich einen Variablensatz mit $V_{i,neu} = V_{i,alt} + \Delta V_i$ für den alle $F_i(V_{neu})$ zu Null werden. Für die erste Funktion muß z. B. gelten:

$$\underbrace{f_1(V_{neu})}_{0} = \underbrace{f_1(V_{alt})}_{F_1} + \underbrace{\Delta f_1}_{\Delta f_1} .$$

Für konstante (von V_i unabhängige) partielle Ableitungen ergibt sich ein lineares Gleichungssystem für die ΔV_i.

In Matrizenschreibweise lautet es:

$$\begin{bmatrix} \frac{\partial f_1}{\partial V_1} & \frac{\partial f_1}{\partial V_2} \cdots & \frac{\partial f_1}{\partial V_n} \\ \vdots & \vdots & \vdots \\ \frac{\partial f_n}{\partial V_1} & \frac{\partial f_n}{\partial V_2} \cdots & \frac{\partial f_n}{\partial V_n} \end{bmatrix} \begin{bmatrix} \Delta V_1 \\ \vdots \\ \Delta V_n \end{bmatrix} = \begin{bmatrix} -F_1 \\ \vdots \\ -F_n \end{bmatrix} . \tag{4}$$

Die linke, quadratische Matrix wollen wir Fehleränderungsmatrix nennen.

Da bei einem allgemeinen Problem die $\partial f_i / \partial V_i$ nicht unabhängig von den Variablen sein werden, liefert das Gleichungssystem (4) Variablenänderungen, die zwar nicht die Fehler zu Null machen, aber doch in der Regel sehr stark verkleinern.

3.2 Praktische Anwendung

In der Praxis erfordert die Anwendung des Newton-Raphson-Verfahrens auf Probleme mit Kennfeldern einen relativ komplizierten Programmaufbau. Während der Iteration können nämlich Variablensätze auftreten, die in einem oder gar mehreren Kennfeldern in Zonen führen, die dort überhaupt nicht definiert sind (zum Beispiel in Verdichterkennfeldern Punkte jenseits der Pumpgrenze). Das geschieht besonders leicht, wenn ein Betriebspunkt nahe an einer Kennfeldgrenze (Pumpgrenze, Leistungsgrenze, Verstellgrenze einer Verstellturbine) zu suchen ist.

Wenn man nur sehr schlechte Vorschätzungen für die Variablen hat, dann können Probleme mit der Konvergenz auftreten, die entsprechende Maßnahmen erfordern. Ferner ist eine Begrenzung der Schrittweiten ΔV_i notwendig.

Soweit es möglich ist, wurde das Newton-Raphson-Verfahren zusammen mit den notwendigen Modifikationen in einer SUBROUTINE NEWRAP zusammengefaßt, die im nächsten Kapitel näher beschrieben ist. Im folgenden wird beschrieben, wie diese SUBROUTINE a u f z u r u f e n ist. Wie schon oben erwähnt, kann die Richtigkeit der erhaltenen Ergebnisse an ihnen selbst geprüft werden, ohne daß man das Iterationsverfahren im Detail kennt. Daher ist es nicht unbedingt notwendig, sich mit dem Kap. 3.3 im einzelnen zu beschäftigen. Nur die in diesem Kapitel gegebenen Anleitungen sind zu beachten.

3.2.1 Besetzung des COMMON-Blockes/NEWTON/

Die Datenübergabe in die SUBROUTINE NEWRAP erfolgt über den benannten COMMON-Block/NEWTON/ (vergleiche Protokoll).

Diejenigen Namen, die für den Aufruf der SUBROUTINE vorbesetzt werden müssen und diejenigen, welche für die Beurteilung des Ergebnisses interessant sind, sind in Tabelle 1 zusammengestellt.

Tabelle 1: Wichtige Namen aus dem COMMON-Block/NEWTON/

BESETZ	.TRUE., wenn eine Fehleränderungsmatrix bereits bekannt ist. Beim ersten Aufruf von NEWRAP ist BESETZ = .FALSE. vorzubelegen.
EMAT (NNN, NNN)	Fehleränderungsmatrix
FEHLER (NNN)	Feld für die relativen Fehler
ITRYS	Maximalwert von LOOPER

ISTEU	Null, wenn alle Fehler kleiner als TOLALL sind oder LOOPER = ITRYS + 1. Sonst ist ISTEU = 1.
LOOPER	Zählvariable für die Rechengänge durch das zu lösende Problem.
MAPEDG	Wenn ein Kennfeld die gesuchten Daten nicht enthält (Beispiel: ein reduzierter Durchsatz wird im Turbinenkennfeld gesucht, der größer ist als der höchste in diesem Kennfeld vorkommende Durchsatz), dann ist MAPEDG = 1 zu setzen, falls MAPSET = 0 ist.
MAPSET	Wird von NEWRAP besetzt. Wenn ein Kennfeld die gesuchten Daten nicht enthält und MAPSET = 1 ist, dann muß NOMAP mit einem Wert > 0 besetzt werden. Zusätzlich sind Korrekturen an den Variablen durchzuführen (vgl. Kap. C. 4).
MISMAT	Zählvariable für die Lösungsversuche mit gleicher Fehleränderungsmatrix, aber unterschiedlichen rechten Seiten des Gleichungssystems (4).
NNN, ENNN	Zahl der Variablen (als INTEGER bzw. REAL-Größe)
NTRACE	Für NTRACE = 1 werden verschiedene Größen aus NEWRAP bei jedem Iterationsschritt ausgedruckt. Die Voraussetzungen zum Verständnis dieser Information sind in Kap. C. 3. 3 zu finden. Im Normalfa (ohne Konvergenzprobleme) ist NTRACE = 0 zu setzen.
TOLALL	Schranke für die relativen Fehler. Empfohlener Wert bei Problemen mit Kennfeldern 0. 001.
V (NNN)	Feld für die Variablen
VBEST (NNN)	Feld für denjenigen Variablensatz, der zum geringsten durchschnittlichen Fehler führte, vgl. Kap. C.
VCHNGE	Konstanter Multiplikator zu VMTAVX (Näheres dazu siehe Kap. C. 3. 3). Alle Probleme in diesem Buch wurden mit VCHNGE = 0, 95 gelöst.

VDELTA — Die Elemente der Fehleränderungsmatrix werden als Differenzenquotienten berechnet. Für jedes ∂V_i gilt ∂V_i = VDELTA * V(I).

VLIM — Faktor zur Begrenzung der Schrittweiten auf maximal VLIM * V(I). Empfohlener Wert 0,1.

3.2.2 Flußdiagramm für den Aufruf von NEWRAP

Für ein Problem, in dem Kennfelder nicht vorkommen, ist das Flußdiagramm für die Verwendung der SUBROUTINE NEWRAP in Bild 1 gegeben. AUSGL ist ein ENTRY in NEWRAP, mit PROBLEM ist ein Unterprogramm gemeint, das zu jedem Variablensatz einen Satz von Fehlern liefert. Der COMMON-Block /NEWTON/ muß im rufenden Programm und im Unterprogramm PROBLEM enthalten sein.

Vor dem Aufruf von AUSGL sind die Variablen des Problems auf das Feld V zu speichern. Es wird empfohlen, durch entsprechende konstante Faktoren dafür zu sorgen, daß alle Elemente von V in der Größenordnung von 100 liegen.

Beispiele für die Anwendung von NEWRAP bei Problemen mit Kennfeldern sind in Kap. C.4 beschrieben.

Zur Lösung des linearen Gleichungssystems wird in NEWRAP ein ALGOL-Bibliotheksprogramm des Leibniz-Rechenzentrums verwendet. Der Aufruf geschieht folgendermaßen:

```
CALL LGLEI (A, VMAT, NNN, & 888)
```

A ist ein Feld mit NNN + 1 Spalten und NNN Zeilen. In der Spalte NNN + 1 ist der negative Wert der rechten Seite des Gleichungssystems (4) zu speichern. VMAT ist das eindimensionale Feld, das die errechneten Variablenänderungen enthält. Bei singulärer Fehleränderungsmatrix wird die Marke 888 angesprungen. Gegebenenfalls ist es leicht möglich, ein anderes Unterprogramm für die Auflösung des linearen Gleichungssystems zu verwenden.

```
      SUBROUTINE NEWRAP
      LOGICAL BESETZ
      COMMON /NEWTON/ BESETZ,ERRMAX,IGON,ITRYS,ISTEU,LOOP,LOOPER,MAPEDG,
     1MAPSET,MISMAT,NNN,ENNN,NOMAP,NOMISS,NOMISX,NTRACE,TOLALL,VCHNGE,VD
     2ELTA,VLIM,VMTAVX,AMAT(7),DEL(7),DELVA(7),EMAT(7,7),FEHL(7),FEHLER(
     37),V(7),VAR(7),VBEST(7),VMAT(7)
      DIMENSION A(7,8)
      ALGOLEXTERNAL LGLEI
C     MASSNAHMEN VOR DURCHRECHNUNG DES PROBLEMS
      LOOPER=0
      NOMISS=0
      ERRMAX=1.E10
   20 LOOP=0
      MISMAT=0
      NOMAP=0
      IGON=2
   30 LOOPER=LOOPER+1
      IF(NTRACE.EQ.1) WRITE(6,301) LOOP,LOOPER
  301 FORMAT(7H LOOP =,I3,6X,8HLOOPER =,I3)
      IF(LOOPER-ITRYS) 35,31,35
   31 DO 32 I=1,NNN
   32 VAR(I)=VBEST(I)
      IGON=2
      GO TO 130
   35 ISTEU=1
      RETURN

      ENTRY AUSGL

C     PROBLEM IST DURCHGERECHNET, ES LIEGEN NNN FEHLER VOR
      IF(NTRACE.EQ.1) WRITE(6,351) (V(I),I=1,NNN)
  351 FORMAT(34H PROBLEM WURDE DURCHGERECHNET MIT: / 13F10.4)
      IF(LOOPER.GT.ITRYS) GO TO 300
      IF(NOMAP.EQ.0) GO TO 37
      MISMAT=0
      IGON=2
      LOOP=0
      BESETZ=.FALSE.
      IF(NTRACE.EQ.1) WRITE(6,352) NOMAP
  352 FORMAT(I3,20H. KENNFELD VERLASSEN )
      NOMAP=0
      GO TO 30
   37 ERRAVE=0.0
      DO 51 I=1,NNN
   51 ERRAVE=ERRAVE+ABS(FEHLER(I))
      ERRAVE=ERRAVE/ENNN
C     SPEICHERUNG DES VARIABLENSATZES MIT DEM KLEINSTEN DURCHSCHNITT-
C     LICHEN FEHLER AUF VBEST
      IF(ERRAVE.GT.ERRMAX) GO TO 53
      ERRMAX=ERRAVE
      DO 52 I=1,NNN
   52 VBEST(I)=V(I)
      IF(NTRACE.EQ.0) GO TO 53
      WRITE(6,521) (VBEST(I),I=1,NNN),ERRAVE
  521 FORMAT(17H VBEST UND ERRAVE / 13F10.4 )
C     PRUEFEN DER FEHLER BEZUEGLICH TOLALL
   53 DO 54 I=1,NNN
      IF(ABS(FEHLER(I)).GT.TOLALL) GO TO 60
   54 CONTINUE
      IF (LOOPER.GT.1) GO TO 300
C     FEHLER SIND NOCH ZU GROSS
   60 DO 61 I=1,NNN
   61 VAR(I)=V(I)
      IF(LOOP.EQ.0) GO TO 100
      IF(MISMAT) 66,66,64
   64 VMTAVX=VMTAVE
      IF(NTRACE.EQ.1) WRITE(6,641)
  641 FORMAT(18H NEUE RECHTE SEITE )
      DO 65 I=1,NNN
   65 AMAT(I)=-FEHLER(I)
      GO TO 200
   66 IF(MAPEDG) 75,67,75
   67 IF(MAPSET.EQ.0) VAR(LOOP)=VAR(LOOP)+DEL(LOOP)
      IF(MAPSET.EQ.1) VAR(LOOP)=VAR(LOOP)-DEL(LOOP)
      MAPSET=0
      DO 68 I=1,NNN
   68 EMAT(I,LOOP)=(FEHL(I)-FEHLER(I))/DEL(LOOP)
```

```
      GO TO 120
   75 MAPEDG=0
      MAPSET=1
      VAR(LOOP)=VAR(LOOP)+2.*DEL(LOOP)
      GO TO 130
C     ERSTER DURCHLAUF, LOOP IST NULL
  100 MAPEDG=0
      MAPSET=0
      DO 101 I=1,NNN
      FEHL(I)=FEHLER(I)
  101 DEL(I)=VDELTA*VAR(I)
      IF(BESETZ) LOOP=NNN
  120 LOOP=LOOP+1
      IF(LOOP.GT.NNN) GO TO 150
      VAR(LOOP) =VAR(LOOP)-DEL(LOOP)
  130 DO 131 I=1,NNN
  131 V(I)=VAR(I)
      IF(NTRACE.EQ.1) WRITE(6,1311) MISMAT
 1311 FORMAT(9H MISMAT = I3)
      GO TO (20,30),IGON
C     DIE FEHLERAENDERUNGSMATRIX IST BESETZT
  150 BESETZ=.TRUE.
      IF(NTRACE.EQ.1) WRITE(6,1501)
 1501 FORMAT(15H MATRIX BESETZT )
      DO 151 I=1,NNN
  151 AMAT(I)=-FEHL(I)
  200 DO 201 I=1,NNN
      DO 201 J=1,NNN
  201 A(I,J)=EMAT(I,J)
      DO 202 I=1,NNN
  202 A(I,NNN+1)=-AMAT(I)
      CALL LGLEI(A,VMAT,NNN,&888)
C     KONTROLLE DER VARIABLENAENDERUNG AUF ZU GROSSE SCHRITTWEITEN
      LBIG=0
      VARBIG=0.0
      DO 210 I=1,NNN
      ABSVAR=ABS(VMAT(I))
      IF(ABSVAR.LE.VLIM*VAR(I)) GO TO 210
      IF(ABSVAR.LE.VARBIG) GO TO 210
      LBIG=I
      VARBIG=ABSVAR
  210 CONTINUE
      VRATIO=1.
      IF(LBIG.GT.0) VRATIO=VLIM*VAR(LBIG)/VARBIG
      VMTAVE=0.0
      DO 228 I=1,NNN
      DELVA(I)=VRATIO*VMAT(I)
      VMTAVE=VMTAVE+ABS(VMAT(I))
  228 VAR(I)=VAR(I)+DELVA(I)
      VMTAVE=VMTAVE/ENNN
      IF(MISMAT.NE.0) GO TO 230
      IF(NOMISS.EQ.0) GO TO 229
      NOMISS=NOMISS+1
      IF(NOMISS.GT.2) NOMISS=0
  229 IF(NOMISS.EQ.0) MISMAT=1
      IF(MISMAT.EQ.1) GO TO 130
      IGON=1
      BESETZ=.FALSE.
      GO TO 130
  230 MISMAT=MISMAT+1
      IF(VMTAVE.LT.VCHNGE*VMTAVX.AND.MISMAT.LT.10)GO TO 130
      IF (MISMAT.LT.NOMISX) NOMISS=1
      LOOP=0
      MISMAT=0
      IGON=2
      BESETZ=.FALSE.
C     VARIATION DER SCHRITTWEITE FUER BERECHNUNG DER FEHLERAENDERUNGEN
      IF (VDELTA-0.0015) 233,233,232
  232 VDELTA=0.001
      GO TO 60
  233 VDELTA=0.002
      GO TO 60
  300 ISTEU=0
      GO TO 999
  888 ERRMAX=SQRT(-ERRMAX)
  999 RETURN
      END
```

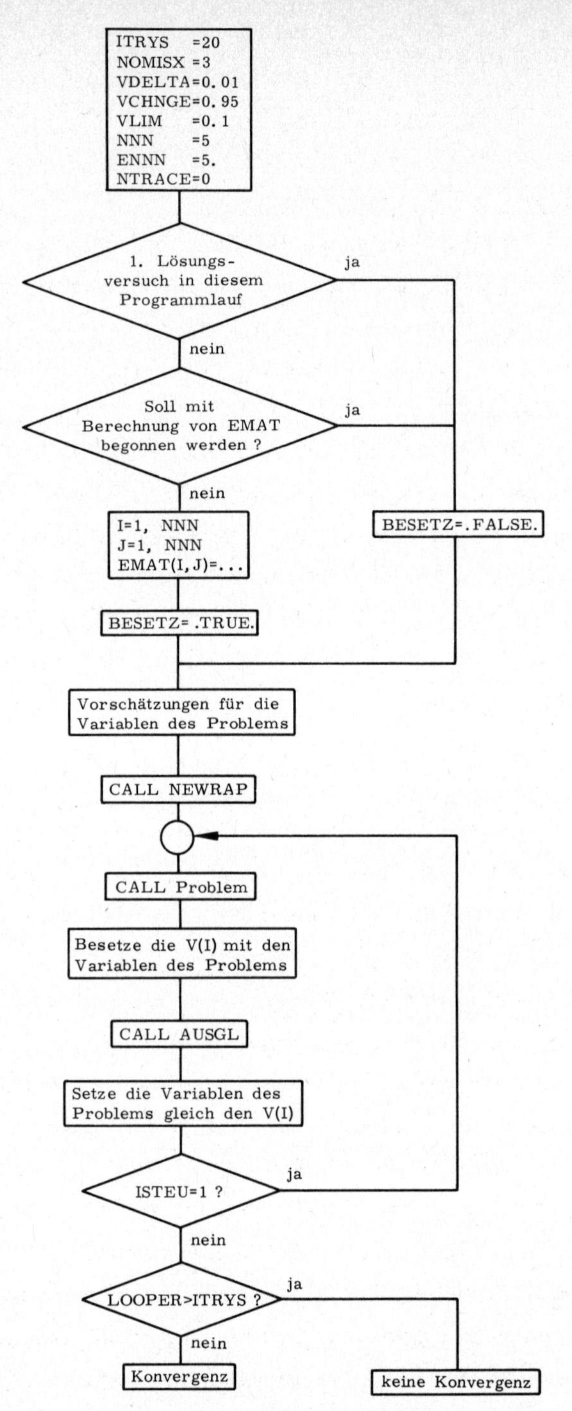

Bild 1. Flußdiagramm zum Aufruf von NEWRAP

3.3 Beschreibung des internen Ablaufs der SUBROUTINE NEWRAP

3.3.1 Besetzung der Fehleränderungsmatrix

Beim Aufruf von NEWRAP werden zunächst einige Vorbesetzungen durchgeführt (Ablauf: Marken 20 - 30 - 35 - RETURN). Nachdem im übergeordneten Programmteil die Variablen besetzt worden sind beginnt die Durchrechnung des zu lösenden Problems. Danach stehen die Fehler fest. Nun geht die Rechnung nach dem ENTRY AUSGL weiter. Wenn die Vorschätzung der Variablen nicht dazu geführt hat, daß eines der Kennfelder verlassen wurde, dann ist NOMAP = 0 und es wird der durchschnittliche Fehler festgestellt. Danach werden alle Fehler einzeln abgefragt, ob sie die Toleranzgrenze TOLALL unterschreiten. Ist dies bei allen Fehlern der Fall und das Problem mindestens zweimal durchgerechnet, dann ist die Lösung gefunden. Die Forderung, daß das Problem mindestens z w e i m a l durchzurechnen ist, kann je nach Aufgabenstellung auch fallengelassen werden; sie wurde aus dem folgenden Grund eingeführt:

Das Problem, einen Betriebspunkt eines Triebwerks in den Einzelkennfeldern festzustellen, ist zum Beispiel für eine vorgegebene Brennkammertemperatur T_3 zu lösen. Die Lösung sei für einen Wert von T_3 bereits gefunden und nun für einen Wert $T_3 + \Delta T_3$ zu suchen. Als Vorschätzung für die Variablen, die beim neuen Rechenpunkt alle Fehler zu Null machen soll, wählt man am besten die Lösung des vorher gerechneten Punktes. Wenn ΔT_3 klein ist, was z.B. im Rahmen von Optimierungsrechnungen vorkommen kann, dann kann es geschehen, daß derselbe Variablensatz, der bei der schon gefundenen Lösung alle Fehler kleiner als TOLALL gemacht hat, auch bei diesem neuen Betriebspunkt mit $T_3 + \Delta T_3$ alle Fehler klein genug hält. Dann wird also für beide Betriebspunkte fälschlicherweise dieselbe Lösung gefunden, wenn man nicht erzwingt, daß das Problem mindestens zweimal durchgerechnet wird. Bei der zweiten Durchrechnung wird mit einem Variablensatz gearbeitet, der sich aus der bestehenden Fehleränderungsmatrix und den Fehlern der ersten Durchrechnung ergibt.

Im Normalfall wird beim ersten Durchlauf der Rechnung mindestens einer der Fehler größer als TOLALL sein. Der durchschnittliche Betrag der Fehler wird zwischen den Marken 37 und 53 berechnet. Wenn die Rechnung später an diese Stelle kommt, wird hier festgestellt, ob der im Moment vorliegende Variablensatz zu einem kleineren durchschnittlichen Fehler geführt hat als irgendeiner der vorher versuchten Variablensätze. Der "beste" Variablensatz - nämlich der mit dem kleinsten durchschnittlichen Fehlerbetrag - wird in dem Feld VBEST gespeichert.

Nun wird die Rechnung bei Marke 60 fortgefahren. Der daran anschließende Programmabschnitt ist als Flußdiagramm in Bild 2 dargestellt.

Die Variable LOOP zählt die Rechengänge, die zur Aufstellung der Fehleränderungsmatrix benötigt werden; sie hat nach der ersten Berechnung der Fehler den Wert Null. Die Fehler bilden die rechte Seite des später zu lösenden Gleichungssystems und werden im Feld FEHL(I) gespeichert (nach Marke 100).

Um die Fehleränderungen infolge kleiner Variablenänderungen zu bestimmen, werden die einzelnen Variablen nacheinander jeweils um einen kleinen Schritt DEL(I) = VDELTA * VAR(I) geändert (zwischen den Marken 120 und 130). Wenn bereits eine Fehleränderungsmatrix aus vorangehenden Rechnungen bekannt ist (BESETZ = .TRUE.), dann kann sofort über die Marke 120 nach 150 gesprungen werden.

Bei noch nicht besetzter Fehleränderungsmatrix wird wegen IGON = 2 nach Marke 30 gesprungen und das Problem neu durchgerechnet, über die Marken 37, 53, 60 gelangt man nach Marke 66. Wurde bei dieser Rechnung eines der Kennfelder verlassen, dann ist MAPEDG = 1; diese Tatsache wird vermerkt (nach Marke 75) indem MAPSET = 1 gesetzt wird. Die betreffende Variablenänderung, die zum Verlassen des Kennfeldes geführt hat, wird nun nach der entgegengesetzten Richtung ausgeführt. Im Normalfall wird dann das Kennfeld nicht verlassen werden: statt zu Marke 75 gelangt man zur Marke 67. Gesteuert durch den Wert von MAPSET wird die betreffende

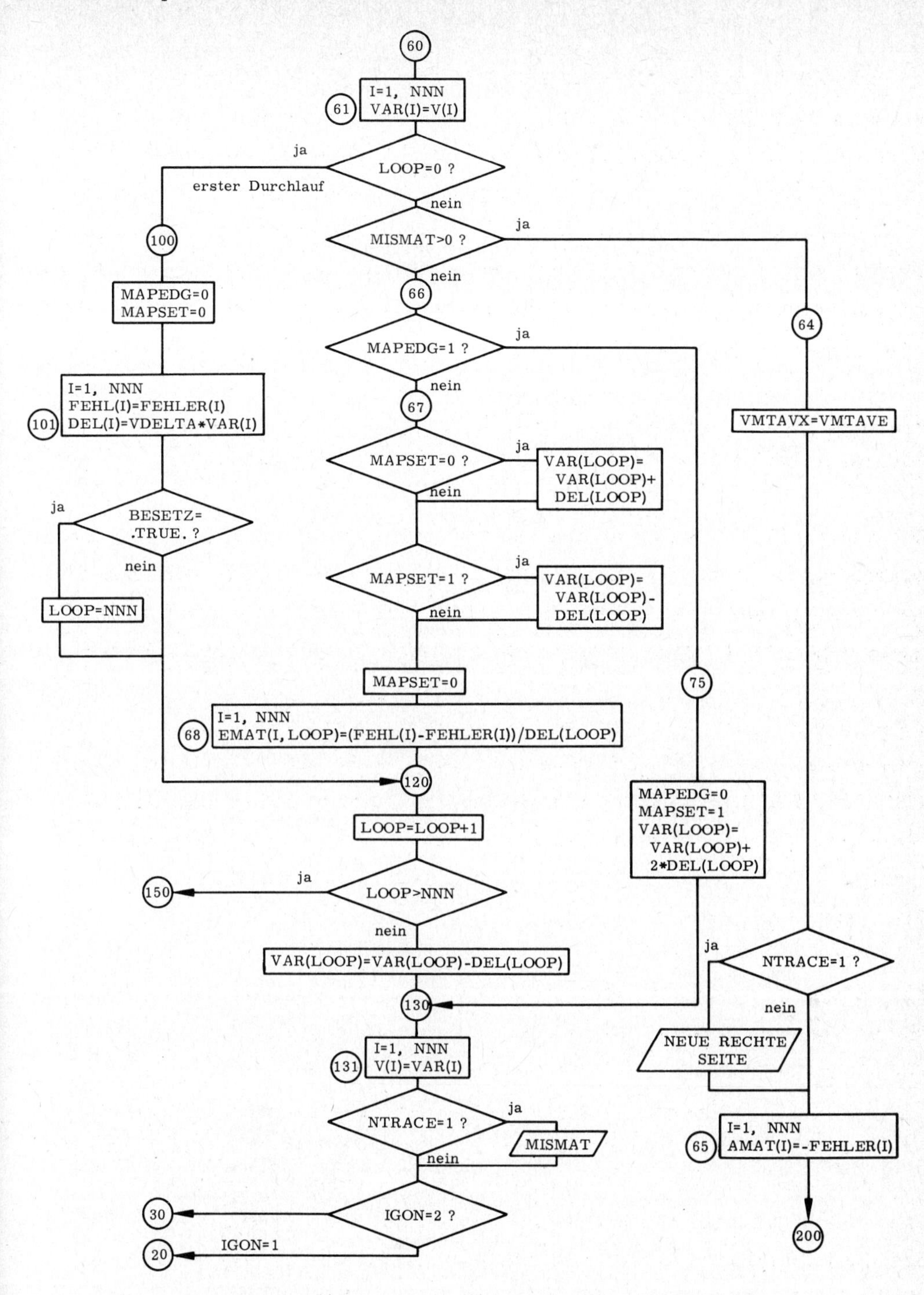

Bild 2. Detail aus Flußdiagramm zu NEWRAP

Variablenänderung rückgängig gemacht und dann eine Spalte der Fehleränderungsmatrix EMAT besetzt.

Wenn unter der Voraussetzung MAPSET = 1 ein Kennfeld verlassen wird, dann wird an der entsprechenden Stelle NOMAP ≠ 0 gesetzt und es wird mit der Erstellung der Fehleränderungsmatrix wieder von vorn begonnen.

3.3.2 Iterative Lösung

Wenn alle Spalten von EMAT besetzt sind, dann erfolgt der Sprung nach Marke 150. Das Feld A, das in dem Bibliotheksprogramm LGLEI benötigt wird, wird besetzt. Die Auflösung des linearen Gleichungssystems ergibt einen Vektor VMAT, der alle notwendigen Variablenänderungen enthält, die bei einem linearen Problem alle Fehler zu Null machen würden.

Bei falscher Wahl von Variablen oder Fehlern im zu lösenden Problem erhält man übrigens eine singuläre Fehleränderungsmatrix, was zur Folge hat, daß aus LGLEI zur Marke 888 gesprungen und die Rechnung abgebrochen wird (Fehlermeldung: SQRT NEGATIVE).

Nach dem Aufruf von LGLEI werden zunächst die errechneten Schrittweiten VMAT(I) geprüft. Werte, die größer als VLIM * |VAR(I)| sind, werden als nicht sinnvoll betrachtet. Gegebenenfalls werden alle Schrittweiten proportional reduziert, so daß der größte Einzelschritt gerade seinem zulässigen Grenzwert entspricht.

In derselben Schleife (Endmarke 228) werden die neuen Variablenwerte bestimmt und es wird festgestellt, wie groß die durchschnittliche Variablenänderung VMTAVE bei diesem Schritt ist.

Wenn zum ersten Mal aus den Fehlern und der Fehleränderungsmatrix ein neuer Variablensatz berechnet wurde, dann ist sowohl MISMAT als auch NOMISS gleich Null. Bei Marke 229 wird MISMAT = 1 gesetzt und dann über 130 - 30 - 35 zu einer neuen Durchrechnung des Problems übergegangen.

Oft zeigt diese Durchrechnung, daß die Fehler noch nicht klein genug sind. Über den schon beschriebenen Weg 37 - 53 - 60 gelangt man nun wegen LOOP $\neq$ 0 (LOOP wurde noch nicht wieder auf Null gesetzt!) und MISMAT >0 nach Marke 64, wo zunächst die durchschnittliche Variablenänderung des soeben durchgeführten Schrittes in VMTAVX gespeichert wird (vgl. Bild 2).

Eigentlich wäre nun das ganze Verfahren von vorne zu beginnen. Da es aber recht aufwendig war, die Fehleränderungsmatrix zu besetzen (dazu waren NNN + 1 Durchläufe des Problems nötig!), versucht man nun besser, im linearen Gleichungssystem nur die rechte Seite auszutauschen (Schleife mit Endmarke 65). Die neue Lösung dieses Systems wird nach Marke 230 geprüft, ob sie zu merklich kleineren durchschnittlichen Variablenänderungen geführt hat. (Ist das der Fall, so kann man das als Indiz für die Konvergenz betrachten.) Wenn MISMAT, das bei jedem dieser eben beschriebenen Versuche mit neuer "rechter Seite" um 1 erhöht wird, außerdem noch kleiner als 10 ist, dann wird zur Marke 130 gesprungen.

Ist eine der beiden zuletzt erwähnten Bedingungen nicht erfüllt, dann muß man annehmen, daß die Fehleränderungsmatrix erneuerungsbedürftig ist.

Bei Konvergenzschwierigkeiten wegen starker Nichtlinearitäten ist MISMAT noch klein ($<$ NOMISX, empfohlener Wert dafür 3), wenn die durchschnittliche Variablenänderung nicht oder nur unwesentlich kleiner geworden ist. Dann wird NOMISS = 1 gesetzt, was zur Folge hat, daß für die nächsten beiden Lösungsversuche mit jeweils einer neuen Fehleränderungsmatrix gearbeitet wird.

Falls MISMAT $\geqq$ NOMISX war, dann wird eine neue Fehleränderungsmatrix berechnet, die im Gegensatz zu den Fällen mit NOMISS $>$ 0 gegebenenfalls mit mehreren "rechten Seiten" im linearen Gleichungssystem verwendet wird.

Wenn innerhalb der durch ITRYS vorgegebenen Grenze für die Zählvariable LOOPER nicht alle Fehler unter die Toleranzgrenze gebracht werden konnten, dann wird das Problem ein letztes Mal durchgerechnet und zwar mit demjenigen Variablensatz, der zum kleinsten durchschnittlichen Fehler geführt hatte und im Feld VBEST gespeichert ist. Man erhält also auf jeden Fall eine Lösung, deren Qualität jedoch im rufenden Programm zu prüfen ist.

4. Anwendungsbeispiele für die Newton-Raphson-SUBROUTINE

Wie die SUBROUTINE NEWRAP bei Problemen o h n e Kennfelder aufzurufen ist wurde bereits in Kap. C. 3. 2 beschrieben. Im anderen Fall kann es passieren, daß während der Newton-Raphson-Iteration ein Variablensatz in einem der Kennfelder in eine Zone führt, die dort nicht definiert ist. Es können also keine oder nur ein Teil der Fehler bestimmt werden. Dann muß man versuchen, den Variablensatz so zu modifizieren, daß er in die definierte Kennfeldzone führt. Entsprechende Vorkehrungen sind in der SUBROUTINE NEWRAP eingebaut; ein Teil der Maßnahmen ist allerdings problemabhängig. Für wichtige und typische Gasturbinenschaltungen werden im folgenden diese Maßnahmen beschrieben.

4.1 Einwellen-Einstrom-Turboluftstrahltriebwerk

Bevor irgendein Teillastpunkt berechnet werden kann, muß eine Auslegung des Triebwerks erfolgen. Danach stehen sämtliche Daten des Kreisprozesses für

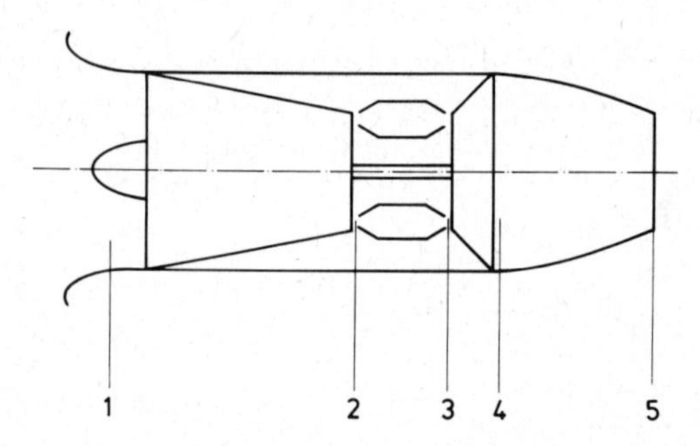

Bild 1. Bezeichnungen am Einwellen-Einstrom-Turboluftstrahltriebwerk

den Auslegungspunkt (AP) fest; sie werden an verschiedenen Stellen der Teillastrechnung als Bezugswerte benötigt. Die Bezeichnungen der thermodynamischen Ebenen sind in Bild 1 gegeben.

4.1.1 Anwendung der Typkennfelder

In den verwendeten Typkennfeldern - im vorliegenden Fall also einem Verdichter- und einem Turbinenkennfeld - muß vorgegeben werden, welcher Punkt dem Auslegungsfall entspricht. Beim Verdichter geschieht das, indem man die relative reduzierte Drehzahl sowie die Größe Z_{AP} vorschreibt (vgl. Kap. C.2.2.1 und Bild 2).

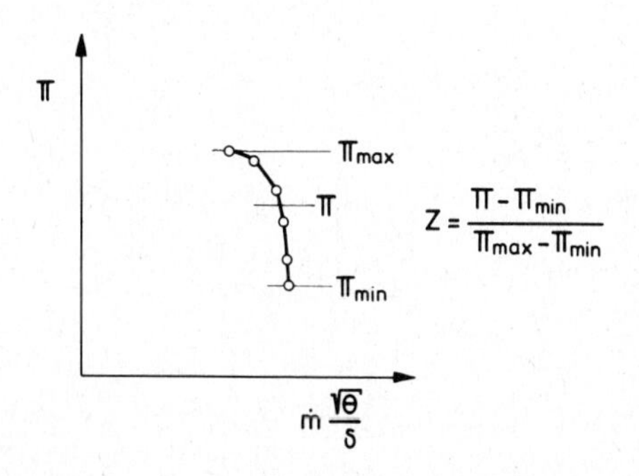

Bild 2. Zur Definition von Z, Kreise: im Rechner gespeicherte Kennfeldpunkte

Der Drehzahlparameter im Kennfeld ist $[(n/\sqrt{\Theta_1})/(n/\sqrt{\Theta_1})_{AP}]_{KF}$. Im Auslegungsfall wird T_1 gewählt; mit $T_1 \equiv T_{1AP}$ reduziert sich dieser Ausdruck auf das Drehzahlverhältnis $(n/n_{AP})_{KF}$, so daß die Festlegung des Betriebspunktes im Typkennfeld auch über die prozentuale Drehzahl

$$p_{n,AP} = \left(\frac{n}{n_{AP}}\right)_{KF} 100$$

erfolgen kann. Wenn also der Betriebspunkt "Auslegung" z. B. im Typkennfeld bei der relativen reduzierten Drehzahl von 0,9 liegen soll, dann ist $p_{n,AP} = 90$ vorzuschreiben.

Bei der Turbine wird ebenfalls die relative reduzierte Drehzahl vorgeschrieben, ferner der reduzierte Durchsatz. Es muß sich jeweils um Zahlenwerte handeln, die im entsprechenden Kennfeld auch wirklich vorkommen.

Wenn nun mit den angegebenen Werten sowohl für den Verdichter als auch für die Turbine die SUBROUTINE SUCHE aufgerufen wird, erhält man die restlichen Kennfelddaten. Diese Kennfelddaten des Auslegungspunktes werden dazu verwendet, Korrekturfaktoren zu bestimmen, die die Typkennfelder erst für die spezielle Anwendung brauchbar machen. Beim Verdichterkennfeld sind dies (vgl. Kap. B. 2. 1)

Drehzahl

$$k_{n,V} = \frac{\frac{n}{\sqrt{\Theta_1}} \Big/ \left(\frac{n}{\sqrt{\Theta_1}}\right)_{AP}}{\left[\frac{n}{\sqrt{\Theta_1}} \Big/ \left(\frac{n}{\sqrt{\Theta_1}}\right)_{AP}\right]_{KF}} = \frac{1}{\left[\frac{n}{\sqrt{\Theta_1}} \Big/ \left(\frac{n}{\sqrt{\Theta_1}}\right)_{AP}\right]_{KF}},$$

Druckverhältnis

$$k_{\pi} = \frac{\pi_{AP} - 1}{\pi_{AP,KF} - 1},$$

Wirkungsgrad

$$k_{\eta_V} = \frac{\eta_{V,AP}}{\eta_{V,AP,KF}},$$

Durchsatz

$$k_{\dot{m}_{red},V} = \frac{\left(\dot{m}\frac{\sqrt{\Theta_1}}{\delta_1}\right)_{AP}}{\left(m\frac{\sqrt{\Theta_1}}{\delta_1}\right)_{AP,KF}}.$$

Beim Turbinenkennfeld lauten die Korrekturfaktoren (vgl. Kap. B. 2. 3):

Drehzahl

$$k_{n,T} = \frac{\frac{n}{\sqrt{T_3}} \Big/ \left(\frac{n}{\sqrt{T_3}}\right)_{AP}}{\left[\frac{n}{\sqrt{T_3}} \Big/ \left(\frac{n}{\sqrt{T_3}}\right)_{AP}\right]_{KF}} = \frac{1}{\left[\frac{n}{\sqrt{T_3}} \Big/ \left(\frac{n}{\sqrt{T_3}}\right)_{AP}\right]_{KF}},$$

spezifische Leistung

$$k_{H_T} = \frac{\left(\frac{H_T}{T_3}\right)_{AP}}{\left(\frac{H_T}{T_3}\right)_{AP,KF}} ,$$

Wirkungsgrad

$$k_{\eta_T} = \frac{\eta_{T,AP}}{\eta_{T,AP,KF}} ,$$

Durchsatz

$$k_{\dot{m}_{red},T} = \frac{\left(\dot{m}_3 \frac{\sqrt{T_3}}{P_3}\right)_{AP}}{\left(\dot{m}_3 \frac{\sqrt{T_3}}{P_3}\right)_{AP,KF}} .$$

4.1.2 Teillastrechnung

Wenn die Zuströmbedingungen bekannt sind, dann kann noch e i n e Grösse frei gewählt werden, die den Lastzustand des Triebwerks fixiert (Voraussetzung: keine variable Geometrie). Das kann zum Beispiel die Brennkammertemperatur oder auch die prozentuale Verdichterdrehzahl sein. Besonders bei niedrigen Teillasten empfiehlt es sich allerdings, nicht die Brennkammertemperatur zu wählen sondern den Brennstoffdurchsatz. Während bei stetig kleiner werdendem Schub auch der Brennstoffdurchsatz kontinuierlich zurückgeht, erreicht die BK-Temperatur nämlich ein Minimum und steigt dann wieder an obwohl der Schub weiter zurückgeht. Wird in diesem Schubbereich T_3 vorgeschrieben, dann existieren 2 Lösungen, was zwangsläufig zu Konvergenzproblemen führt.

4.1.2.1 Verdichter

Im weiteren wollen wir den Fall behandeln, daß die Verdichterdrehzahl - ausgedrückt durch die Größe p_n - den Lastzustand festlegt und selbst vorgegeben ist. Damit läßt sich sofort der Kennfeldwert der relativen reduzierten Drehzahl des Verdichters bestimmen:

$$p_n = \left(\frac{n}{n_{AP}}\right)_{KF} 100 = \left[\frac{\frac{n}{\sqrt{T_1}}}{\frac{n_{AP}}{\sqrt{T_{1,AP}}}}\right]_{KF} \frac{\sqrt{T_1}}{\sqrt{T_{1,AP}}} 100 \,,$$

$$\left[\frac{\frac{n}{\sqrt{T_1}}}{\left(\frac{n}{\sqrt{T_1}}\right)_{AP}}\right]_{KF} = \frac{p_n}{100} \frac{\sqrt{\Theta_{1,AP}}}{\sqrt{\Theta_1}} \,. \tag{1}$$

Um aus dem Verdichterkennfeld Werte "ablesen" zu können, muß aber neben der Drehzahl auch Z gegeben sein. Dieses Z ist die e r s t e V a r i - a b l e im Newton-Raphson-Verfahren; als Vorschätzung wählen wir zum Beispiel $Z = Z_{AP}$.

Der Aufruf der SUBROUTINE SUCHE liefert nun Kenndaten, die mit Hilfe der Korrekturfaktoren auf "Echtwerte" umzurechnen sind:

$$\frac{\frac{n}{\sqrt{T_1}}}{\left(\frac{n}{\sqrt{T_1}}\right)_{AP}} = k_{n,V} \left[\frac{\frac{n}{\sqrt{T_1}}}{\left(\frac{n}{\sqrt{T_1}}\right)_{AP}}\right]_{KF} , \tag{2}$$

$$\pi = k_{\pi} \, (\pi_{KF} - 1) + 1 \,,$$

$$\eta_V = k_{\eta_V} \, \eta_{V,KF} \,,$$

$$\dot{m}_V = k_{\dot{m}_{red},V} \dot{m}_{red,V,KF} \frac{\delta_1}{\sqrt{\Theta_1}} \,,$$

$$\dot{m}_{red,V} = k_{\dot{m}_{red},V} \, \dot{m}_{red,V,KF} \,.$$

Mit der SUBROUTINE KOMP (Kap. B. 1. 2) kann man nun die Verdichter-Austrittszustände T_2, P_2 sowie die erforderliche spezifische Leistung H_V

berechnen.

4.1.2.2 Brennkammer

Für die Brennkammer-Austrittstemperatur T_3 - die zweite Variable des Newton-Raphson-Verfahrens - muß wieder ein Schätzwert zu Beginn der Rechnung vorgegeben werden. Als einfacher Ansatz dafür ist zu empfehlen

$$T_3 = T_{3,AP} \left(\frac{p_n}{p_{n,AP}} \right)^{0,5} . \qquad (3)$$

Mit Hilfe des effektiven kalorischen Wertes (Kap. B. 1. 1) kann das Brennstoff-Luftverhältnis α, mit den Angaben aus Kap. B. 2. 2. 2 der Druckverlust in der Brennkammer berechnet werden.

4.1.2.3 Turbine

Für die Turbine sind zwei Bedingungen zu erfüllen, nämlich die Drehzahlgleichheit mit dem Verdichter und das Leistungsgleichgewicht. Die Drehzahlbedingung kann folgendermaßen formuliert werden:

$$n_V = n_T ,$$

$$\frac{\dfrac{n_V}{\sqrt{T_1}} \sqrt{T_1}}{\dfrac{n_{V,AP}}{\sqrt{T_{1\,AP}}} \sqrt{T_{1\,AP}}} = \frac{\dfrac{n_T}{\sqrt{T_3}} \sqrt{T_3}}{\dfrac{n_{T,AP}}{\sqrt{T_{3,AP}}} \sqrt{T_{3,AP}}} , \qquad (4)$$

$$\frac{\dfrac{n_T}{\sqrt{T_3}}}{\left(\dfrac{n_T}{\sqrt{T_3}}\right)_{AP}} = \frac{\dfrac{n_V}{\sqrt{T_1}}}{\left(\dfrac{n_V}{\sqrt{T_1}}\right)_{AP}} \; \frac{\sqrt{\dfrac{T_{3,AP}}{T_{1,AP}}}}{\sqrt{\dfrac{T_3}{T_1}}} .$$

Mit dem Korrekturfaktor $k_{n,T}$ erhält man den Kennfeldwert für die relative reduzierte Turbinendrehzahl:

$$\left[\frac{\frac{n}{\sqrt{T_3}}}{\left(\frac{n}{\sqrt{T_3}}\right)_{AP}}\right]_{KF} = \frac{1}{k_{n,T}} \frac{\frac{n}{\sqrt{T_3}}}{\left(\frac{n}{\sqrt{T_3}}\right)_{AP}} . \tag{5}$$

Beim Aufruf von SUCHE zum Ablesen aus einem Turbinenkennfeld wird neben dieser Drehzahl noch der reduzierte Durchsatz als Eingangsgröße verlangt. Man kann aus den bisher berechneten Daten auch diesen Durchsatz bestimmen:

$$\left(\frac{\dot{m}_T \sqrt{T_3}}{P_3}\right) = \frac{1}{k_{\dot{m}_{red}T}} \frac{\dot{m}_T \sqrt{T_3}}{P_3} . \tag{6}$$

Wenn man versucht, mit dem auf diese Weise berechneten Durchsatz aus dem Kennfeld die reduzierte Leistung und den Turbinenwirkungsgrad abzulesen, dann muß man feststellen, daß in manchen Fällen dieser Durchsatz im Kennfeld überhaupt nicht existiert. Die anfangs naturgemäß schlechten Vorschätzungen für Z und T_3 sind die Ursache dafür. Es ist daher günstig, als *dritte Variable* im Newton-Raphson-Verfahren den Kennfeldwert für den reduzierten Turbinendurchsatz einzuführen und ihn mit dem Wert vom Auslegungsfall vorzuschätzen. Diese Vorschätzung ist in der Regel erheblich besser als der nach Gl. (6) berechnete Wert.

Als *erster Fehler* im Sinne von Kap. C. 3. 1 wird die relative Differenz zwischen dem Durchsatz nach Gl. (6) und dem Wert der dritten Variablen eingeführt.

Aus den bereits berechneten Größen läßt sich über das Leistungsgleichgewicht als zweite Bedingung für die Turbine ferner die erforderliche reduzierte spezifische Leistung H_T/T_3 ausrechnen. Andererseits folgt aus dem Kennfeld eine reduzierte spezifische Leistung, die, umgerechnet auf Echtwerte, in der Regel bei der ersten Durchrechnung nicht gleich der erforderlichen reduzierten spezifischen Leistung ist. Es ergibt sich ein *zweiter Fehler*, der ebenfalls als relative Differenz zu bilden ist.

Die weitere Turbinenberechnung erfolgt mit den auf Echtwerte umgerechneten Daten, die aus dem Kennfeld abgelesen wurden:

$$H_T = k_{H_T} \left(\frac{H_T}{T_3}\right)_{KF} T_3 ,$$

$$\eta_T = k_{\eta_T} \; \eta_{T,KF} .$$

Mit der SUBROUTINE TURB (Kap. B.1.2) kann man nun die Turbinen-Austrittsdaten T_4, P_4 erhalten.

4.1.2.4 Düse

Bei der Berechnung der Düsenströmung wird man im allgemeinen feststellen, daß sich bei den vorliegenden Werten von Ruhedruck und -temperatur (= Turbinenabströmung) durch die vorgegebene Fläche nicht genau der gewünschte Durchsatz einstellt. Man könnte genau den richtigen Durchsatz hindurchbringen, wenn der Ruhedruck entsprechend geändert würde. Als *dritten Fehler* im Rahmen des Newton-Raphson-Verfahrens definieren wir die relative Differenz zwischen dem an der Düse anliegenden und dem erforderlichen Ruhedruck.

Wenn man den dritten Fehler anders definieren will als es hier geschehen ist, dann kann man leicht Konvergenzprobleme bekommen, da die Massenstromdichte bei der Mach-Zahl 1 ein Maximum besitzt. Im schallnahen Bereich - der bei Düsen von Fluggasturbinen häufig vorkommt - existieren zum Beispiel für einen Fehler, der mit dem reduzierten Durchsatz gebildet wird, *zwei* Nullstellen.

4.1.2.5 Maßnahmen an Kennfeldgrenzen

Verdichterkennfeld

Bei dem hier diskutierten Beispiel kann es nur durch falsche Vorgabe von p_n dazu kommen, daß die Größe NCODE nach dem Aufruf von SUCHE nicht gleich Null ist. Wie in Kap. C.2.2 näher beschrieben wird, zeigt NCODE = 0, daß der abzulesende Wert innerhalb des gespeicherten Kennfeldbereiches liegt.

Falls die Auflösung des linearen Gleichungssystems für die erste Variable, nämlich Z, einen Wert außerhalb des Bereiches $0 < Z \leqq 1$ liefert, dann ist Z auf den entsprechenden Grenzwert dieses Bereiches zu korrigieren. Das geschieht am besten direkt nach dem Aufruf von AUSGL, dem ENTRY von NEWRAP (s. Bild C. 3. 2. 2/1).

Wenn p_n bei einer anderen Formulierung des Problems nicht vorgegeben, sondern Variable ist (z. B. T_3 vorgegeben, p_n wird vorgeschätzt), dann können unter Umständen relative reduzierte Drehzahlen in der Rechnung vorkommen, die kleiner als der niedrigste (NCODE = 1) oder größer als der größte (NCODE = 2) gespeicherte Drehzahlwert des Kennfeldes sind.

Nun ist zu unterscheiden, ob gerade MAPSET = 0 oder = 1 ist. Bei MAPSET = 0 ist zuerst MAPEDG = 1 zu setzen und dann - weil innerhalb von SUCHE die relative reduzierte Drehzahl auf den entsprechenden Randwert geändert wurde - muß p_n neu berechnet werden nach:

$$p_n = \left[\frac{\frac{n}{\sqrt{\Theta}}}{\left(\frac{n}{\sqrt{\Theta}}\right)_{AP}} \right]_{KF} \frac{\sqrt{\Theta}}{\sqrt{\Theta}_{AP}} \, 100 \, . \tag{7}$$

Die Rechnung wird mit den abgelesenen Daten und dem neuen p_n fortgesetzt.

Wenn MAPSET = 1 ist, dann muß NOMAP mit einem Wert größer als Null besetzt werden. Wenn man in NEWRAP mit NTRACE = 1 arbeitet, dann erscheint der Ausdruck "NOMAP", KENNFELD VERLASSEN. Nachdem p_n auf einen Wert korrigiert wurde, der knapp innerhalb des erlaubten Kennfeldbereiches liegt, wird die Rechnung abgebrochen und in das rufende Programm zurückgekehrt.

Der gesamte eben beschriebene Ablauf für den Fall, daß p_n Variable ist, wird in Bild 3 gezeigt.

Turbinenkennfeld

Bei der Turbine kann es vorkommen, daß das Wertepaar relative reduzierte Drehzahl - reduzierter Durchsatz in eine Kennfeldzone führt, die nicht im Rechner gespeichert ist. Dann können also weder spezifische Leistung noch

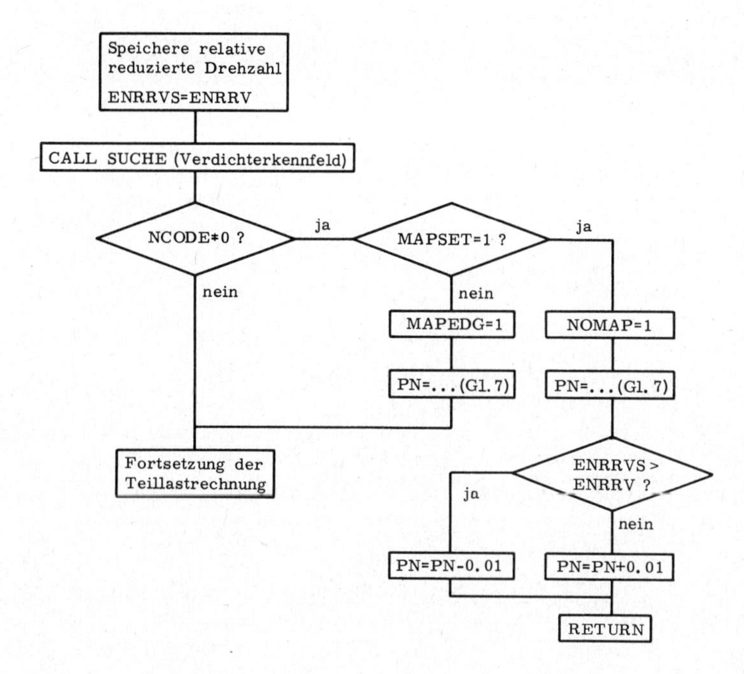

Bild 3. Korrekturmaßnahmen nach dem Ablesen aus dem Verdichterkennfeld für den Fall, daß p_n Variable ist

Wirkungsgrad abgelesen werden, da die SUBROUTINE SUCHE nur interpoliert, jedoch nicht extrapoliert. Die zu treffenden Maßnahmen sind analog denen beim Verdichterkennfeld (vgl. Bild 3 mit Bild 4).

Je nachdem, ob der reduzierte Durchsatz DRT und /oder die relative reduzierte Drehzahl ENRT zu hoch bzw. zu niedrig in Relation zu den gespeicherten Daten waren, sind unterschiedliche Korrekturen am reduzierten Durchsatz nötig.

Zum besseren Verständnis von Bild 4 sei daran erinnert, daß in SUCHE die

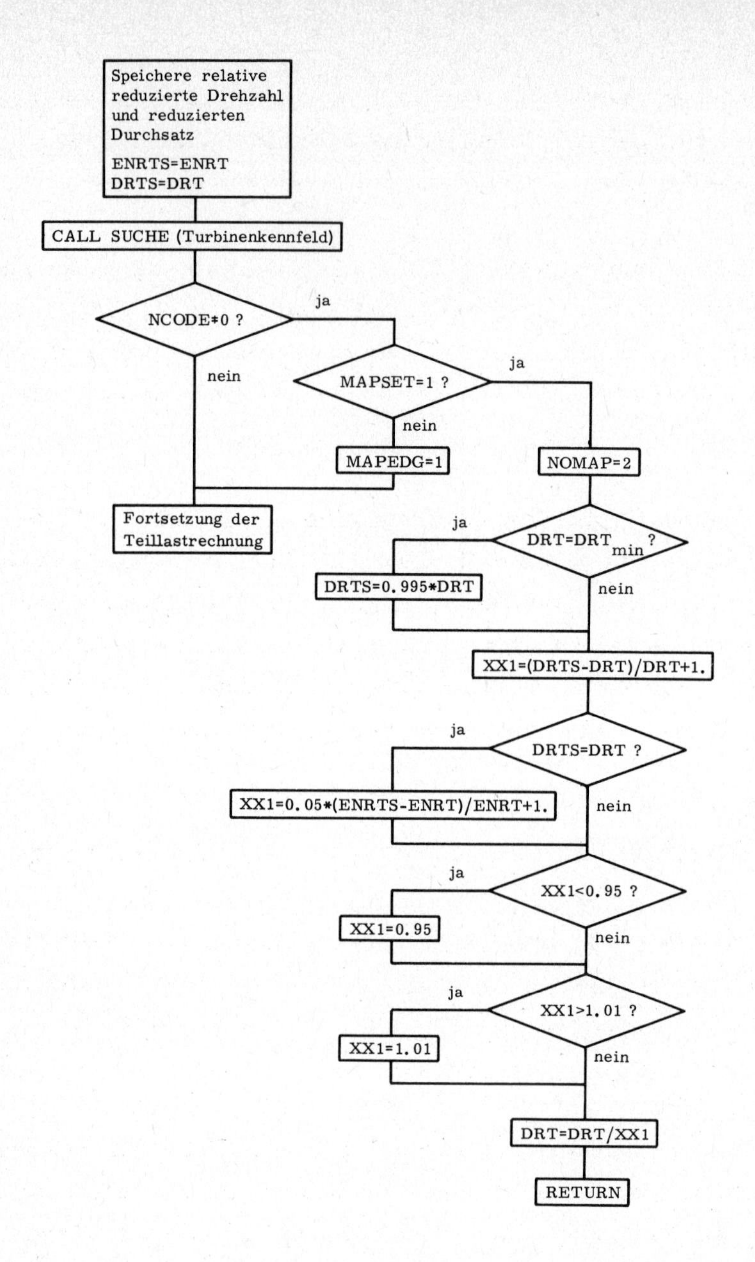

Bild 4. Korrekturmaßnahmen nach dem Ablesen aus dem Turbinenkennfeld

Größen ENRT und DRT jeweils auf die Maximal- bzw. Minimalwerte des gespeicherten Kennfeldes geändert werden, falls sie nicht innerhalb des Datenfeldes liegen. Die entsprechenden Korrekturen, die nach der Zuweisung NOMAP = 2 ausgeführt werden, basieren auf dieser Tatsache.

Unter DRT_{min} ist der niedrigste Wert des reduzierten Durchsatzes zu verstehen, der von dem betreffenden Kennfeld gespeichert ist. Die Hilfsgröße XX1, die letztlich die Änderung der DRT bewirkt, muß auf Werte von etwa 0,95 ÷ 1,01 beschränkt werden, wenn man starke Überkorrekturen vermeiden will.

Wenn trotz der Korrekturmaßnahmen die Rechnung nicht konvergiert, dann liegt der hypothetische Betriebspunkt in aller Regel in einem der Kennfelder außerhalb der gespeicherten Zone. Indem man sich vom Auslegungspunkt her schrittweise an den betreffenden Betriebszustand herantastet und dabei die Arbeitslinien in den Kennfeldern im Auge behält, kann man leicht herausfinden, welcher Kennfeldrand als Ursache für die Konvergenzprobleme in Frage kommt.

4.2 Einwellen-Gasgenerator mit Freifahrturbine und Wärmetauscher

Hier handelt es sich um eine Schaltung, die für Fahrzeuganwendungen in den Kap. E.1 und E.2 diskutiert wird. Eine Prinzipskizze mit den verwendeten Bezeichnungen für die thermodynamischen Ebenen zeigt Bild 1.

4.2.1 Auslegungsrechnung

Die Auslegung einer Fahrzeug-Gasturbine erfolgt in der Regel für eine vorgegebene Nutzleistung. Ferner wird ein bestimmter Wärmetauscher-Wirkungsgrad angestrebt. Im Rahmen der Auslegung müssen die Größe des Wärmetauschers sowie einige weitere Details festgelegt werden; die Druckverluste im Wärmetauscher wirken ebenso wie sein Wirkungsgrad auf den thermodynamischen Kreisprozeß zurück, so daß sich hier - im Gegensatz zum Einstrom-Einwellen-Turboluftstrahltriebwerk - auch für die Auslegung ein mathematisches Modell ergibt, das eine Iterationsrechnung erfordert. Wie das

Newton-Raphson-Verfahren auch bei diesem Problem erfolgreich angewendet werden kann, wird im folgenden beschrieben.

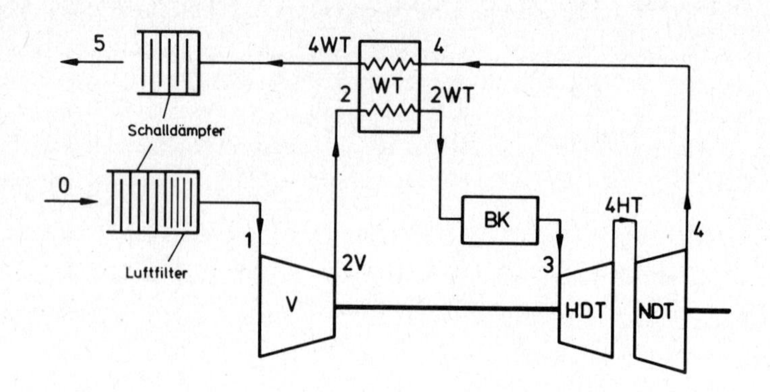

Bild 1. Bezeichnung der thermodynamischen Ebenen

Die Kreisprozeßrechnung liefert die spezifische Leistung der Niederdruckturbine. Durch eine entsprechende Wahl des Massendurchsatzes kann man dann die gewünschte Nutzleistung erhalten. Als erste Variable des Newton-Raphson-Verfahrens bietet sich also der Durchsatz an, der erste Fehler ist die relative Abweichung der Nutzleistung vom angestrebten Wert. Die Vorschätzung für den Durchsatz erhält man durch eine stark vereinfachte Kreisprozeßrechnung.

Die Größe des Wärmetauschers bestimmt seinen Wirkungsgrad, diese wählen wir daher als zweite Variable und definieren als zweiten Fehler die relative Abweichung des erreichten Wirkungsgrades vom vorgeschriebenen Wert. Beim Regenerator ist die "Größe" durch die Speichermasse gegeben. Beim Rekuperator kann man - wie zum Beispiel in Kap. E. 2. 3. 2. geschehen - die Frontfläche durch ein Optimierungsverfahren festlegen und die "Größe" des Wärmetauschers durch die Länge der Strömungskanäle im Gegenstromteil angeben.

In die Kreisprozeßrechnung geht das Verhalten des Wärmetauschers in zweifacher Weise ein. Einerseits ändern sich mit dessen Größe auch die Druckverluste und andererseits variiert mit dem Wärmetauscher-Wirkungsgrad die Eintrittstemperatur in die Brennkammer, damit wiederum die Brennstoffmenge und der Wärmekapazitätsstrom auf der Heißseite des Wärmetauschers. D r i t t e   V a r i a b l e ist daher der vorzuschätzende WT-Druckverlust, der d r i t t e   F e h l e r die relative Differenz zwischen Vorschätzung und Ergebnis aus dem Aufruf der entsprechenden Wärmetauscher-SUBROUTINE. Als v i e r t e   V a r i a b l e ist die BK-Eintrittstemperatur zu wählen; dieser steht als v i e r t e r   F e h l e r die relative Differenz der Temperaturen aus Vorschätzung und Nachrechnung gegenüber. Der gesamte Ablauf dieser beschriebenen Auslegungsrechnung einer Gasturbine mit Wärmetauscher ist in Bild 2 als Flußdiagramm dargestellt.

4.2.2 Teillastrechnung

Die Berechnung des Teillastverhaltens der Schaltung Einwellen-Gasgenerator und Freifahrturbine kann man als Erweiterung des Problems aus Kap. C.4.1 auffassen. An die Stelle der Schubdüse tritt nun die Nutzleistungsturbine mit ihrem Abströmkanal.

Die Fragestellung für die Teillastrechnung soll lauten: welcher stationäre Betriebszustand stellt sich ein, wenn von der Nutzleistungsturbine eine bestimmte Leistung bei vorgegebener Drehzahl abgenommen wird?

4.2.2.1 Unverstellbare Nutzleistungsturbine

Als V a r i a b l e treten in dieser Rechnung auf:

1. Prozentuale Verdichterdrehzahl p_n
2. Druckverhältnis-Kenngröße Z
3. Reduzierter Durchsatz im HDT-Kennfeld $(\dot{m}_3 \sqrt{T_3}/P_3)_{KF}$
4. Brennkammer-Eintrittstemperatur T_{2WT}
5. Brennkammer-Austrittstemperatur T_3

Eigentlich müßten auch die Druckverluste im Wärmetauscher als Variable eingeführt werden; jedoch kann - an Stelle der Berechnung in den SUBROUTINES REGEN bzw. REKUP - das folgende einfachere Verfahren

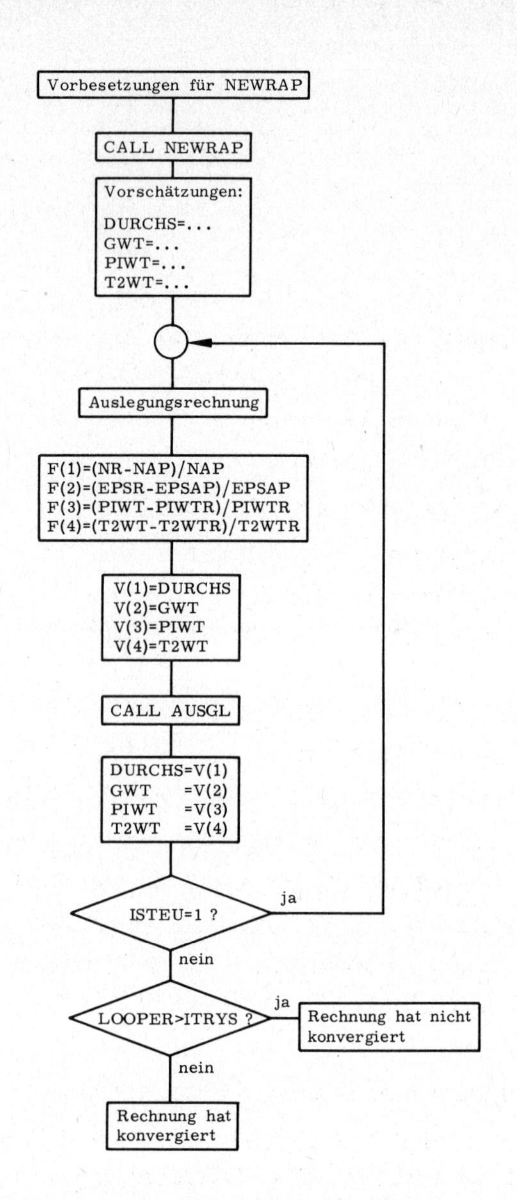

Bild 2. Flußdiagramm zur Auslegungsrechnung

angewendet werden. Wenn man den Druckverlust berechnet nach

$$\pi_{WT} = 1 - (1 - \pi_{WT,AP}) \left[\frac{\left(\frac{\dot{m}\sqrt{T}}{P}\right)_{WT}}{\left(\frac{\dot{m}\sqrt{T}}{P}\right)_{WT,AP}} \right]^2 ,$$

dann ist in dieser Hinsicht keine Iteration mehr notwendig. Damit kann man Rechenzeit einsparen ohne die Aussage des Ergebnisses zu beeinträchtigen.

Die den Variablen gegenüber stehenden Fehler sind:

1. Durchsatzfehler der HDT
2. Leistungsfehler der HDT
3. Druckfehler im Abströmkanal

(1.–3. vgl. Kap. C. 4. 1)

4. Leistungsfehler der NDT
5. BK-Eintrittstemperaturfehler (wie F(4), Bild 2)

Bei der Nutzleistungsturbine kann es leicht dazu kommen, daß die Rechnung in Zonen außerhalb des gespeicherten Kennfeldes führt. Im Gegensatz zu den Verhältnissen bei der Hochdruckturbine, in deren Kennfeld die stationären Betriebspunkte alle innerhalb einer recht kleinen Zone liegen, kann bei der Niederdruckturbine durch die freie Drehzahlwahl ein sehr großer Teil des Kennfeldes wirklich gefahren werden. Bei Betriebspunkten nahe an einem Kennfeldrand sind wieder Korrekturmaßnahmen im Rahmen des Newton-Raphson-Verfahrens notwendig.

Brauchbare Maßnahmen sind hier allerdings schwierig zu definieren, da sie an Variablen vorgenommen werden müssen, die primär nichts mit der Nutzleistungsturbine zu tun haben. Die Variablen sind der reduzierte Durchsatz der Hochdruckturbine und - wichtiger noch - die Druckverhältnis-Kenngröße Z. Ein Beispiel für die Korrekturmaßnahmen zeigt Bild 3; je nach den verwendeten Verdichter- und Turbinenkennfeldern kann es günstig sein, die Zahlenwerte daraus zu modifizieren. Verbesserte Verfahren muß man sich aus Rechnungen ableiten, mit denen man sich schrittweise an den Kennfeldrand herantastet.

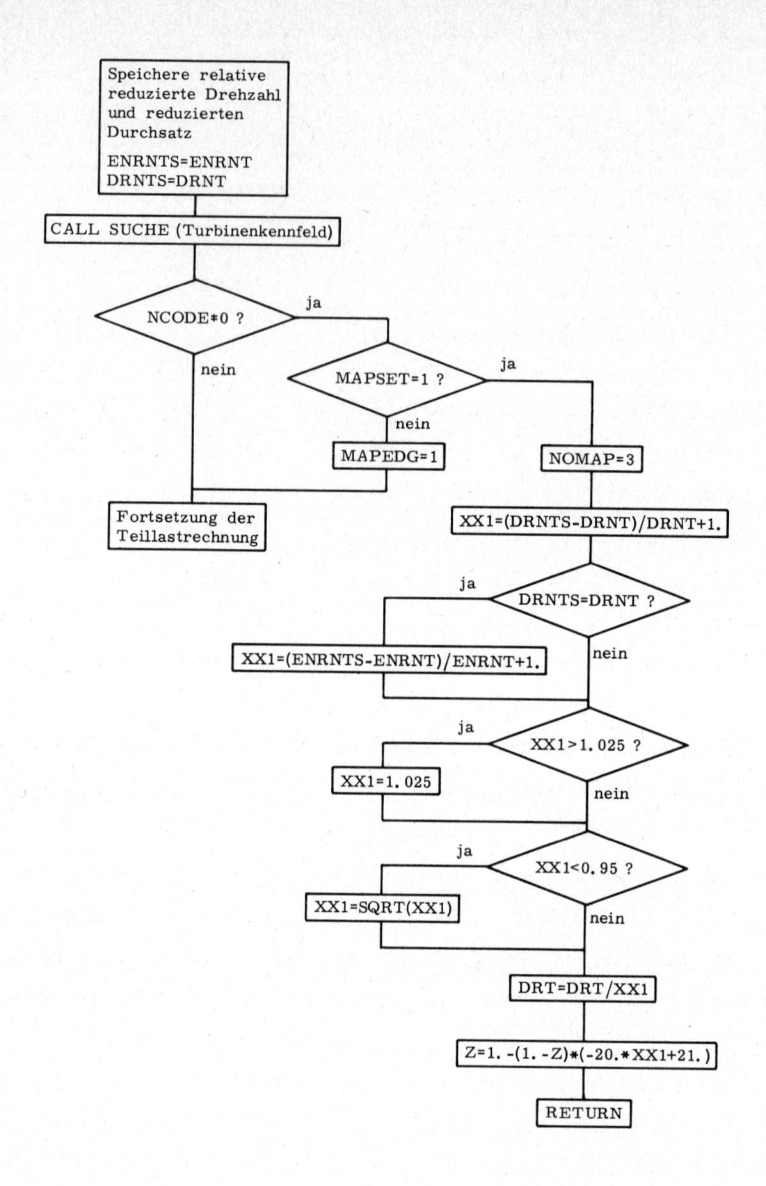

Bild 3. Korrekturmaßnahmen nach dem Ablesen aus dem Kennfeld der Freifahrturbine

Der Abströmkanal ist ebenso zu behandeln wie eine Unterschalldüse. Da man annehmen kann, daß die höchste Geschwindigkeit in diesem Abströmkanal direkt hinter der Turbine herrschen wird, ist der Querschnitt an dieser Stelle rechnerisch als Düsenquerschnitt zu betrachten. Die stromabwärts noch entstehenden Druckverluste müssen über einen entsprechend korrigierten Gegendruck dieser "Düse" berücksichtigt werden.

4.2.2.2 Verstellbare Nutzleistungsturbine

Wenn die Nutzleistungsturbine verstellbar ist, dann muß ein zusätzliches Kriterium eingeführt werden dafür, welche Stellung nun das Turbinenleitrad für den betreffenden Betriebspunkt haben soll. Schreibt man vor Beginn der Rechnung die Leitradstellung vor, dann läuft die Rechnung wie bei einer unverstellbaren Turbine ab.

Es sind auch andere Varianten der Rechnung möglich. Man kann z.B. das Leitrad so regeln, daß auch für Teillast die Brennkammertemperatur stets ihren Maximalwert behält. Das kann man durch "Schließen" der Turbine erreichen, solange der Verstellbereich nicht ausgeschöpft ist. Die Rechnung kann hier so ablaufen, daß statt T_3 die Leitradstellung als Variable eingeführt wird.

Als weitere Regelmöglichkeit kann die Fahrlinie im Verdichterkennfeld vorgeschrieben werden. Man hält zum Beispiel eine Linie mit konstantem Pumpgrenzenabstand, trägt diese in das Kennfeld ein und stellt fest, welchen Verlauf die Druckverhältnis-Kenngröße Z längs dieser Linie über der relativen reduzierten Drehzahl hat. Diesen Verlauf,

$$Z = f\left(\left[\frac{\frac{n}{\sqrt{T_1}}}{\left(\frac{n}{\sqrt{T_1}}\right)_{AP}}\right]_{KF}\right),$$

schreibt man als empirische Näherung vor. Statt Z wird die Leitradstellung zur Variablen des Newton-Raphson-Verfahrens.

Die beiden zuletzt beschriebenen Varianten sind im Fahrprogramm für die Verstellturbine aus Kap. E. 1 realisiert worden. Beim oberen Teillastpunkt (N = 62,5 %) wurde $T_3 = T_{3max}$ verlangt und beim unteren Punkt (N = 20 %) war ein Pumpgrenzenabstand - vereinfacht über Z = const - vorgeschrieben.

4.3 Zweiwellen-Gasgenerator mit Freifahrturbine

Diese Gasturbinenschaltung kommt für Anlagen mit hohem Druckverhältnis in Frage. Sowohl Propeller-Gasturbinen als auch Hubschrauberantriebe werden in dieser Bauart ausgeführt. In Kap. E. 2 sind Studien derartiger Anlagen als Antrieb für schnelle Marineeinheiten zu finden.

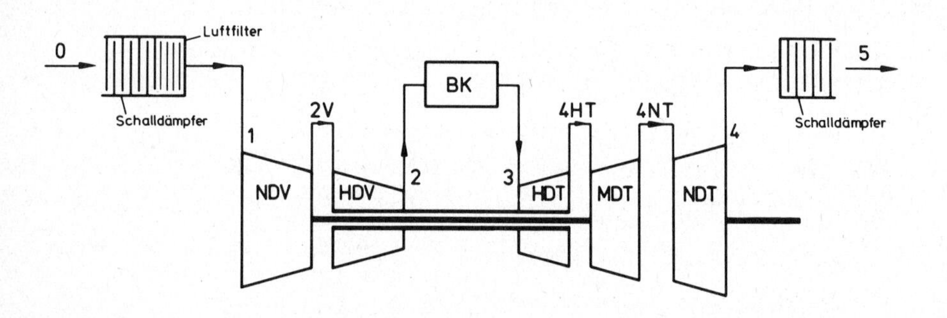

Bild 1. Bezeichnung der thermodynamischen Ebenen

Bild 1 zeigt die Anordnung der Komponenten und die verwendeten Bezeichnungen. Auslegungen mit vorgeschriebener Nutzleistung erfordern eine Iteration mit nur einer Variablen, nämlich dem Durchsatz, was die Anwendung des Newton-Raphson-Verfahrens erübrigt.

Bei der Teillastrechnung allerdings ist die Rechnung komplexer als bei allen bisher beschriebenen Fällen. Es sind die Betriebspunkte in 5 Komponentenkennfeldern zu finden, was auf die folgenden 7 Variablen führt (Leistung und Drehzahl der NDT vorgegeben):

1. Prozentuale Drehzahl NDV $p_{n, NDV}$
2. Druckverhältnis-Kenngröße NDV Z_{NDV}
3. Prozentuale Drehzahl HDV $p_{n, HDV}$
4. Druckverhältnis-Kenngröße HDV Z_{HDV}
5. Reduzierter Durchsatz im HDT-Kennfeld $(\dot{m}_3 \sqrt{T_3}/P_3)_{KF}$
6. Reduzierter Durchsatz im MDT-Kennfeld $(\dot{m}_{4HT} \sqrt{T_{4HT}}/P_{4HT})_{KF}$
7. Brennkammertemperatur T_3

Bei der Vorschätzung der Variablen kann man die Tatsache ausnutzen, daß die Drehzahl der Hochdruckwelle in weiten Betriebsbereichen sich nur wenig ändert. Die Variablen 3, 4 und 5 sind daher mit ihren Auslegungswerten bereits gut vorgeschätzt.

Folgende 7 Fehler stehen den Variablen gegenüber:

1. Durchsatzfehler der HDT
2. Leistungsfehler der HDT
3. Durchsatzfehler der MDT
4. Leistungsfehler der MDT
5. Druckfehler im Abströmkanal
6. Leistungsfehler der NDT
7. Durchsatzfehler des HDV

Die ersten 6 Fehler sind analog bzw. gleich wie bei den bisher besprochenen Schaltungen. Der Durchsatzfehler des Hochdruckverdichters besteht darin, daß letzterer gegebenenfalls nicht genau den vom Niederdruckverdichter gelieferten Durchsatz schluckt.

Die Drehzahlbedingungen für Hoch- und Niederdruckwelle sind ebenso herzuleiten wie in Kap. C. 4. 1. 2. 3 beschrieben. Sie lauten hier

$$\frac{\dfrac{n_{HDT}}{\sqrt{T_3}}}{\left(\dfrac{n_{HDT}}{\sqrt{T_3}}\right)_{AP}} = \frac{\dfrac{n_{HDV}}{\sqrt{T_{2V}}}}{\left(\dfrac{n_{HDV}}{\sqrt{T_{2V}}}\right)_{AP}} \frac{\sqrt{\dfrac{T_{3,AP}}{T_{2V,AP}}}}{\sqrt{\dfrac{T_3}{T_{2V}}}}$$

und

$$\frac{\dfrac{n_{MDT}}{\sqrt{T_{4HT}}}}{\left(\dfrac{n_{MDT}}{\sqrt{T_{4HT}}}\right)_{AP}} = \frac{\dfrac{n_{NDV}}{\sqrt{T_1}}}{\left(\dfrac{n_{NDV}}{\sqrt{T_1}}\right)_{AP}} \frac{\sqrt{\dfrac{T_{4HT,AP}}{T_{1,AP}}}}{\sqrt{\dfrac{T_{4HT}}{T_1}}} .$$

Die Korrekturmaßnahmen für das Newton-Raphson-Verfahren können direkt von den schon beschriebenen Anlagen übernommen werden.

NOMAP sollte für jedes Kennfeld einen anderen Wert zugewiesen bekommen. Das erleichtert die Diagnose bei Konvergenzproblemen, da man mittels NTRACE = 1 in NEWRAP dann das Kennfeld, in dem die gespeicherte Zone eventuell zu klein ist, identifizieren kann.

Die Druckverhältnis-Kenngröße Z, die gegebenenfalls nach Überschreiten des Kennfeldrandes bei der Nutzleistungsturbine geändert wird, sollte die des Niederdruckverdichters sein. Wie bereits erwähnt, verschieben sich in den Komponentenkennfeldern des Hochdruckteiles die Betriebspunkte bei relativ weiten Lastvariationen nur wenig. Korrekturmaßnahmen an den Variablen dieses Teils sind daher nur dann ratsam, wenn sie ihre Ursache beim HDV- oder HDT-Kennfeld haben. Dementsprechend ist der reduzierte Durchsatz im Kennfeld der Mitteldruckturbine zu korrigieren, wenn bei der Nutzleistungsturbine Schwierigkeiten aufgetreten sind.

4.4 Zweiwellen-Zweistrom-Turboluftstrahltriebwerk

Triebwerke dieser Bauart sind weit verbreitet. Es gibt im Prinzip folgende zwei Versionen: in einem Fall treibt die Niederdruckturbine nur das Gebläse an (Beispiel: General Electric TF-34), im anderen Fall ist auf der Niederdruckwelle zusätzlich ein Verdichter angeordnet (Beispiele: Pratt & Whitney JT9D, Rolls-Royce/SNECMA M45 H). Die zweite Bauart wird hier als günstiger angesehen. Bei gleichem Gesamtdruckverhältnis wird nämlich der Hochdruckverdichter weniger spezifische Leistung benötigen. Zum einen wird

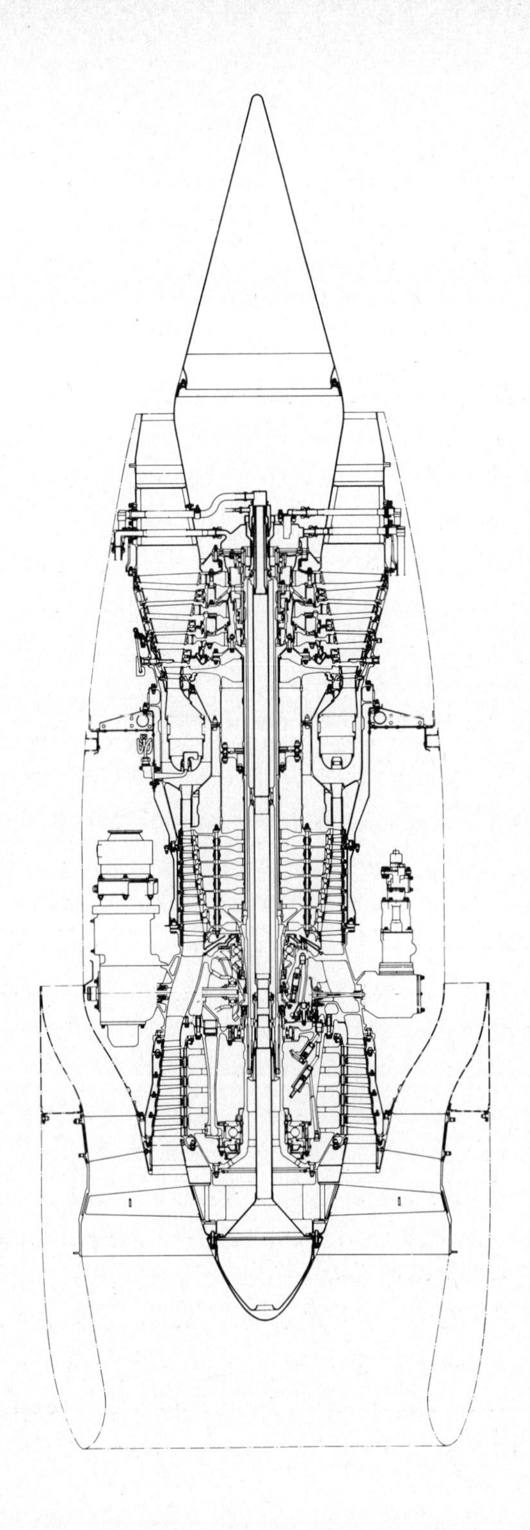

Bild 1. Zweistromtriebwerk M45H (Rolls-Royce, SNECMA)

dadurch die Hochdruckturbine entlastet, zum andern wird das Betriebsverhalten des HDV günstiger ausfallen (oder es werden weniger Verstell-Leiträder benötigt). Von Nachteil ist die relativ schlechte Ausnutzung des konstruktiven Aufwandes für den Niederdruckverdichter, da dieser wegen seiner niedrigen Umfangsgeschwindigkeit nur ein geringes Druckverhältnis pro Stufe erreichen kann.

Die gewählten Bezeichnungen der thermodynamischen Ebenen sind in Bild 2

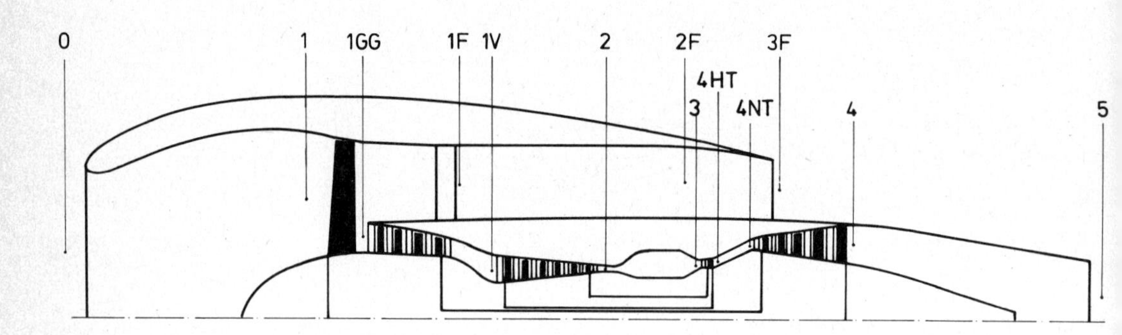

Bild 2. Bezeichnung der thermodynamischen Ebenen

dargestellt. Zur Teillastrechnung werden die Komponententypkennfelder von Fan, NDV, HDV, HDT und NDT benötigt.

Problematisch ist bei hohen Bypass-Verhältnissen das Betriebsverhalten der Kombination Fan-NDV. Im Innenschnitt eines Gebläses mit niedrigem Nabenverhältnis wird wegen der geringen Umfangsgeschwindigkeit nicht dasselbe Druckverhältnis erreicht werden können wie in den übrigen Schnitten. Daher kann der Druck P_{1GG} nicht ohne weiteres dem Fankennfeld entnommen werden. Wenn keine Meßwerte über den Einfluß des Bypass-Verhältnisses auf das Druckverhältnis P_{1GG}/P_1 zur Verfügung stehen, dann kann als Notbehelf folgender Ansatz dienen:

$$\frac{P_{1GG}}{P_1} = \frac{P_{1F,AP}}{P_{1,AP}}$$

und

$$\frac{T_{1GG}}{T_1} = \frac{T_{1F,AP}}{T_{1,AP}} .$$

Damit sind die Zuströmdaten des NDV zumindest näherungsweise bekannt. Das NDV Kennfeld liefert nun Druck, Durchsatz und Wirkungsgrad; die abgelesenen Werte müssen aber mit Skepsis betrachtet werden. Je nach Bypass-Verhältnis ergeben sich sehr unterschiedliche Stromlinienformen in der Nähe

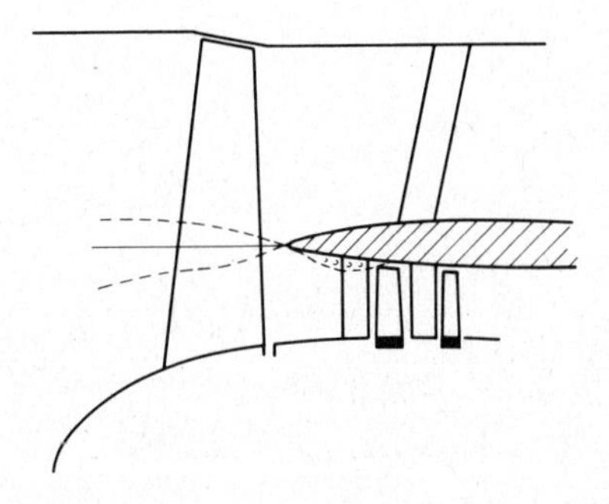

Bild 3. Stromlinien am Strömungsteiler

des Strömungsteilers (Bild 3), die Unregelmäßigkeiten in den radialen Druck- und Geschwindigkeitsverteilungen, gegebenenfalls auch Strömungsablösungen zur Folge haben können. Die Auswirkungen auf Durchsatz und Pumpgrenze dürfen in diesen Fällen nicht vernachlässigt werden.

4.4.1 Variable und Fehler

Sieht man von den geschilderten Schwierigkeiten ab, ein gültiges mathematisches Modell für das Betriebsverhalten der Kombination Fan-NDV zu finden, dann kann die Rechnung recht ähnlich zu den bisher behandelten Fällen durchgeführt werden. Die Variablen des Newton-Raphson-Verfahrens sind hier:

1. Prozentuale Drehzahl Fan $p_{n,F}$
2. Druckverhältnis-Kenngröße Fan Z_F
3. Druckverhältnis-Kenngröße NDV Z_{NDV}
4. Prozentuale Drehzahl HDV $p_{n,HDV}$

5. Druckverhältnis-Kenngröße HDV Z_{HDV}
6. Reduzierter Durchsatz im HDT-Kennfeld $(\dot{m}_3 \sqrt{T_3}/P_3)_{KF}$
7. Reduzierter Durchsatz im NDT-Kennfeld $(\dot{m}_{4HT} \sqrt{T_{4HT}}/P_{4HT})_{KF}$

Diesen 7 Variablen stehen die folgenden Fehler gegenüber:

1. Durchsatzfehler der HDT
2. Leistungsfehler der HDT
3. Durchsatzfehler der NDT
4. Leistungsfehler der NDT
5. Druckfehler Primärdüse
6. Druckfehler Sekundärdüse
7. Durchsatzfehler HDV

Bei den Vorschätzungen für die Variablen sollte wieder die Tatsache berücksichtigt werden, daß bei Laständerungen die Drehzahl der Niederdruckwelle erheblich stärker variiert als die der Hochdruckwelle.

4.4.2 Korrekturmaßnahmen

Die Korrekturmaßnahmen, die im Laufe der Rechnung notwendig sein können, unterscheiden sich nur bei der Kombination Fan-NDV von denjenigen bei den bisher geschilderten Beispielen.

Wenn der Fall eintritt, daß im Datenvorrat des NDV-Kennfeldes die relative reduzierte Drehzahl, für die abgelesen werden soll, nicht enthalten ist, dann wird die prozentuale Drehzahl innerhalb von SUCHE auf den entsprechenden Randwert korrigiert. Da das Gebläse aber auf derselben Welle wie der NDV angeordnet ist, muß auch die prozentuale Drehzahl des Fans korrigiert werden. Im übrigen sind die Korrekturmaßnahmen so wie bei den bereits behandelten Verdichtern aus den anderen Kapiteln zu gestalten. Ganz allgemein gilt, daß die Korrekturmaßnahmen - sei es bei Verdichtern oder auch bei Turbinen - umso sorgfältiger formuliert werden müssen, je näher die gesuchte Lösung des Betriebspunktes an irgendeinem Kennfeldrand liegt.
Oft ist die einfachste Maßnahme die Erweiterung des betroffenen Kennfeldes - falls diese physikalisch sinnvoll möglich ist. Ansonsten kann man fallspezifi-

sche Verfahren aus näheren Untersuchungen des Zahlenbeispiels ableiten.

5. Berechnung von instationären Vorgängen

5.1 Allgemeines

In Kap. C. 1. 2 wurden bereits einige Probleme angesprochen, die beim B e - s c h l e u n i g e n einer Gasturbine auftreten können. V e r z ö - g e r u n g s v o r g ä n g e zu berechnen kann - besonders bei Anlagen mit Regenerator - ebenfalls sehr wichtig sein. Beim Beschleunigen kann die Trägheit des Wärmespeichers durch entsprechend erhöhte Brennstoffzufuhr überspielt werden. Beim Verzögern - im Extremfall Abschalten der Anlage während Vollast - wird die Wärmekapazität des Regenerators stets hinderlich sein. Im folgenden wollen wir uns auf die Berechnung von Beschleunigungszeiten beschränken. Um sie sehr kurz zu halten, müssen mehrere Bedingungen erfüllt sein:

a) Die Brennkammer muß auch bei fast schlagartig zusätzlicher Brennstoffzufuhr, deren Betrag denjenigen des augenblicklichen Verbrauchs wesentlich übersteigen kann, einwandfrei arbeiten. Hier wird man für Keramikkonzepte eventuell Einschränkungen zu akzeptieren haben. Bereits der Zündvorgang sollte möglichst stoßfrei vor sich gehen und auch bei der Beschleunigung sollte der Gradient des zeitlichen Temperaturanstieges nicht zu steil sein.

b) Der Verdichter muß im niedrigen Teillastbereich eine solche Druckreserve haben, daß die durch die augenblickliche Erhöhung der Heißgastemperatur entstehende Drosselung ohne Einleitung des Pumpvorganges vom Verdichter vertragen wird. Dabei ist zu beachten, daß die durch schrittweise Drosselung längs der einzelnen Drehzahllinien erhaltene Pumpgrenze bei schnellen Beschleunigungen ihre Lage ändern kann. Ähnliches geschieht bei Inhomogenitäten im Verdichtereinlauf.

c) Die von der Brennkammer erzeugte Wärme muß tatsächlich der Erhöhung der Heißgastemperatur zugute kommen (aktive Wärme), d.h. für die Beschleunigungsleistung zur Verfügung stehen. Diejenige Wärme, die zur Aufheizung der Bauteile verloren geht, sollte der aktiven Wärme gegenüber vernachlässigbar klein sein.

d) Die sehr starken Temperaturgradienten in den Komponenten des Heißteiles der Gasturbine müssen von den Werkstoffen ertragen werden (Wärmespannungen), die erforderlichen Festigkeitswerte dürfen nicht unterschritten werden.

e) Ungleichmäßige Wärmedehnung, besonders im Stator und Rotor, darf nicht dazu führen, daß z.B. durch Änderungen der Radialspalte die Turbomaschinen während und nach dem Beschleunigungsvorgang (die Einstellung des thermischen Gleichgewichtes in den Bauteilen kann 10 bis 20 mal so lang dauern wie eine schnelle Beschleunigung) unkorrekt arbeiten. Es kann vorkommen, daß durch Spaltvergrößerung ein zu großer Wirkungsgradabfall eintritt oder infolge Spaltverkleinerung das Anstreifen der Schaufeln zu Beschädigungen führt oder Verdichterpumpen eintritt usw.

Nach dem vorstehend Gesagten ist es ein Unterschied, ob man Beschleunigungsuntersuchungen durchführt, die Vor- und Nachteile gewisser Triebwerkskonzepte zeigen sollen (dies kommt z.B. hier vor), oder ob man Beschleunigungsmodelle für bereits ausgeführte oder solche Anlagen entwickelt, deren Konzepte detailliert festliegen bzw. in allen Einzelheiten festgelegt werden sollen.

5.2 Beschleunigungsrechnung im Projektstadium

Während der Projektierung einer Gasturbine oder auch bei Vergleichsstudien können bei weitem nicht alle Effekte berücksichtigt werden , die in einer ausgeführten Anlage auftreten. Dazu gehören in der Regel die im vorangehenden Kapitel unter d) und e) genannten Einflußfaktoren. Man muß sich auf die grundlegenden Bedingungen konzentrieren, von denen die wichtigsten als die Punkte a) bis c) oben angesprochen wurden. Daraus ergeben sich z.B. für den Fall eines E i n w e l l e n - G a s g e n e r a t o r s m i t F r e i f a h r t u r b i n e folgende Berechnungsverfahren:

- Man legt im Verdichterkennfeld eine Linie fest, auf der die instationären Betriebspunkte liegen sollen. Dabei wird ein ausreichender Abstand zur Pumpgrenze berücksichtigt. Als Ergebnis der Rechnung erhält man einen Temperaturverlauf über der Zeit. Es ist Sache der Reglerauslegung, diesen Verlauf zu garantieren. Würde bei der Erprobung festgestellt, daß die Brennkammer mit schlechterem Wirkungsgrad arbeitet und / oder größere Wärmeverluste durch Bauteilaufheizung entstehen, dann müßten zusätzliche Brennstoffmengen zugeführt werden.

- Führt die eben beschriebene Rechnung auf unzulässig hohe Temperaturen, dann muß man mit der Bedingung $T_{BK} = T_{BK,max}$ die Beschleunigung fortsetzen. Geht man von sehr niedrigen Teillasten aus, dann wird in der Regel im unteren Drehzahlbereich der Pumpgrenzenabstand und im oberen Bereich die Maximaltemperatur eine Grenze darstellen.

- Wenn im Auslegungsfall eine oder mehrere der Turbinen nahe an ihrer Leistungs- oder Durchsatzgrenze betrieben werden, dann kann die maximal zum Beschleunigen zur Verfügung stehende Leistung nach dem Öffnen eines verstellbaren Leitrades die Gesamtzeit mit beeinflussen.

5.2.1 Berechnung bei vorgegebener Fahrlinie im Verdichterkennfeld

Ausgangspunkt der Rechnung ist ein stationärer Betriebszustand. Dessen Gleichgewichtsbedingungen lassen sich mit den in Kap. C.4.2.2 beschriebenen Verfahren bestimmen. Es handelt sich um ein Problem mit 5 Variablen innerhalb des Newton-Raphson-Verfahrens.

Bei der Beschleunigungsrechnung sucht man Betriebspunkte, die das Leistungsgleichgewicht zwischen Turbine und Verdichter n i c h t erfüllen Diese Gleichgewichtsbedingung war bei der Berechnung stationärer Betriebspunkte Grundlage für die Definition eines der 5 Fehler. Das Problem muß sich bei einer Beschleunigungsrechnung demnach auf eines mit nur 4 Variablen reduzieren. Während der Newton-Raphson-Iteration wird das Leistungsgleichgewicht Turbine-Verdichter einfach nicht beachtet. Sind am Schluß der Rechnung die restlichen 4 Fehler unter die Toleranzgrenze gedrückt, dann kann man im ursprünglich 5. Fehler die Überschußleistung erkennen, die zur Beschleunigung des Rotors zur Verfügung steht.

Welches sind nun die 4 Variablen, die mit den verbliebenen 4 Fehlern korrespondieren? Bei vorgeschriebener Fahrlinie im Verdichterkennfeld ist die Druckverhältnis-Kenngröße Z fest oder abhängig von der relativen reduzierten Drehzahl vorgegeben. Ferner ist die Drehzahl für jeden einzelnen Rechenpunkt vorgeschrieben: ihre Erhöhung im Zeitintervall wird aus dem Überschußmoment ΔM und dem Massenträgheitsmoment Θ des Rotors berechnet. Es sind also z w e i Größen, die bei stationären Betriebszuständen Variable waren, Konstante geworden. Es darf aber nur e i n e von den 5 Variablen entfallen.

Die neu einzuführende Variable ist die abgegebene Leistung der Nutzturbine. Sie war vorher fest vorgegeben. Für die Drehzahl dieser Turbine kann man annehmen, daß sie sich während der kurzen Zeitspanne von typischerweise einer Sekunde entweder nicht oder nur wenig ändert. Wenn man nichts Näheres über die Übertragungskette der Leistung zum angetriebenen Fahrzeug weiß, dann sollte die Drehzahl der Nutzturbine als zunächst konstant bleibend angenommen werden.

Die Beschleunigungsrechnung läuft folgendermaßen ab: Der stationäre Betriebszustand vor Beginn der Beschleunigung liefert die momentane Drehzahl. Dann wird bei dieser Drehzahl eine neue, vergrößerte Druckverhältnis-Kenngröße Z vorgeschrieben; damit ist der instationäre Fahrpunkt im Verdichterkennfeld gegeben. Aus der Newton-Raphson-Iteration mit 4 Variablen erhält man eine Überschußleistung sowie die gegenüber dem stationären Zustand erhöhte Brennkammertemperatur. Dieser erste Rechenschritt entspricht also einer schlagartigen zusätzlichen Brennstoffzufuhr. Aus einem vorgegebenen Zeitintervall, der Massenträgheit des Rotors und der Überschußleistung kann dann eine neue Drehzahl berechnet werden. Daran anschließend folgen weitere instationäre Betriebszustände; die Brennkammertemperatur wird bei günstiger Wahl der Fahrlinie im Verdichterkennfeld stetig weiter ansteigen (Bild 1).

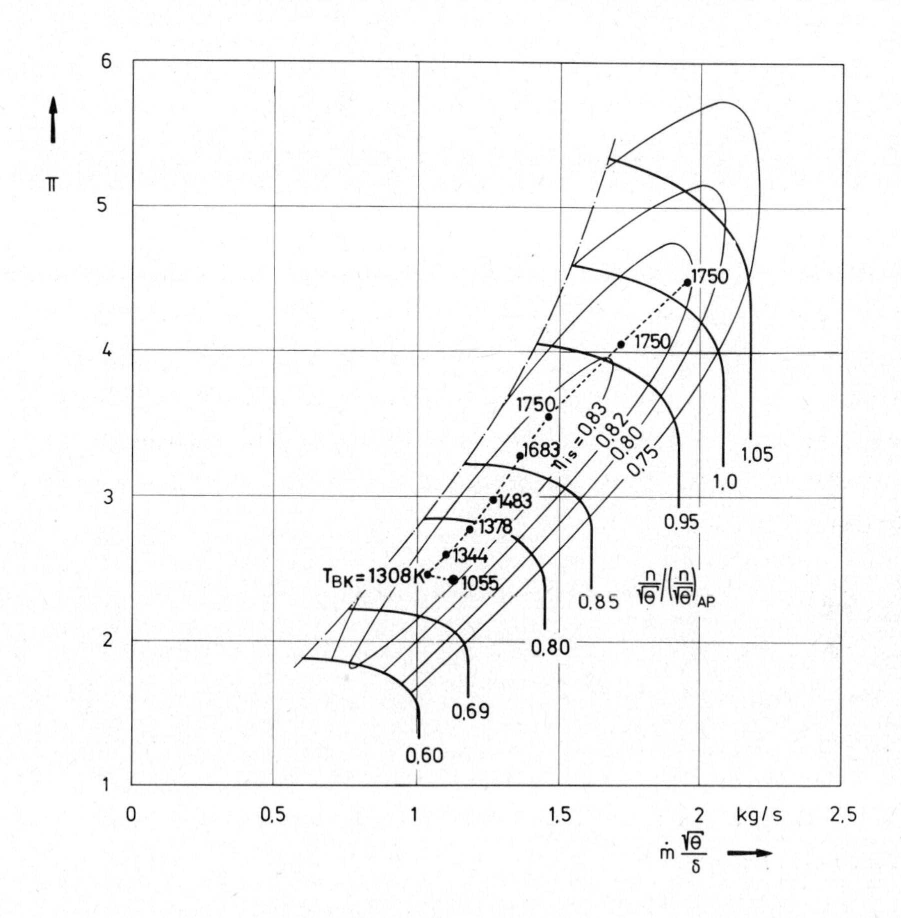

Bild 1. Beschleunigungslinie im Verdichterkennfeld

Hat man eine verstellbare Nutzleistungsturbine, dann läuft die Rechnung ebenso ab. Die Leitradstellung wird vorgegeben. Das Öffnen begünstigt kurze Beschleunigungszeiten.

5.2.2 Berechnung bei vorgegebener Brennkammertemperatur

Wenn man an Stelle einer Fahrlinie im Verdichterkennfeld eine Brennkammertemperatur vorgeben möchte, so wird die Druckverhältnis-Kenngröße zur

Variablen. Sie ersetzt dann die nun konstante Brennkammertemperatur im Newton-Raphson-Verfahren. Im übrigen kann die Rechnung ablaufen wie im vorangehenden Kapitel bereits besprochen.

Für die Praxis empfiehlt es sich, beide Rechenarten miteinander zu kombinieren. Man schreibt dabei im unteren Leistungsbereich die Fahrlinie über die Druckverhältniskenngröße Z vor. Dadurch ist die Pumpgrenze mit Sicherheit gemieden. Die Brennkammertemperatur wird dann zunächst ansteigen; hat sie den höchsten für die Beschleunigung zulässigen Wert erreicht, dann wird auf die Rechenart mit konstanter Brennkammertemperatur übergegangen.

In Kap. E. 1. 3. 4 sind Beispielrechnungen mit dem kombinierten Verfahren beschrieben.

D. Optimierungsverfahren

1. Allgemeines

Aufgabe jedes Entwurfsingenieurs ist es, für eine bestimmte Problemstellung eine in gewisser Hinsicht optimale Lösung zu finden. Man geht in der Regel zunächst daran, prinzipiell verschiedene Varianten miteinander zu vergleichen, um anschließend nur eine oder wenige davon näher zu untersuchen. So können z. B. in einer Voruntersuchung von Schiffsantrieben Diesel-Motoren der Gasturbine und der Dampfturbine gegenübergestellt werden. Hat man sich dann z. B. aus den in Kap. E. 2 geschilderten Gründen für eine Gasturbine entschieden, dann bleibt die Frage zu beantworten, welche Bauart (mit oder ohne Wärmetauscher, Einwellen- oder Zweiwellen-Gasgenerator u. ä.) ausgeführt werden sollte.

Wir wollen bei den Überlegungen an dieser Stelle bewußt die Tatsache vernachlässigen, daß bereits eine ganze Reihe von Gasturbinen von verschiedenen Herstellern für diesen Zweck angeboten werden. Es wird die Aufgabe diskutiert, rein auf der Basis von Projektrechnungen einen Vergleich verschiedener Gasturbinen durchzuführen.

Ein solcher Vergleich kann nur dann objektiv sein, wenn jeweils optimale Auslegungen der verschiedenen Bauarten einander gegenübergestellt werden. Eine vom Konzept her gute Anlage, bei deren Entwurf nicht alle prinzipbedingten Vorteile ausgenutzt werden, kann einer entsprechend durchdachten Maschine unterlegen sein, deren Konzept gewisse Mängel aufweist.

Ziel der Optimierung ist stets, den in der I d e a l v o r s t e l l u n g "besten" Entwurf einer Maschine zu finden. Sämtliche Einflußgrößen sind so zu bestimmen, daß nach Maßgabe aller B e u r t e i l u n g s k r i -

terien ein optimaler Entwurf erreicht wird. Das "ideale" Optimierungsverfahren findet diesen Entwurf mit Sicherheit und mit geringem Aufwand (Bild 1 oben).

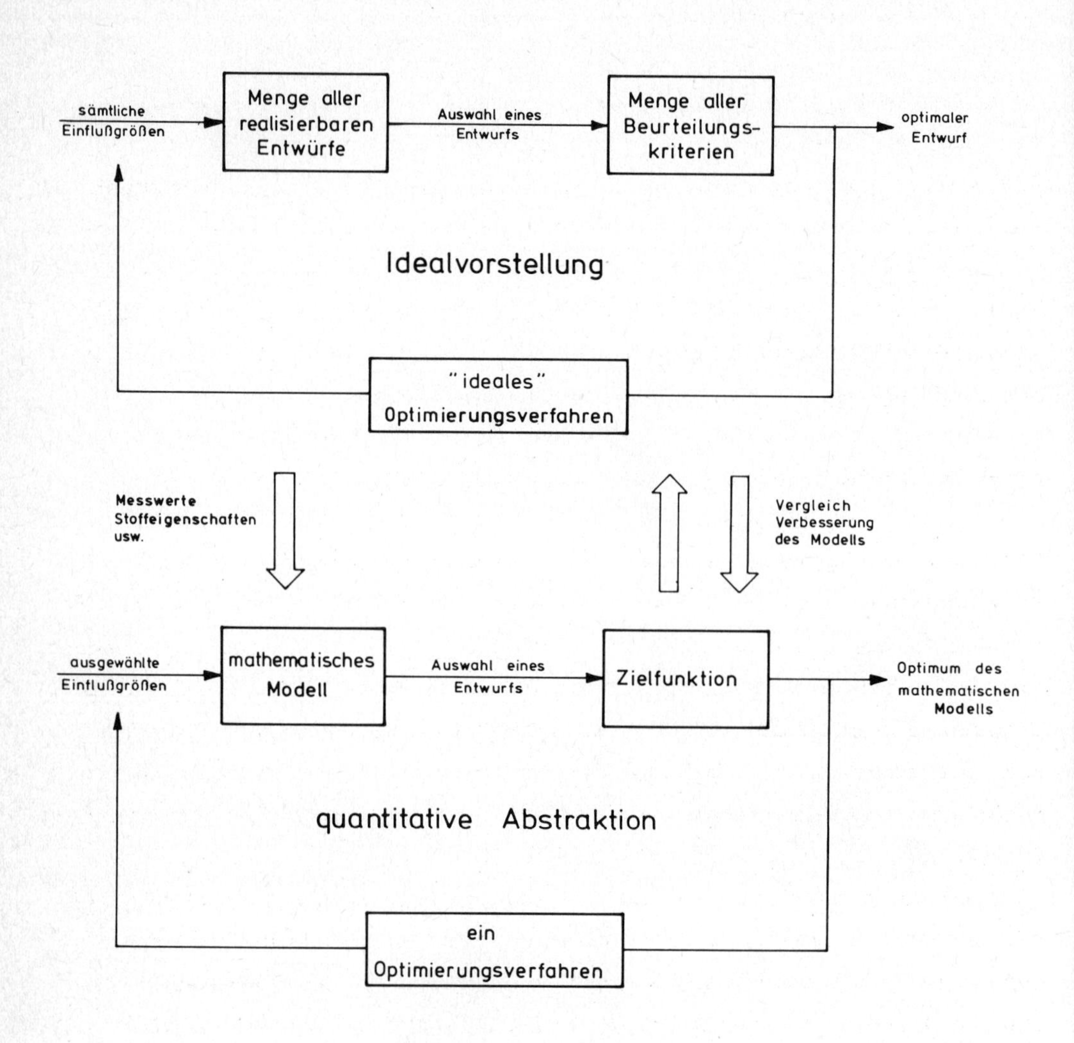

Bild 1. Idealvorstellung und quantitative Abstraktion bei Optimierungsproblemen, nach [71].

Leider ist dieses Vorgehen in der Praxis nicht möglich. Von den Einflußgrössen können nur wenige in einem mathematischen Modell berücksichtigt werden. Aus den Beurteilungskriterien muß man in der Regel eine einzige Zielfunktion bilden. Auch das Optimierungsverfahren ist keineswegs ideal. Als Ergebnis erhält man nur das Optimum des mathematischen Modells, nicht das der richtigen Maschine. Insgesamt ist das eine vereinfachte quantitative Abstraktion der Wirklichkeit (Bild 1 unten).

Zwischen Idealvorstellung und quantitativer Abstraktion muß ständig verglichen werden; dadurch können das mathematische Modell und die zur Zielfunktion gehörenden Beurteilungskriterien stetig verbessert werden und die Wirklichkeit immer besser annähern.

Während in den Kapiteln B und E Details und Gesamtkonzepte von mathematischen Modellen beschrieben werden, wollen wir uns hier mit dem Feld "Optimierungsverfahren" aus Bild 1 auseinandersetzen.

1.1 Parameterstudien und Extremwert-Suchverfahren

Grundlage von Projektstudien ist stets ein mathematisches Modell, das in Form von Gleichungen, Tabellen, Bedingungen usw. die Eigenschaften der zu untersuchenden Maschinen möglichst realistisch beschreibt. Dazu tritt mindestens ein Kriterium, das in irgendeiner Weise die Qualität des entsprechenden Entwurfs charakterisiert. Mathematisch kann man diesen Sachverhalt so formulieren, daß bei n O p t i m i e r u n g s v a r i a b l e n im n-dimensionalen Raum ein Vektor x mit den Elementen $x_1 \ldots x_n$ gefunden werden soll, der eine Funktion $f(x)$, die Z i e l f u n k t i o n , zum Maximum oder Minimum macht. Zwischen den einzelnen Komponenten x_i bestehen meist komplizierte Zusammenhänge, die aus den physikalischen, technologischen und ähnlichen Bedingungen herrühren. Ferner ist für jedes x_i in der Regel nur ein gewisser Bereich von Zahlenwerten erlaubt, weil die Lösung technisch sinnvoll sein muß.

Nur für wenige spezielle Fälle lassen sich analytische Lösungsverfahren auf dieses Problem anwenden. Schon geringfügige Modifikationen am mathematischen Modell - die häufig erwünscht sind, um irgendeinen physikalisch-technischen Zusammenhang besser wiederzugeben - können eine analytische

Lösung unmöglich machen.

Numerische Optimierungsverfahren haben mit der Entwicklung elektronischer Rechenanlagen große Bedeutung gewonnen. Zum Teil setzen sie einen ganz bestimmten Aufbau des mathematischen Modells voraus, so zum Beispiel bei der linearen Programmierung. Wieder treten erhebliche Einschränkungen bei der Beschreibung des zu untersuchenden Problems auf.

Es bedeutet eine wesentliche Erleichterung der Anwendung von Optimierungsverfahren in der Praxis, wenn an die mathematische Struktur des Modells möglichst wenige Bedingungen geknüpft werden. Der Entwurfsingenieur kann sich ganz auf die Aufgabe konzentrieren, eine genaue Beschreibung der Wirklichkeit in Form von Gleichungen, Ungleichungen, Diagrammen, Kennfeldern oder auch Tabellen anzufertigen. Für die dann entstehenden nichtlinearen Probleme mit Beschränkungen einzelner Größen existieren besondere Verfahren, um eine optimale Parameterkombination zu finden.

Die heute noch am meisten angewandte Methode ist die der Parametervariation. Alle der Optimierung unterliegenden Variablen werden bis auf eine oder zwei konstant gehalten und die Änderung der Eigenschaften des zu untersuchenden Objektes wird beobachtet. Von Vorteil gegenüber den später geschilderten Verfahren ist dabei, daß das mathematische Modell ständig geprüft werden kann, ob es auch die Wirklichkeit richtig repräsentiert; gegebenenfalls wird es verbessert. Auch das Beurteilungskriterium, was bei dem betreffenden Problem ein "optimaler" Entwurf genannt werden kann, muß nicht von vornherein festgeschrieben werden. Je größer jedoch die Zahl der zu optimierenden Parameter ist, desto unhandlicher wird das Verfahren. Daher kommt der Impuls, das mathematische Modell mit nur wenigen freien Parametern zu entwerfen, was entweder zu ungenaueren Modellen führt oder dazu, daß ein größeres Problem in mehrere kleinere aufgeteilt wird, die unabhängig voneinander untersucht werden. Beim zuletzt geschilderten Vorgehen aber ist man nie sicher, ob das Ergebnis wirklich einen optimalen Entwurf des Gesamtsystems darstellt.

Die Alternative zu den herkömmlichen Parameterstudien sind sogenannte Suchverfahren. Von einem Ausgangspunkt - einem beliebigen realisierbaren Entwurf - probiert man, durch schrittweise Änderung der Optimierungsvariablen zu einem besseren Entwurf zu kommen. Wenn es nicht mehr gelingt, durch weitere Schritte noch Verbesserungen zu erzielen, dann wird die Suche abgebrochen. Ob das Ergebnis ein optimaler Entwurf ist, sollte z. B. durch einen weiteren Suchlauf von einem anderen Startpunkt aus getestet werden.

Es gibt eine sehr anschauliche Schilderung dieses Suchproblems. Man denke an einen Bergsteiger, der ohne Landkarte im Nebel versucht, den Gipfel zu erreichen. Er kennt nur in seiner unmittelbaren Umgebung die Neigung bzw. Krümmung des Geländes. Wenn er während seiner Nebelwanderung an eine ebene Stelle kommt, dann ist er vermutlich auf einem Gipfel. Es kann sich aber auch um einen Sattelpunkt handeln; selbst wenn es ein echter Gipfel ist, so bleibt immer noch die Frage, ob er den angestrebten Hauptgipfel erreicht hat oder nur auf einem Nebengipfel angekommen ist. Das Suchverfahren des Bergsteigers kann z. B. darin bestehen, daß er immer in Richtung des steilsten Anstiegs fortschreitet.

1.2 Entwurf mathematischer Modelle

1.2.1 Informationsgehalt

Ein mathematisches Modell soll die Realität so realistisch wie möglich beschreiben. Die Möglichkeiten sind allerdings vielfach begrenzt, sei es durch Unkenntnis gewisser physikalischer Zusammenhänge, durch Beschränkung des Zeitaufwandes für Entwicklung und Testrechnungen oder auch durch die verwendete Rechenmaschine. Daher geht es in der Praxis stets darum, mit einem minimalen Aufwand ein Modell mit großem Informationsgehalt zu entwerfen.

Ein komplexes Modell mit vielen Optimierungsvariablen kann natürlich viel eher Fehler enthalten als ein einfaches Modell. Grobe Fehler wird man in aller Regel während der Testrechnungen finden, aber solche, die sich nur wenig oder nur in Teilbereichen des Modells auswirken, bleiben unter Umständen unerkannt. Der große Aufwand für ein komplexes Modell war dann umsonst.

Andererseits darf man auch nicht so weit vereinfachen, daß man einen wichtigen Parameter konstant setzt. Wenn man diesen nicht als Optimierungsvariable einführen möchte, weil etwa keine gesicherten Vorhersagen möglich sind, so sind dennoch Trendstudien wichtig für die Aussagekraft. Ein typisches Beispiel wäre etwa das Wirkungsgradniveau von Strömungsmaschinen, welches das Optimierungsergebnis nicht unerheblich beeinflußen kann (vgl. Kap. E. 4. 1).

1. 2. 2 Zielfunktion

Nahezu alle Optimierungsverfahren verlangen, daß das mathematische Modell bei jeder Durchrechnung genau einen Zahlenwert als Gütekriterium liefert. Die Qualität eines technischen Entwurfs kann aber selten mit nur einer einzigen Eigenschaft beschrieben werden. Möchte man z. B. den Preis einer Anlage minimieren, so muß man Anschaffungs-, Betriebs- und Wartungskosten gleichzeitig beachten. Diese zusammenzufassen ist allerdings noch relativ einfach, ein Beispiel dazu ist in Kap. E. 4. 2 zu finden.

Schwieriger ist das Problem dann, wenn die Aufgabe lautet, eine möglichst kleine oder eine möglichst leichte Anlage zu bauen, die gleichzeitig nur ein Minimum an Brennstoff verbraucht (Beispiele in Kap. E. 1 und E. 2. 3. 2). Volumen bzw. Masse und den spezifischen Verbrauch in einer einzigen Größe zusammenzufassen, ist sicher problematisch.

Man kann sich damit helfen, indem man mehrere Optimierungen durchführt, als Zielfunktion Volumen bzw. Masse wählt und bei jedem Optimierungslauf als Nebenbedingung für den spezifischen Verbrauch einen anderen Maximalwert vorschreibt.

Eine noch schwierigere Aufgabe wird in Kap. E. 3 behandelt. Dort geht es darum, ein Triebwerk mit möglichst niedrigem Verbrauch, Gewicht und Widerstand, aber vorgeschriebenem Reiseschub zu finden, das außerdem noch beim Start leise sein soll. Die zuerst genannten Kriterien können im Reichweitengütegrad [FA, Kap. A. 3. 1. 9] zusammengefaßt werden; diesen aber dann mit einem Lärmpegel zu einer Zahl zu vereinen, ist nur schwer möglich.

Hier kann man nur mit einer Nebenbedingung optimieren. Ob aber nun ein Lärmgrenzwert diese Nebenbedingung darstellt oder ein Reichweitengütegrad (ein Maximalwert kann z. B. durch konkurrierende Projekte gegeben sein), kann nicht allgemein beantwortet werden. So gesehen sind hier Nebenbedingung und Zielfunktion austauschbar, was in [40] zur Entwicklung eines speziellen Optimierungsverfahrens geführt hat, welches in Kap. D. 2. 3. 2 kurz beschrieben ist.

1. 2. 3 Nebenbedingungen

Wir wollen an dieser Stelle nur dann von einer Nebenbedingung sprechen, wenn eine Größe des Modells - sei es eine Optimierungsvariable oder nicht - einen bestimmten Grenzwert nicht über- bzw. unterschreiten darf. Gleichheitsbedingungen seien so im Modell eingebaut, daß sie gegebenenfalls durch eine Iterationsrechnung bei jedem Durchrechnen erfüllt werden.

Die Erfüllung von Nebenbedingungen macht die Optimierungsaufgabe schwieriger. Daher sollten sie möglichst vermieden werden, was allerdings nur in manchen Fällen möglich ist.

Eine nicht seltene Nebenbedingung ist die, daß einzelne Größen nur ganzzahlige Werte annehmen dürfen. Als Beispiel dafür sei die Turbinenstufenzahl genannt. Man kann diese Nebenbedingung dadurch umgehen, daß man einfach die Optimierung für alle in Frage kommenden Stufenzahlen separat durchführt, wie es in Kap. E. 2. 2 geschehen ist. Wenn dieses Vorgehen nicht praktikabel ist, dann muß man sich Methoden der ganzzahligen Optimierung bedienen.

Die übrigen Nebenbedingungen kann man in technisch-physikalische und in "bürokratische" einteilen. In der ersten Gruppe finden sich Grenzwerte für maximale Temperaturen oder Spannungen, minimale Nabenverhältnisse, zulässige aerodynamische Belastungen, größtmögliche Strömungsumlenkungen usw. Alle diese Begrenzungen sind in Wirklichkeit gar nicht so kraß, als daß man z.B. sagen müßte, ein Nabenverhältnis von 0,35 ist realisierbar und eines von 0,34 nicht mehr. Vielmehr ist einfach in einer solchen Grenzzone ein progressiv steigender Aufwand nötig. Bei gleicher Metalltemperatur z.B. einer Turbinenstufe wird man mit steigender Gastemperatur prozentual immer mehr Kühlluft benötigen und zusätzlich Wirkungsgradeinbußen in Kauf nehmen müssen. Durch entsprechende Formulierung sollte also ein gutes mathematisches Modell meistens ohne Nebenbedingungen der technisch-physikalischen Art auskommen.

Unter dem Begriff "bürokratische Nebenbedingungen" wollen wir solche zusammenfassen, die durch irgendeine Vorschrift juristischer, ökonomischer, sicherheitstechnischer oder ähnlicher Art gegeben sind. Darunter fallen z.B. Lärm- und Abgasgrenzwerte sowie Kostenbegrenzungen. Solche Nebenbedingungen können nur mit Hilfe sogenannter S t r a f f u n k t i o n e n eliminiert werden, falls sie nicht direkt die Optimierungsvariablen betreffen.

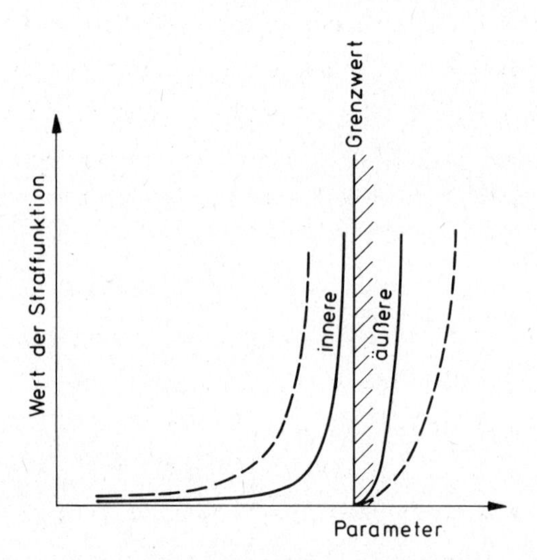

Bild 2. Innere und äußere Straffunktion

Unter Straffunktion versteht man einen Faktor, der den Wert der zu minimierenden Zielfunktion umsomehr erhöht, je weiter ein Grenzwert angenähert ("innere" Straffunktion) oder über- bzw. unterschritten wird ("äußere" Straffunktion). Wie "scharf" man diese Straffunktionen formuliert, hängt von der Aufgabe ab (Bild 2). Je flacher die Kurven sind, desto weniger Schwierigkeiten wird man bei der Anwendung von Optimierungsverfahren haben, die der Konzeption nach für Probleme ohne Nebenbedingungen gedacht sind.

1.3 Einfluß des mathematischen Modells auf die Auswahl von Suchverfahren

Kommen wir wieder auf das Beispiel vom Bergsteiger zurück. Jeder Blick, mit dem er die momentane Steigung des Geländes feststellt, bedeutet mindestens eine Auswertung des mathematischen Modells. Da dies bei den hier behandelten Problemen eine umfangreiche Rechnung beinhaltet, ist dasjenige Suchverfahren in der Regel vorzuziehen, das mit der geringsten Anzahl von Berechnungen der Zielfunktion auskommt.

Die Bedeutung eines Optimierungsergebnisses wird umso größer sein, je besser das mathematische Modell ist. Auch wenn die einzelnen Grundelemente eines solchen Modells bekannt und bei vielen verschiedenen Varianten von ähnlichen Aufgabenstellungen einsetzbar sind, so ist für das Gesamtmodell ein gewisser Entwicklungsprozeß unumgänglich. Oft wird es passieren, daß die erste Version zu einem mathematischen Optimum führt, das physikalisch-technisch nicht realisierbar ist, weil eine Bedingung nicht richtig formuliert oder sogar vergessen wurde.

Das Modell muß verbessert werden, was mathematisch auf nicht unerheblich veränderte "Formen" der Zielfunktion führen kann. Das gilt besonders, wenn es sich um flache Optima handelt.

Eine Suchstrategie, die sich bei der ersten Modellvariante bewährt hat, muß nun für das neue Modell keineswegs mehr günstig sein, d.h. nur wenige Auswertungen des mathematischen Modells erfordern. Da es aber nicht Aufgabe eines Entwurfsingenieurs ist, die optimale Suchstrategie herauszufinden, wird man oft bei dem "alten" Suchverfahren bleiben.

Bei einem anderen Verfahren wäre erst mit Hilfe von Testläufen nachzuweisen, daß es wirklich überlegen ist. Dieser Überlegenheitsbeweis wäre zwar mathematisch eventuell interessant, trägt aber nichts zur Aussage des Modells über den optimalen Entwurf bei. Nur dieser aber ist gesucht, gegebenenfalls zusammen mit Trendkurven für das Abweichen einiger Parameter von ihrem günstigsten Wert.

Man kann praktisch immer erst dann, wenn das Optimum bereits gefunden wurde, eine - meist nur eingeschränkte - Aussage darüber machen, welche Suchstrategie die beste gewesen wäre.

Mit dieser Feststellung soll nun nicht etwa dafür plädiert werden, nur eine einzige Strategie zu verwenden. Man sollte mehrere - möglichst im Ansatz verschiedene - Verfahren parat haben und je nach Problemstellung einsetzen.

Zu finden sind diese Verfahren in der einschlägigen Literatur, die längst einen enormen Umfang angenommen hat. Es wird gar nicht erst der Versuch unternommen, diese zu werten oder Empfehlungen auszusprechen. Hier sollen einige wenige grundlegende Suchstrategien beschrieben werden, die möglichst anschaulich in die Problematik einführen.

Diese Strategien werden zum Teil auch in Form von SUBROUTINEs angegeben, damit praktische Probleme gelöst werden können, wie z.B. Aufgaben aus Teil E.

Dem Leser bleibt es unbenommen, "bessere" Verfahren zu erproben; wie oben schon gesagt, ist die Aussage, welches das optimale Verfahren ist, zu sehr an das spezielle mathematische Modell gebunden, als daß sie von allgemeinem Interesse sein könnte. Das gilt auf jeden Fall dann, wenn für dessen mathematische Struktur praktisch keine Bedingungen gestellt werden.

2. Einige einfache Verfahren

2.1 Vollständiges oder zufälliges Absuchen

Das einfachste "Suchverfahren" besteht darin, systematisch alle Varianten des mathematischen Modells durchzurechnen. Es liegt auf der Hand, daß dieses Vorgehen nur in Ausnahmefällen praktikabel ist. Andererseits ist es die einzige Möglichkeit, mit Sicherheit das globale Optimum zu finden. Auch Aufgabenstellungen der sogenannten "ganzzahligen" Optimierung, bei der bestimmte Werte nur ganzzahlig sein dürfen (z.B. Stufenzahlen von Turbomaschinen), werden vor allem dann mit diesem Verfahren gelöst, wenn es um nur wenige mögliche Alternativen geht.

Im Normalfall hat man aber eine so große Vielzahl möglicher Lösungen, daß einfach aus Zeitgründen gar nicht alle Fälle durchgerechnet werden können.

Weiß man sehr wenig über die realistischen Kombinationen der Optimierungsvariablen oder rechnet man ein Modell zum erstenmal durch, dann ist es durchaus empfehlenswert, für die Variablen Z u f a l l s z a h l e n zu ziehen. Es existieren ja stets gewisse Kenntnisse über die zu entwerfende Maschine, sodaß der Bereich, innerhalb dessen die Zufallszahlen liegen sollen, meist gar nicht allzu groß gewählt werden muß.

Der beste auf diese Weise gefundene Entwurf ist sicher nicht optimal, eignet sich aber als Startpunkt für höherentwickelte Suchverfahren.

2.2 Suche mit dem „Goldenen Schnitt"

Bei dieser Suchstrategie kann nur e i n P a r a m e t e r w e r t so gefunden werden, daß die Zielfunktion innerhalb eines vorgegebenen Suchbereiches minimal wird.

Natürlich können auch Maxima gefunden werden, die Zielfunktion wird dann einfach mit dem negativen oder reziproken Wert der zu maximierenden

Größe besetzt; das Problem ist wieder auf eine Minimumsuche zurückgeführt.

Wir gehen also davon aus, daß innerhalb einer gewissen Zone für einen einzigen Parameter p das Minimum einer ganz allgemeinen Zielfunktion f (p) zu

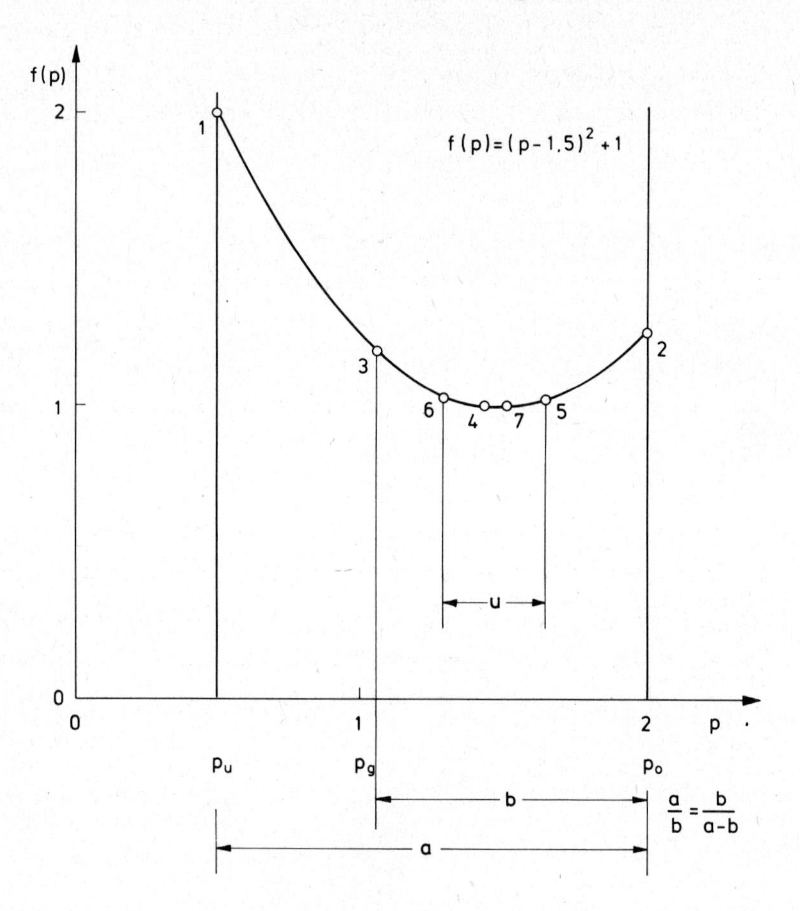

Bild 1. Suche mit dem Goldenen Schnitt

suchen ist (Bild 1). Weil es hier nur um eine Variable geht, spricht man auch von einem eindimensionalen Suchverfahren. Zu Beginn hat das Unsicherheitsintervall die Breite $p_o - p_u$; dieses Intervall wird nun laufend verkleinert. Dazu wird es immer wieder im Verhältnis des Goldenen Schnittes unterteilt. Unter dem Goldenen

Schnitt des Bereiches $p_o - p_u$ versteht man eine Zerlegung dieses Bereiches in zwei Teile $p_g - p_u$ und $p_o - p_g$, so, daß $p_g - p_u$ das geometrische Mittel von $p_o - p_u$ und $p_o - p_g$ ist. Es gilt

$$p_g - p_u = \frac{\sqrt{5}-1}{2} (p_o - p_u).$$

Nach dem j. Schritt ist das Unsicherheitsintervall auf $[(\sqrt{5} - 1)/2]^j (p_o - p_u)$ verkleinert, nach z.B. 10 Schritten also auf $0{,}008 (p_o - p_u)$.

In Bild 1 wurde als Beispiel die Suche nach dem Minimum der Parabel $f(p) = (p - 1{,}5)^2 + 1$ aufgetragen. Nach 6 Auswertungen ist das Unsicherheitsintervall u erreicht; die nächste Wahl für p würde zu Punkt 7 führen. Bricht man jedoch die Suche nach der 6. Auswertung ab und macht die Annahme, daß das Minimum in der Mitte von u liegt, dann erhält man für den Ort des Optimums den Zahlenwert 1,467. Das echte Minimum ist bei 1,5.

In der SUBROUTINE GOLDSS, die nach einem Algorithmus aus [58] formuliert wurde, ist durch einen Kommentar der Aufruf erklärt. Sie ist so aufgebaut, daß auf jeden Fall ein Minimum gefunden wird. Gegebenenfalls liegt es am oberen bzw. unteren Rand, wenn die Funktion monoton in einer Richtung kleiner wird.

Wenn mehrere Minima innerhalb des Bereiches $(p_o - p_u)$ liegen, dann wird nur eines davon gefunden. Es kann, muß aber nicht, das globale Minimum sein. Daran ist bei der Anwendung stets zu denken.

Es gibt noch weitere eindimensionale Suchverfahren, so z.B. die Fibonacci-Suche. Ferner kann man etwa durch drei oder mehr Stützstellen des Bereiches ein Polynom legen; dessen Minimum liegt dann, wenn die Funktion einigermaßen die Polynomform hat, recht nahe am gesuchten Optimum.

2.2.1 Anwendung für eine einzelne Optimierungsvariable

Die Suchstrategie mit dem Goldenen Schnitt ist besonders dann brauchbar, wenn der Parameter p nur Werte in einem vorgegebenen Bereich annehmen

```
      SUBROUTINE GOLDSS
C
C     DIESE SUBROUTINE SUCHT DAS MINIMUM DER FUNKTION FUNKT IM BEREICH
C     VON XU BIS XO NACH DEM VERFAHREN DES GOLDENEN SCHNITTES. NACH JJM+2
C     SCHRITTEN IST DAS UNSICHERHEITSINTERVALL, IN DEM DAS MINIMUM LIEGT,
C     AUF 0.618034**(JJM-1)*(XO-XU) VERKLEINERT. ALS EINGABEDATEN WERDEN
C     VERLANGT XU, XO UND JJM<29. DIE SUBROUTINE FUNKT MUSS EBENSO WIE DAS
C     HAUPT- BZW. UNTERPROGRAMM, IN DEM GOLDSS AUFGERUFEN WIRD, DEN COMMON-BLOCK
C     /GOLD/ ENTHALTEN.
C     DIE SUBROUTINE FUNKT MUSS SO BESCHAFFEN SEIN, DASS IM BEREICH
C     XU<PARA<XO JEDEM WERT VON PARA GENAU EIN WERT VON ZIELF ZUGEWIESEN WIRD
C
C     PARA   PARAMETER, DER SO BESTIMMT WERDEN SOLL, DASS ZIELF MINIMAL WIRD
C     XMIN   PARA FUER MINIMALES ZIELF
C     XX     ENTHAELT DIE WAEHREND DER SUCHE AUFGETRETENEN WERTE VON PARA
C     ZIEL   ENTHAELT DIE ZU DEN ENTSPRECHENDEN XX-WERTEN GEHOERENDE
C            WERTE VON ZIELF
C     JJ     GIBT AN, WIEVIEL WERTE VON XX UND ZIELF BESETZT SIND
C
C     ***************************************************************
C     DIE IN SPALTE 75 MIT EINEM * VERSEHENEN KARTEN KOENNEN ENTFALLEN,
C     WENN DIE AUSGABE DER ERGEBNISSE IN SUBROUTINE FUNKT ERFOLGT
C     ***************************************************************
      INTEGER OVZAHL
      COMMON /OPT/ INC(10),OVAR(10),XOPT(20),XOPTS(20),X(10),XS(10),DELT
     1AX(10),G(10),G1(10),DELX(10),OVZAHL,IALLES,ISEITE,NUMMEX,ZFX,ZFY
      COMMON /GOLD/ PARA,ZIELF,XMIN,XX(35),ZIEL(35),JJ,XU,XO,JJM
      REAL L(30)
      DIMENSION A(30),B(30),V(30),W(30)
      ISEITE=1                                                          *
      IALLES=1                                                          *
      JJ=0
      PARA=XU
      CALL FUNKT
      CALL OUTPUT                                                       *
      YY1=ZIELF
      XX1=XU
      ZIEL(1)=YY1
      XX(1)=XX1
      X1=0.
      X2=XO-XX1
      Y1=0.
      PARA=X2+XX1
      CALL FUNKT
      CALL OUTPUT                                                       *
      WRITE(6,1)                                                        *
    1 FORMAT(1H1)                                                       *
      ISEITE=0                                                          *
      IALLES=0                                                          *
      Y2=ZIELF-YY1
      ZIEL(2)=ZIELF
      XX(2)=PARA
      JJ=2
      IF(Y2-Y1) 3,21,21
   21 A(1)=X1
      B(1)=X2
      GO TO 7
    3 A(1)=0.
      B(1)=X2
    7 J=1
    8 IF(J-29)81,125,125
   81 IF(JJM-J) 125,125,10
   10 L(J)=B(J)-A(J)
      V(J)=A(J)+0.381966*L(J)
      W(J)=A(J)+0.6180339*L(J)
      IF(J-1)11,11,12
   12 AD=ABS(A(J)-A(J-1))
      BD=ABS(B(J)-W(J-1))
      IF(AD.LE.1.E-8.AND.BD.LE.1.E-8) Y2=Y1
      IF(Y2-Y1)121,11,121
  121 Y1=Y2
      GO TO 113
   11 PARA= V(J)+XX1
      JJ=JJ+1
      CALL FUNKT
      CALL OUTPUT                                                       *
      Y1=ZIELF-YY1
      ZIEL(JJ)=ZIELF
      XX(JJ)=PARA
      IF(J-1)113,113,114
```

```
113 PARA=W(J)+XX1
    JJ=JJ+1
    CALL FUNKT
    CALL OUTPUT                                                     *
    Y2=ZIELF-YY1
    ZIEL(JJ)=ZIELF
    XX(JJ)=PARA
114 IF(Y1-Y2)111,112,112
111 A(J+1)=A(J)
    B(J+1)=W(J)
    J=J+1
    GO TO 8
112 A(J+1)=V(J)
    B(J+1)=B(J)
    J=J+1
    GO TO 8
125 XMIN=(A(J)+B(J))/2.+XX1
    IF(ABS((B(J)+XX1-XO)/XO).LT.1.E-9) XMIN=XO
    IF(ABS((A(J)+XX1-XU)/XU).LT.1.E-9) XMIN=XU
    PARA=XMIN
    CALL FUNKT
    ISEITE=1                                                        *
    IALLES=1                                                        *
    CALL OUTPUT                                                     *
    RETURN
    END
```

darf. Als Beispiel dazu denke man etwa an einen optimalen Einstellwinkel eines Turbinenleitrades, oder auch an eine Schubdüsenstellung.

Ferner ist von Vorteil, daß die Zielfunktion unstetig sein und sogar Sprünge enthalten darf. Schwierigkeiten machen nur Funktionen, die zwei oder mehrere Minima im Suchbereich haben. Als Minimum kann übrigens jede Stelle inter-

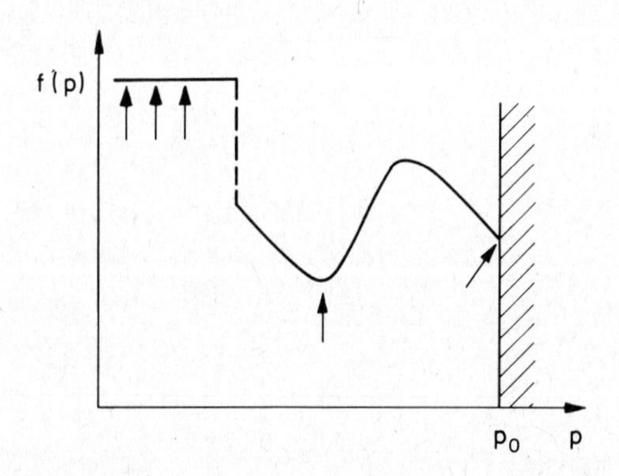

Bild 2. Mögliche Ergebnisse einer Golden-Schnitt-Suche je nach Lage der unteren Grenze p_u

pretiert werden, an der sich über einen endlichen Bereich von p-Werten die Zielfunktion nicht ändert (siehe Bild 2).

Wenn ein mathematisches Modell eine Maschine einigermaßen realistisch beschreibt, dann wird in der Regel die Zielfunktion stetig und monoton sein. Die Gefahr, daß mehrere Minima existieren, ist relativ gering, kann aber selten ganz ausgeschlossen werden.

2.2.2 Anwendung bei mehreren Optimierungsvariablen

2.2.2.1 Allgemeines

Ein eindimensionales Suchverfahren kann auf zwei Arten auch bei Problemen mit mehreren Optimierungsvariablen angewandt werden. Im einen Fall wird es als Unterprogramm einer anderen Suchstrategie verwendet, welche eine S u c h r i c h t u n g , z.B. die des steilsten Gradienten angibt. Man sucht dann mit dem eindimensionalen Verfahren das Minimum der Zielfunktion in dieser Richtung. Strategien dieser Art werden in Kap. D.2.3 und D.2.4 beschrieben.

Im anderen Fall wird die Suche mit dem Goldenen Schnitt nacheinander auf die einzelnen Optimierungsvariablen angewandt. Wenn es sich nur um zwei Variablen handelt, dann kann man die Werte der Zielfunktion in Form von Höhenlinien in einem x_1, x_2-Diagramm darstellen. In Bild 3 sind verschiedene mögliche Formen der Zielfunktion dargestellt. Eingezeichnet sind dazu Suchschritte, die sich ergeben, wenn man immer abwechselnd x_1 und x_2 optimiert.

Offensichtlich ist die Suche von Bild 3 b langsamer als die von 3 a, aber das Optimum wird schließlich gefunden. Dafür gibt es aber keine Garantie, wie man anhand von Bild 4 erkennen kann. Dort handelt es sich um eine Zielfunktion mit der Nebenbedingung, daß alle Kombinationen von x_1 und x_2 rechts unterhalb der Geraden verboten sind. Ansonsten seien die "Höhenlinien" konzentrische Kreise. Gäbe es die Nebenbedingungen nicht, dann würden 2 eindimensionale Suchschritte von jedem beliebigen Startpunkt aus genügen. So aber führt spätestens der dritte Suchschritt auf einen Punkt der Grenzgeraden, von dem aus jede einzelne Variablenänderung einen Anstieg der Zielfunktion ergibt.

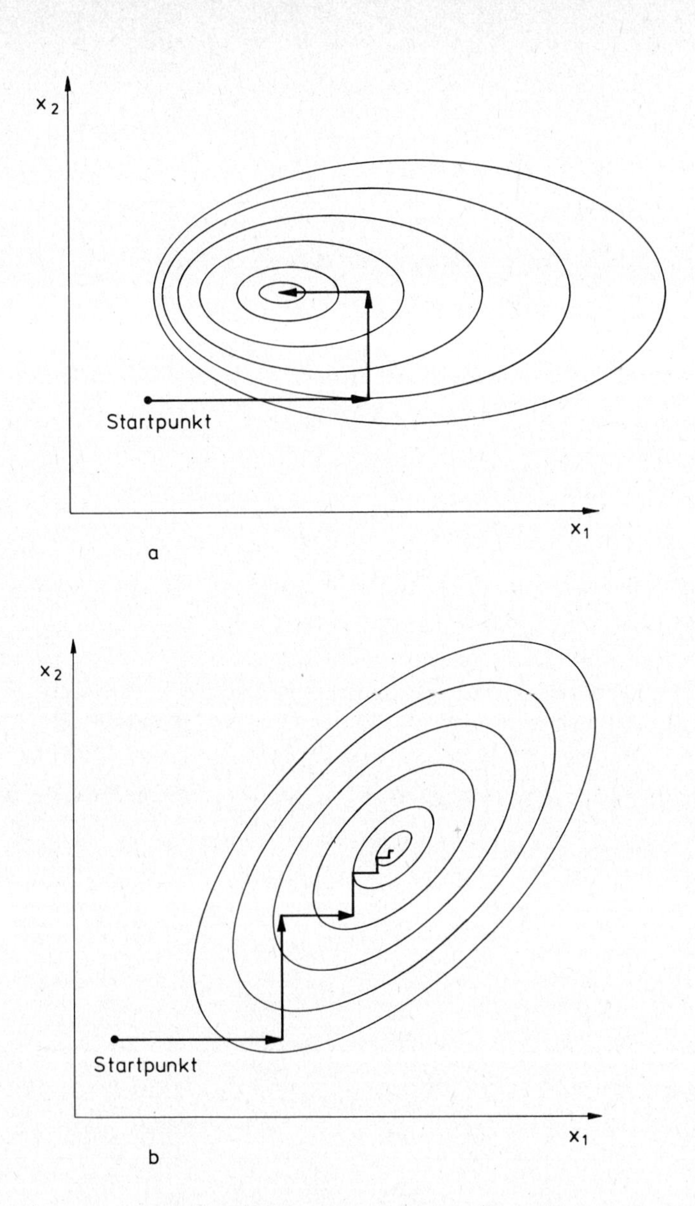

Bild 3. Einvariablen-Suchschritte bei
a) günstig gelegener, b) ungünstig gelegener Zielfunktion

An dieser Stelle sei an eine übliche Parameterstudie erinnert, die ja mit dem hier diskutierten Suchverfahren eine gewisse Ähnlichkeit hat. Dort besteht die große Gefahr, daß man, angelangt bei Punkt A oder B, diesen für das Minimum hält, das in Wirklichkeit bei M liegt. Als "Beweis" dafür, daß A bzw. B ein Minimum ist, werden Trendkurven angeführt, die auch tatsächlich zeigen, daß jede separate Änderung von x_1 oder x_2 entweder den Wert der Zielfunktion erhöht oder die Nebenbedingung verletzt.

Wie wird nun bei Suchverfahren eine Fehlinterpretation vermieden? Wenn die Suche nur einmal, d.h. nur von einem Startpunkt aus, durchgeführt wird, dann ist die Gefahr eines falschen Ergebnisses ebenso groß wie bei der einfachen Parameterstudie, eventuell sogar größer. Ist das Problem aber ein-

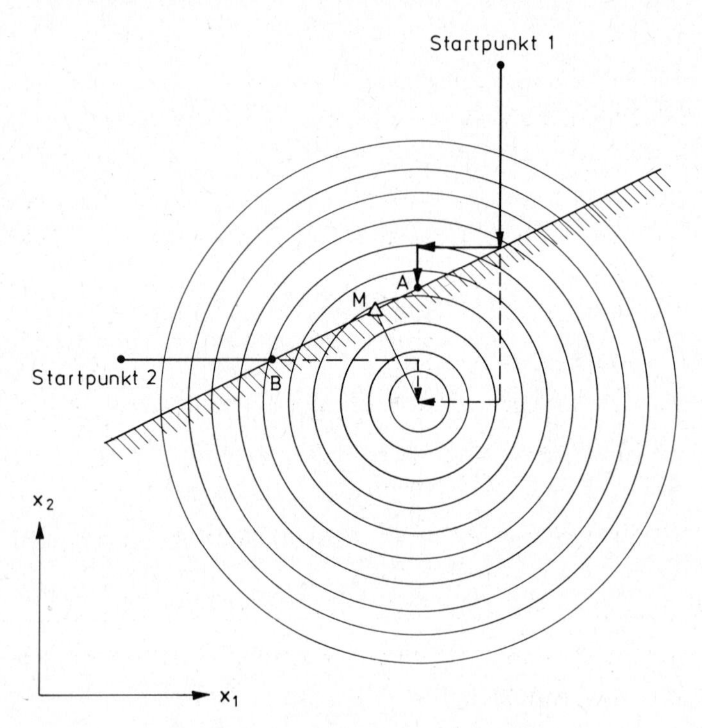

Bild 4. Optimierung mit Nebenbedingung
Gestrichelt: Suchschritte ohne Nebenbedingung

mal programmiert, dann ist der zusätzliche Aufwand einer weiteren Optimierung von neuen Startpunkten aus relativ gering. Führen diese zu verschiedenen Minima, dann ist zumindest die Gefahr erkannt. Man kann nun eventuell eine andere Strategie anwenden, indem man z.B. in Bild 4 als neue Suchrichtung die Verbindungsgerade der beiden Punkte A und B wählt, was dann zum echten Minimum M führen würde. Ferner gibt es noch weitere Suchverfahren für Probleme mit Nebenbedingungen.

Die Erläuterungen zu den Bildern 3 und 4 mögen trivial klingen; es ist aber zu bedenken, daß man in der Regel erheblich mehr als 2 Variablen hat und außerdem weder die "Höhenlinien" noch die relative Lage der Nebenbedingung kennt. Als wichtige Schlußfolgerung ist zu ziehen, daß stets als Kontrolle m e h r e r e Suchen von verschiedenen Startpunkten aus durchzuführen sind. Das gilt auch bei Verwendung anderer Suchstrategien!

2.2.2.2 Beschreibung eines Optimierungsprogrammes

Hier wird ein Optimierungsverfahren beschrieben, bei dem die Suche mit dem Goldenen Schnitt nacheinander auf alle Optimierungsvariablen angewandt wird. Zwei Varianten sind zu unterscheiden: einmal wird nach der Optimierung einer Variablen diese auf ihren ursprünglich eingelesenen Wert zurückgestellt bevor die nächste Variable optimiert wird. Mit diesem Verfahren kann die Umgebung eines Minimums untersucht werden. Bei der zweiten Variante, dem eigentlichen Suchverfahren, behält die einmal optimierte Variable ihren Wert bei; es wird "fortlaufend" optimiert.

Der prinzipielle Aufbau des Optimierungsprogrammes besteht aus dem Hauptprogramm, das die Suchstrategie enthält (siehe Protokoll), einem Unterprogramm BOSS mit dem ENTRY FUNKT (siehe Prinzip-Protokoll), das das mathematische Modell darstellt, sowie den Unterprogrammen OUTPUT für die Datenausgabe und GOLDSS (Kap. D.2.2.1).

Hauptprogramm

Das Hauptprogramm verlangt als Daten zuerst die Anzahl der Optimierungsvariablen (OVZAHL) und dann - für jede Variable auf einer neuen Karte - folgende vier Größen:

1. Einen Index IND(I) (Näheres siehe unten, Beschreibung von BOSS)

2. Startwert OVS(I)
3. Untere Schranke für Suchbereich OVARBA(I)
4. Größe des Suchbereiches BEREI(I) (Obere Schranke des Suchbereichs = Untere Schranke + Suchbereich)

SUBROUTINE BOSS

Als nächstes wird BOSS (vgl. Prinzip-Protokoll) aufgerufen. Vor dem ENTRY FUNKT stehen dort sämtliche Anfangswertbesetzungen und Leseanweisungen. Darunter sind insbesondere auch Vorbesetzungen für alle Optimierungsvariablen. Die Feldvereinbarungen sind willkürlich so gewählt, daß das mathematische Modell bis zu 20 Optimierungsvariablen enthalten darf, von denen aber höchstens 10 gleichzeitig optimiert werden können. Die restlichen 10 Variablen wären dann konstant zu setzen.

In den Beispielen von Teil E sind maximal 7 Optimierungsvariablen enthalten, was aber keineswegs eine obere Grenze darstellt. Der Übersichtlichkeit der Ergebnisse wegen schien es uns angebracht, nur wenige Variablen einzuführen. Nach Änderung der Feldvereinbarungen kann das Optimierungsverfahren auch auf eine höhere Variablenzahl angewendet werden.

Die Vorbesetzungen der Optimierungsvariablen müssen in dem Feld XOPT vorgenommen werden. Nicht benötigte Feldelemente sind mit Null zu belegen. Vor dem ENTRY FUNKT steht RETURN; man gelangt zurück in das Optimierungshauptprogramm.

Prinzip-Protokoll

```
  SUBROUTINE BOSS
  Einlesen und Vorbesetzen
  XOPT(1) = X1
  XOPT(2) = X2
  XOPT(3) = X3
  DO 1 I = 4,20
1 XOPT(I) = 0.0
  RETURN
```

```
      ENTRY FUNKT
      XOPT (INOW) = PARA
      DO 2 I = 1, OVZAHL
      IX = IND(I)
    2 OVAR(I) = XOPT(IX)
      X1 = XOPT(1)
      X2 = XOPT(2)
      X3 = XOPT(3)
      mathematisches Modell
      ZIELF = ...
      RETURN
```

Von den im Feld XOPT gespeicherten Variablen werden alle die optimiert, deren Indizes eingelesen wurden. Die Reihenfolge ist dabei durch das Einlesen der Daten gegeben (siehe oben). Im Feld OVAR sind genau die ersten OVZAHL-Elemente mit den Werten der Optimierungsvariablen belegt.

Es wird nun eine Variable nach der anderen der Optimierung unterworfen. Welche Variable jeweils an die Reihe kommt, wird durch den Index INOW angegeben. Die Größe des Feldelements XOPT(INOW) ist durch den Parameterwert PARA aus der Suche mit dem Goldenen Schnitt festgelegt.

Das Feld XOPTS ist für solche Fälle gedacht, bei denen sich die Änderung einer Optimierungsvariablen nur auf Teilbereiche eines mathematischen Modells auswirkt. Dann kann bei der Suche nach dem Minimum bezüglich dieser Variablen Rechenzeit gespart werden, indem man gegebenenfalls nur den betroffenen Teilbereich des Modells durchrechnet.

Als Beispiel dazu ein Fall aus Kap. E. 1. Dort besteht das mathematische Modell aus einer Auslegungs- und zwei Teillastrechnungen. Im Falle einer Gasturbine mit verstellbarem Turbinenleitrad kann dessen Stellung bei einem der beiden T e i l l a s t p u n k t e eine Optimierungsvariable sein. Wenn n u r diese Leitradstellung optimiert wird, dann ist es offensicht-

```
      COMMON /GOLD/ PARA,ZIELF,XMIN,XX(35),ZIEL(35),JJ,XU,XO,JJM
      INTEGER OVZAHL
      COMMON /OPT/ ISEITE,IALLES,OVZAHL,OVAR(10),OVARBA(10),BEREI(10),
     1IND(10),XOPT(20),XOPTS(20),IOV,INOW,ZFX,ZFY
      DIMENSION RANDU(10),RANDO(10),XUS(10),XOS(10),DELTA(10),DELG(10),
     1OVS(10)
      ISTART=0
      ZFX=0.0
      ZFY=0.0
C     FUER IOPTIM=0 WIRD DIE UMGEBUNG EINES PUNKTES UNTERSUCHT
C     FUER IOPTIM=1 WIRD FORTLAUFEND OPTIMIERT
      IOPTIM=1

      READ(5,10) OVZAHL
   10 FORMAT(I2)
      DO 12 I=1,OVZAHL
      RANDU(I)=0.0
      RANDO(I)=0.0
   12 READ(5,13) IND(I),OVS(I),OVARBA(I),BEREI(I)
   13 FORMAT(I2,8X,3F10.5)
      IF(ISTART.EQ.0) CALL BOSS
      ISTART=1
  131 DO 14 I=1,OVZAHL
      IX=IND(I)
   14 XOPT(IX)=OVS(I)
      JJM=8
      DO 80 J=1,3
      DO 80 IOVV=1,OVZAHL
      IF(IOPTIM.EQ.0.AND.J.GT.1) GO TO 100
      IOV=IOVV
      IF(J-1)15,15,16
   15 XU=OVARBA(IOV)
      XUS(IOV)=XU
      XO=OVARBA(IOV)+BEREI(IOV)
      XOS(IOV)=XO
      DELTA(IOV)=XO-XU
      DELG(IOV)=0.618034**(FLOAT(JJM)-1.)*(XO-XU)
      GO TO 22
   16 IF(RANDU(IOV)-1.) 18,17,17
   17 XU=OVAR(IOV)-DELTA(IOV)
      IF(XU.LT.XUS(IOV)) XU=XUS(IOV)
      XO=OVAR(IOV)
      GO TO 21
   18 IF(RANDO(IOV)-1.) 20,19,19
   19 XO=OVAR(IOV)+DELTA(IOV)
      IF(XO.GT.XOS(IOV)) XO=XOS(IOV)
      XU=OVAR(IOV)
      GO TO 21
   20 DELTA(IOV)=DELTA(IOV)/2.
      XU=OVAR(IOV)-DELTA(IOV)/2.
      XO=OVAR(IOV)+DELTA(IOV)/2.
      IF(XU.LT.XUS(IOV)) XU=XUS(IOV)
      IF(XO.GT.XOS(IOV)) XO=XOS(IOV)
   21 DELTA(IOV)=XO-XU
      IF(XO.EQ.XU) GO TO 80
      JJM=-ALOG(DELG(IOV)/(XO-XU))/0.481+FLOAT(J)+0.5
      IF(JJM.LT.3) GO TO 80
   22 INOW=IND(IOV)
      CALL GOLDSS
      XOPT(INOW)=XMIN
      OVAR(IOV)=XMIN
      WRITE(6,25)
   25 FORMAT(1H1)
      DO 30 J1=1,JJ
   30 WRITE(6,35) XX(J1),ZIEL(J1)
   35 FORMAT(2E12.5)
      WRITE(6,40) XMIN
   40 FORMAT(27HOOPTIMALER PARAMETERWERT = E12.5 )
      IF(OVZAHL.EQ.1) GO TO 100
      RANDU(IOV)=0.0
      RANDO(IOV)=0.0
      TOL=0.618034**(FLOAT(JJM)-1.)*(XO-XU)*0.55
      IF((XMIN-XU).LT.TOL) RANDU(IOV)=1.0
      IF((XO-XMIN).LT.TOL)RANDO(IOV)=1.0
      IF(IOPTIM.EQ.1) GO TO 80
      IX=IND(IOV)
      XOPT(IX)=OVS(IOV)
   80 CONTINUE
  100 CONTINUE
      STOP
      END
```

lich überflüssig, jeweils eine neue Auslegung und den momentan nicht betrachteten Teillastpunkt neu zu berechnen.

Jeweils am Ende der Auswertung des mathematischen Modells werden die Variablen aus XOPT in XOPTS gespeichert. Bei der nächsten Auswertung kann man dann durch Vergleich von XOPT und XOPTS feststellen, ob sich als einzige Variable die Leitradstellung geändert hat.

Am Ende der SUBROUTINE BOSS muß die Zielfunktion ZIELF besetzt werden. Enthält sie mehrere Beurteilungskriterien, dann können einzelne davon auf den Speicherplätzen ZFX und ZFY zur Ausgabe bereitgestellt werden.

SUBROUTINE OUTPUT

Sie druckt die Ergebnisse teilweise (IALLES = 0) oder vollständig (IALLES =1) aus. Normalerweise dürfte es genügen, wenn nur an den beiden Grenzen des Suchbereiches und beim gefundenen Minimum alle Daten komplett ausgegeben werden. Die Größe ISEITE ist dafür gedacht, den Seitenvorschub zu steuern. Ihr Einsatz wird vom Umfang der zu druckenden Daten bestimmt.

Das Hauptprogramm steuert die Auswahl der Optimierungsvariablen und deren jeweilige Suchbereiche. Das Unterprogramm GOLDSS legt den Parameterwert fest. Wenn alle Variablen einmal optimiert sind, dann kann, falls das gefundene Minimum nicht am Rand des Suchbereiches liegt, dieser verkleinert werden. Bei gleichbleibender Genauigkeit kann dann auch die Schrittzahl bei der eindimensionalen Suche verringert werden. Liegt ein Minimum am Rand des Suchbereiches, dann wird diese Variable bei der weiteren Optimierung nicht mehr verändert.

So, wie das Protokoll des Hauptprogramms abgedruckt ist, wird jede Optimierungsvariable dreimal Parameter der Suche mit dem Goldenen Schnitt sein; danach wird abgebrochen. Je nach Problem können auch mehr als drei Suchen pro Variable sinnvoll sein. Die entsprechende Änderung bei der DO-Schleife mit Endmarke 80 ist leicht durchzuführen.

Zum Abschluß dieses Kapitels soll noch auf eine Möglichkeit hingewiesen werden, die Rechenzeit in komplizierten mathematischen Modellen zu verkürzen. Dort kommen Iterationen vor, die je nach Qualität des Anfangswertes mehr oder weniger schnell konvergieren. Man muß sich also möglichst gute Anfangswerte beschaffen, was in gewissen Stadien der Optimierung sehr einfach ist.

Wenn nämlich z.B. mit dem Goldenen Schnitt-Verfahren die Nähe eines Minimums erreicht ist, dann wird die Optimierungsvariable immer weniger geändert. Je weniger sie geändert wird, desto besser werden die Endwerte der Iterationen im Modell bei der nächsten Durchrechnung als Anfangswerte geeignet sein. Diese Tatsache wird bei den Beispielen mit Teillastrechnungen in Teil E ausgenutzt; die geschätzte Ersparnis an Rechenzeit beträgt zwischen 50 und 80 % gegenüber einer Variante, bei der allgemeine Vorschätzungen verwendet werden.

2.3 Gradientenverfahren

Bei unserem Beispiel des Bergsteigers haben wir das Prinzip dieses Verfahrens bereits erwähnt: man geht (bei der Maximumsuche) stets in Richtung des steilsten Anstiegs. Zwei Probleme ergeben sich dabei: erstens, wie stellt man die gesuchte Richtung fest und zweitens, wie weit geht man in dieser Richtung, bevor von neuem die Richtung des steilsten Anstiegs berechnet wird.

Das erste Problem führt bei mathematischen Modellen, die keine analytische Berechnung des Gradienten erlauben - und nur von solchen sprechen wir - unter Umständen auf numerische Schwierigkeiten. Als Ersatz des Differentialquotienten muß ein Differenzenquotient dienen, welcher Umstand zu dem bekannten Dilemma führt: große Differenzen - ungenauer Gradient wegen Krümmung der Kurve, kleine Differenzen - ungenauer Gradient wegen Differenz nahezu gleich großer, fehlerbehafteter Zahlen, vgl. Bild 1.

Die Differenzbildung führt naturgemäß dann auf besondere Schwierigkeiten, wenn die Kurven flach sind und sich die Zielfunktionswerte trotz verhältnismäßig großer Schrittweite nur wenig voneinander unterscheiden. Statt einen

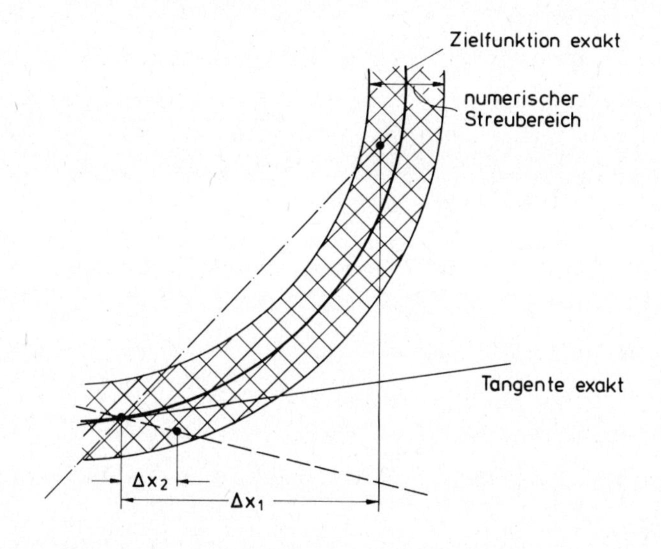

Bild 1. Zur numerischen Berechnung von Gradienten

in Wirklichkeit positiven Gradienten kann man einen negativen erhalten und sich dann als Folge statt zum Optimum hin von ihm weg bewegen.

Das zweite Problem - nämlich wie weit z.B. bei der Minimumsuche in Richtung des einmal berechneten steilsten Abstiegs fortgeschritten werden soll - war Anlaß zur Entwicklung einer ganzen Reihe von verschiedenen Varianten des Gradientenverfahrens. Hier sollen nur zwei davon vorgestellt werden, die sich bei einigen Problemen bewährt haben.

2.3.1 Minimumsuche in Gradientenrichtung

Bei diesem Verfahren wird im Prinzip so weit in Richtung des Gradienten fortgeschritten, bis ein Minimum gefunden ist. Dazu kann man als Unterprogramm die Suche mit dem Goldenen Schnitt oder auch ein anderes eindimensionales Verfahren verwenden. Das führt zu einem Ablauf der Suche wie in Bild 2 an einem Beispiel dargestellt.

In der Praxis hängt die Konvergenz des Verfahrens stark von der Form der "Höhenlinien" ab. Handelt es sich um Funktionen, die sehr langgestreckten

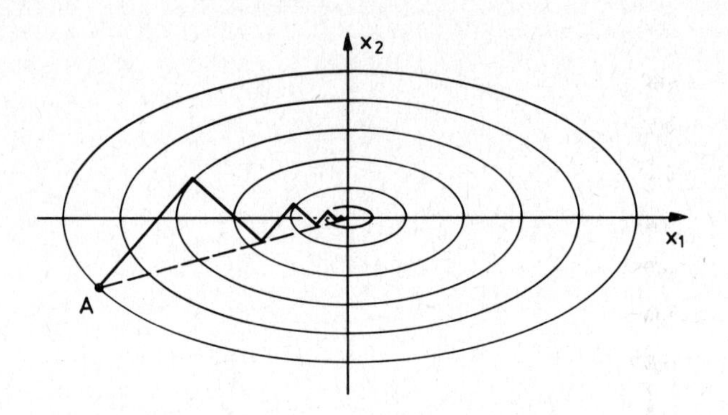

Bild 2. Suche mit einem Gradientenverfahren

Ellipsen ähneln, dann kann die Suche mit dem Gradientenverfahren leicht scheitern. Sie artet dann in "Zickzackbewegungen" aus, die keine oder nur sehr kleine Fortschritte in Richtung Optimum bringen.

Arbeitet man bei Nebenbedingungen mit Straffunktionen, dann erhält man oft genau einen solchen unerwünschten Funktionstyp. Auch wenn man Zielfunktionen hat, die eine Summe von Fehlerquadraten darstellen, ergeben sich solche langgestreckte, enge "Täler". Aber auch in der Nähe eines sehr flachen Minimums ist die Anwendung des Gradientenverfahrens problematisch. Dort sind es die Restfehler nach abgebrochenen Iterationen im mathematischen Modell, die ein gewisses "Rauschen" in den Daten für die Zielfunktion verursachen und damit eine genaue Gradientenberechnung erschweren. Wie schon in der Einleitung zu diesem Kapitel bemerkt, kann es sogar vorkommen, daß das Minimum entgegengesetzt zur errechneten Suchrichtung liegt.

Wenn man noch relativ weit weg vom gesuchten Optimum ist, dann liefert das Gradientenverfahren meist gute Fortschritte. Aus den geschilderten Gründen kann es aber im Endstadium der Suche versagen; man geht dann besser auf ein anderes Verfahren über.

Bei der Ausführung des Gradientenverfahrens ergibt sich ein Schrittweitenproblem. Da man keine Information darüber hat, wie weit das Minimum in Gradientenrichtung vom Ausgangspunkt entfernt ist, muß man den Suchbereich vorgeben. Wieder hat man zwei gegensätzliche Gesichtspunkte zu berücksichtigen: ein kleiner Suchbereich beschränkt die Schrittweite eventuell so, daß das mathematische Modell unnötig oft ausgewertet werden muß; ein großer Bereich kann zu unerwünscht großen Variablenänderungen führen.

Eine große Variablenänderung ist nur dann erwünscht, wenn sie einen Schritt direkt in Richtung auf das Minimum bedeutet. Da in aller Regel aber die Suchrichtung mangels besseren Wissens eine andere ist, sollte sie in nicht zu großen Abständen korrigiert werden.

Auch für das Gradientenverfahren wurde ein Programm entwickelt; es ist Teil des in Kap. D. 2. 4 beschriebenen Suchverfahrens. Letzteres ist so formuliert, daß es unter anderem auch als reines Gradientenverfahren angewendet werden kann. Nähere Einzelheiten zur Anwendung sind in Kap. D. 2. 4 angegeben.

2.3.2 Ein Verfahren mit zwei Zielfunktionen

2.3.2.1 Grundüberlegung

Im Kap. D. 1. 2. 2 wurde bereits auf einige Optimierungsprobleme hingewiesen, bei denen es schwer fällt, zur Beurteilung nur ein einziges Kriterium festzulegen. Es sind dies Aufgaben, wie z. B. der Entwurf einer Gasturbine mit Wärmetauscher, die einerseits möglichst leicht oder auch klein sein soll, andererseits jedoch wenig Brennstoff verbrauchen soll - zwei einander widersprechende Forderungen. Jede könnte Zielfunktion einer Optimierung sein, die andere wäre dann Nebenbedingung.

Ähnliche Probleme kommen in der Praxis öfter vor. Behandelt man sie als Optimierungsaufgabe mit Nebenbedingung, so treten die bereits diskutierten

Schwierigkeiten auf. Wenn es irgend geht, sollte man das Problem auf eines ohne Nebenbedingung zurückführen.

Mit dem im folgenden beschriebenen Verfahren kann man e i n e Nebenbedingung so behandeln, als ob sie keine wäre. Es läuft dann so ab, daß Zielfunktion und Nebenbedingung völlig gleichwertig sind. Daher kann man in diesem Falle auch von zwei "Zielfunktionen" sprechen. Die eine Zielfunktion werde ZFY genannt, sie ist zu maximieren. Die zweite Zielfunktion, ZFX, ist zu minimieren. In der Ebene ZFX - ZFY existiert dann eine

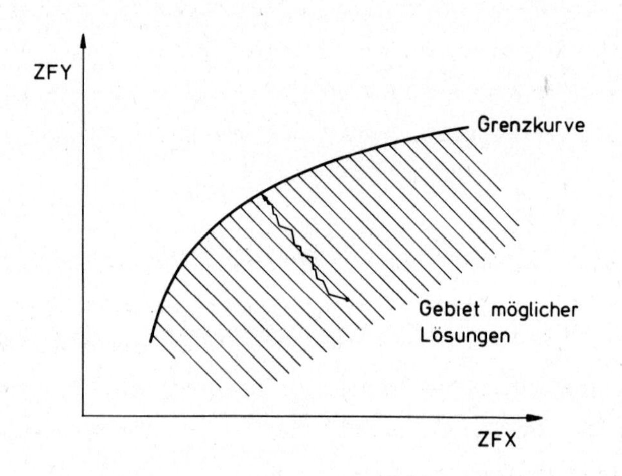

Bild 3. Ebene der Zielfunktionen

Kurve (Bild 3), die das Gebiet möglicher Lösungen begrenzt. Alle Punkte auf der Grenzkurve sind Maximalpunkte bezüglich ZFY mit der Nebenbedingung, daß ZFX kleiner oder gleich dem ZFX des betreffenden Punktes ist. Ein Suchlauf führt von einem Ausgangspunkt im Gebiet möglicher Lösungen auf die Grenzkurve.

Man mag nun einwenden, daß von der ganzen Grenzkurve ja nur ein Punkt gesucht wird. Das kann in manchen Fällen so sein. Zur Kontrolle eines Ergebnisses muß jedoch ohnehin die Optimierung von verschiedenen Ausgangspunkten aus wiederholt werden. Hat man nur eine Zielfunktion definiert, dann müssen alle Ergebnispunkte zusammenfallen. Bei - wie vorgeschlagen - zwei Zielfunktionen müssen alle Punkte auf einer glatten Kurve liegen. Man hat damit eine Kontrolle, ob alle Läufe zum Optimum geführt haben und erhält zusätzlich eine Information darüber, wie sich die geänderte Nebenbedingung auswirkt.

Aus der Vielzahl der Parameterkombinationen, die zu Punkten auf der Grenzkurve gehören, muß abschließend die optimale Kombination ausgewählt werden. Dazu steht nun eine Fülle von leicht überschaubaren Informationen zur Verfügung, denn längs der Grenzkurve kann der Verlauf aller interessierenden Beurteilungskriterien aufgetragen werden. In der letzten Phase der Optimierung muß der Entwurfsingenieur die Auswahl treffen, wobei oft Größen der unterschiedlichsten Art gegeneinander abgewogen werden müssen.

2. 3. 2. 2 Prinzipieller Ablauf

Ausgehend von einem realisierbaren Entwurf, den man sich z. B. durch eine Zufallssuche beschafft hat, werden die einzelnen Optimierungsvariablen der Reihe nach zuerst um einen Schritt in positiver, dann um einen in negativer Richtung geändert. Diese Schritte wirken sich so aus, daß die Zielfunktionswerte sich jeweils um Δ ZFX und Δ ZFY ändern. Die Schrittweiten bei den Optimierungsvariablen werden so gesteuert, daß

a) der Abstand $a_k = \sqrt{\Delta ZFX_k^2 + \Delta ZFY_k^2}$ infolge einer Änderung der Variablen mit dem Index k in einem vorgeschriebenen Bereich liegt. Werden die Zahlenwerte von ZFX und ZFY durch geeignete konstante Multiplikatoren in die Nähe von 100 gebracht, dann sollten die a_k etwa bei $1 \pm 0,5$ liegen.

b) in Bereichen, wo die partiellen Ableitungen nach beiden Richtungen sehr unterschiedlich ausfallen, die Schrittweiten verkleinert werden.

Das Ergebnis der geschilderten Rechnung ist ein "Stern" in der ZFX-ZFY-Ebene (Bild 4). Erlaubt im Sinne einer Optimierung sind alle Schritte in den nicht gerasterten 4. Quadranten. Im Fall des Beispiels aus Bild 4 erfüllt diese Bedingung nur der Einzelschritt, der die Variable 4 vermindert. Durch die gestrichelten Linien ist jedoch angedeutet, daß auch eine gleichzeitige Änderung der Variablen 2 und 3 oder 1 und 3 zu einer Verbesserung führen kann. Es gibt also "Einpunktlösungen" und "Zweipunktlösungen".

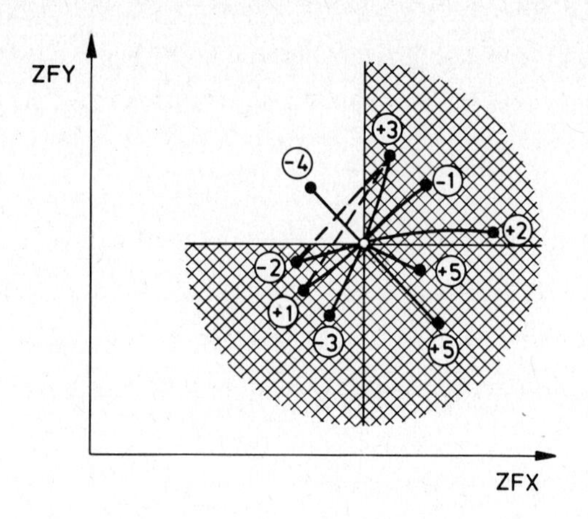

Bild 4. Partielle Ableitungen in der Ebene der Zielfunktionen

Alle Ein- und Zweipunktlösungen werden nacheinander versucht. Der erste Schritt wird - wenn es eine Einpunktlösung ist - in der Regel erfolgreich sein (Ausnahme: Einfluß von Restfehlern aus Iterationen im mathematischen Modell). Der zweite und alle weiteren Schritte müssen nicht unbedingt erfolgreich sein, selbst wenn alle Restfehler verschwinden würden, da ja zur Auswahl der Schritte partielle Ableitungen verwendet werden, die nicht zum inzwischen erreichten Punkt der ZFX-ZFY-Ebene gehören.

Wenn eine Einpunktlösung mißglückt ist, d.h. in den 1. oder 3. Quadranten gefallen ist, so hat man zwar keinen Schritt in Richtung einer Optimierung getan, aber neue ΔZFX und ΔZFY gewonnen, die für die weitere Rechnung verwendet werden können.

Zweipunktlösungen werden in der Aufteilung der Schrittweite auf die beiden betroffenen Variablen so gewählt, daß der neue Punkt für den Fall, daß das Problem linear ist, auf der Winkelhalbierenden des 4. Quadranten liegt. In Wirklichkeit treten oft erhebliche Nichtlinearitäten auf und der erste Versuch einer Zweipunktlösung mißlingt. Dann wird die Aufteilung der Schrittweiten geändert und das mathematische Modell erneut durchgerechnet. Liefert auch dieser Versuch einen Punkt im 1. oder 3. Quadranten, dann werden weitere Korrekturen versucht. Die Rechnung mit dem betreffenden Variablenpaar wird abgebrochen, wenn beim 4. Versuch noch kein Punkt im 4. Quadranten gefunden werden konnte oder wenn ein Punkt in den 2. Quadranten fällt.

Wenn alle Ein- und Zweipunktlösungen abgearbeitet sind, wird versucht, alle seit der Berechnung des Sterns erfolgreich durchgeführten Schritte gleichzeitig noch einmal zu wiederholen. Abhängig vom Erfolg oder Mißerfolg dieses "Satzes" von Variablenänderungen wird die entsprechende Schrittweite gesteuert.

Nachdem auch mit der kleinsten Schrittweite bei der gleichzeitigen Änderung der betreffenden Variablen kein Erfolg mehr erzielt werden kann, wird geprüft, ob es sinnvoll ist, mit den momentanen ΔZFX- und ΔZFY-Werten weiterzurechnen. Falls bis dorthin weniger als 5 Einzelschritte erfolgreich waren, wird ein neuer Stern berechnet.

Die Rechnung wird in der geschilderten Weise fortgeführt, bis ein Stern gefunden ist, der weder Ein- noch Zweipunktlösungen erlaubt. Dann wird deren Ablauf so modifiziert, daß auch diejenigen Schritte versucht werden, die bisher nur wegen der Restfehler aus den Iterationen im mathematischen Modell als nicht möglich angesehen wurden. In dieser Phase der Optimierung sind die Fortschritte meist nur klein und die Zahl der mißlungenen Zweipunktlösungen groß. Ist auch mit Berücksichtigung der Unsicherheiten der ZFX- und ZFY-Werte aus dem Stern weder eine Ein- noch eine Zweipunktlösung abzuleiten, dann ist das Ziel der Optimierung und damit der Endpunkt eines Laufes erreicht.

Ausgangspunkt für weitere Suchläufe kann man sich zum Beispiel durch neue Zufallssuchen in kleinen Bereichen um das zuerst gefundene Ziel herum beschaffen. Diese Punkte werden schon dicht an der Grenzkurve liegen und erfordern daher zur Optimierung relativ wenig Rechenaufwand. Hat man auf diese Weise mehrere Optimalpunkte gefunden, dann ist auch die Erweiterung des anfänglich sehr kleinen Bereichs der Grenzkurve mit abwechselnden Zufallssuchen und systematischen Optimierungsläufen kein Problem mehr.

Für das beschriebene Verfahren wird kein Protokoll beigegeben. Der konkrete Ablauf ist ziemlich kompliziert und verschachtelt; ohne ausführliche Erläuterungen dürfte er kaum verständlich sein. In [42] ist die Anwendung des Programms beschrieben. Zusätzlich zum Protokoll ist dort auch ein ALGOL-Zeichenprogramm angegeben, das die Suche in der ZFX-ZFY-Ebene zu verfolgen gestattet.

Ergebnisse, die mit diesem Verfahren gewonnen wurden, sind in den Kap. E.1, E.2 und E.3 enthalten. Sie zeigen die erreichbare Genauigkeit sowohl bei den Zielfunktionen als auch bei den Optimierungsvariablen. Große Streubreiten bei einzelnen Parametern bedeuten - wenn die Zielfunktionswerte auf einer glatten Kurve liegen - daß der betreffende Parameter keinen großen Einfluß auf die Zielfunktion hat. Detailuntersuchungen der Umgebung von Punkten auf der Grenzkurve bestätigen diese Aussage. Die weitere Ergebnisdiskussion ist in den entsprechenden Kapiteln zu finden.

2.4 Newton-Verfahren

2.4.1 Einführung

Der Grundgedanke des Newton-Verfahrens ist, daß man bei der Optimierung eine Stelle sucht, an der alle partiellen Ableitungen verschwinden. Ein ähnliches Problem lag dem in Kap. C.3.1 beschriebenen Newton-Raphson-Verfahren zugrunde. Dort suchte man Fehler zu Null zu machen, die im Rahmen von Iterationsrechnungen vorkamen. Man kann im Prinzip dasselbe Verfahren auch als Suchstrategie verwenden, indem man die partiellen Ableitungen an einer durch eine Variablenkombination gegebenen Stelle als Fehler betrachtet. Die Fehleränderungsmatrix (Gl. 4, Kap. C.3.1) enthält dann für das hier vorliegende Problem die z w e i t e n Ableitungen. Diese Matrix, die im übrigen symmetrisch ist, nennt man auch Hesse-Matrix. In Matrizenschreibweise lautet das aufzulösende Gleichungssystem

$$\begin{bmatrix} \frac{\partial^2 f}{\partial x_1^2} & \frac{\partial^2 f}{\partial x_1 \partial x_2} & \cdots & \frac{\partial^2 f}{\partial x_1 \partial x_n} \\ \vdots & \vdots & & \vdots \\ \frac{\partial^2 f}{\partial x_n \partial x_1} & \frac{\partial^2 f}{\partial x_n \partial x_2} & \cdots & \frac{\partial^2 f}{\partial x_n^2} \end{bmatrix} \begin{bmatrix} \Delta x_1 \\ \vdots \\ \Delta x_n \end{bmatrix} = \begin{bmatrix} -\frac{\partial f}{\partial x_1} \\ \vdots \\ -\frac{\partial f}{\partial x_n} \end{bmatrix}. \tag{1}$$

Ist die Zielfunktion eine quadratische Funktion, dann führen die aus dem Gleichungssystem (1) errechneten Schrittweiten Δx_1 von jedem beliebigen Punkt aus direkt zur Stelle mit verschwindenden Ableitungen. Das soll der Anschaulichkeit halber auch an einem Beispiel gezeigt werden.

Die Zielfunktion f (x_1, x_2) laute

$$f(x_1, x_2) = x_1^2 + 3x_1 x_2 + 4x_2^2 + 10x_1 + 4x_2 + 1 .$$

Die "Höhenlinien" dieser Zielfunktion sind Ellipsen, deren Achsen sich nicht im Koordinatenursprung kreuzen und die auch nicht parallel zu Abszisse und Ordinate ausgerichtet sind. Die ersten partiellen Ableitungen sind

$$\frac{\partial f}{\partial x_1} = 2x_1 + 3x_2 + 10 ,$$

$$\frac{\partial f}{\partial x_2} = 3x_1 + 8x_2 + 4 .$$

Die zweiten Ableitungen werden zu Konstanten:

$$\frac{\partial^2 f}{\partial x_1^2} = 2 , \qquad \frac{\partial^2 f}{\partial x_2^2} = 8 ,$$

$$\frac{\partial^2 f}{\partial x_1 \partial x_2} = \frac{\partial^2 f}{\partial x_2 \partial x_1} = 3 .$$

Als Startpunkt der Suche werde willkürlich die Variablenkombination $x_1 = 5$ und $x_2 = 10$ gewählt. Der Zielfunktionswert ist 666, die Gradienten sind an dieser Stelle

$$\frac{\partial f}{\partial x_1} = 50 \quad \text{und} \quad \frac{\partial f}{\partial x_2} = 99 .$$

Das aufzulösende Gleichungssystem ist gemäß (1) und unter Beachtung der Regeln bei der Bildung des Matrizenproduktes

$$2\,\Delta x_1 + 3\Delta x_2 = -50$$

$$3\Delta x_1 + 8\Delta x_2 = -99,$$

es hat die Lösung $\Delta x_1 = -14{,}714$; $\Delta x_2 = -6{,}857$. Führt man den so errechneten Suchschritt aus, dann gelangt man zu dem Punkt mit den Koordinaten $x_{1,neu} = x_{1,alt} + \Delta x_1 = 5 - 14{,}714 = -9{,}714$ und $x_{2,neu} = x_{2,alt} + \Delta x_2 = 10 - 6{,}857 = +3{,}143$. Durch Einsetzen in die Gleichungen für die Gradienten kann man sich überzeugen, daß diese dort Null sind. Z.B. $\partial f/\partial x_1 = 2x_{1,neu} + 3x_{2,neu} + 10 = 0$. Der Wert der Zielfunktion ergibt sich für diese Stelle mit - 41,2857. Es handelt sich dabei um den Mittelpunkt der Ellipsen. In Bild 2, Kap. D.2.3 käme man also direkt in einem Schritt zum Ziel; der Zickzackweg des Gradientenverfahrens ist vermieden.

Dieses Suchverfahren kann ohne weiteres auch bei mehr als zwei Variablen angewendet werden. Es wird umso schneller zum Optimum führen, je besser die Zielfunktion durch eine quadratische Funktion angenähert werden kann.

Schon im Kapitel über die Gradientenverfahren wurde darauf hingewiesen, daß es gewisse Schwierigkeiten bereiten kann, genügend genaue numerische Ableitungen zu bestimmen. Das gilt natürlich für die zweiten Ableitungen in verstärktem Maße. Daher hat man einige Verfahren entwickelt, bei denen man ohne die zweiten Ableitungen auskommt und dennoch wenigstens näherungsweise die Konvergenz zweiter Ordnung des Newton-Verfahrens erreicht. Von Vorteil ist dabei außerdem, daß die Inversion der Hesse-Matrix, die zur Auflösung des Gleichungssystems (1) erforderlich ist, umgangen werden kann. Das spielt besonders dann eine Rolle, wenn die Zahl der Optimierungsvariablen groß ist. Näheres zu diesem Problemkreis kann hier nicht gebracht werden; der Leser wird auf die entsprechende Literatur verwiesen.

2.4.2 Programmbeschreibung

Für Newton- und Gradientenverfahren wurde ein Programm geschrieben, das beide Suchstrategien miteinander zu kombinieren gestattet. Am Beginn einer Optimierung wird stets ein Gradientenschritt ausgeführt; danach können in beliebiger Reihenfolge mehrere Newton- und Gradientenschritte folgen. Bei den Testrechnungen wurden meist 2 - 3 Newton-Schritte nach einem Gradienten-Startschritt jeweils von 2 bis 3 Startpunkten aus durchgeführt.

Dieses Verfahren wurde bei den Beispielen von Kap. E.2.2 und E.4.1 angewendet. In keinem Fall waren mehr als 3 Newton-Schritte bis zum Optimum nötig. Bei Problemen mit Straffunktionen, die die Erfüllung von Nebenbedingungen erzwingen sollen, führt das Newton-Verfahren meist nicht zum Erfolg.

Die Suchstrategie besteht aus einem Hauptprogramm, den SUBROUTINEs NEWOP und GRAD sowie den bereits in Kap. D.2.2.2.2 beschriebenen SUBROUTINEs BOSS (mit ENTRY FUNKT), GOLDSS und OUTPUT.

Hauptprogramm

Hier wird die Zahl der Optimierungsvariablen eingelesen (OVZAHL) sowie die Größe NUMMEX. Es werden jeweils NUMMEX Newton-Schritte nach einem Gradientenstartschritt durchgeführt. Wie im Anschluß daran die Suche weitergeführt werden kann, ist bei der SUBROUTINE NEWOP beschrieben, die nach der Leseanweisung vom Hauptprogramm aus aufgerufen wird.

SUBROUTINE NEWOP

In diesem Unterprogramm (vgl. Protokoll) wird für die Auflösung des linearen Gleichungssystems das bereits in Kap. C.3.2.2 beschriebene Bibliotheksprogramm LGLEI verwendet. Es kann jederzeit durch ein anderes entsprechendes Unterprogramm ersetzt werden.

Als erstes werden die Daten des Startpunktes, einige Informationen über die

```
      INTEGER OVZAHL
      COMMON /OPT/ IND(10),OVAR(10),XOPT(20),XOPTS(20),X(10),XS(10),DELT
     1AX(10),G(10),G1(10),DELX(10),OVZAHL,IALLES,ISEITE,NUMMEX,ZFX,ZFY
      DIMENSION AA(10,11)
C     HAUPTPROGRAMM ZUR OPTIMIERUNG MIT NEWTON-VERFAHREN
C     DER NEWTON-SCHRITT WIRD MIT GOLDSS IN DER WEISE AUSGEFUEHRT,
C     DASS DAS MIMIMUN IN DER SUCHRICHTUNG ERREICHT WIRD
C     ES WERDEN JEWEILS NUMMEX NEWTON-SCHRITTE NACH EINEM GRADIENTEN-
C     STARTSCHRITT DURCHGEFUEHRT
      READ(5,1) OVZAHL,NUMMEX
    1 FORMAT(2I2)
      NOVP1=OVZAHL+1
      CALL NEWOP(AA,OVZAHL,NOVP1)
      STOP
      END
```

```
      SUBROUTINE NEWOP(A,NN,NNP1)
      INTEGER OVZAHL
      COMMON /OPT/ IND(10),OVAR(10),XOPT(20),XOPTS(20),X(10),XS(10),DELT
     1AX(10),G(10),G1(10),DELX(10),OVZAHL,IALLES,ISEITE,NUMMEX,ZFX,ZFY
      COMMON /GOLD/ PARA,ZIELF,XMIN,XX(35),ZIEL(35),JJ,XU,XO,JJM
      ALGOL EXTERNAL LGLEI
      DIMENSION A(NN,NNP1),H(10,10),DELTMX(10),ABST(10)
      JJM=15
      ISTART=0
  111 DO 2 I=1,OVZAHL
      READ(5,3) IND(I),OVAR(I),DELTAX(I),ABST(I),DELTMX(I)
      X(I)=OVAR(I)
      XS(I)=OVAR(I)
      DELX(I)=0.0
    2 G(I)=0.0
    3 FORMAT(I2,8X,4F10.5)
      IF(ISTART.EQ.0) CALL BOSS
      ISEITE=1
      IALLES=1
      CALL FUNKT
      CALL OUTPUT
  333 CALL GRAD(1)
C     GRADIENTEN-SCHRITT
      WRITE(6,401)
  401 FORMAT(21HOGRADIENTEN - SCHRITT )
      DO 4 I=1,OVZAHL
    4 DELX(I)=-G(I)
C     SCHRITTWEITENSTEUERUNG SO, DASS ALLE ABS(DELX(I)) < DELMX(I)
      DVERM=0.0
      DO 402 I=1,OVZAHL
      DVER=ABS(DELX(I))/DELTMX(I)
      IF(DVER.GT.DVERM) DVERM=DVER
  402 CONTINUE
      DO 403 I=1,OVZAHL
  403 DELX(I)=DELX(I)/DVERM
      NUMMER=0
C
      XU=-0.1
      XO=2.0
  100 CALL GOLDSS
      PARA=0.0
      WRITE(6,102)
  102 FORMAT(1H1,///,32H ENDE DER EINDIMENSIONALEN SUCHE    )
      NUMMER=NUMMER+1
      IF(NUMMER.GT.NUMMEX) GO TO 777
    7 CALL GRAD(1)
      DO 21 I=1,OVZAHL
   21 G1(I)=G(I)
C     BERECHNE HESSE - MATRIX
   30 DO 50 I=1,OVZAHL
      X(I)=X(I)+ABST(I)
   35 CALL FUNKT
```

```
      CALL OUTPUT
      CALL GRAD(I)
      DO 36 J=I,OVZAHL
      H(I,J)=(G(J)-G1(J))/ABST(I)
   36 H(J,I)=H(I,J)
   50 X(I)=X(I)-ABST(I)
      WRITE(6,501)
  501 FORMAT(1H1,/////,15H HESSE - MATRIX )
      DO 502 I=1,OVZAHL
  502 WRITE(6,503)(H(I,J),J=1,OVZAHL)
  503 FORMAT(10E13.5)
C
      DO 55 I=1,OVZAHL
      DO 55 J=1,OVZAHL
   55 A(I,J)=H(I,J)
      DO 56 I=1,OVZAHL
   56 A(I,OVZAHL+1)=G1(I)
      CALL LGLEI(A,DELX,OVZAHL,&888)
      DO 504 I=1,OVZAHL
  504 OVAR(I)=X(I)+DELX(I)
      WRITE(6,505) (OVAR(I),I=1,OVZAHL)
  505 FORMAT(/////,38H ERRECHNETE BESTE PARAMETERKOMBINATION //,10F13.5)
      DO 57 I=1,OVZAHL
   57 XS(I)=X(I)
      XU=-1.
      XO=3.
C     BEGRENZUNG DER SCHRITTWEITEN
      DVERM=1.0
      DO 507 I=1,OVZAHL
      DVER=XO*ABS(DELX(I))/DELTMX(I)
      IF(DVER.GT.DVERM) DVERM=DVER
  507 CONTINUE
      DO 508 I=1,OVZAHL
  508 DELX(I)=DELX(I)/DVERM
      IF(DVERM.GT.1.0) WRITE(6,509) DVERM
  509 FORMAT(43HOSCHRITTWEITEN VERKLEINERT, DIVISION DURCH ,F6.3)
      GO TO 100
  777 READ(5,778) NOCHM
  778 FORMAT(I2)
C     FUER NOCHM=1: ABBRUCH DER RECHNUNG
C     FUER NOCHM=2: SUCHE WIRD MIT GRADIENTEN - SCHRITT FORTGESETZT
C     FUER NOCHM=3: NEUER STARTPUNKT WIRD EINGELESEN
C     FUER NOCHM=4: SUCHE WIRD MIT NEWTON-SCHRITT FORTGESETZT
      ISTART=1
      GO TO (999,333,111,7),NOCHM
  888 XX1=SQRT(-DELTMX(1))
  999 RETURN
      END
```

```
      SUBROUTINE GRAD(K)
      INTEGER OVZAHL
      COMMON /OPT/ INC(10),OVAR(10),XOPT(20),XOPTS(20),X(10),XS(10),DELT
     1AX(10),G(10),G1(10),DELX(10),OVZAHL,IALLES,ISEITE,NUMMEX,ZFX,ZFY
      COMMON /GOLD/ PARA,ZIELF,XMIN,XX(35),ZIEL(35),JJ,XU,XO,JJM
      ISEITE=0
      IALLES=0
      ZFPKT=ZIELF
      DO 100 I=K,OVZAHL
      X(I)=X(I)+DELTAX(I)
   35 CALL FUNKT
      CALL OUTPUT
      G(I)=(ZIELF-ZFPKT)/DELTAX(I)
  100 X(I)=X(I)-DELTAX(I)
      RETURN
      END
```

Differenzen bei der Berechnung von Ableitungen sowie die maximal zulässigen Schrittweiten eingelesen. Pro Optimierungsvariable wird eine Karte verlangt, die jeweils die folgenden 5 Größen enthält:

1. Einen Index IND(I)
2. Startwert OVAR(I)
3. Differenz bei Gradientenberechnung DELTAX(I)
4. Differenz bei der Berechnung der zweiten Ableitungen ABST(I)
5. Maximale Schrittweite DELTMX(I)

Die Bedeutung des Index IND(I) wurde bereits in Kap. D. 2. 2. 2. 2 erklärt. Für die frei zu wählende Differenz bei der Gradientenberechnung DELTAX(I) sei an die einleitenden Bemerkungen zu Kap. D. 2. 3 erinnert.

Zur Berechnung der Änderung des Gradienten infolge einer Variablenänderung muß eine weitere Differenz, nämlich ABST(I), eingeführt werden. Sie sollte mindestens doppelt so groß sein wie DELTAX(I), wenn man einigermaßen genaue zweite Ableitungen erhalten will.

Die maximale Größe eines Suchschrittes muß durch die Größe DELTMX(I) begrenzt werden. Sehr große Schritte sind in der Regel ungünstig, auch dann, wenn sie vom Newton-Verfahren errechnet wurden. Die absolute Größe der maximal sinnvoll erscheinenden Schritte muß im Zusammenhang mit dem mathematischen Modell beurteilt werden.

Tabelle 1 Steuergröße NOCHM

NOCHM	Ablauf
1	Rechnung wird abgebrochen
2	Suche wird mit Gradientenschritt fortgesetzt
3	Neuer Startpunkt wird eingelesen
4	Suche wird mit Newton-Schritt fortgesetzt

Im Laufe der Suche werden von NEWOP aus die übrigen Unterprogramme aufgerufen. Wenn die durch NUMMEX vorgeschriebene Anzahl der Newton-Schritte ausgeführt wurde, dann wird die Größe NOCHM aufgerufen. Sie steuert den weiteren Ablauf der Suche wie in Tabelle 1 angegeben.

SUBROUTINE GRAD

Hier handelt es sich um ein Unterprogramm zur Gradientenberechnung. Es wird von NEWOP aufgerufen. Details können dem Protokoll entnommen werden.

SUBROUTINE BOSS

Im Prinzip ist dieses Unterprogramm ebenso aufgebaut wie in Kap. D.2.2.2.2 beschrieben. Lediglich die ersten 4 Zeilen nach ENTRY FUNKT sind zu ersetzen durch die folgenden 5 Zeilen:

```
      DO 2 I = 1, OVZAHL
      JF(PARA.NE.0.0)X(I)=XS(I)+PARA * DELX(I)
      OVAR(I)=X(I)
      IX=IND(I)
    2 XOPT(IX)=OVAR(I)
```

Bei der Verwendung des Newton-Verfahrens ist zu bedenken, daß ein erheblicher Teil der Rechengänge durch das mathematische Modell für die Bestimmung der Gradienten gebraucht wird. Hier kann bei Modellen mit umfangreichen Iterationsrechnungen wieder erhebliche Rechenzeit gespart werden, wenn man als Vorschätzwerte in den Iterationen die Ergebnisse der zuvor berechneten Variablenkombination wählt.

Damit ist das Newton-Verfahren nicht ganz so aufwendig wie man anhand der relativ großen Anzahl von Auswertungen des mathematischen Modells meinen könnte.

E. Optimierungsbeispiele

1. Kraftfahrzeug-Gasturbinen

1.1 Chancen der Kfz-Gasturbine

Wendet man sich der Kfz-Gasturbine zu, dann ist die Beantwortung zweier Fragen von Interesse.

a) Warum hat sich die Gasturbine im Personen- und Lastkraftwagenverkehr heute noch immer nicht durchgesetzt, obzwar das erste Prototyp-Fahrzeug (Rover in Großbritannien) vor 25 Jahren bereits auf der Straße erprobt wurde?

b) Wie ist der Entwicklungsstand der Kfz-Gasturbine nach den erhöhten Anstrengungen des letzten Jahrzehnts, die in mehreren Industrieländern besonders mit dem Ziel, die spezifischen Brennstoffverbräuche zu verbessern, unternommen wurden?

1.1.1 Ausgangssituation (Antwort zu a)

Daß der technische Entwicklungsstand der Gasturbine bezüglich erzielbarer Heißgastemperatur und Höhe der Komponentenwirkungsgrade, um nur die wichtigsten Daten zu nennen, Anfang der 50er Jahre völlig unzureichend war, darf in diesem Zusammenhang nicht verschwiegen werden. Spezifische Verbräuche von etwa 450 g/PSh bzw. etwa 600 g/kWh bei für Kfz-Betrieb geeigneten Kleingasturbinen galten selbst für Maximalleistung schon als sehr gut. Bei Teillasten waren sie noch wesentlich ungünstiger. Natürlich war man sich dieses Handikaps gegenüber dem Verbrennungs-Hubkolbenmotor wohl bewußt. Viele meinten aber, daß gute Eigenschaften der Gasturbine, wie kleines Einheitsgewicht, relativ niedriger Platzbedarf, günstige Drehmomentencharakteristik bei Anlagen mit Freifahrturbine, geringe Zahl von Einzelteilen, Erschütterungsarmut, bescheidene Anforderungen an die Qualität der Flüssigbrennstoffe usw., die ungünstigen spezifischen Verbräuche wettmachen könnten.

Die Faszination, die von diesem, was die Realisation anbetrifft, neuen Typ Verbrennungskraftmaschine ausging (s. auch Bild 1 in Kap. A.2), führte in den letzten drei Jahrzehnten verschiedentlich zu Pioniertaten, die unsere volle Bewunderung verdienen, aber nichtsdestoweniger ein wirtschaftliches Risiko waren. Hier sei außer an die überflüssig zeitig einsetzenden Kfz-Gasturbinenversuche auch an das erste Passagier-Turbostrahlflugzeug de Havilland-Comet, das Mitte der 50er Jahre eingesetzt wurde, gedacht und letztlich auch an das englisch-französische Überschallverkehrsflugzeug Concorde. Die Schwierigkeiten, die man bei diesen Pilottechniken hatte und hat, sind sehr vielschichtiger Natur und keinesfalls der Gasturbine allein anzulasten.

Will man dagegen dem seit rund 75 Jahren im Einsatz befindlichen Verbrennungsmotor, der in Stückzahlen von mehreren hunderten Millionen gebaut wurde und der über einen weltweiten Betreuungs- und Ersatzteilservice verfügt, ernstlich Konkurrenz machen, dann kann nur nach strengsten wirtschaftlichen Gesichtspunkten vorgegangen werden. Obzwar zu den schon früher aufgeführten Vorteilen noch ihre Umweltfreundlichkeit (Kap. B.5.2) hinzukommt, welche Eigenschaft nicht hoch genug eingeschätzt werden kann, muß dennoch das Problem des spezifischen Verbrauchs in befriedigender Weise gelöst werden. Die Stichworte Energieknappheit und Rohölpreise seien hier genannt.

1.1.2 Auslegungsdaten neuerer Versuchstriebwerke (Antwort zu b)

Versuchen wir die besten Daten der besten ausländischen Automobilgasturbinen (AiResearch Garrett, British Leyland, Ford, General Motors, Orenda und Volvo) des Durchsatzbereiches von etwa 1 ÷ 3 kg/s zu analysieren. Vergleicht man die von den Herstellern angegebenen spezifischen Leistungs- und Verbrauchsdaten mit denjenigen Werten, die sich unter Zugrundelegung der gleichfalls veröffentlichten Daten der thermodynamischen Kreisprozesse (wie: Komponentenwirkungsgrade, Verdichterdruckverhältnis, Heißgastemperatur, Wärmetauscher-Wirkungsgrad, Druckverluste usw.) aus deren Rückrechnung

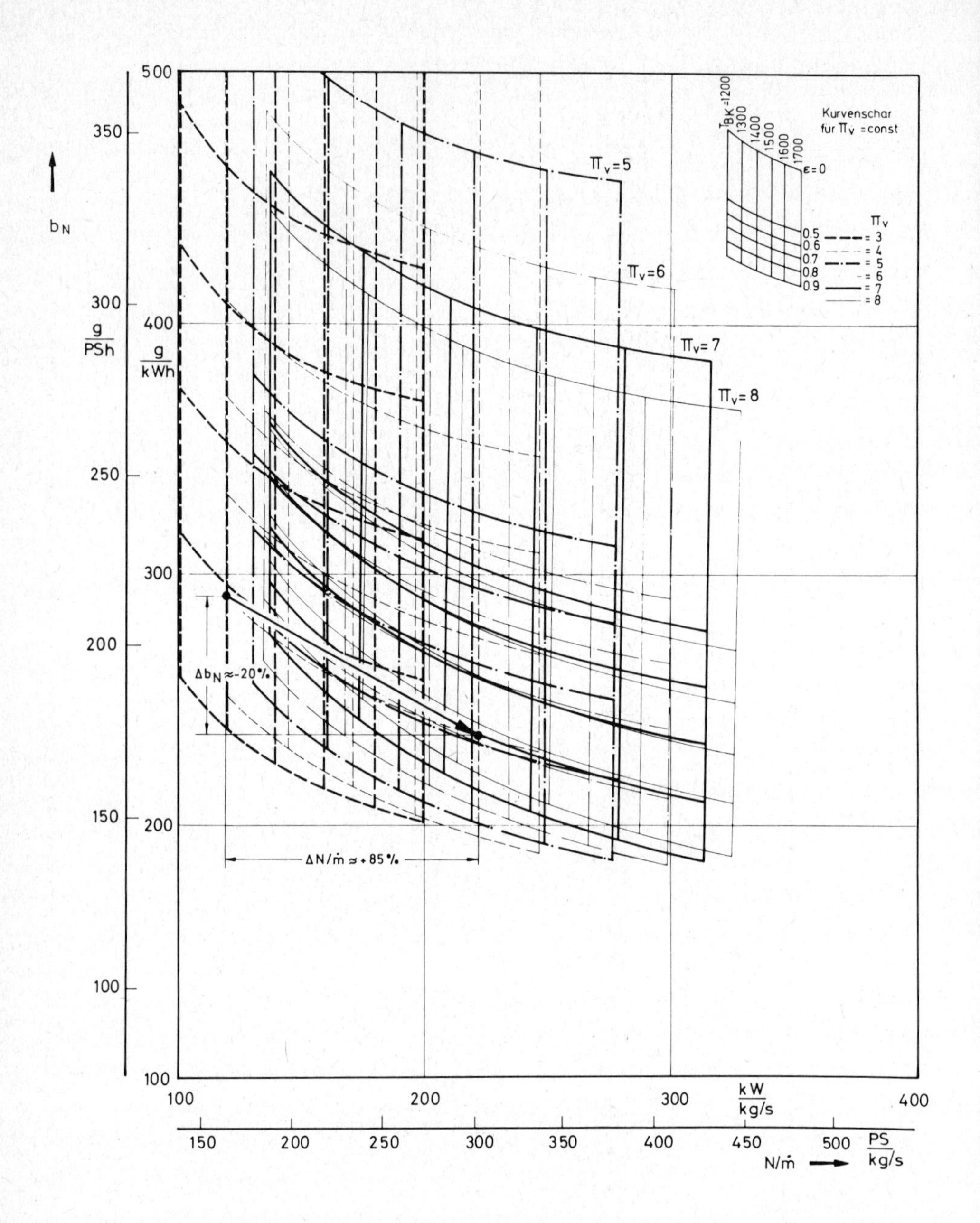

Bild 1. Fahrzeuggasturbine mit Wärmetauscher $\eta_V = \eta_T = 0{,}8$, $\Delta P = 15\ \%$

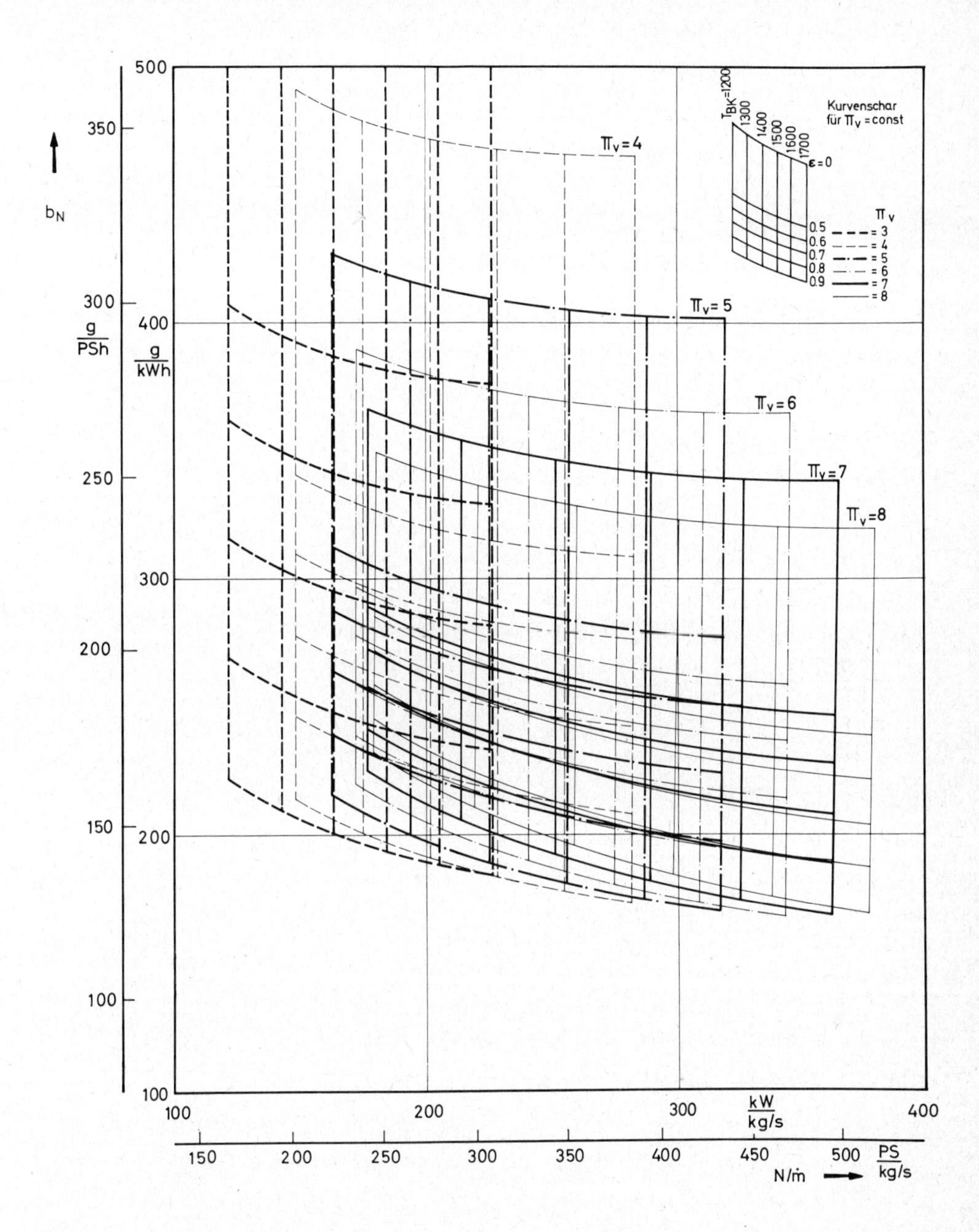

Bild 2. Fahrzeuggasturbine mit Wärmetauscher $\eta_V = \eta_T = 0{,}85$, $\Delta P = 15\ \%$

ergeben, findet man nur selten eine Übereinstimmung. Dies läßt drei Schlußfolgerungen zu. Entweder sind die Angaben über die jeweiligen Verlustbilanzen nicht vollständig, oder die angegebenen Komponentenwirkungsgrade werden zwar erreicht, aber gehören nicht zu den Auslegungspunkten, oder sie sind schlicht überhöht angegeben.

In den Bildern 1 und 2 sind auf der Ordinate jeweils die spezifischen Verbräuche und auf der Abszisse die Leistungen pro Durchsatzeinheit angegeben. Parameter sind dabei Verdichterdruckverhältnis π_V, Brennkammertemperatur T_{BK} und Wärmetauscher-Wirkungsgrade ε. Jedes Bild gilt für ein bestimmtes Niveau von Verdichter- bzw. Turbinenwirkungsgrad η_V, η_T und einen Druckverlustbeiwert ΔP. In letzterem sind die einzelnen Druckverluste multiplikativ zusammengefaßt. Eine brauchbare Orientierung erhält man bei einer Kombination von $\eta_V = \eta_T = 0{,}8 \div 0{,}85$, $\Delta P = 15\ \%$ und $\varepsilon = 0{,}8$. In der Nähe dieser Werte (die etwa durch Interpolation zwischen den Kurvenpunkten der Bilder 1 und 2 gewonnen werden können) lassen sich die meisten Herstellerangaben bezüglich der spezifischen Werte von Verbrauch und Leistung korrelieren.

Die vorstehend erwähnten Kfz-Gasturbinen sind ausschließlich ungekühlte Metallturbinen (die Wärmetauscher sind allerdings häufiger als keramische Regeneratoren ausgebildet) und haben daher bei Maximalleistung ein Heißgastemperaturniveau von 1200 ÷ 1300 K. Für sehr kurze Zeiten sind auch etwas höhere Temperaturen erreicht worden.

1. 1. 3 Voraussetzungen für den Durchbruch der Gasturbine im Kfz-Bereich

Will man im interessierenden Leistungsbereich das Niveau der spezifischen Verbräuche vom Otto-Motor unterschreiten und den des Diesel-Motors erreichen, müssen wesentlich höhere Brennkammertemperaturen zugelassen werden. Bild 1 (s. Pfeil) erlaubt folgende Tendenzen festzustellen.

- Die Erhöhung der Heißgastemperatur von 1200 auf 1600 K (Fall $\pi_V = 4$) vergrößert die Durchsatzleistung um etwa 85 %. Luft- und Gasführungen sowie der Wärmetauscher werden dadurch entscheidend verkleinert. Für den Turbomaschinenteil ist diese hohe Durchsatzleistung bei den relativ geringen Absolutleistungen im Kfz-Bereich allerdings nicht unbedingt ein Vorteil.

- Die spezifischen Verbräuche sinken für die gleiche Temperaturspanne um fast 20 % (Fall $\varepsilon = 0,8$).
- Eine Erhöhung des Verdichterdruckverhältnisses über $\pi_V = 5$ verbessert den Verbrauch nur unbedeutend. Allerdings dürften sich höhere π_V - Werte für den Auslegungspunkt empfehlen, weil dadurch der Teillastverbrauch verbessert wird.
- Bei größeren Kompressordrücken (z.B. $\pi_V = 8$) kann man sich evtl. einen kleineren Wärmetauscher ($\varepsilon = 0,8 \rightarrow 0,7$) leisten. Bei kleineren Drücken dagegen nicht.
- Bei diesen generell niedrig verdichteten Anlagen kommt eine Auslegung ohne Wärmetauscher aus Verbrauchsgründen nicht in Frage.

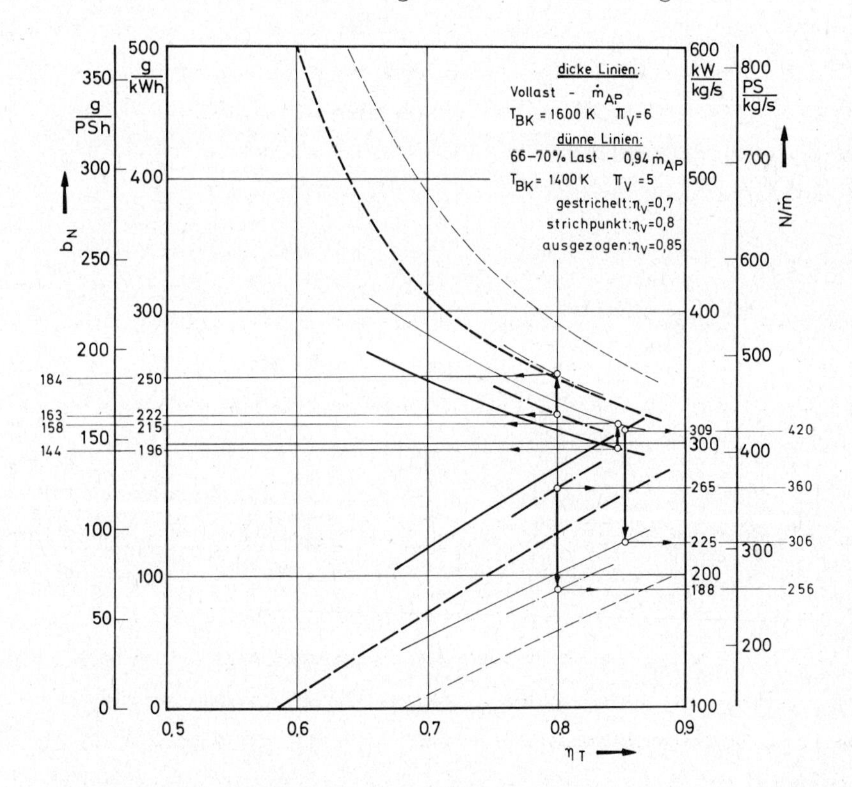

Bild 3. Einfluß der Komponentenwirkungsgrade bei Voll- und oberer Teillast. $\varepsilon = 0,8$ $\Delta P = 15$ % $\pi_{V,AP} = 6$ $T_{BK,AP} = 1600$ K

Den Einfluß der Komponenten-Wirkungsgrade bei Vollast und Teillast zeigt Bild 3.

Das Blatt gilt für einen Gesamtdruckverlust von ΔP = 15 % (mögliche Aufteilung z.B. $\Delta P_{Zuströmung}$ = 2 %, $\Delta P_{WT,kalt}$ = 1 %, ΔP_{BK} = 3 %, $\Delta P_{WT,heiß}$ = 4 %, $\Delta P_{Abströmung}$ = 5 %), wie die Bilder 1 und 2, und einen Wärmerückgewinn von ε = 0,8.

Legt man z.B. den Vollastpunkt bei 1600 K und π_V = 6, so ergeben sich bei einer möglichen Regelungsart für eine Teillast von etwas unter 70 % 1400 K und π_V = 5. Der Massendurchsatz geht dabei um etwa 6 % zurück.

Die spezifischen Leistungen und Verbräuche sind für die Komponentenwirkungsgrade η_V = η_T = 0,85 bzw. 0,8 eingetragen.

Eine andere Darstellung vergleicht die Teillastverbräuche verschieden ausgelegter Gasturbinen, Bild 4 [11].

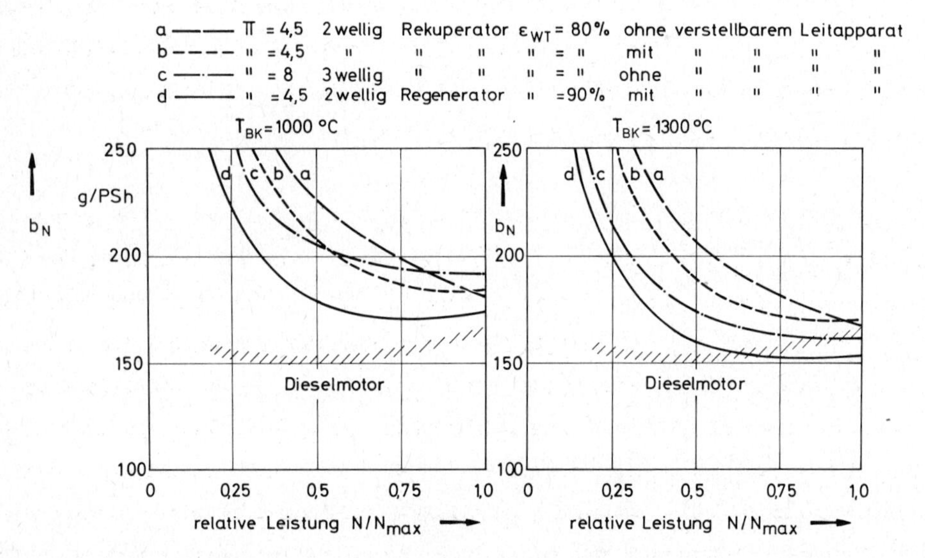

Bild 4. Vergleich der Teillastverbräuche verschiedener Gasturbinen- und Wärmetauschersysteme bei einer Gastemperatur von 1000° C und 1300° C mit einem modernen Dieselmotor

Aus dieser Untersuchung ist außer dem Einfluß der Brennkammertemperatur noch derjenige der Bauart auf den Teillastverbrauch der Gasturbine ersichtlich.

Für den hier interessierenden Fall $T_3 = 1300^oC$ ($T_{BK} = 1573$ K) ergibt sich folgendes:

- Geht man von einer zweiwelligen Bauweise (Gasgenerator und Freifahrturbine) mit $\pi_V = 4,5$ und $\varepsilon = 0,8$ (Fall a) und ohne verstellbaren Leitapparat auf einen verstellbaren (Fall b) über, dann wird der Teillastverbrauch gesenkt.
- Baut man die Gasturbine mit $\pi_V = 8$ dreiwellig (d. h. den Gasgenerator selbst zweiwellig), jedoch ohne Verstellgeometrie im Leitrad (Fall c), dann ergibt sich gegenüber Fall b eine weitere Verbrauchssenkung.
- Die günstigsten Verhältnisse erhält man bei verstellbarem Leitrad und 90 % Wärmetausch (Fall d) gegenüber 80 % (Fälle a bis c).

Zur Erreichung hoher Heißgastemperaturen bedient sich die Strahltriebwerkstechnik komplizierter Turbinenschaufel-Kühlverfahren, die aus preislichen und fertigungstechnischen Gründen für Kfz-Betrieb nicht in Frage kommen. Man bedenke, daß die Turbinenschaufeln Fingernagelgröße haben können.

Die ungekühlte Keramikschaufel, die ein Temperaturniveau von 1600 K verträgt, außerdem billig herzustellen ist und bezüglich des Rohstoffes keine Beschaffungsschwierigkeiten bereitet, hätte hier ihren idealen Platz. Vorausgesetzt, daß sie genügende Temperaturwechselfestigkeit bei gegenüber heute wesentlich herabgesetzter Streubreite, ferner ausreichende Lebensdauer unter Kfz-Bedingungen besitzt und schließlich ihre Sprödigkeit verliert. Wenn hier von keramischen Werkstoffen gesprochen wird, ist besonders an Siliziumnitrid Si_3N_4 gedacht, das nicht nur hohe Festigkeit bis etwa 1700 K besitzt, sondern auch kurzzeitige Temperaturbeanspruchungen verträgt, d. h. ein relativ günstiges Temperaturwechsel- und Thermoschockverhalten aufweist. Auch Siliziumkarbid Si C hat interessante Eigenschaften.

Keramikgasturbinen werden außer den am schwierigsten zu entwickelnden Turbinenschaufelräder auch Leiträder, Teile der Brennkammer und, je nach Auslegung, den Wärmetauscher aus Keramik enthalten. Wenn die folgenden Bedingungen erfüllt sind, kann mit Sicherheit damit gerechnet werden, daß die Gasturbine den Diesel-Motor im LKW und den Otto-Motor im PKW im Bereich der jeweils höheren Leistungsklasse verdrängt:

- Konzept mit Keramikbauteilen, die eine maximale Brennkammertemperatur $\geqq$ 1600 K erlauben.
- Wärmetauscher mit einem Rückgewinnfaktor von $\varepsilon \approx 0,9$ in Regeneratorbauweise mit drehender Matrix (evtl. auch als klassischer Rekuperator mit Kühlkanälen sehr geringen hydraulischen Durchmessers).
- Herstellungspreis pro Kilowatt Leistung vergleichbar demjenigen des Diesel-Motors und niedriger als $1,4 \div 1,5$ mal des entsprechenden Werts beim Otto-Motor.
- Einhaltung der geforderten Umweltschutzvorschriften bezüglich Abgaszusammensetzung und Lärmbelastung.
- Nutzlastturbine mit verstellbarem Leitapparat.
- Dem Verbrennungsmotor vergleichbare Lebensdauer.

Wenn nicht alle Bedingungen erfüllt sind, dann wird sich die Gasturbine entsprechend langsamer und gegebenenfalls nur in bestimmten Bereichen des Straßenverkehrs durchsetzen.

Bei diesen Überlegungen wird davon ausgegangen, daß die heute von den Kfz-Herstellern zur Verbesserung der Schadstoffemission unternommenen Maßnahmen direkter Art, wie z.B. die Zweistufenverbrennung beim Diesel-Motor oder indirekte Verfahren zur Abgassäuberung, wie katalytische Nachverbrennung beim Otto-Motor, so weiterentwickelt sind, daß die derzeit damit verbundene Motorleistungsreduktion und der um $10 \div 20$ % erhöhte spezifische Brennstoffverbrauch in Zukunft vermieden werden können.

1.2 Massen- und Volumenmodell für eine Kfz-Gasturbine mit Doppel-Scheiben-Regenerator

Viele der bisher bekannt gewordenen Entwürfe und Prototypen von Fahrzeuggasturbinen mit Regenerator haben den folgenden Aufbau: Die Turbomaschinengruppe besteht aus einem Radialverdichter, einer axialen - oder manchmal auch radialen - Hochdruckturbine und einer axialen Freifahrturbine. Eine Einzelbrennkammer ist senkrecht oder leicht geneigt zur Achse des Gasgenerators angeordnet. Zwei scheibenförmige Regeneratoren sind parallel zueinander auf beiden Seiten der Turbomaschinen angebaut. Einen typischen

Bild 1. Gasturbine Ford 707

Vertreter dieser Bauart stellt die Gasturbine 707 von Ford dar (Bild 1).

Ein Massen- und Volumenmodell für diese Gasturbinenbauart wird in den folgenden Abschnitten beschrieben. Da hohe Brennkammertemperaturen (um 1600 K) angestrebt werden, sollen die temperaturmäßig am höchsten beanspruchten Teile aus Keramik gefertigt werden. Das Modell besteht im wesentlichen aus den drei Gruppen: Turbomaschinen, Brennkammer und Wärmetauscher.

Weiterhin sind noch Nebengeräte wie Öhlkühler, Anlasser, Brennstoffpumpen usw. sowie ein Untersetzungsgetriebe zu berücksichtigen. Die Zahlenangaben - soweit sie nicht allgemein sind - beziehen sich auf die Leistungsklasse 600 kW. Diese Leistungsklasse wurde gewählt, weil sie für zukünftige Schwerfahrzeuge verschiedenster Anwendungsbereiche in Frage kommen.

1. 2. 1 Teilmodelle

1. 2. 1. 1 Turbomaschinen

Voruntersuchungen erbrachten, daß bei Regeneratorbetrieb Verdichterdruckverhältnisse im Bereich von $\pi_V = 5 \div 10$ interessant sein könnten. Bild 2 zeigt

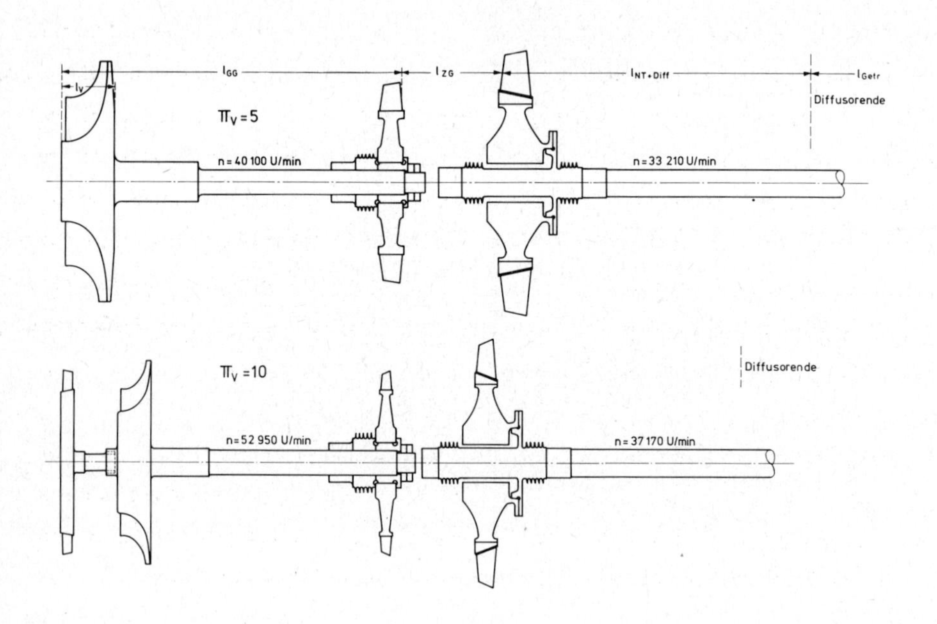

Bild 2. Rotoren für Druckverhältnisse von 5 ÷ 10

mögliche Rotorkonzepte für o. g. Grenzwerte.

Bei den Projektüberlegungen wurde davon ausgegangen, daß die Maximalleistung N_{max} = 600 kW sein soll, was bei variablen π_V auch zu unterschiedlichen Massendurchsätzen führt. Man erkennt die Tendenz des kleiner werdenden Volumens der Turbomaschinen mit steigendem π_V innerhalb der untersuchten Druckverhältnisse. Auch die Gesamtmassenbilanz der Turbomaschinengruppe wird mit höherem π_V günstiger.

Verdichter

Die drei durchgerechneten Fälle π_V = 5, 7,5 und 10 hätte man jeweils mit einer Radialverdichterstufe abdecken können, natürlich mit verschiedenen Maximaldrehzahlen. Radialverdichter mit Stufendruckverhältnissen von 9 ÷ 11 und akzeptablen Wirkungsgraden wurden bereits bei AiResearch-Garrett, General Electric und Pratt & Whitney in den USA gebaut und von der O.N.E.R.A. in Frankreich. Entwicklungen für Werte von $\pi_V > 20$ laufen. Für kleine Durchsätze ergeben sich allerdings gewisse Nachteile. Die Laufradaustrittsbreiten werden sehr klein, was zu hohen Radreibungsverlusten führt und außerdem wird die Geschwindigkeitsverteilung - selbst wenn man Zwischenschaufeln einsetzt - in der sehr kritischen Zone zwischen Laufradaustritt und Diffusoreintritt inhomogen. Die Mach-Zahl der relativen Zuströmgeschwindigkeit im Vorläufer würde so groß, daß vermutlich die Eintrittskante als Pfeilflügel ausgeführt werden müßte. Das Niveau der Außenumfangsgeschwindigkeit wäre mit mehr als 600 m/s außerdem recht hoch.

Hier wurde deshalb davon ausgegangen, daß der Radialverdichter nur $\pi_{Rad.V.}$ = 5 (Bild 3) leistet und im Falle von π_V = 7,5 bzw. 10 eine transsonische Vorstufe π_{TS} = 1,5 bzw. 2 erreicht. Die o.g. Minuspunkte für das rein radiale Konzept werden beim Kombinationsverdichter abgeschwächt.

Für den Austrittswinkel der Absolutströmung α_2 gegen die radiale Richtung wurden 70° zugrundegelegt. Damit hat man noch Reserven im Engstquerschnitt des Diffusors und Schwierigkeiten wegen Blockierung des supersonischen Diffusoreinlaufes können überwunden werden. Für den Diffusor wurde ein Erweiterungsverhältnis von 3 zugrundegelegt und die dann im Austritt entstehende Geschwindigkeit für die Berechnung des Wirkungsgrades der Stufe als Verlust an kinetischer Energie betrachtet. Mit 20 Schaufeln und einem Schlupf von

0,86 wurde im Laufrad gerechnet und mit 16 Kanälen im Diffusor. Auf eine Vergleichsuntersuchung, die Verwendung eines rotierenden Diffusors betreffend, kann hier nicht näher eingegangen werden.

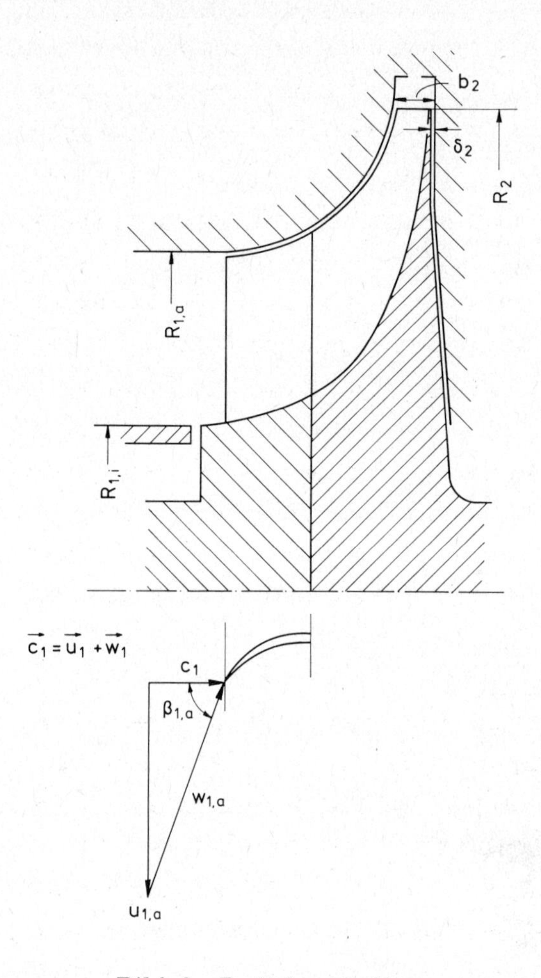

Bild 3. Radialverdichter

Bei einer Außenumfangsgeschwindigkeit des Radialrades von etwa 550 m/s im Falle $\Pi_V = 10$ bietet die transsonische Axialstufe bei etwa 500 m/s im Außenschnitt und einem hohen Nabenverhältnis auch für ein Druckverhältnis von $\Pi_{TS} = 2$ keine Schwierigkeiten.

In der Massenbilanz ist bei $\pi_V = 5$ für das Radialverdichterlaufrad Stahl und den Diffusor Leichtmetall zugrundegelegt, bei $\pi_V = 10$ sind beide Verdichterstufen durchgehend aus Stahl.

Wegen der hohen Fliehkraftbelastung der Radialverdichter-Laufräder kommt nur eine Auslegung mit radial endenden Schaufeln in Frage. Um an den bezüglich der Läuferfestigkeit besonders kritischen Stellen der Kraftüberleitung zwischen Schaufeln und Scheibe möglichst vergleichbare spezifische Belastungen σ/ρ bzw. Sicherheiten bei den drei untersuchten Versionen zu erreichen, variieren die Dimensionen von Innen- und Außendurchmesser einerseits und die "mittlere Wandstärke" des Scheibenrückens im Bereich der Beschaufelung andererseits. Letzterer wird zusätzlich durch Fliehkraftbiegemomente der Schaufeln "über die hohe Kante" belastet.

Auch an der festigkeitsmäßig kritischen Stelle des ebenfalls aus einem Stück gefertigten transsonischen Axialrades der Versionen $\pi_V = 7{,}5$ und 10, nämlich am Blattfuß, sind nach der gezeigten Auslegung jeweils gleich große (und ohne weiteres zulässige) spezifische Belastungen σ/ρ vorhanden.

Gasgeneratorturbine (GGT)

Die auf den Mittelschnitt bezogenen Leistungsbeiwerte liegen bei allen Versionen bei $\psi = 3{,}7 \div 4$ und bieten bei den gewählten Nabenverhältnissen ebenfalls keine Schwierigkeiten. Es geht um höherbelastete einstufige Turbinen.

Wegen des Temperaturniveaus wurde für die Laufräder Vollkeramik eingesetzt. Dabei kann etwa an eine heißgepreßte Siliziumnitridscheibe und einen reaktionsgesinterten Schaufelkranz, ebenfalls aus Si_3N_4, gedacht werden oder auch an eine heißgepreßte Ausführung des kompletten Rades.

Bei der Massenbilanz wurde davon ausgegangen, daß z.B. die keramischen Leitkränze, die einen Teil des Gasführungskanals darstellen, noch durch metallische Strukturelemente getragen werden.

Der Dimensionierung der in Bild 2 gezeigten GGT-Läufer liegt die Annahme zugrunde, daß es sich jeweils um ein einziges Werkstück aus heißgepreßtem Si_3N_4-Material handelt. Alle drei Turbinenläufer haben an den bei Heißgasturbinen üblichen festigkeitsmäßig kritischen Stellen etwa gleiches Belastungsniveau. Bei mittleren Umfangsgeschwindigkeiten zwischen 340 m/s (für $\pi_V = 5$) und 440 m/s (für $\pi_V = 10$) und Nabenverhältnissen von 0,73 bis 0,82 liegen die hauptsächlich aus der Fliehkraft resultierenden Belastungen der Schaufelblätter an der gefährdetsten Stelle oberhalb des Blattfußes alle in etwa gleicher und zulässiger Höhe. Scheibenprofilform und -breite werden, außer von der axialen Schaufelbreite (bzw. der Kranzbreite), von der radialen Außenlast am Kranz, dem Verhältnis von Scheibeninnen- und -außenradius, sowie von der Festigkeit des Materials diktiert. Vergleichsbasis hierfür sind die mittlere Scheiben-Tangentialspannung, sowie deren Relation zur Tragfähigkeit des Kranzes und zur Radialspannung am äußeren Scheibenrand.

Nutzturbine

Die Leistungsziffern liegen hier bei $\psi = 4$, axialer Austritt ist vorgesehen.

Das etwas niedrigere Temperaturniveau ermöglicht z.B. eine Ausführung mit Metallscheibe und Keramikbeschaufelung, ein Konzept, welches besonders dann Bedeutung erlangen kann, wenn Scheiben mit größeren Bohrungen auszuführen sind.

Da sich die mittleren Umfangsgeschwindigkeiten der drei verglichenen Nutzturbinen nach aerothermodynamischen Größen und Ähnlichkeitsziffern bestimmen, können Festigkeitskriterien bei der Wahl einiger geometrischer Daten, z.B. des Nabenverhältnisses, berücksichtigt werden. Bei gleichem Schaufelmaterial wie für die Gasgeneratorturbine gestattet das niedrigere Temperaturniveau im Strömungskanal eine um etwa 1/3 höhere Belastung im Schaufelblatt. Daraus folgen bei Umfangsgeschwindigkeiten zwischen 370 m/s und 390 m/s Nabenverhältnisse zwischen 0,69 und 0,72 sowie die dazugehörenden Drehzahlen.

Das Scheiben- und Kranzmaterial in den gezeigten Vergleichsbeispielen ist eine warmfeste Ni-Legierung. Die gegenüber den GGT-Läufern deutlich wuchtigere Gestalt der Nutzturbinenläufer erklärt sich aus verschiedenen Unterschieden: Die äußere Fliehkraftbelastung ist relativ größer, die Schaufel-Nabenverhältnisse sind kleiner und die axialen Schaufelbreiten sind größer. Am wesentlichsten jedoch ist, daß die Last am äußeren Scheibenradius infolge der Konstruktion aus zwei verschiedenen Materialien relativ erheblich größer ist als im Falle der Ein-Stück-Konstruktion. Durch die tangentialen Unterbrechungen des Kranzes wegen der Fußverbindungen ist dessen eigene Tragfähigkeit stark gemindert und außerdem kommen größere Belastungen durch die Fliehkraft der Kranzzwischenstücke hinzu.

Massen- und Dimensionsstudie

Die Gleichungen, die Dimensionen und Massen innerhalb des durch Entwürfe abgedeckten Rahmens erfassen sollen, wurden unter folgenden Bedingungen aufgestellt:

- Die Gesetze der Ähnlichkeit bei der aerothermodynamischen- und Festigkeitsrechnung wurden zwar beachtet, jedoch die tatsächlichen Entwürfe, d.h. die spezifischen Auslegungen für die drei erfaßten Punkte $\pi_V = 5$, 7,5 und 10, die durchaus Unterschiede im Aufbau aufweisen, wie Bild 2 erkennen läßt, zugrundegelegt. Es geht also um kein mathematisches Modell im engeren Sinne. Die einzelnen Daten wurden vielmehr erfaßt und in Abhängigkeit von π_V durch Kurven ausgedrückt.
- Die Projektgebundenheit läßt es nicht geraten erscheinen, Allgemeingültigkeit vorzutäuschen, an die man bei der Erfassung von $\dot{m}$ und π_V auch außerhalb des untersuchten Rahmens denken müßte. Würde man $\pi_V = 10$ wesentlich überschreiten, dann müßten unter Beibehaltung der gewählten Technik und der Belastungszahlen Verdichter und Gasgeneratorturbine eine zusätzliche Stufe erhalten, wodurch Unstetigkeiten im Kurvenverlauf entstünden.

Formeln

- Massenbilanz der Turbomaschinen (beinhaltend: die auf Bild 2 dargestellten drehenden Teile, ferner Statoren, Strukturelemente und die koaxiale Gasführung der Turbogruppe).

$$m_{Turbo} = K_1 - K_2 \left(\frac{\pi_V}{\pi_{Rad.-V}} - 1 \right)^n ,$$

mit K_1 = 52,6 kg, K_2 = 10,2 kg und n = 0,34.

- Außendurchmesser des Radialverdichter-Laufrades $d_{2,Rad}$

$$d_{2,Rad} = K_3 - K_4 \left(\frac{\pi_V}{\pi_{Rad.-V}} - 1 \right)^n ,$$

mit K_3 = 0,235 m, K_4 = 0,035 m, n = 0,8.

- Gehäuse-Außendurchmesser der Gasgeneratorturbine

$$d_{Geh,GGT} = K_5 - K_6 \left(\frac{\pi_V}{\pi_{Rad.-V}} - 1 \right),$$

mit K_5 = 0,213 m, K_6 = 0,015 m.

- Länge der Turbogruppe l_{TG} (hier beginnend am Radiallader-Laufradrücken des aus dem vorderen Gehäuse herausragenden Verdichters und einschliessend eine für das Getriebe als notwendig erachtete axiale Länge)

$$l_{TG} = l_{GG} - l_V + l_{ZG} + l_{NT+Diff} + l_{Getr} ,$$

$$l_{TG} = 1{,}28\, d_{2,Rad} + 0{,}44\, d_{2,Rad} + 1{,}36\, d_{2,Rad} + 0{,}75\, d_{2,Rad} = 3{,}83\, d_{2,Rad} .$$

Dabei bedeuten (s. auch Bild 2):

l_{GG} Länge des Gasgenerators, welche den Platzbedarf für die Brennkammer berücksichtigt.

l_V Länge des Verdichters.

l_{ZG} Länge des Zwischengehäuses, als Minimalabstand zwischen den beiden Turbinenlaufrädern bedingt durch den Übergang des Strömungskanals zu größerem Durchmesser.

$l_{NT + Diff}$ Länge der Laufradbeschaufelung der Nutzleistungsturbine mit anschließendem Diffusor für ein Erweiterungsverhältnis von 1,8.

l_{Getr} Länge des Getriebes. Sie nimmt mit steigendem π_V ab, da das übertragene Drehmoment gleichfalls abnimmt.

Es sollte an diesem Beispiel gezeigt werden, wie man schrittweise unter Zugrundelegung von tatsächlichen Entwürfen in der Optimierungsbetrachtung fortschreiten kann. Derjenige Gasturbinenhersteller, der eine spezifische Technologie erarbeitet hat, wird deren Eigengesetzlichkeit gegebenenfalls wirklichkeitsnäher erfassen als es durch Modellgesetze möglich wäre, die auf breitem statistischem Material beruhen und bereits mathematisiert sind (z.B. [67]).

Stößt man aerothermodynamisch, materialmäßig oder konstruktiv in Neuland vor, wird man kaum anders als oben beschrieben vorgehen können.

1.2.1.2 Brennkammer

Die Brennkammer von Fahrzeuggasturbinen wird meist als Einzelbrennkammer ausgeführt. Wenn die strengen, für die Zukunft zu erwartenden Abgasvorschriften eingehalten werden sollen, dann muß die Auslegung besonders sorgfältig erfolgen. Eventuell kommen bestimmte Formen von variabler Geometrie in Frage, um besonders im Leerlauf die Schadstoffemission gering zu halten.

Das erforderliche Brennkammervolumen kann hier nur grob abgeschätzt werden, da die Entwicklungen auf diesem Sektor noch nicht abgeschlossen sind. Wir gehen von einer konstanten relativ niedrigen Brennkammerbelastung aus [FA, Kap. B.3.1.2]:

$$q_{BK} = \frac{\dot{Q}}{V_{BK}\, P_{BK}} = 200 \, \frac{1}{s} .$$

Der Wärmestrom beträgt

$$\dot{Q} = \dot{m}_{Br} \, H_u ,$$

somit ergibt sich das Brennkammervolumen zu

$$V_{BK} = \frac{\dot{m}_{Br} \, H_u}{q_{BK} \, P_{BK}} .$$

Bei der üblichen Bauart einer zylindrischen Einzelbrennkammer ist das Verhältnis Länge zu Durchmesser bei allen Entwürfen ungefähr gleich; mit der Annahme eines vorgegebenen Verhältnisses (Anhaltswert etwa l/d = 2) kann man schreiben

$$d_{BK} = \sqrt[3]{\frac{4\,V_{BK}}{\pi\left(\frac{l}{d}\right)_{BK}}} ,$$

$$l_{BK} = d_{BK}\left(\frac{l}{d}\right)_{BK} .$$

Von der Masse der Brennkammer sollen in diesem Kapitel nur die "inneren" Teile wie Flammrohr, Einspritzdüsen usw. berechnet werden. Das Außengehäuse wird im Kap. E. 1. 2. 2 (Gesamtmodell) behandelt.

In [67] wird für Brennkammern von Fluggasturbinen unter Einschluß von Außen- und Innengehäuse folgende Massenformel angegeben:

$$m_{BK,FGT} = 390\ \frac{kg}{m^2}\ d^2_{m,BK_R} .$$

Dabei ist d_{m,BK_R} der mittlere Durchmesser einer Ringbrennkammer. Überträgt man diese Formel als Näherung auf die hier vorliegenden Verhältnisse einer Einzelbrennkammer, dann entfallen die Massenanteile für die Innenteile von Flammrohr und Gehäuse, und die Gesamtmasse beträgt etwa die Hälfte. Der mittlere Durchmesser der Ringbrennkammer ist zu ersetzen durch den Einzelbrennkammerdurchmesser, womit man schreiben kann

$$m_{BK} = \frac{390\,kg}{2\cdot m^2}\ d^2_{BK} \approx 200\ \frac{kg}{m^2}\ d^2_{BK} .$$

Analog zu den Angaben in [67] könnte diese Gleichung noch modifiziert werden, indem man einen Quotienten aus Referenzlänge und -durchmesser einführt. Dann gilt

$$m_{BK} = 200\ \frac{kg}{m^2}\ d^2_{BK}\left[\frac{\frac{l}{d}}{\left(\frac{l}{d}\right)_{Ref}}\right]$$

mit

$$\left(\frac{l}{d}\right)_{Ref} = 3{,}2 .$$

Die Übertragung einer Massenbeziehung für Ringbrennkammern von Flugtriebwerken auf die Einzelbrennkammer von Fahrzeuggasturbinen ist natürlich mit gewissen Unsicherheiten belastet. Nicht nur die weite Extrapolation der Formeln zu erheblich kleineren Brennkammern mit einem veränderten Anwendungsbereich, sondern auch das andere Material (Keramik statt hochlegiertem Stahl) wird sicher zu größeren Abweichungen zwischen Realität und Modellvorstellung führen. Bei der Modifizierung der Ausgangsformel wurde allerdings beachtet, daß kleinere Konstruktionen in der Tendenz schwerer ausfallen als große. Es wurde nämlich die für Außen- und Innengehäuse geltende m_{BK}-Formel für den Innenteil der Kfz-BK allein zugrunde gelegt. Insgesamt ist die hier berechnete Brennkammermasse nur ein kleiner Anteil der Gesamtmasse, so daß sich Fehler in den Annahmen nur wenig auswirken.

1.2.1.3 Wärmetauscher

Die theoretisch notwendigen Werte von Matrixmasse bzw. - Volumen können nach den Angaben aus Kap. B.4.2 berechnet werden. In der Praxis ist allerdings eine etwas größere Masse erforderlich, da auf dem kleinen verfügbaren Raum nicht die ideale gleichmäßige Geschwindigkeitsverteilung bei der Zuströmung erreicht werden kann, die in der Theorie vorausgesetzt wird. Nicht vollständig gleichmäßige Matrixformen benötigen ebenfalls Aufwertungsfaktoren. Daher wird hier ein Korrekturfaktor für die Stirnfläche der Matrix eingeführt gemäß

$$k_{Mat} = \frac{A_{Mat}}{A_{Mat,id}} .$$

Als Anhaltswert für diesen Faktor kann ein Bereich von 1,02 - 1,07 angegeben werden [65] . Die größeren Werte treten bei Matrixformen mit höheren Flächendichten auf. Die Stirnfläche der gesamten Matrix ist damit

$$A_{Mat} = \frac{k_{Mat} V_{Mat,id}}{l_{Mat}} .$$

Diese Stirnfläche ist auf zwei Scheiben zu verteilen. Eine innere Randzone mit etwa 5 cm Durchmesser ist für die Lagerung und Befestigung der Scheibe vorzusehen. Der Außendurchmesser einer Regeneratorscheibe ist somit

$$d_s = \sqrt{\frac{2 k_{Mat} V_{Mat,id}}{l_{Mat} \pi} + d_i^2} .$$

Der Antrieb der Regeneratoren erfolgt meist durch ein Zahnrad über einen Zahnkranz, der am Außenumfang der Matrix befestigt ist. Unter anderem wegen der unterschiedlichen Wärmedehnungen der Keramik und des aus Metall hergestellten Zahnkranzes ist die Verbindung der beiden Elemente konstruktiv nicht unproblematisch. Obwohl die Abdichtungen der Regeneratorscheibe am Umfang so geführt werden, daß der gesamte Zahnkranz nur von noch nicht durch den Regenerator aufgeheizter Verdichterluft umgeben ist (Bild 4),

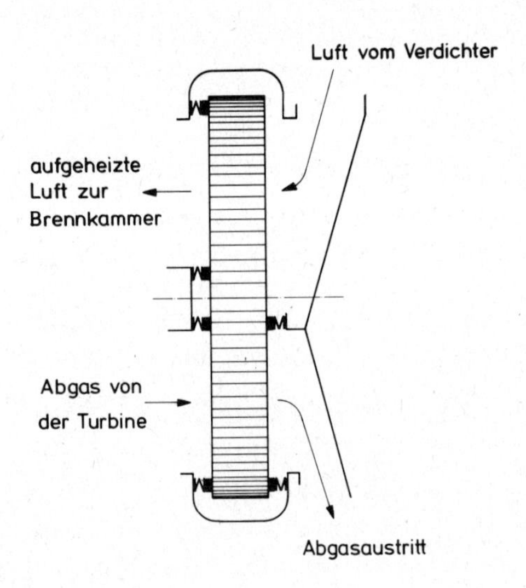

Bild 4. Abdichtungen an einer Regeneratorscheibe nach [75]

so ist doch die Temperatur der Getriebeteile so hoch, daß die Zahnradeingriffe nicht oder nur mit Hilfe eines Verlustsystems geschmiert werden können.

Die Masse des Zahnkranzes und eventuell zusätzlicher Elemente, wie Umfangsdichtungen u. ä., wird aus einer mittleren Materialdicke von 2 cm und der Dichte von Stahl abgeschätzt. Die Breite des Zahnkranzes usw. soll stets gleich der Matrixdicke sein:

$$m_{ZK} = \rho_{Stahl}\, d_s\, \pi\, l_{Mat}\; 0{,}02\, m\,.$$

Die Gesamtmasse beider Regeneratorscheiben ist damit

$$m_{R,ges} = m_{Mat} + 2\, m_{ZK}\,.$$

Die Masse m_{Mat} ist aus der Berechnung des Wärmeübertragers nach Kap. B.4.2 bekannt.

Der für den Antrieb, die Verbindung Zahnkranz - Matrix und die Umfangsdichtungen notwendige Platzbedarf wird mit einem Zuschlag von 10 cm zum Durchmesser der Matrix berücksichtigt. Damit wird der Gehäuse-Außendurchmesser der Regeneratoren

$$d_{Reg} = d_s + 0{,}1\, m\,.$$

Die Masse des Regenerator-Gehäuses, d.h. seiner Zu- und Abströmkanäle, wird im Gesamtmassenmodell berechnet, da sie sehr stark in der Gesamtanlage integriert sind.

1.2.2 Gesamtmodell

Das Gesamtmodell der Fahrzeug-Gasturbine wird aus den Baugruppen Verdichter, Hoch- und Niederdruckturbinen, Brennkammer und den beiden Regeneratoren zusammengesetzt. Das Untersetzungsgetriebe, Nebengeräte, Ölkühler usw. werden bei der Massenberechnung durch einen konstanten Term erfaßt, da alle bei einer Optimierung miteinander verglichenen Gasturbinen dieselbe Nutzleistung abgeben. Wird eine Optimierung bei konstantem Gesamtvolumen der Anlage durchgeführt, dann können die entsprechenden Massen vereinfacht proportional zur Nutzleistung gesetzt werden. Eine solche Verfahrensweise ist natürlich nur dann möglich, wenn sich die Nutzleistung nur in engen Grenzen ändert.

Das Modell der Gesamtanlage wird in seiner Geometrie zum Teil aus Quadern aufgebaut. Das erscheint im ersten Augenblick übermäßig stark vereinfacht, da alle Baugruppen in Wirklichkeit rotationssymmetrisch sind.

F ü r diesen Aufbau sprechen aber folgende Gründe:

- Die in ihrer Geometrie nicht einzeln berücksichtigten schon erwähnten Nebengeräte usw. kann man sich in dem von den rotationssymmetrischen Baugruppen nicht ausgefüllten Teilen der Quader angeordnet vorstellen.
- Fertigungstechnische Gründe sprechen für ein geometrisch einfaches Außengehäuse der Gesamtanlage; das wird ohnehin kaum rotationssymmetrisch sein können.
- Der Aufbau aus zylindrischen oder kegeligen Baugruppen würde relativ komplizierte geometrische Berechnungen (z. B. Durchdringung von Zylinder und Kegelstumpf) mit sich bringen und eine zu große Genauigkeit vortäuschen.

1. 2. 2. 1 Anordnung der Komponenten

Gasturbinen mit großen Regeneratoren

Besonders bei hohen Wärmetauscher-Wirkungsgraden bestimmen die Regeneratoren die äußere Form einer Fahrzeug-Gasturbine. In extremen Fällen verschwinden die Turbomaschinen geradezu zwischen den beiden Scheiben. Für diese Verhältnisse wurde die folgende Modellvorstellung aufgebaut (Bild 5).

Der Mindestabstand der beiden Regeneratorscheiben wird durch die Durchmesser der Freifahrturbine und durch die Strömungsführung zwischen Brennkammer und Hochdruckturbine bestimmt. Mit einem Faktor von 1,55 zum Gehäuse-Außendurchmesser der Gasgeneratorturbine erhält man ein Maß für den Abstand der Innenseiten der Scheiben, das eine vernünftige Zu- und Abströmung ermöglicht:

$$a_{Reg} = 1{,}55\ d_{Geh,GG}\ .$$

Vom Diffusor des Radialverdichters aus strömt die verdichtete Luft in ein Gehäuse, das in die Außenabdeckung des Kaltsektors der Wärmetauscherscheibe übergeht. Diese soll etwa einen mittleren Abstand von 0,10 m von

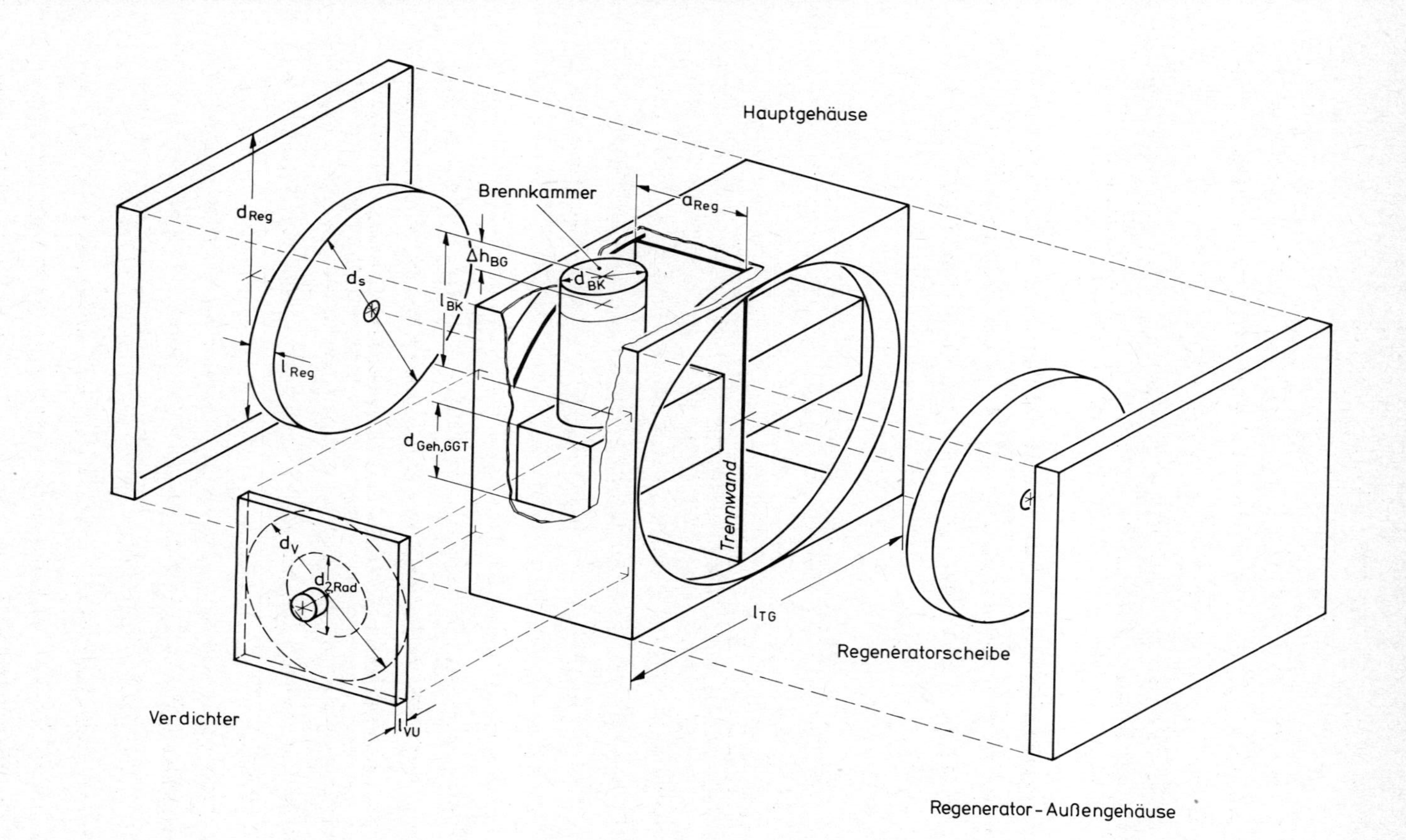

Bild 5. Entwurfsskizze des Gesamtmodells einer Kfz-Gasturbine

der Matrixoberfläche haben, was ungefähr den bisher ausgeführten Maßen bei Prototyp-Fahrzeuggasturbinen entspricht. Nachdem die Luft den Wärmetauscher durchströmt und sich dabei aufgeheizt hat, kommt sie in einen Raum, der vorne durch die Rückwand des Verdichters und hinten durch eine Wand abgeschlossen ist, die den Gasgenerator von der Freifahrturbine und deren Abströmteil trennt. In diesem Raum befindet sich das Flammrohr der Einzelbrennkammer und die Strömungsumlenkung zur Hochdruckturbine. In der Modellvorstellung ist die Brennkammer ein Zylinder, der senkrecht zu dem für den Gasgenerator repräsentativen Quader angeordnet ist. Nach oben ist der Raum durch einen Teil des Außengehäuses abgeschlossen, der die beiden Regeneratorgehäuse miteinander verbindet. Je nach den Größenverhältnissen der einzelnen Komponenten ragt die Brennkammer aus dem Gehäuseoberteil heraus oder nicht.

Der Gasgenerator-Brennkammer-Raum ist nach unten von einer Trennwand zu den Nebenabtrieben der Hochdruckwelle abgeschlossen. Dort unten ist Platz für einen Teil der Nebengeräte, den Ölsumpf und die Antriebe der Regeneratorscheiben.

Nachdem die in der Brennkammer aufgeheizten Gase die Hochdruckturbine durchströmt haben, geben sie weitere Leistung in der Freifahrturbine ab und gelangen über einen Diffusor in den hinteren Raum, von dem aus sie durch die Heiß-Sektoren der Wärmetauscher und zwei Abgasstutzen abströmen. Die vordere Begrenzung dieses Raumes ist die schon oben erwähnte Trennwand zum Gasgenerator; die oberen, die unteren und die hinteren Begrenzungen werden durch Gehäusewände gebildet, die entsprechend dem Platzbedarf und den Formen von Untersetzungsgetriebe und weiteren Nebengeräten wie Ölkühler, elektrischer Generator usw. geformt sind. In der Modellvorstellung sind diese drei Begrenzungen ebene Flächen, die an die Regeneratorgehäuse anschließen. Daß die Trennwand zum Gasgenerator in Wirklichkeit entsprechend der Sektoraufteilung der Regeneratoren geformt ist und daher nicht eben sein muß, wird vernachläßigt.

Sollte die Länge der Turbomaschinen (Diffusor nach Freifahrturbine inbegriffen) ab Rückwand Verdichter zusammen mit einem Zuschlag für den Platzbedarf des Untersetzungsgetriebes größer sein als das Wärmetauschergehäuse, so wird letzteres nach hinten verlängert und erst dort die Rückwand angeordnet.

Gasturbinen mit kleinen Regeneratoren

Wenn die Regeneratoren wegen eines bewußt akzeptierten geringen Wärmetauscher-Wirkungsgrades relativ klein werden, dann bestimmen sie die Geometrie der Gesamtanlage nicht in dem Ausmaß wie sonst. Die Nebengeräte nehmen dann einen relativ größeren Anteil des Volumens ein und können nicht zwischen den einzelnen Baugruppen gewissermaßen "versteckt" werden. Aus diesem Grund ist für kleine Wärmetauscher ein Sondermodell notwendig.

Der Grenzfall eines "großen" bzw. "kleinen" Regenerators sei dann erreicht, wenn das Gehäuse einer Scheibe gerade so hoch ist wie der Radialverdichter an seinem Austritt. Ein im Verhältnis zu diesem Grenzfall kleinerer Regenerator sollte nicht - wie beim zuerst beschriebenen Modell - zu einer Verkleinerung des Gesamtgehäuses führen. (Sekundäreffekte infolge Änderung der Radialverdichter-Abmessungen sind allerdings möglich). Eine Alternative zu dieser Modellvorstellung wäre eine Variante mit nur einer Regeneratorscheibe.

1.2.2.2 Volumen

Das Gesamtmodell für das Volumen setzt sich zusammen aus den Anteilen von Verdichter, Regenerator-Außengehäuse, dem zwischen den beiden Scheiben liegenden Hauptgehäuse und dem eventuell daraus herausragenden Anteil der Brennkammer. Ferner kann noch ein Korrekturterm für Nebengeräte eingeführt werden, der bei überproportional großen Regeneratorscheiben verschwindet, da dann die Nebengeräte vollständig zwischen den Wärmetauschern angeordnet werden können.

Die einzelnen Volumina sind:

Verdichter

$$V_V = d_V^2\, l_{VU}.$$

Die hier angesetzte "Länge" berücksichtigt den Umstand, daß die aus dem Radialverdichter austretende Luft um den Rand der Regeneratorscheiben herum in deren Außengehäuse gelenkt werden muß; sie wurde mit 0,02 m angesetzt. Die Tatsache, daß ein Teil des Radialverdichters und gegebenenfalls der vorgeschaltete Axialverdichter vorne aus dem Gehäuse herausragen, wird nicht berücksichtigt.

Regenerator-Außengehäuse

$$V_{RA} = d_{Reg}\, 0{,}10\,\text{m} \; \max\left\{d_{Reg}, l_{TG}\right\}$$

Berechnet aus der Länge von Turbomaschinen, Diffusor und Getriebe ab Verdichter-Rückseite l_{TG} (siehe Kap. E. 1. 2. 1. 1) bzw. dem Regenerator-Gehäusedurchmesser.

Hauptgehäuse

$$V_{HG} = \left(a_{Reg} + 2\, l_{Reg}\right) \max\left\{d_{Reg}, d_V\right\} \max\left\{d_{Reg}, l_{TG}\right\}$$

Dabei ist l_{Reg} die Länge der Strömungskanäle in den Regeneratorscheiben (= Dicke der Scheibe).

Brennkammergehäuse

Wenn der obere Teil der Brennkammer aus dem Hauptgehäuse um Δh_{BG} herausragt, dann ist das zusätzliche Brennkammervolumen ΔV_{BG} zu berücksichtigen:

$$\Delta h_{BG} = l_{BK} + d_{GG}/2 - \max\left\{\frac{d_{Reg}}{2}, \frac{d_V}{2}\right\}$$

$$\Delta V_{BG} = \frac{\pi}{4}\, d_{BK}^2\, \Delta h_{BG}.$$

Gesamtvolumen

$$V_{ges} = \left(V_V + 2\,V_{RA} + V_{HG} + \Delta V_{BG}\right) k_{Neb,V}$$

Der Korrekturterm für Nebengeräte sei auf den Hypothesen aufgebaut, daß

- für $d_{Reg} = d_V$ $\quad V_{Neb} = 0{,}2\ V_{ges}$
- für $d_{Reg} \geqq 2d_V$ $\quad V_{Neb} = 0$

Es muß darauf hingewiesen werden, daß es sich hier nicht direkt um das Volumen der Nebengeräte selbst handelt, das bei konstanter Nutzleistung ebenfalls als konstant angenommen werden kann, sondern um einen Korrekturterm für das Gesamtvolumen der Anlage, der verschiedene Anordnungsmöglichkeiten für Nebengeräte berücksichtigen soll.

Es gelte

$$k_{Neb,V} = \begin{cases} 1{,}0 & \text{für} \quad d_{Reg} > 2d_V \\ 1{,}4 - 0{,}2\,\dfrac{d_{Reg}}{d_V} & \text{für} \quad d_{Reg} > d_V \\ 1{,}2 & \text{für} \quad d_{Reg} \leqq d_V . \end{cases}$$

1.2.2.3 Masse

Die Masse der Fahrzeuggasturbine setzt sich in der Modellvorstellung aus den folgenden Anteilen zusammen:

1. Verdichter (ohne vorderen Gehäusedeckel) und andere Turbomaschinenteile
2. Brennkammer
3. Regeneratoren
4. Gehäuse und Abdeckungen, einschließlich vorderer Verdichtergehäusedeckel, Abgasstutzen und innere Trennwand zwischen Gasgenerator und Freifahrturbine
5. Untersetzungsgetriebe, Nebengeräte und Sonstiges.

Die ersten drei Anteile sind in den entsprechenden Unterkapiteln bereits behandelt worden. Der letzte Anteil wird als proportional zur Nutzleistung angenommen:

$$m_{Neb} = k_{Neb,m} N .$$

Für die Proportionalitätskonstante wurde in den Rechenbeispielen der Wert

$$k_{Neb,m} = 0{,}15 \frac{kg}{kW}$$

angesetzt.

Die Gehäusemassen mit allen oben erwähnten Anteilen werden proportional zu ihrer Oberfläche gesetzt. Variationen der Materialstärke bei Anlagen unterschiedlichen Druckverhältnisses sind hier nicht angebracht, da einerseits nicht auf extremen Leichtbau geachtet werden kann und andererseits aus Herstellungsgründen nur genormte Materialstärken angewendet werden sollten.

Die *Gehäuseoberfläche* setzt sich nach der Modellvorstellung (z. T. Quaderaufbau) aus folgenden Anteilen zusammen:

Verdichter-Deckel

$$O_{VD} = d_V^2 ,$$

Verdichter-Umfang

$$O_{VU} = 4 d_V l_{VU} ,$$

Regenerator-Seitenabdeckung (Abgasstutzen nicht gesondert berücksichtigt)

$$O_{RS} = \max\left\{d_{Reg}, d_V\right\} \max\left\{d_{Reg}, l_{TG}\right\} ,$$

Regenerator-Umfangsabdeckung

$$O_{RU} = \left(2 \max\left\{d_{Reg}, d_V\right\} + 2 \max\left\{d_{Reg}, l_{TG}\right\}\right) 0{,}1 m ,$$

Hauptgehäuse oben und unten

$$O_{Hou} = 2\left(a + 2 l_{Reg}\right) \max\left\{d_{Reg}, l_{TG}\right\} ,$$

Hauptgehäuse Trennwand und Rückwand

$$O_{HTR} = 2\left(a_{Reg} + 2 l_{Reg}\right) \max\left\{d_{Reg}, d_V\right\} ,$$

Brennkammer (falls sie aus dem Hauptgehäuse herausragt)

$$O_{BK} = \pi d_{BK} \Delta h_{BG},$$

Gesamtoberfläche des Gehäuses

$$O_{ges} = O_{VD} + O_{VU} + 2(O_{RS} + O_{RU}) + O_{Hou} + O_{HTR} + O_{BK},$$

Gesamtmasse des Gehäuses somit

$$m_{G,ges} = k_G O_{ges}.$$

Aus Projektstudien abgeleitet soll $k_G = 80\ kg/m^2$ zugrunde gelegt werden. Diese Zahl kann man als im Mittel 10 mm dicke Gehäusewand aus temperaturfestem Stahl interpretieren. In der zweiten Gehäusekammer herrschen sehr hohe Temperaturen, die eine spezielle Luftführung zur Kühlung des Außengehäuses erfordern.

Je nachdem, wie wichtig es ist, eine besonders leichte Gasturbine zu bauen, wird man unterschiedliche Anstrengungen in dieser Richtung machen. Ein auf minimale Herstellungskosten optimierter Entwurf wird sicherlich nicht zur leichtesten Anlage führen.

Die Gesamtmasse einer Fahrzeuggasturbine ergibt damit

$$m_{ges} = m_T + m_{BK} + m_{R,ges} + m_{Neb} + m_{G,ges}.$$

Die Ergebnisse aus dieser Modellvorstellung sind wegen der in einer gewissen Zone schwankenden empirischen Konstanten eher dazu geeignet, *Tendenzen* wiederzugeben. Aber auch die Absolutwerte stellen einen gewissen Anhalt für die in Wirklichkeit erreichbaren Massen von Fahrzeuggasturbinen dar.

1.3 Optimierung von Kfz-Gasturbinen mit Regenerator

1.3.1 Aufgabenstellung

Wie bei der Beschreibung des mathematischen Modells bereits angegeben, untersuchen wir hier Gasturbinen der Leistungsklasse 600 kW. Für die konkrete Aufgabenstellung sei genau diese Leistung im Auslegungspunkt vorgeschrieben. Eine wesentliche Rolle zur Beurteilung eines Entwurfs spielt bei Kfz-Anlagen das Teillastverhalten. Es muß daher unbedingt in eine Optimierung mit eingeschlossen werden.

Dazu gibt es im Prinzip zwei Möglichkeiten. Man kann zunächst ohne Beachtung des Teillastverhaltens eine günstige Auslegung für Vollast suchen, dann ein vollständiges Leistungs- und Verbrauchskennfeld erstellen und anschließend gegebenenfalls Korrekturen an der Auslegung vornehmen. Eine solche Untersuchung kann man natürlich auch auf mehrere mögliche Alternativentwürfe ausdehnen.

Bei der zweiten Möglichkeit - sie wurde hier angewendet - berücksichtigt man bereits während der Optimierung der Auslegung die Teillastcharakteristik. Da man aus verschiedenen Gründen nicht zu jeder Auslegung ein komplettes Leistungskennfeld erstellen kann, muß man sich auf repräsentative Betriebspunkte beschränken. Zusammen mit der Vollast bilden diese ein F a h r p r o g r a m m , wie es ähnlich auch für Abgasuntersuchungen verwendet wird.

Während bei Fahrprogrammen für Schadstoffmessungen oft das Beschleunigen und Verzögern eine große Rolle spielt, geht es hier nur um stationäre Betriebszustände. Aus diesem Grunde haben wir hier ein Fahrprogramm ohne instationäre Vorgänge zugrundegelegt, nämlich eine vereinfachte Version des 13-Stufen-Tests, der für Diesel-Lkw in den USA vorgeschrieben ist. Einen dem 13-Stufen-Test äquivalenten Test gibt es für die Länder der Europäischen Gemeinschaft noch nicht.

Bild 1 zeigt das gewählte Fahrprogramm im Vergleich zum 13-Stufen-Test. Der Originaltest ist durch die schraffierte Fläche gekennzeichnet; umgezeichnet ergibt sich der dick umrandete Bereich. Letzterer wird durch die gestrichelte Kontur ersetzt. Damit besteht unser Fahrprogramm aus 2 Zeiteinheiten Vollast und je 4 Zeiteinheiten 62,5 % und 20 % Last. Auf eine repräsentative Betriebsstunde übertragen teilt sich die Zeit auf in einmal 12 Minuten und zweimal 24 Minuten.

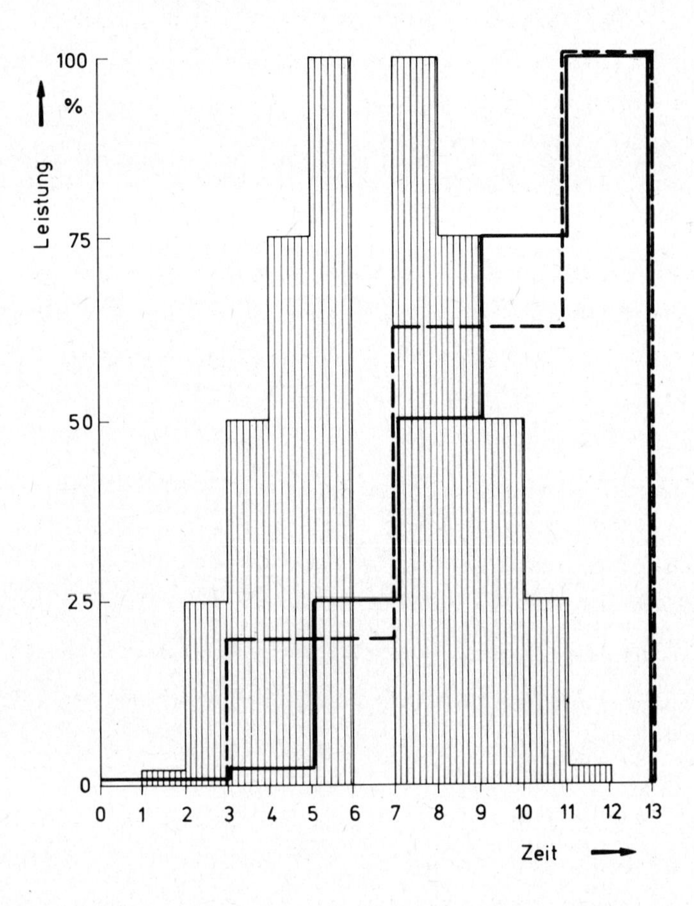

Bild 1. 13-Stufen-Test und gewähltes Fahrprogramm

Für die Teillastrechnung der Gasturbine muß neben der abzugebenden Leistung auch die Drehzahl der Nutzleistungsturbine bekannt sein. Das wirft die Frage nach dem Getriebe auf. Stellt man sich eine stufenlose Bauart vor, dann ist die Wahl der Gasturbinendrehzahl wieder weitgehend frei.

Wir setzen hier voraus, daß sich an den beiden berechneten Teillastzuständen aus dem Fahrprogramm die Drehzahl aus dem "Propellergesetz" herleiten läßt gemäß $N \sim n^3$. Damit kommen wir bei 62,5 % Leistung zu einer

Drehzahl von 85,5 % und zu N = 20 % gehören 58,5 %.

Die Aufgabe lautet, eine möglichst leichte Gasturbine von 600 kW zu entwerfen, welche gleichzeitig nur ein Minimum an Brennstoff für das gegebene Fahrprogramm verbraucht. Je niedriger der Verbrauch sein soll, desto schwerer wird natürlich die Anlage werden. Bei gleichem Verbrauch kann man aber unterschiedlich schwere Maschinen bauen; gesucht ist die leichteste davon.

Die für unterschiedliche Gesamtverbräuche jeweils leichtesten Gasturbinen bilden zusammen eine Kurve, die das Gebiet möglicher Auslegungen begrenzt. Diese Optimalkurve ist gesucht. Trägt man längs dieser Kurve alle zur Beurteilung relevanten Parameter auf, dann hat man eine Fülle von Informationen zur Auswahl der endgültig als optimal betrachteten Anlage.

Das angemessene Optimierungsverfahren für Aufgabenstellungen dieser Art ist das aus Kap. D. 2. 3. 2. Die gezeigten Ergebnisse können allerdings auch mit anderen Suchstrategien erzielt werden. Verschiedene Versuche mit dem Newton-Verfahren zeigten schlechte Konvergenz, während mit dem Verfahren nach Kap. D. 2. 2. 2 ebenfalls Punkte der Grenzkurve gefunden werden konnten.

1. 3. 2 Ergebnisse für unverstellbare Nutzleistungsturbinen

Das mathematische Modell von Kap. E. 1. 2 enthält folgende Optimierungsvariablen:

- Gesamtdruckverhältnis π_{AP}
- Wärmetauscher-Wirkungsgrad ε_{AP}
- Regeneratordrehzahl $\omega_{Reg,AP}$
- Länge der Strömungskanäle im Regenerator (=Scheibendicke) bezogen auf den hydraulischen Durchmesser, l/d_{hyd}
- Strömungsgeschwindigkeit im Kaltsektor des Regenerators bezogen auf die des Heißsektors, Auslegungsfall $(w_k/w_h)_{AP}$

Daneben sind eine Reihe von Daten als konstant vorgegeben. Die Flächendichte der Matrix aus Glaskeramik ist $\alpha = 5550\ m^2/m^3$, die Porosität $p = 0,708$ und der hydraulische Durchmesser beträgt $d_{hyd} = 0,5$ mm. Die maximale Brennkammertemperatur wurde mit T_{BK} = 1600 K angesetzt und die Abströmgeschwindigkeit aus der Niederdruckturbine mit c_4 = 150 m/s. Verdichterwirkungsgrade werden aus einem polytropen Wirkungsgrad von η_{pol} = 0,9 errechnet und zusätzlich der Reynolds-Korrektur nach Kap. B. 3 unterworfen. Turbinenwirkungsgrade werden direkt mit den Angaben aus Kap. B. 3 bestimmt. Der Ausbrand im Auslegungsfall ist mit $\eta_{BK,AP}$ =0,995 angenommen und die mechanischen Wirkungsgrade sind $\eta_{mech,HD}$ = 0,99 (berücksichtigt gleichzeitig die Regenerator-Antriebsleistung) und $\eta_{mech,ND}$ = 0,995. Ansonsten wurden die Auslegungs- und Teillastrechnungen gemäß den Angaben in den entsprechenden Kapiteln durchgeführt.

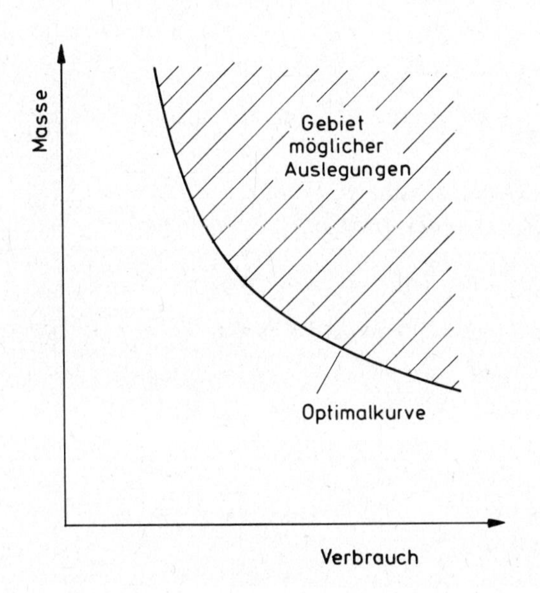

Bild 2. Optimalkurve bei der Auslegung von Kfz-Gasturbinen mit Regenerator

1.3.2.1 Ergebnisse für die Optimierungsvariablen

Bild 3 zeigt Ergebnisse in der Bild 2 entsprechenden Darstellung. Der Verbrauch ist für einen Fahrzyklus von einer Stunde angegeben. Kreise und Kreuze unterscheiden sich durch das zugrundegelegte Verdichterkennfeld. Wie man aus Bild 5 erkennt, variiert das Druckverhältnis im Rahmen der Studie beträchtlich.

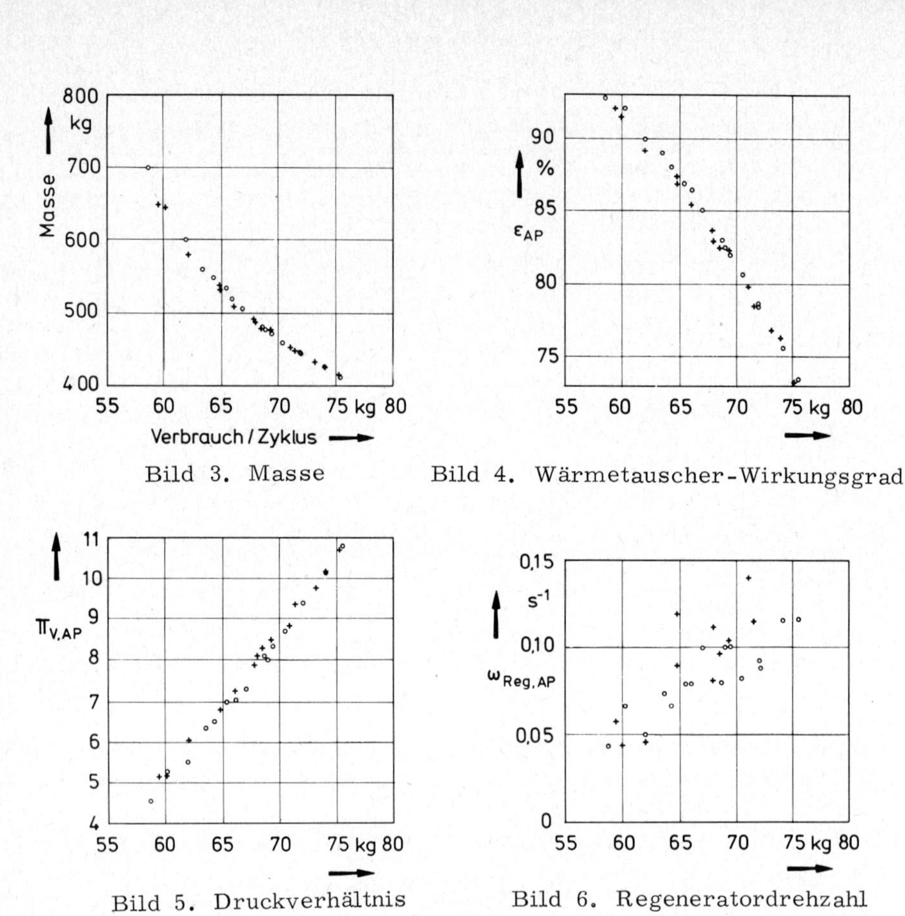

Bild 3. Masse

Bild 4. Wärmetauscher-Wirkungsgrad

Bild 5. Druckverhältnis

Bild 6. Regeneratordrehzahl

Bild 7. Bezogene Länge der Strömungskanäle im Regenerator

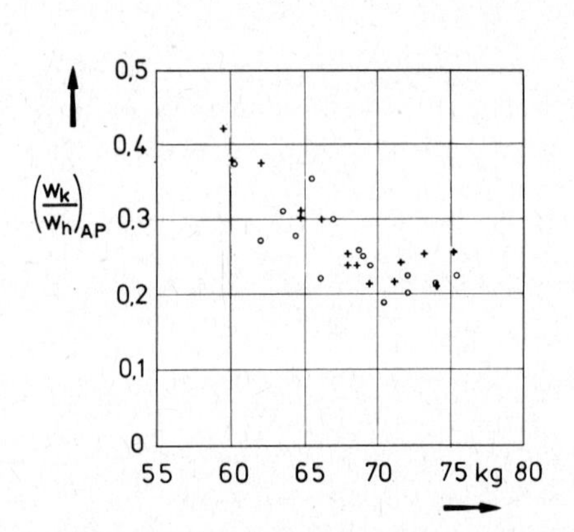

Bild 8. Geschwindigkeitsverhältnis Kaltsektor zu Heißsektor

Daher wurden zwei Typkennfelder zugrundegelegt. Das aus Bild 6, Kap. B.2.1 repräsentiert mit seinen flachen Drehzahllinien einen Radialverdichter mit relativ niedrigem Auslegungs-Druckverhältnis. Die damit erzielten Ergebnisse sind durch die Kreise dargestellt.

Für hohe Druckverhältnisse muß eher das Kennfeld aus Bild 5, Kap. B.2.1 als repräsentativ gelten. Es gehört zu einem Radialverdichter mit axialer Vorstufe, wie er bei den hohen π_{AP}-Werten in der Modellvorstellung enthalten ist. Die dazu gehörenden Ergebnisse sind durch Kreuze markiert.

Die Tatsache, daß Kreise und Kreuze in Bild 3 praktisch auf einer Kurve liegen, darf nicht zu dem allgemeinen Schluß führen, daß das Verdichterkennfeld keine Rolle spielt. Bei den Detailergebnissen wird später erläutert, wie es dazu kam.

Daß für beide Optimierungen alle Kreise bzw. Kreuze auf einer glatten Kurve liegen gilt auch noch für die Bilder 4, 5 und 7, während bei den Bildern 6 und 8 eine größere Streuung zu beobachten ist. Das bedeutet, daß es sich in Hinsicht auf $\varepsilon_{Reg,AP}$ und $(w_k/w_h)_{AP}$ um ziemlich flache Optima handelt.

Diese Aussage läßt sich durch physikalische Zusammenhänge erhärten. So weiß man von der Regeneratordrehzahl, daß sie auf den Wärmetauscher-Wirkungsgrad nur noch einen sehr geringen Einfluß hat, sobald ein gewisser Mindestwert überschritten ist. Allerdings hindert nur die Modellvorstellung über die Leckluftmengen das Optimierungsverfahren daran, die Drehzahl über alle Grenzen zu erhöhen. Da die Leckluftmengen aber nicht allzu groß sind (Bild 11), ist ein flaches Optimum bezüglich der Drehzahl zu erwarten. Mit einem anderen Leckluftmodell kann sich die Lage dieses Optimums nicht unerheblich verschieben.

Im Geschwindigkeitsverhältnis w_k/w_h spiegelt sich die Aufteilung der Sektoren bei den Regeneratorscheiben (siehe Bild 13) wieder. Durch den stark vergrößerten Heißsektor erreicht man geringere Druckverluste; auf der Heißseite entsteht nämlich stets der Löwenanteil davon, weil die Dichte wegen der

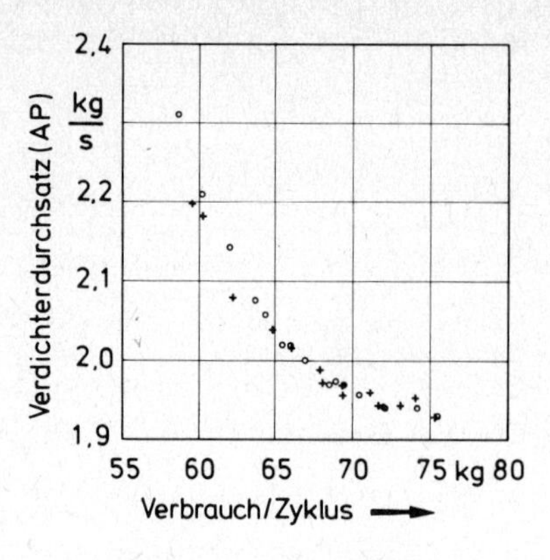

Bild 9. Durchsatz

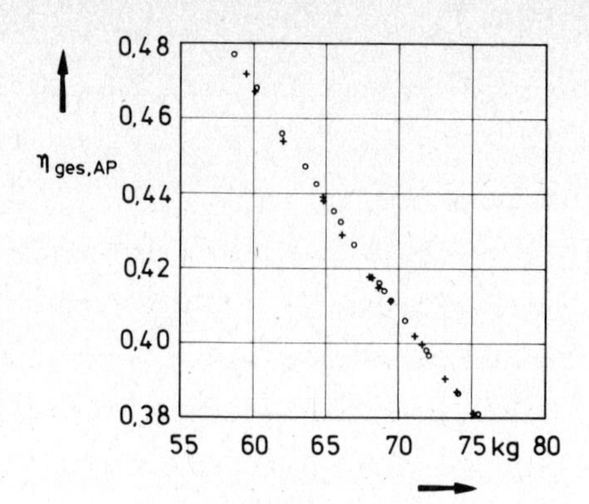

Bild 10. Gesamtwirkungsgrad

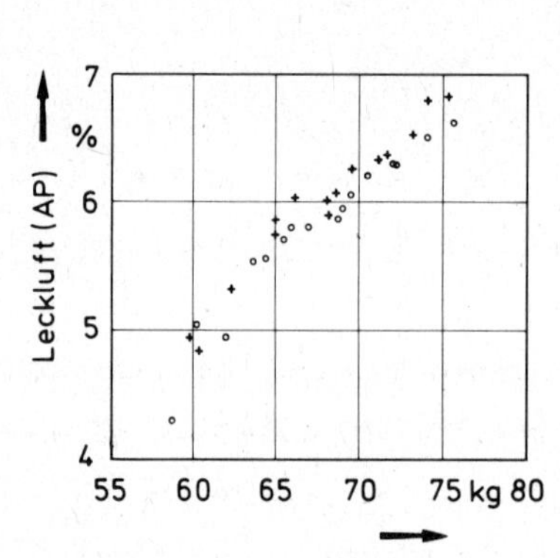

Bild 11. Leckluft

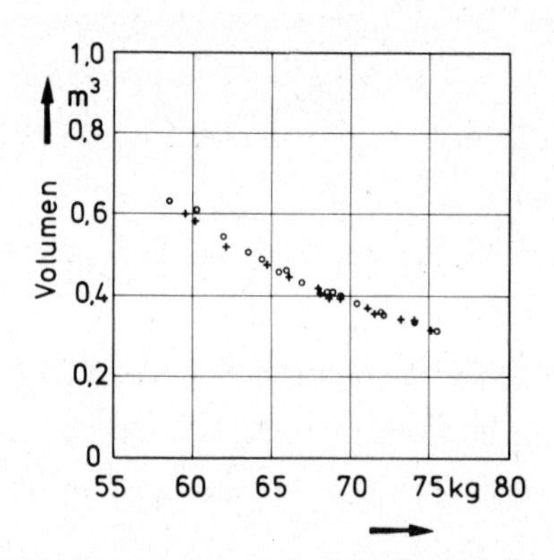

Bild 12. Volumen der Gasturbinen

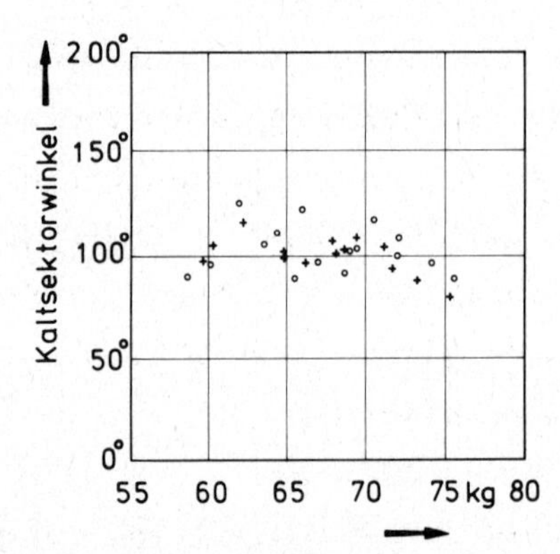

Bild 13. Kaltsektorwinkel der Regeneratoren

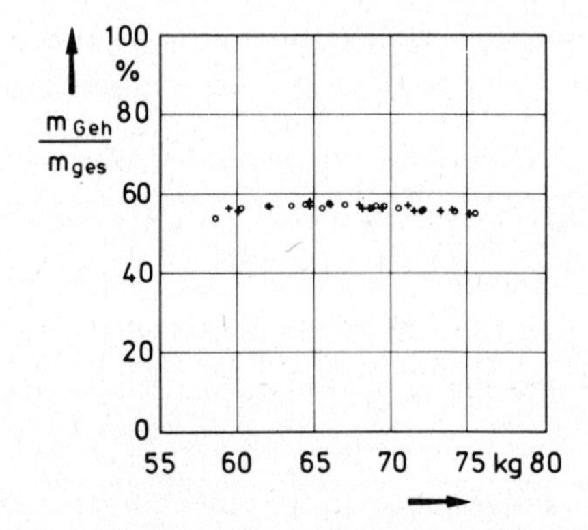

Bild 14. Anteil der Gehäusemasse an der Gesamtmasse

hohen Temperatur und dem niedrigen Druck (praktisch Umgebungsdruck) sehr viel geringer als auf der Kaltseite ist.

Bei der Optimierung von $(w_k/w_h)_{AP}$ spielen verschiedene gegenläufige Tendenzen eine Rolle. Die Druckverluste begünstigen eine sehr ungleichmäßige Aufteilung, während für einen günstigen Wärmeübergang eher fast gleich große Sektoren in Frage kommen. Die maximale modifizierte Übertragergrösse $ü_o$, und damit der beste Regenerator, ergibt sich für $\alpha_k \cdot A_k = \alpha_h \cdot A_h$ (siehe Gl. 2, B. 4. 2). Die Aufteilung der Sektoren muß also umgekehrt proportional zu den Wärmeübergangszahlen gewählt werden. Letztere stehen aber für Voll- und Teillast nicht immer im gleichen Verhältnis zueinander, so daß das Fahrprogramm ebenfalls die Sektoraufteilung beeinflußt.

Das Optimum ist von der Wärmeübertragerseite her sehr flach. Vermindert man $\alpha_k A_k$ um 10 % und erhöht man $\alpha_h A_h$ um gleichfalls 10 %, dann ändert sich bei gleichbleibendem $\dot{C}_{min}$ $ü_o$ nur um 1 %.

Die Schlußfolgerung aus dem Ergebnis von Bild 8 bzw. 13 wird sein, daß man noch fertigungstechnische Überlegungen berücksichtigen kann, die zu eher gleichmäßiger Aufteilung der Sektoren führen. Dadurch wird die Gesamtmasse kaum steigen.

Die Tendenz der Daten für Wärmetauscher-Wirkungsgrad (Bild 4) und Gesamtdruckverhältnis (Bild 5) war zu erwarten. Ob die hohen Druckverhältnisse wirklich realisierbar sind hängt allerdings von der Qualität der Dichtungen an den Regeneratorscheiben ab. Für diese wurde im mathematischen Modell eine Leckluftberechnung eingebaut, welche auf Erfahrungen bei Druckverhältnissen bis zu 5 beruht (siehe Kap. B. 4. 2. 2. 3). Es ist fraglich, wie weit die Extrapolation zu höheren Drücken realistisch ist. Auf jeden Fall wird durch das Ergebnis eine Entwicklungsrichtung angedeutet.

Bild 7 zeigt praktisch die Dicke der Regeneratorscheiben, da der hydraulische Durchmesser mit einem halben Millimeter für alle Fälle gleich angesetzt wurde. Je größer die Scheiben werden, desto dicker sollten sie sein, damit die Gasturbine kompakt bleibt.

1. 3. 2. 2 Weitere Ergebnisse

Die Bilder 9 - 20 zeigen einige interessante Größen, die mit zur Beurteilung der Auslegung sowie des mathematischen Modells herangezogen werden können. An der Streuung der Daten kann man erkennen, ob es sich um einen wesentlichen Parameter handelt oder nicht.

Bild 10 bringt den Zusammenhang zwischen Verbrauch pro Fahrzyklus pro Stunde und Gesamtwirkungsgrad im Auslegungsfall. Man kann den Zyklusverbrauch auch leicht auf einen mittleren spezifischen Verbrauch umrechnen gemäß

$$\bar{b}_N = \frac{B}{\bar{N}} = \frac{B}{318\,\mathrm{kW}},$$

da im Mittel des Fahrprogramms eine Leistung von 318 kW abgegeben wird. Man kommt auf Werte für $\bar{b}_N$ von rund 185 - 235 g/kWh.

Geht man von dem hier verwendeten Standardbrennstoff ab und verwendet z.B. einen größeren Anteil Methanol, was im Rahmen der Schadstoffreduzierung beim Verbrennungsmotor zur Zeit diskutiert wird, dann gelten für den absoluten Verbrauch modifizierte Zahlen. Wegen des geringen Heizwertes wird er, in kg gemessen, höher sein; der Gesamtwirkungsgrad bleibt aber erhalten, da an der Gasturbine für die Umstellung auf einen anderen Brennstoff nur minimale bauliche Änderungen notwendig sind.

Die Bilder 15 bis 20 zeigen Daten zur untersten Laststufe mit 20 % Leistung. Hier stellen wir zum Teil große Unterschiede für die beiden Varianten des Verdichterkennfeldes fest. Der erhebliche Abfall des Verdichterwirkungsgrades (Bild 18) beim "steilen" Kennfeld des Kombinationsverdichters (Kreuze) wird praktisch kompensiert durch die Auswirkungen einer vergrößerten Brennkammertemperatur (Bild 15), so daß im Endeffekt der Gesamtwirkungsgrad (Bild 17) wieder praktisch unabhängig vom Kennfeld ist.

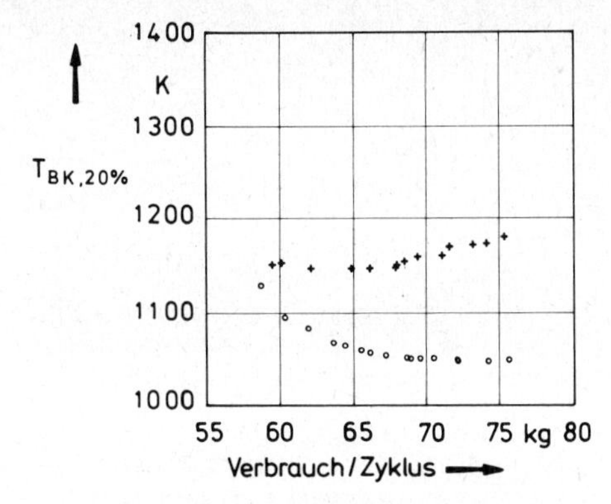

Bild 15. Brennkammertemperatur bei 20% Last

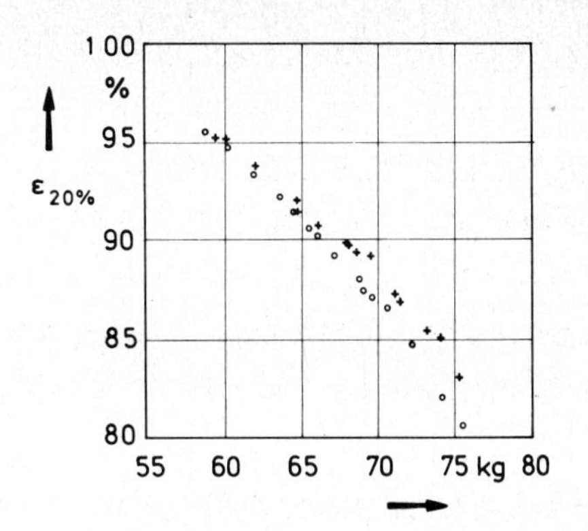

Bild 16. Wärmetauscher-Wirkungsgrad bei 20% Last

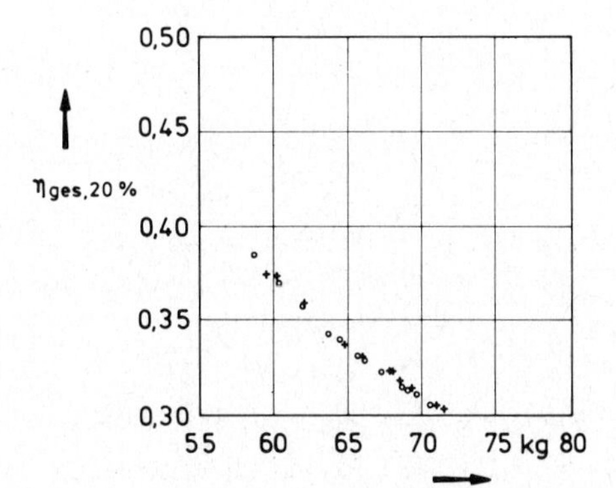

Bild 17. Gesamtwirkungsgrad bei 20% Last

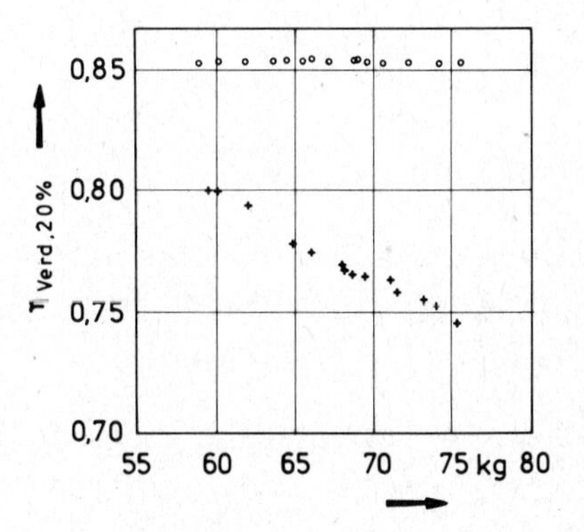

Bild 18. Verdichterwirkungsgrad bei 20% Last

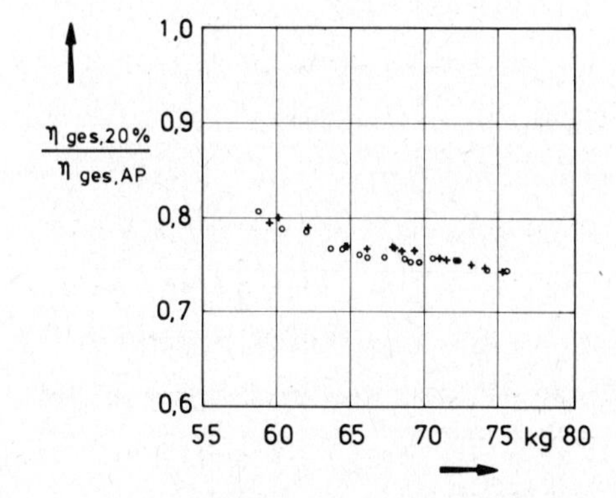

Bild 19. Wirkungsgradverhältnis

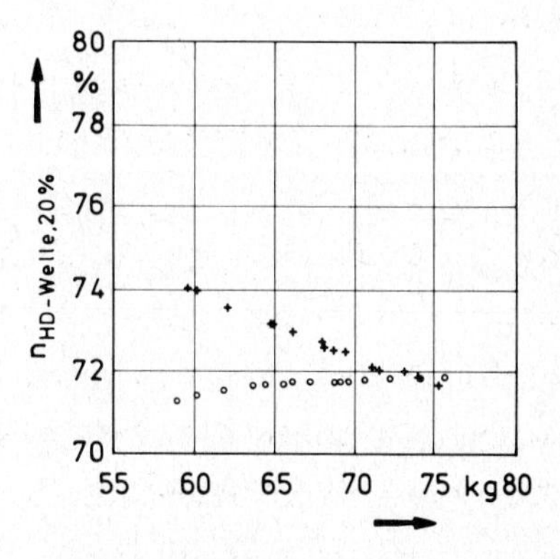

Bild 20. Drehzahl der Gasgeneratorwelle bei 20% Last

Die größere Brennkammertemperatur hat in dem niedrigen Teillastbereich einen nicht unerheblichen Effekt auf den Ausbrand. Dieser geht mit der Temperatur zurück; im Leistungsbereich 20 % kann ein Unterschied in T_{BK} von + 100 K ein $\Delta\eta_A$ von ca. + 2,5 % bedeuten.

Mit steigender Brennkammertemperatur geht auch ein Absinken des Durchsatzes einher, da die spezifische Leistung steigt. Dadurch verlängern sich die Aufenthaltszeiten der Gase im Regenerator, wodurch wiederum dessen Wirkungsgrad besser wird.

Die diskutierten Effekte zusammen können, wie Bild 17 zeigt, den verschlechterten Verdichterwirkungsgrad kompensieren.

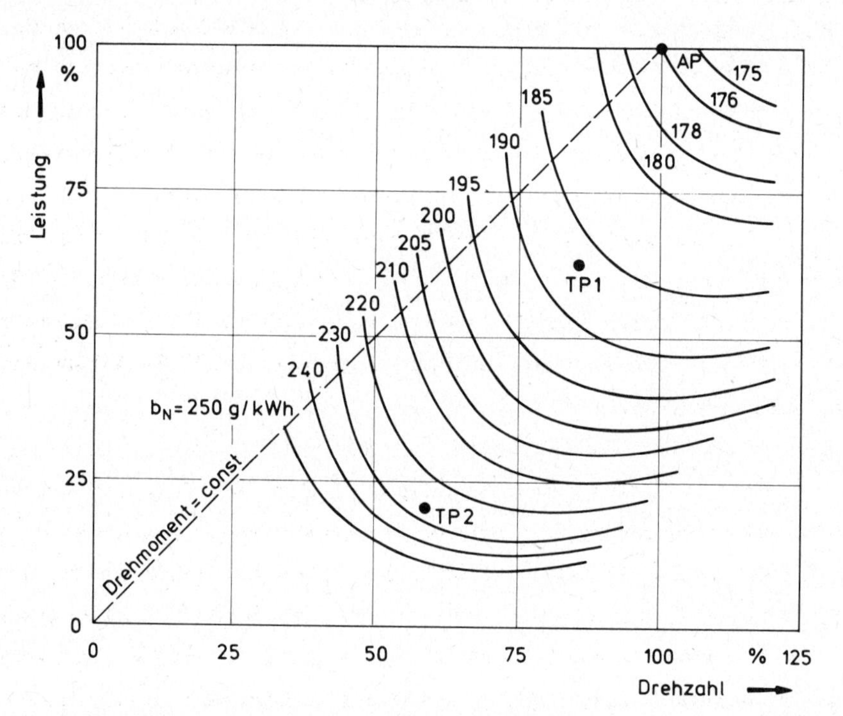

Bild 21. Leistungskennfeld einer optimierten Gasturbine ohne Leitradverstellung. ε_{AP} = 92 % π_{AP} = 5,2
Verdichterkennfeld aus Kap. B. 2. 1, Bild 6

Bild 21 zeigt ein Leistungskennfeld für eine optimale Auslegung mit Wärmetauscher-Wirkungsgrad ε_{AP} = 92 %. Wegen des niedrigen Druckverhältnisses von π_{AP} = 5,2 wurde das "flache" Verdichterkennfeld zugrundegelegt. Als Test wurde auch ein Leistungskennfeld mit dem "steilen" Kennfeld des Kombinationsverdichters berechnet; die Unterschiede zu Bild 21 waren erstaunlich gering. Ganz anders liegen die Verhältnisse, wenn die Nutzleistungsturbine ein verstellbares Leitrad hat, wie im nächsten Kapitel gezeigt wird. Bei der unverstellbaren Turbine kann offensichtlich im stationären Betrieb die Flachheit der Drehzahlkennlinien nicht ausgenutzt werden. Für instationäre Vorgänge (z.B. Beschleunigung) ergeben sich auf jeden Fall Vorteile durch die größeren Druckreserven des "flachen" Kennfelds.

1.3.3 Ergebnisse für verstellbare Nutzleistungsturbinen

Vorstudien zeigten, daß die Einstellungen des Turbinenleitrades für die beiden Teillastpunkte nicht als Optimierungsvariable behandelt werden mußten. Für den oberen Lastpunkt mit 62,5 % Leistung ergab sich, daß mit entsprechender Leitradstellung die Brennkammertemperatur der Auslegung von 1600 K beibehalten werden konnte. Diese hohe Temperatur ist auch dann von Vorteil für das Verbrauchsverhalten der Gesamtmaschine, wenn einzelne Komponenten unter Umständen nicht mehr ganz in der Zone guter Wirkungsgrade arbeiten. Deshalb wurde als Bestimmungsgleichung im mathematischen Modell $T_{BK,62,5\,\%} = T_{BK,AP}$ eingeführt und aus dieser Bedingung die Leitradstellung errechnet.

Beim unteren Teillastpunkt mit 20 % Leistung kann die Auslegungstemperatur meist nicht annähernd erreicht werden. Der Pumpgrenzenabstand im Verdichter setzt ein Limit, das als Bedingung für die Berechnung der Leitradstellung verwendet werden kann. Das geschah in etwas vereinfachter Form, indem die Druckverhältnis-Kenngröße Z (siehe Kap. C.2.2) als Konstante vorgegeben wurde. Leitradstellung und Brennkammertemperatur lassen sich daraus errechnen.

Es kann aber auch der Fall eintreten, daß das Leitrad bis zum Anschlag geschlossen werden darf, ohne daß der Pumpgrenzenabstand zu klein wird. Dann wird das kleinste Leitrad-Flächenverhältnis vorgeschrieben und der

Betriebspunkt im Verdichterkennfeld kann wie bei einer Gasturbine fester Geometrie bestimmt werden.

Beim Vergleich der Ergebnisse von unverstellbarer und verstellbarer Nutzleistungsturbine ist zu beachten, daß in der Rechnung für beide Turbinenarten dasselbe Wirkungsgradniveau angesetzt wurde. Da in Wirklichkeit eine feste Turbine weniger Verlustquellen hat, wird sie in der Regel besser sein.

1. 3. 3. 1 Ergebnisse für "steiles" Verdichterkennfeld

Bild 22 zeigt das globale Ergebnis für verstellbare und unverstellbare Nutzleistungsturbinen. Wieder wurden zwei Optimierungen mit verschiedenen Verdichter-Typkennfeldern durchgeführt. Die Kreise stellen die Ergebnisse für das Kennfeld mit der "flachen" Charakteristik dar, die Kreuze gehören wie in Kap. E. 1. 3. 2 zum "steilen" Kennfeld. Diskutieren wir zunächst bevorzugt die Anlagen mit dem "steilen" Kennfeld. Durchweg ist im Vergleich zur Anlage mit unverstellbarer Turbine der Verbrauch um ca. 3,8 kg niedriger. Bezogen auf einen mittleren Punkt bedeutet das eine Einsparung von rund 6 %. Der über den Fahrzyklus gemittelte spezifische Verbrauch liegt bei 175 - 220 g/kWh.

Verschiebt man sämtliche Kreuze in den Bildern 23 - 27, welche die Ergebnisse für die Optimierungsvariablen darstellen, um 3,8 kg im Verbrauch zu höheren Werten, dann liegen sie praktisch auf denselben Kurven wie die Kreise und Kreuze in den Bildern 4 - 8. In Bild 22 fallen die Kreuze nach der Verschiebung näherungsweise auf die Linie für unverstellbare Turbinen. Das bedeutet, daß eine optimal ausgelegte Gasturbine f e s t e r Geometrie auch dann noch optimal ist, wenn die Turbine v e r s t e l l b a r ausgeführt wird. Für die Verbrauchsminderung ist allein das Teillastverhalten verantwortlich. Es sei an dieser Stelle jedoch schon bemerkt, daß bei einer "flachen" Verdichtercharakteristik die Sachlage ein wenig anders ist. Offensichtlich ist die Verstellung der Turbine behindert durch die steilen Kennlinien, was den vernachlässigbaren Einfluß auf die Auslegungsparameter zur Folge hat.

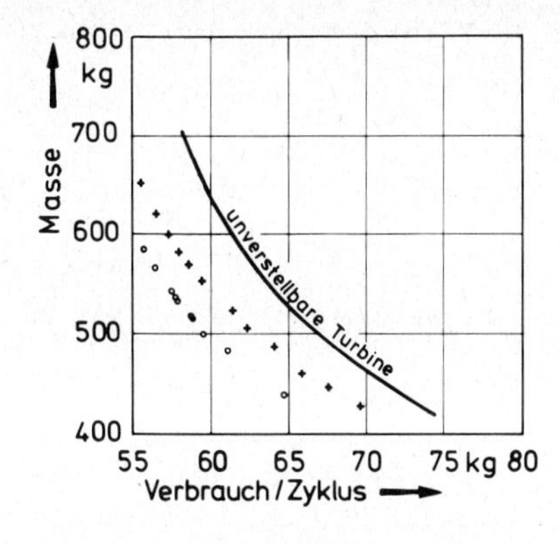

Bild 22. Masse

Bild 23. Wärmetauscher-Wirkungsgrad

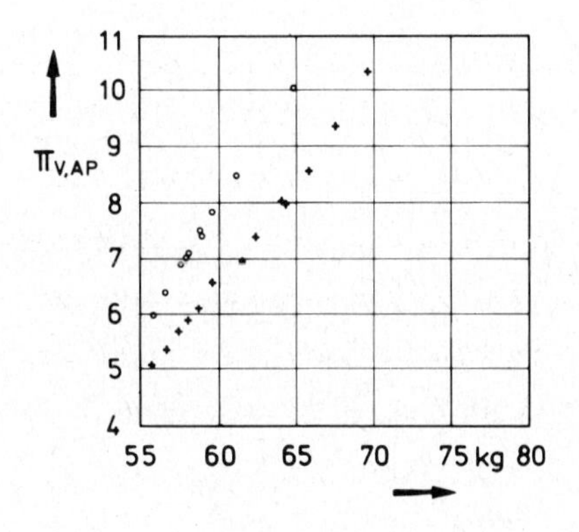

Bild 24. Druckverhältnis

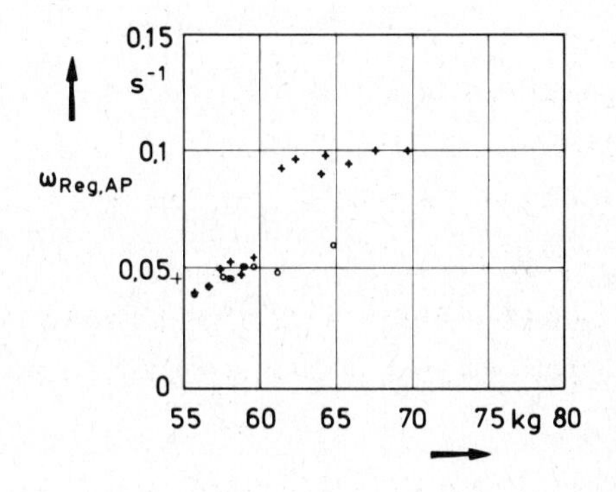

Bild 25. Regeneratordrehzahl

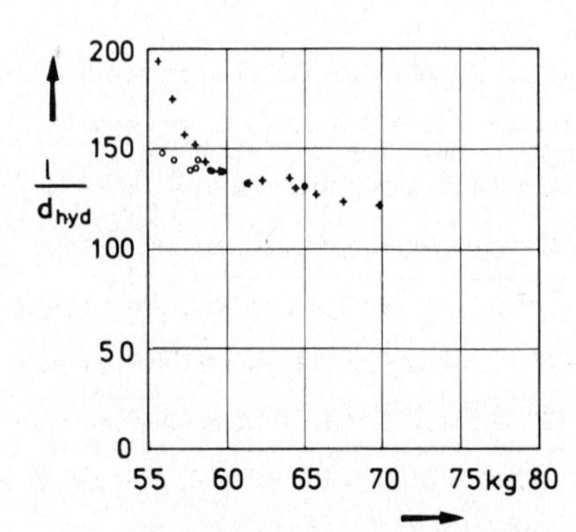

Bild 26. Bezogene Länge der Strömungskanäle im Regenerator

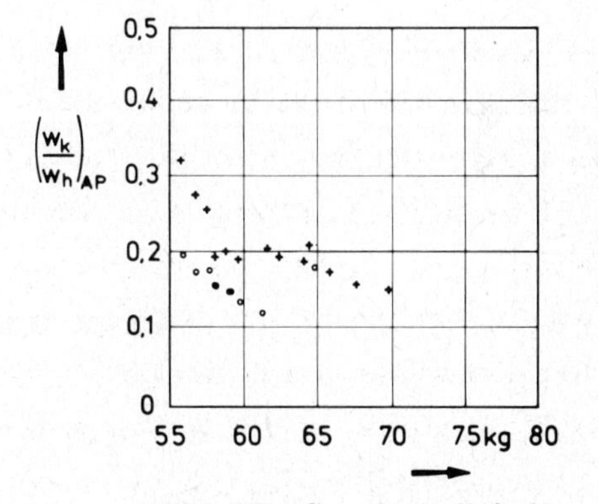

Bild 27. Geschwindigkeitsverhältnis Kaltsektor zu Heißsektor

Das sieht man auch an den Bildern 28 und 29, welche die errechneten Leit-

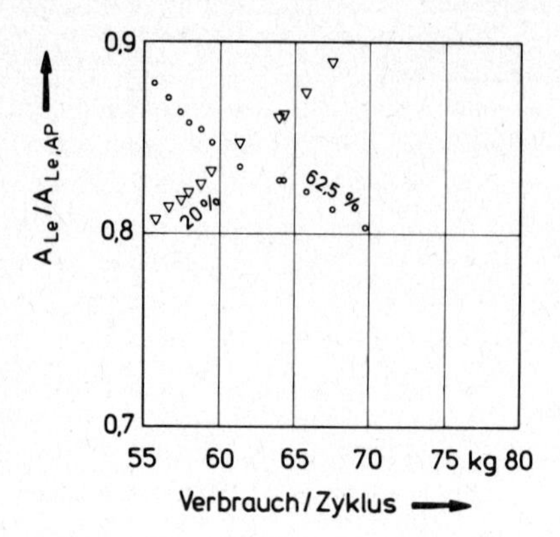

Bild 28. Leitradstellungen bei steiler Verdichtercharakteristik

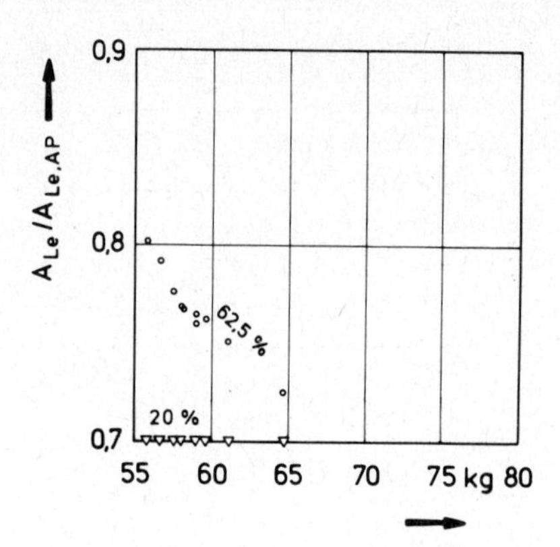

Bild 29. Leitradstellungen bei flacher Verdichtercharakteristik

radstellungen für die Teillastpunkte zeigen. Bei der flachen Verdichtercharakteristik ist bei 20 % Last der notwendige Pumpgrenzenabstand keine in die Rechnung eingehende Begrenzung mehr. Das Leitrad wird bis zum Anschlag geschlossen, was bei unseren Annahmen bedeutet $A_{Le}/A_{Le,AP} = 0,7$.

Aber auch beim ersten Teillastpunkt wird das Leitrad mehr geschlossen, wenn die Verdichtercharakteristik flach ist.

Das Überschneiden der Punktreihen in Bild 28 zeigt bei Auslegungen mit hohem Verbrauch eine allgemeine Tendenz für die Regelung der Leitradstellung. Mit kleiner werdender Nutzleistung wird im oberen Lastbereich das Leitrad immer mehr geschlossen und so die Brennkammertemperatur auf ihrem Vollastwert gehalten. Ab einer gewissen Leistung würde aber diese Regelung den Fahrpunkt im Verdichterkennfeld zu nahe an die Pumpgrenze bringen. Mit weiter sinkender Leistung muß aus diesem Grund das Leitrad wieder mehr und mehr geöffnet werden. Bei welcher Last das Leitrad seine geschlossenste Stellung hat, hängt außer vom Kennfeld auch vom Druckverhältnis der Anlage ab (Bild 24).

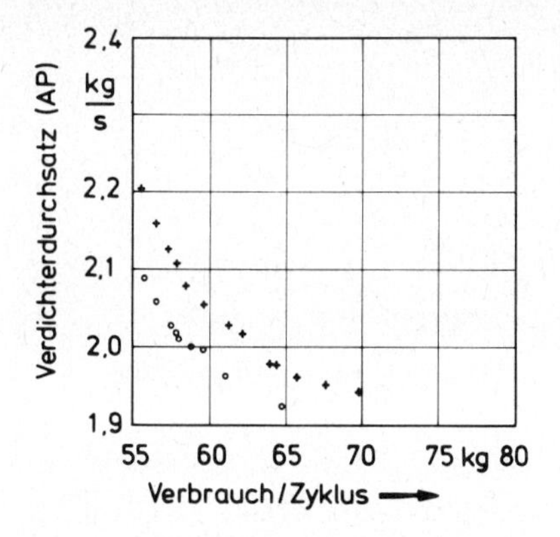

Bild 30. Durchsatz

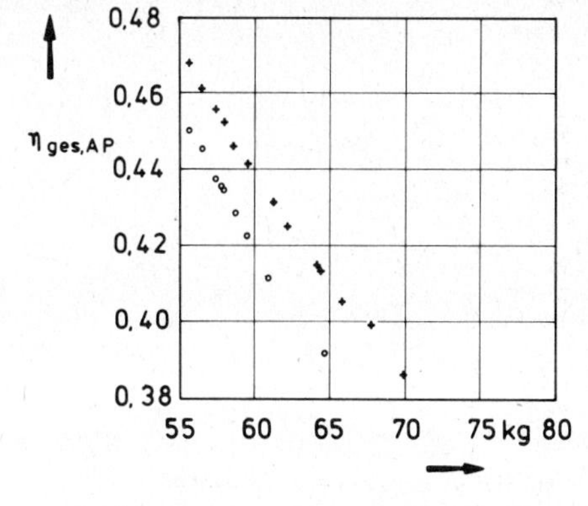

Bild 31. Gesamtwirkungsgrad

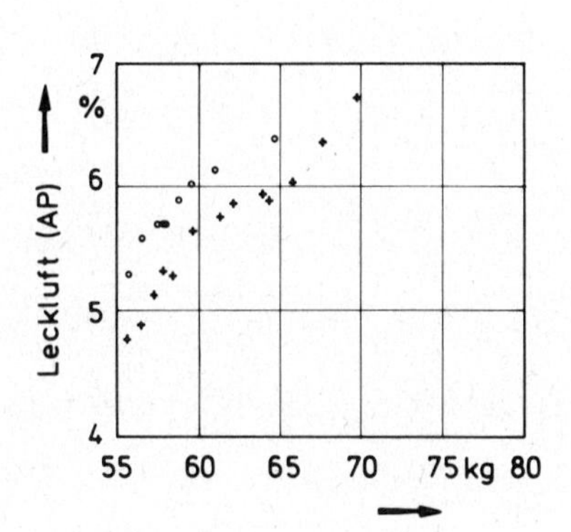

Bild 32. Leckluft

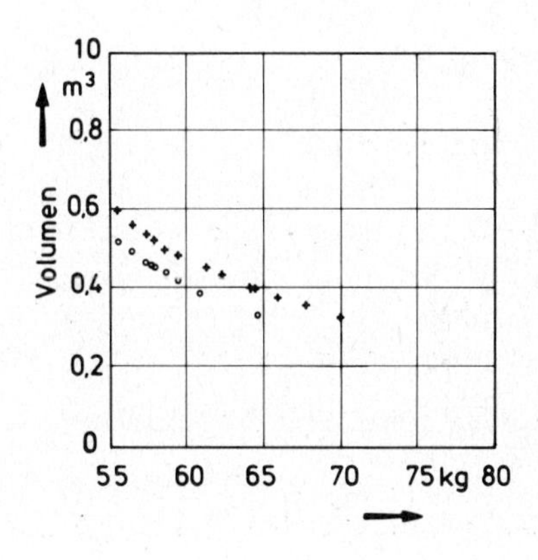

Bild 33. Volumen der Gasturbinen

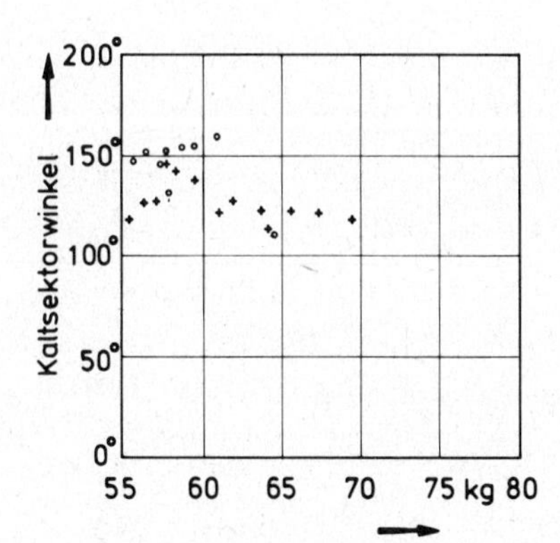

Bild 34. Kaltsektorwinkel der Regeneratoren

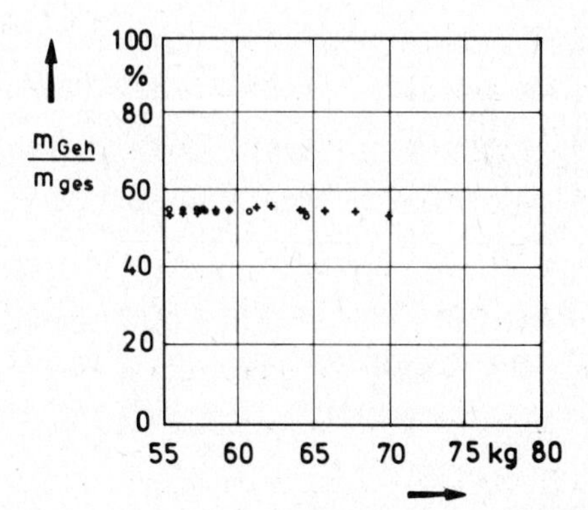

Bild 35. Anteil der Gehäusemasse an der Gesamtmasse

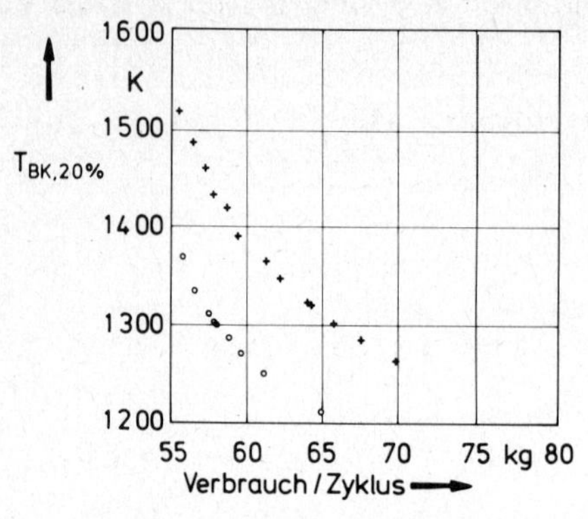

Bild 36. Brennkammertemperatur bei 20 % Last

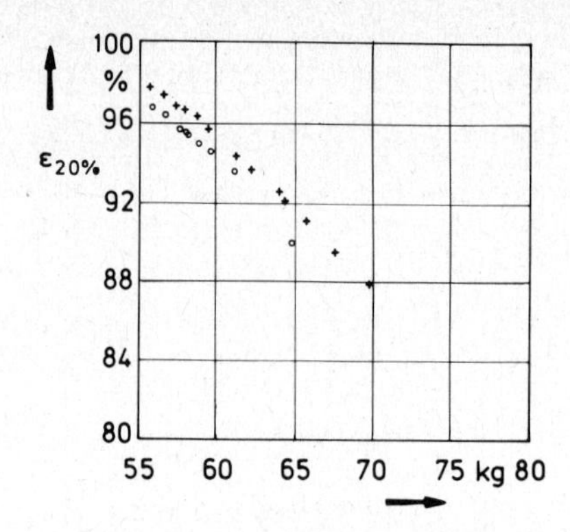

Bild 37. Wärmetauscher-Wirkungsgrad bei 20 % Last

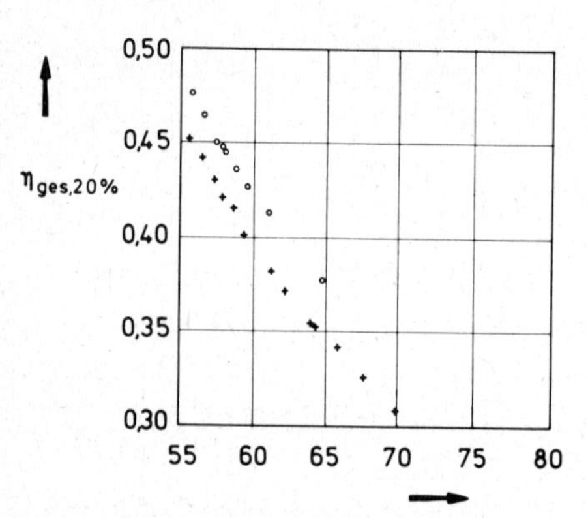

Bild 38. Gesamtwirkungsgrad bei 20 % Last

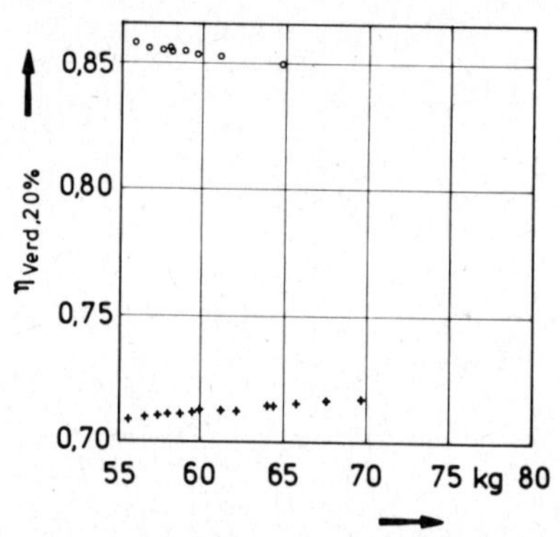

Bild 39. Verdichterwirkungsgrad bei 20 % Last

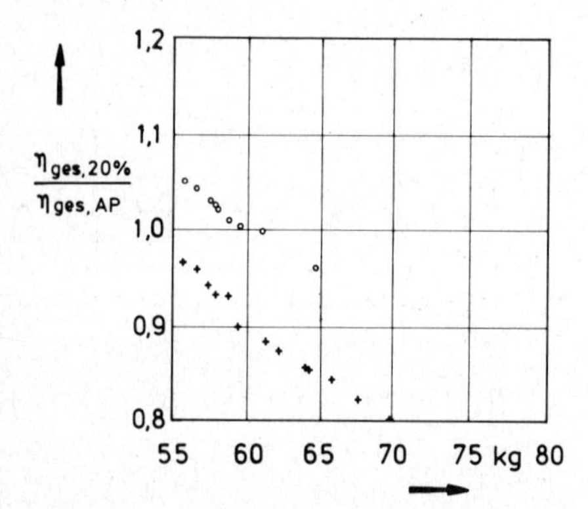

Bild 40. Wirkungsgradverhältnis

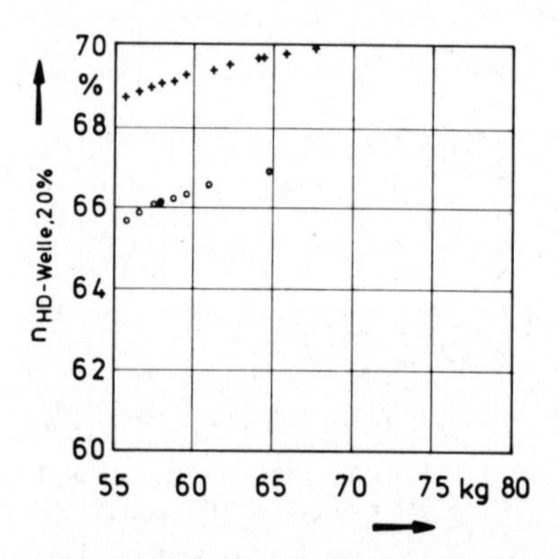

Bild 41. Drehzahl der Gasgeneratorwelle bei 20% Last

Die Tendenzen der Ergebnisse aus den Bildern 23 - 27 und die Streuung eines Teils der Daten wurde bereits im Kap. E. 1. 3. 2 diskutiert. Auch in den Bildern 30 - 35 zeigen sich keine außergewöhnlichen Differenzen zwischen der verstellten und der unverstellten Turbine, wenn man von der Verbrauchsänderung absieht.

In Bild 42 ist ein Leistungskennfeld dargestellt, das zu einer Anlage mit

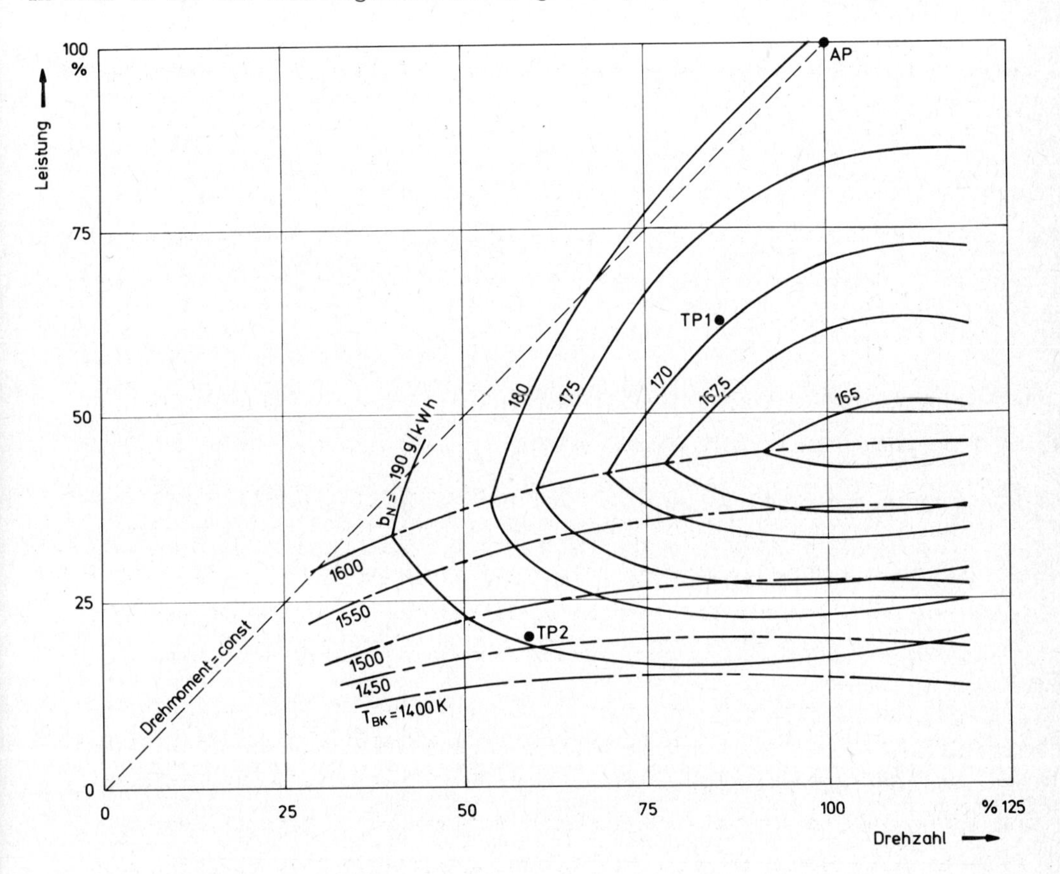

Bild 42. Leistungskennfeld einer optimierten Gasturbine mit Leitradverstellung ε_{AP} = 91, 9 % π_{AP} = 5, 14 TP1, TP2 = Teillastpunkte aus Fahrprogramm, Verdichterkennfeld Bild B. 2. 1/5

niedrigem Verbrauch gehört. Der Wärmetauscher-Wirkungsgrad beträgt 91, 9 % und das Druckverhältnis im Auslegungsfall ist 5, 14.

Untersuchung der Umgebung eines Optimums

Bild 43 zeigt zur selben Auslegung eine Parameteruntersuchung. Sie soll einerseits zeigen, daß der Entwurf wirklich optimal ist und andererseits, wie sehr sich das Abweichen einzelner Variablen von ihren jeweiligen optimalen Werten auswirkt.

Die schraffierten Linien stellen einen Ausschnitt aus den Ergebnissen von Bild 22 dar. Für die Parameter $\omega_{Reg, AP}$ und w_k/w_h wurde die Optimalkurve nach rechts verschoben, da das Bild in der Nähe des Optimums sonst zu unübersichtlich geworden wäre.

Alle Variablen, außer dem Wärmetauscher-Wirkungsgrad, wurden jeweils um rund $\pm$ 25 - 30 % um den Optimalwert herum untersucht. Beim Wärmetauscher war es sinnvoller, den Wert $1-\varepsilon_{AP}$ der Definition des Untersuchungsbereiches zugrundezulegen.

Der Wärmetauscher-Wirkungsgrad beeinflußt sowohl den Verbrauch als auch die Masse der Gasturbine. Ein Abweichen vom Optimalwert führt jedoch zu Maschinen, die nur wenig schwerer sind als optimale Anlagen bei gleichem Verbrauch. Hat man also eine Gasturbine wirklich gebaut und stellt fest, daß der Verbrauch z.B. zu hoch ist, dann genügt es, zur Verbesserung den Wärmetauscher-Wirkungsgrad zu erhöhen. Die übrigen Auslegungsparameter - insbesondere die der Turbomaschinen - können ungeändert bleiben.

Ein zu hohes Druckverhältnis wird zwar den Verbrauch verschlechtern, aber auch die Maschine um so viel leichter machen (weil sie kompakter wird), daß wiederum beinahe optimale Auslegungen entstehen. Diese Überlegung dürfte in der Praxis nur geringere Bedeutung haben, da ein niedriges und damit optimiertes Druckverhältnis stets erreichbar ist, allerdings muß auf den Verdichterwirkungsgrad geachtet werden.

Zu n i e d r i g e Druckverhältnisse wirken sich stark auf die Anlagenmasse aus; für den Verbrauch wird ein Minimum erreicht, was durch den Kreisprozeß zu erklären ist.

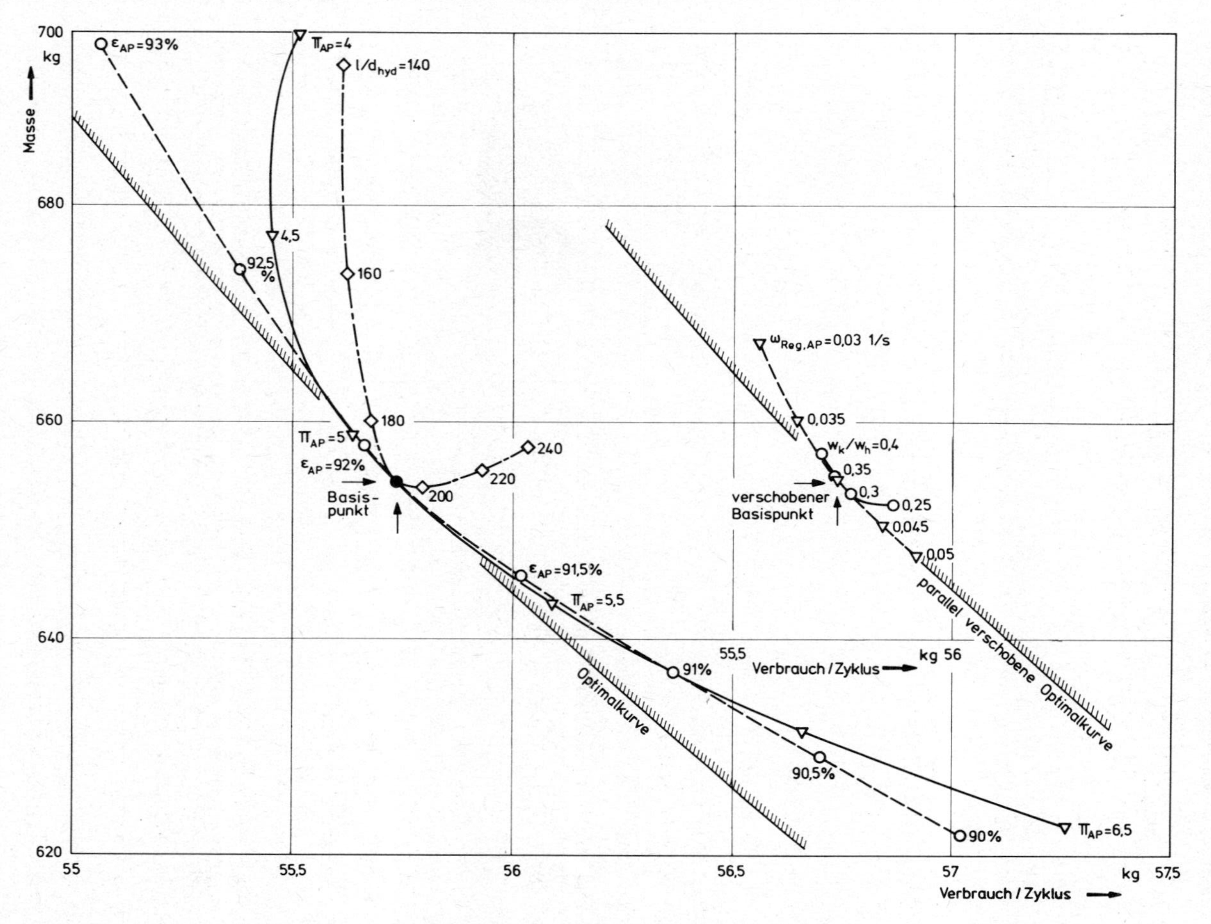

Bild 43. Umgebungsuntersuchung

In dem Parameter l/d_{hyd} spiegelt sich die Dicke der Regeneratorscheiben wieder, weil d_{hyd} als Konstante in die Rechnung einging (d_{hyd} = 0,5 mm). Dünne Scheiben haben geringere Strömungsverluste, da bei gleicher Matrixmasse (etwa gleichem Wärmetauscher-Wirkungsgrad) der Scheibendurchmesser und damit der Strömungsquerschnitt größer wird. Große Scheiben machen das Gehäuse der Anlage schwer, sie kann nicht kompakt gebaut werden.

Zu dicke Scheiben geben gegenüber dem Optimalwert erhöhte Druckverluste; in erster Linie steigt der Verbrauch an.

An der Kurve für die Regeneratordrehzahl, die im übrigen viel kürzer ist als die bisher besprochenen Linien, kann man erkennen, daß nur ein zu kleiner Wert zum Abweichen von der Optimalkurve führt. Die Verbrauchsänderung zeigt den Einfluß der Leckluft an den Scheibendichtungen und den der Strömungsverluste. Läuft der Regenerator zu langsam, dann ist für denselben Wärmetauscher-Wirkungsgrad eine größere Matrixmasse erforderlich, was wiederum zu größeren Gehäusen und Strömungsquerschnitten führt. Die Druckverluste sinken und die Masse der Maschine steigt.

Der Einfluß des Geschwindigkeitsverhältnisses w_k/w_h ist im Vergleich zu allen untersuchten Parametern am geringsten. Das äußerte sich auch schon in der relativ großen Streuung der Optimierungsergebnisse (siehe z. B. Bild 8).

Ein großer w_k/w_h-Wert bedeutet hohe Strömungsgeschwindigkeit im Kaltsektor des Wärmetauschers, also einen kleinen Kaltsektorwinkel. Dadurch werden die Wärmeübertragungseigenschaften schlechter und der Regenerator muß bei gleichem ε_{AP} größer sein. Wählt man dagegen w_h relativ groß, dann sind auch die Druckverluste groß und der Verbrauch steigt.

1. 3. 3. 2 Ergebnisse für "flaches" Verdichterkennfeld

Legt man das Verdichterkennfeld aus Bild 6 von Kap. B. 2. 1 der Optimierung zugrunde, dann erhält man den günstigsten Verbrauch (in Bild 22 durch Kreise dargestellt). Im Durchschnitt sinkt die für den Fahrzyklus erforderliche Brennstoffmenge um w e i t e r e 2,5 kg gegenüber den Ergebnissen aus dem vorangehenden Kapitel. Dies ist eine Gesamtverbrauchsverbesserung gegenüber dem Projekt mit unverstellbarer Turbine von 10 %. Demgegenüber wirkt sich eine etwaige Verschlechterung des Wirkungsgrades der Nutzturbine von z.B. $\Delta\eta_T$ = 2 % nur mit etwa 1,4 % auf den Verbrauch aus.

Für die Auslegungen an der oberen Grenze der untersuchten Druckverhältnisse dürfte das "flache" Verdichterkennfeld mit seiner großen Druckreserve allerdings nicht ohne Verstellgeometrie im Verdichter betrieben werden können. Einerseits wäre dabei an ein verstellbares Leitrad der axialen Vorstufe zu denken oder auch an einen variablen Diffusor. Beide Verstelleinrichtungen könnten auch das Beschleunigungsverhalten günstig beeinflussen. Natürlich muß die Komplizierung der Regelung und die erhöhte Störanfälligkeit eines Projektes mit "doppelter" variabler Geometrie bedacht werden.

Aus den Bildern 23 - 27 ist wieder die günstigste Variablenkombination zu entnehmen. Die Bilder 30 - 35 zeigen weitere Detailergebnisse; die Kreise gehören jeweils zur "flachen" Verdichtercharakteristik. In den Bildern 36 - 41 sind wieder einige Daten zum unteren Teillastpunkt (20 % Leistung) gezeigt. Hier kann - im Gegensatz zu den Verhältnissen von Kap. E.1.3.2 - der beim "steilen" Kennfeld um praktisch 15 % schlechtere Verdichterwirkungsgrad nicht durch die vereinte Wirkung von erhöhter Temperatur und verbessertem Brennkammer- und Wärmetauscher-Wirkungsgrad kompensiert werden. Das kommt daher, daß bei der verstellbaren Turbine allgemein das Temperaturniveau bei 20 % Last erheblich höher liegt und damit weniger Durchsatz für die vorgegebene Leistung erforderlich ist. Den geringeren Durchsatz liefert der Verdichter bei einer kleineren Drehzahl und gelangt somit in eine Zone stark abfallender Wirkungsgrade (in Bild 6, Kap. B.2.1 bei einer relativen reduzierten Drehzahl unterhalb 0,75). Beim "flachen" Kennfeld stellen sich auch bei kleinen Drehzahlen gute Wirkungsgrade ein.

Abschließend werden in Bild 44 noch die Hauptabmessungen zweier optimierter Gasturbinen gezeigt. Die linke Anlage hat einen Wärmetauscher mit 93 %, die rechte einen mit 77 % Wirkungsgrad. Die Massen betragen 705 kg und 440 kg, wohlgemerkt bei gleicher Nutzleistung von 600 kW! Im Auslegungsfall sind

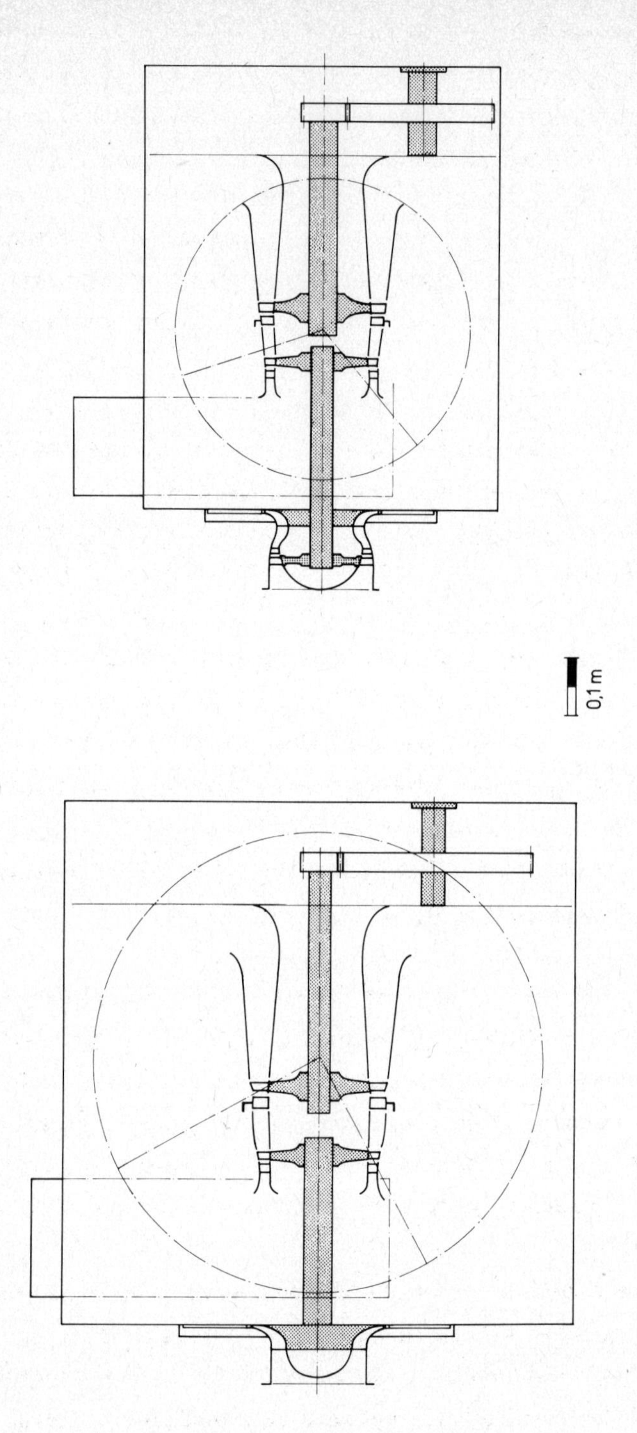

Bild 44. Größenvergleich zweier Gasturbinen

die spezifischen Verbräuche 175 g/kWh bzw. 213 g/kWh.

1.3.4 Beschleunigungszeiten

Abschließend zu den Optimierungsbeispielen von Kfz-Gasturbinen seien noch einige Ergebnisse von Beschleunigungsrechnungen gebracht. Wir beschränken uns auf die Auslegung, deren Leistungskennfeld in Bild 42 dargestellt ist. Dabei handelt es sich um eine optimierte Version mit Verstellturbine. Zum Vergleich wird mit derselben Auslegung auch die Beschleunigungszeit einer unverstellbaren Turbine gezeigt.

Ausgangspunkt der Berechnungen sei ein stationärer Betriebspunkt, und zwar der Teillastpunkt Nr. 2 aus dem Fahrprogramm (vgl. Bild 42). In diesem Betriebszustand gibt die Anlage 20 % ihrer Nennleistung (600 kW) bei der Drehzahl n_{NDT} = 58,5 % ab. Die Drehzahl des Gasgenerators stellt sich entsprechend den Gleichgewichtsbedingungen ein. Bei verstellbarem Leitrad in der Niederdruckturbine ist es vorteilhaft, zugunsten einer höheren Brennkammertemperatur mit einer niedrigeren Drehzahl im Gasgenerator zu arbeiten. Dadurch kann der spezifische Verbrauch von 216,3 g/kWh auf 189,7 g/kWh gesenkt werden. Die Brennkammertemperatur ändert sich dabei von 1188 K auf 1422 K. Vom Standpunkt der Beschleunigung aus ist wegen der niedrigeren Drehzahl des Gasgenerators (Bild 45) die Anlage mit verstellbarer Turbine allerdings zunächst im Nachteil.

Die erste Phase der Beschleunigung besteht in einer fast sprungartig erhöhten Brennstoffzufuhr. Dabei soll sich weder die Drehzahl des Generators noch die der Niederdruckturbine ändern. Letztere wird im übrigen ohnehin während der ganzen Beschleunigung unverändert gelassen. Wenn man nichts Näheres über Getriebe- und Fahrzeugverhalten weiß, dann kann man während der kurzen Zeit von typischerweise 1 Sekunde diese Annahme sicher treffen.

Diese plötzliche Brennstoffzufuhr ändert die Betriebspunkte in den Komponentenkennfeldern (Bilder 46 - 48). [Die stationären Betriebspunkte bei 20 % Leistung, 58,5 % Niederdruckturbinen-Drehzahl sind durch U (unverstellbare) und V (verstellbare Turbine) gekennzeichnet]. Es wird der Anfangspunkt einer Beschleunigungslinie erreicht. Die weiteren eingetragenen Punkte entsprechen Zeitintervallen von 0,05 Sekunden. Der Beschleunigungsvorgang

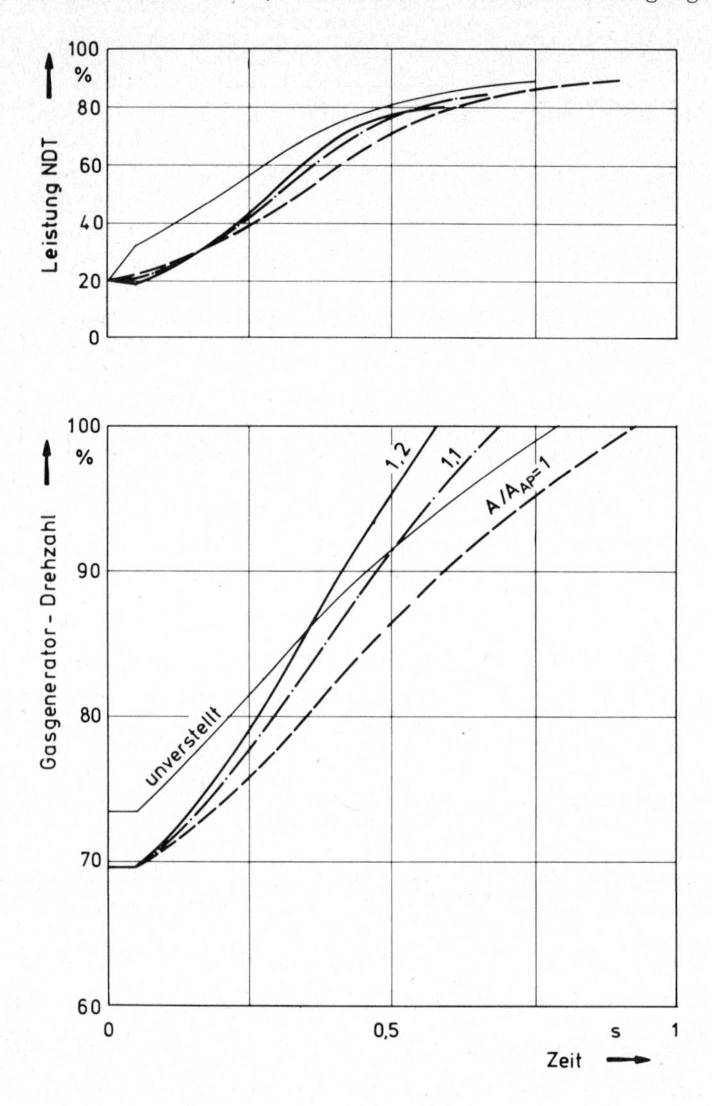

Bild 45. Gasgenerator-Drehzahl und Leistung der Niederdruckturbine bei Beschleunigung

endet in diesem Beispiel nicht bei einer relativen reduzierten Drehzahl von 1, sondern etwas höher. Das liegt daran, daß zur Nennleistung eine Drehzahl im Kennfeld von 1,07 gehört.

Bei der verstellbaren Turbine wird gleichzeitig mit der erhöhten Brennstoffzufuhr das Leitrad mehr oder weniger geöffnet. Im stationären Fall war es

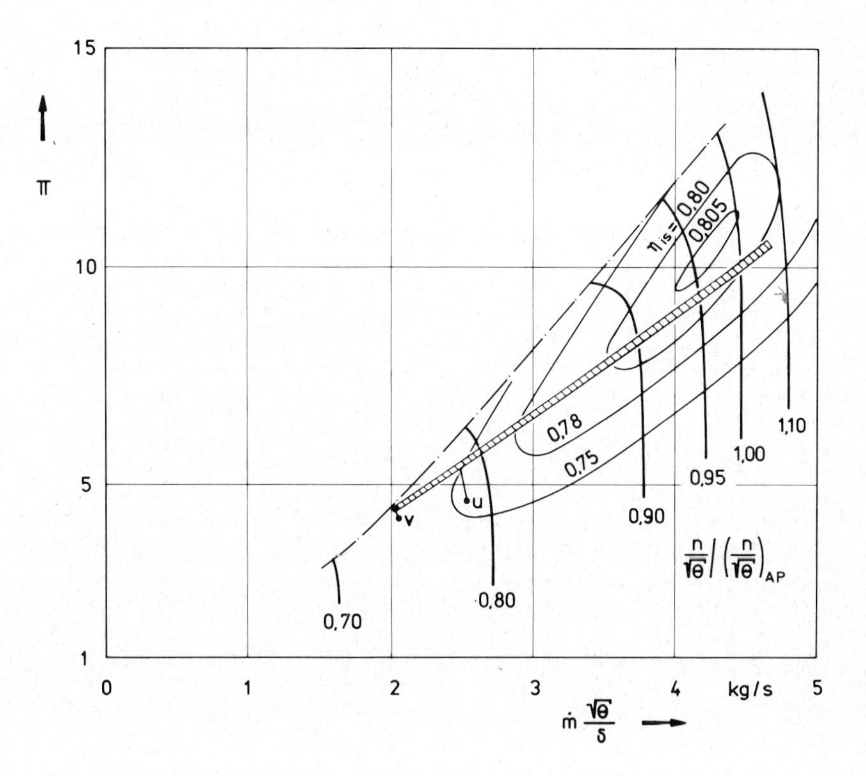

Bild 46. Beschleunigungslinien im Verdichter-Typkennfeld (Bild B. 2. 1/5)

auf ein Flächenverhältnis von A/A_{AP} = 0,855 geschlossen. Es werden Ergebnisse für die Leitradstellungen während der Beschleunigung von 1 und 1,1 sowie 1,2 gezeigt. Die Linien für A/A_{AP} = 1 fallen - abgesehen vom unterschiedlichen Beginnpunkt - bei verstellbarer und unverstellbarer Turbine natürlich zusammen. Im Typkennfeld der Niederdruckturbine können nur für diesen Fall die Linien gezeigt werden; bei anderen Leitradstellungen wird das betreffende Kennfeld nämlich aus zwei anderen Kennfeldern interpoliert (siehe Kap. C. 2. 2).

Das Hauptergebnis ist in Bild 45 dargestellt. Trotz der niedrigeren Ausgangsdrehzahl kann - wenn die Verstellmöglichkeit ausgenutzt wird - die Gasturbine mit variabler Geometrie schneller beschleunigen als die Anlage ohne

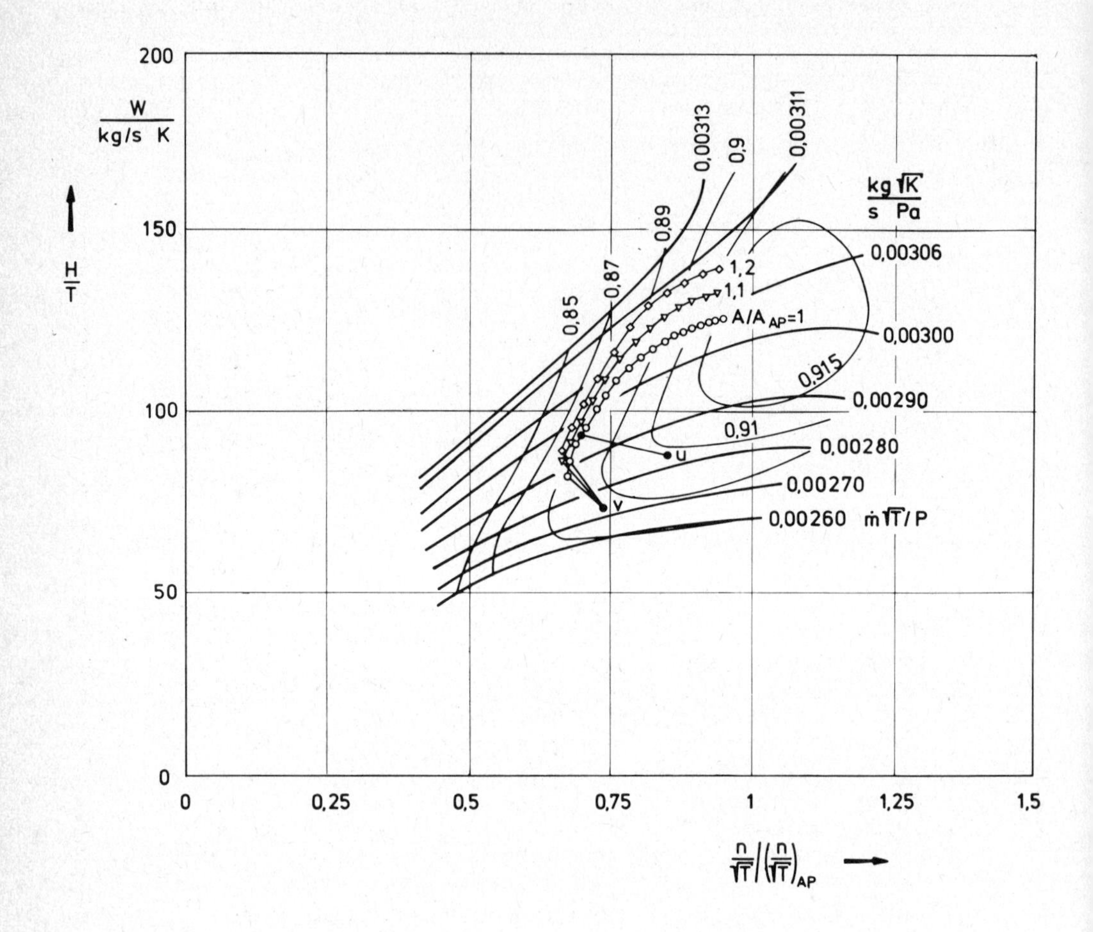

Bild 47. Beschleunigungslinien im Typkennfeld der Hochdruckturbine (Bild B. 2. 3/5)

Leitradverstellung. Diese Aussage gilt für die Drehzahl des Gasgenerators. Wertet man als Beschleunigungszeit die Zeit bis zum Erreichen einer gewissen Nutzleistung von z. B. 80 %, dann muß man ein kompliziertes Regelprogramm für das Leitrad entwerfen, wenn die Verstellung optimal angewendet werden soll. Dabei wird zunächst geöffnet und dann - während der Gasgenerator hochdreht - kontinuierlich geschlossen. Mit einer solchen Regelung kann man Zonen schlechter Wirkungsgrade in der Niederdruckturbine zwar nicht ganz, aber doch teilweise meiden.

Abschließend noch eine Randbemerkung. Die Zahlenangaben zur Beschleu-

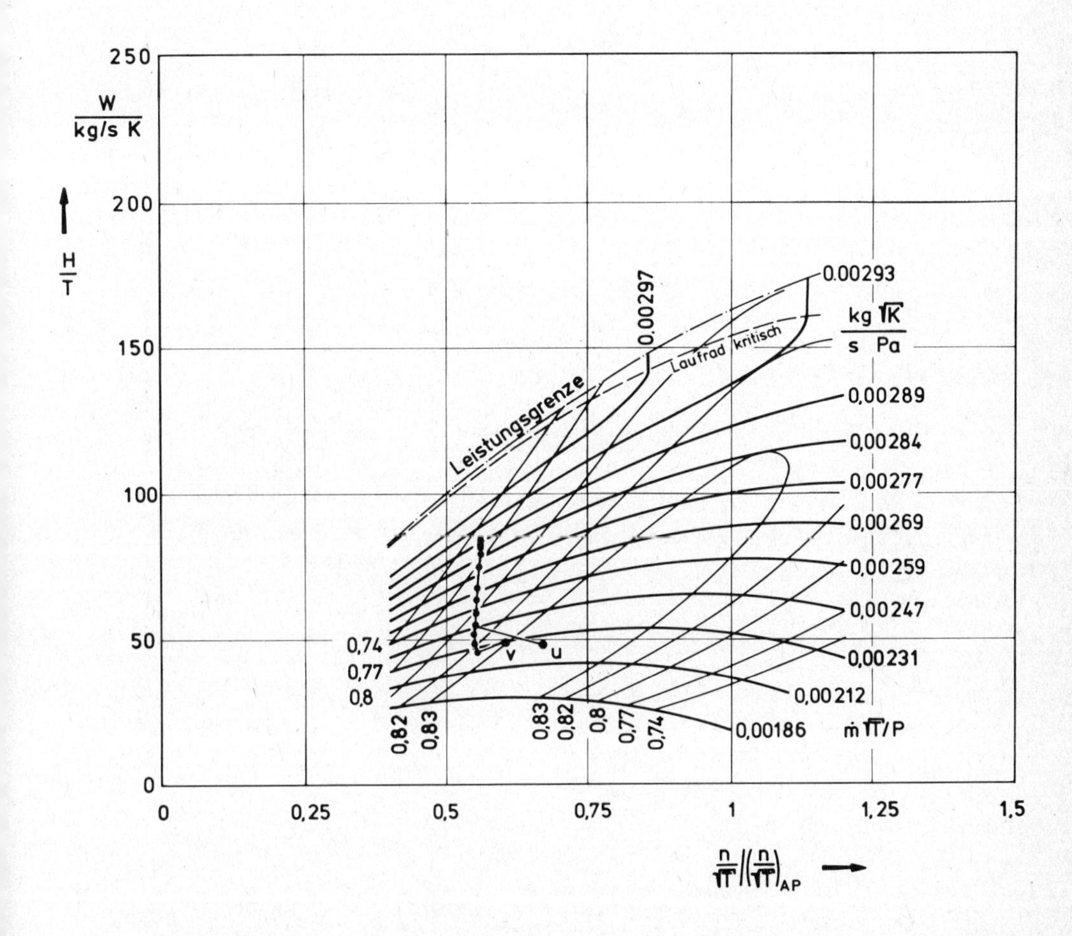

Bild 48. Beschleunigungslinien im Typkennfeld der Niederdruckturbine (Bild B. 2. 3/8)

nigung beziehen sich auf eine hypothetische Keramikturbine, die kurzzeitig Temperaturspitzen bis 1750 K verträgt. Es kann durchaus der Fall eintreten, daß die Keramiktechnologie so starke Temperaturgradienten verbietet; in einem solchen Falle wäre die verstellbare Nutzleistungsturbine wegen der günstigen Teillastverbräuche zwar weiterhin interessant, könnte jedoch für die Beschleunigung nicht mehr ausgenutzt werden.

2. Gasturbinen als Schiffsantrieb

2.1 Allgemeines

Der Anteil der von Gasturbinen angetriebenen Schiffe ist zur Zeit - gemessen an der Gesamtzahl - noch relativ gering, jedoch ständig im Steigen begriffen. Besonders die gesamte installierte Leistung hat in den letzten Jahren erheblich zugenommen (Bild 1).

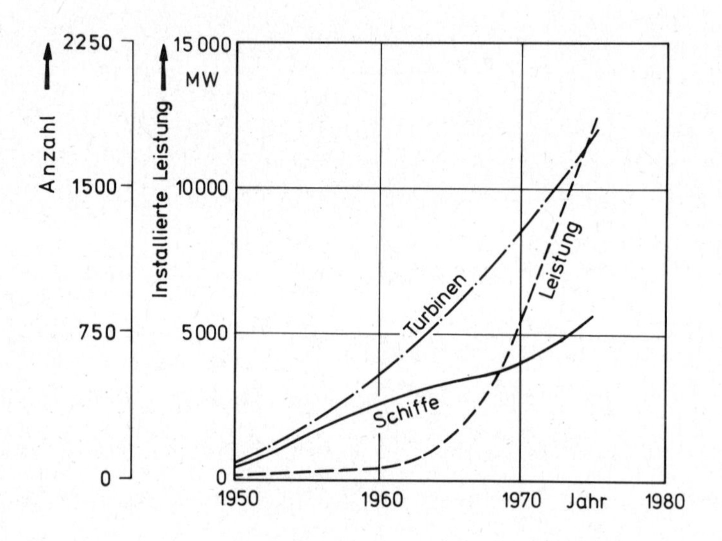

Bild 1. Verbreitung von Schiffsgasturbinen

2.1.1 Gründe, die für die Verwendung einer Gasturbine sprechen

Die Gründe dafür sind hauptsächlich die vergleichsweise niedrigen Werte von Volumen und Gewicht der Anlage. Bei einer Leistung von z.B. 5000 kW wird eine moderne Gasturbine ohne Wärmetauscher nur etwa ein Zehntel des Gewichtes eines entsprechenden Diesel-Motors haben. Die Gasturbine kann weiterhin billig werden, besonders, wenn man sie von einer bereits erprobten Fluggasturbine ableitet, deren Entwicklungskosten schon von anderer Seite gedeckt wurden. Das geringe Bauvolumen kommt vor allem dann zum Tragen, wenn es um schnelle und damit leistungsstarke Schiffe geht. Beispiele sind Containerschiffe, schnelle Fährschiffe oder auch Transporter für arktische Gewässer, die die hohe Leistung zum Eisbrechen benötigen. Weitere Anwendungen sind Tanker für Flüssig-Gas; in diesem Falle ist das Ladegut ein idealer Brennstoff für die Antriebsanlage. Bei Schwebefahrzeugen und Tragflügelbooten hat sich die Gasturbine wegen ihres geringen Gewichtes weitgehend durchgesetzt.

Weitaus mehr Verwendung als in der Handelsschiffahrt findet bereits heute die Gasturbine in der Kriegsmarine verschiedener Länder. Neben dem geringen Platzbedarf sprechen einfache Wartung mit wenig Personal, große Zuverlässigkeit und schnelle Verfügbarkeit für ihren Einsatz. Während ein Dampfturbinenaggregat kaum in weniger als 30 Minuten auf volle Leistung gebracht werden kann, dauert es bei einer Gasturbine vom "Druck auf den Knopf" bis zur Vollast nur etwa 1-3 Minuten. Die heute erreichbaren Zwischenüberholzeiten sind beträchtlich, der Austausch der Gasturbine mit einem Reserveaggregat kann in sehr kurzer Zeit erfolgen.

2.1.2 Punkte, die bei der Verwendung einer Gasturbine beachtet werden müssen

Die bisher aufgezählten Vorteile der Gasturbine können nicht darüber hinwegtäuschen, daß auch eine Reihe von Problemen mit ihrem Einsatz verbunden sind.

Der spezifische Brennstoffverbrauch kann nur dann mit den entsprechenden Werten bei Dampfturbine und Diesel-Motor konkurrieren, wenn hohe Werte von Heißgastemperatur und - falls kein Wärmetauscher vorgesehen ist - Verdichterdruckverhältnis gefahren werden.

Die seewasserhaltige Luft kann auch in den unumgänglichen Einlauffiltern nicht soweit gereinigt werden, daß es keine Schwierigkeiten infolge von Salzablagerungen im Verdichter oder durch Korrosion gäbe. Die Verschmutzung des Verdichters senkt dessen Wirkungsgrad; doch durch regelmäßiges "Waschen" mit heißem Süßwasser lassen sich die Ablagerungen bei laufender Anlage relativ problemlos wieder entfernen. Anders ist es mit der Korrosion, wenn aus einer Fluggasturbine eine Marineanlage abgeleitet werden soll. Man ist gezwungen, unter Umständen erhebliche Änderungen in der Werkstoffauswahl und beim Oberflächenschutz zu treffen.

Der an Bord eines Schiffes mitgeführte Brennstoff ist häufig nicht direkt für die Gasturbine verwendbar, obwohl diese für ein weites Spektrum von Brennstoffen geeignet ist. Wenn die Gasturbine zuverlässig ihren Dienst versehen soll, dann muß der Brennstoff vor allem von Seewasser und Salz gereinigt werden, was recht aufwendige Brennstoffsysteme erfordert.

Die Montage der Gasturbine muß den besonderen Gegebenheiten eines Kriegsschiffes gewachsen sein. Äußerst starke Erschütterungen des gesamten Schiffes dürfen keine negativen Auswirkungen auf die Leistungsfähigkeit der Anlage haben, was in Versuchsreihen nachzuweisen ist.

Der große Luft- und Abgasdurchsatz erfordert entsprechende Zu- und Abluftkanäle, deren Anordnung bereits beim Entwurf des Schiffes mit berücksichtigt werden muß. Einbauten zur Schalldämpfung sind vorzusehen. Weder emporsprühende Gischt noch die heißen Abgase dürfen in den Einlaufkanal gelangen.

Neben der Gasturbine sind in einem Schiff noch zusätzliche Energiequellen nötig, die bei einem Dampfturbinenantrieb in die Hauptanlage integriert werden können. So wird auch bei Liegezeiten im Hafen eine gewisse Menge Heiz- und elektrische Energie benötigt. Selbst wenn die Gasturbine bei Marschfahrt in Betrieb ist, erscheint es wegen des damit verbundenen Druckverlustes problematisch, die Wärme des Abgases in größerem Umfang auszunutzen.

Der zunehmende Einsatz der Gasturbine bei vielen maritimen Anwendungen zeigt, daß die damit verbundenen Probleme, von denen hier nur einige wichtige kurz gestreift werden konnten, nicht unüberwindbar sind. Die weiteren Kapitel sollen zeigen, welche Möglichkeiten die moderne Technologie für die Marinegasturbine bieten kann.

2.2 Aufgabenstellung

Wie schon im vorangehenden Kapitel angedeutet, konzentrieren sich die meisten heutigen Anwendungen der Gasturbine in der Seefahrt auf solche in den Kriegsmarinen. Hier wird nun eine Antriebsanlage untersucht, die etwa für einen Zerstörer oder auch eine Fregatte geeignet sein könnte. Dabei sollen zwei völlig voneinander getrennte Gasturbinen auf je eine verstellbare Schiffsschraube wirken. Ein Umkehrgetriebe für die Rückwärtsfahrt ist damit überflüssig. Ob die außerordentlich kleinen Leistungen, die zum Beispiel zum Manövrieren im Hafen gefordert sind, günstiger von einem Hilfs-Diesel-Motor oder ebenfalls von der Hauptantriebsanlage aufgebracht werden sollen, soll an dieser Stelle nicht diskutiert werden. Die gesamte zu installierende Leistung der Gasturbinen betrage 2 * 30 MW = 60 MW.

Die maximale Leistung der Antriebsanlage eines Kriegsschiffes wird nur relativ selten benötigt. Wenn man eine in bestimmter Hinsicht "optimale" Auslegung der Maschinen festlegen möchte, so ist dies kaum möglich, ohne deren Teillastverhalten ebenfalls zu untersuchen. Der Vergleich verschiedener Auslegungen kann zum Beispiel an Hand eines repräsentativen Fahrzyklus geschehen; in diesem Fall wurde eine Aufteilung der "mittleren Betriebsstunde" in 5 Leistungsstufen vorgenommen (Tabelle 1).

Tabelle 1 Fahrzyklus für Marine-Doppelgasturbine

Gesamt-Leistung	Dauer pro mittlere Betriebsstunde	Leistung Gasturbine I	Leistung Gasturbine II
MW	min	%	%
60	5	100	100
45	15	100	50
30	10	50	50
15	10	50	0
7,5	20	25	0

Die niedrigste Leistungsstufe entspricht dabei 12,5 % der insgesamt installierten Leistung. Die Aufteilung wurde so gewählt, daß für die einzelne

Gasturbine nur 3 Betriebszustände durchgerechnet zu werden brauchen (Auslegung + 2 Teillastpunkte).

Die mittlere Leistungsstufe mit 30 MW Gesamtleistung hätte auch so dargestellt werden können, daß statt der Aufteilung Gasturbine I und II je 50 % nur Gasturbine I mit 100 % gewählt wird. Das würde zu einem geringeren Brennstoffverbrauch während der oben eingeführten mittleren Betriebsstunde führen. Bei der Aufteilung 50 % + 50 % wird jedoch die Antriebsanlage mechanisch und thermisch weniger belastet und man kann eine größere Lebensdauer erwarten. Ferner ist es in diesem Falle schneller möglich, eine höhere Leistungsstufe einzustellen, da nicht erst eine der beiden Gasturbinen angelassen werden muß.

Ohne nähere Untersuchung wird angenommen, daß die Drehzahlen, bei der die einzelnen Leistungen abgegeben werden müssen, sich aus dem Propellergesetz $N \sim n^3$ ergeben. Bei 50 % Leistung ist die Drehzahl also 79,4 % und bei 25 % ist n = 63,0 %. Die absoluten Drehzahlen der Abtriebswelle der Gasturbine sind in jedem Fall für den Antrieb der Schiffsschraube zu hoch und erfordern ein Getriebe mit einem Untersetzungsverhältnis im Bereich von 20:1. Dieses Getriebe kann hier nicht weiter untersucht werden.

Für die Bewertung der Gasturbine kommen hauptsächlich die Kriterien Anschaffungs- und Betriebskosten, Masse und Volumen sowohl der Maschine als auch des Brennstoffes in Frage. Wenn man überlegt, daß die Betriebskosten während der Lebensdauer des Schiffes von z.B. 20 Jahren ein Vielfaches der Anschaffungskosten der Gasturbinen betragen, so erscheint es zweckmäßig, zugunsten eines geringen Brennstoffverbrauches eine technologisch hoch entwickelte Konzeption zu verwirklichen. Zwei Wege sind dabei möglich: einerseits die hochverdichtete Gasturbine, deren Gasgenerator entweder zwei Wellen oder einen Verdichter mit mehreren Verstellgittern erfordert oder andererseits die Gasturbine mit Wärmetauscher und niedrig verdichtendem Gasgenerator. Beide Bauarten sollen untersucht und miteinander verglichen werden.

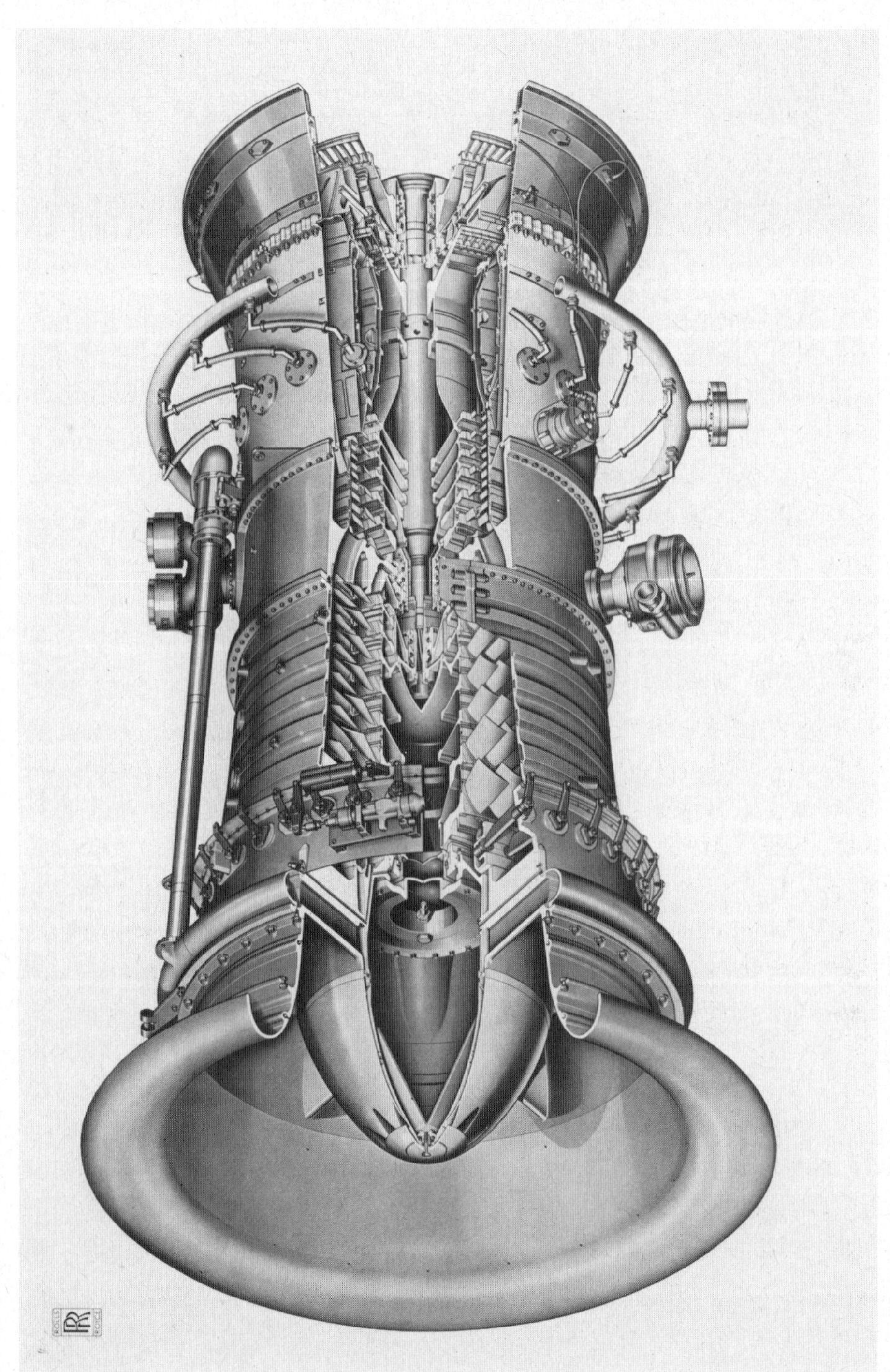

Bild 1. Gasgenerator RB211 für Industrieanwendungen

Da von vornherein offensichtlich ist, daß hohe Brennkammertemperaturen günstig für beide Konzeptionen sind, wird für die Turbinen an den entsprechenden Stellen Luftkühlung vorgesehen. Erfahrungen im Marinebetrieb haben gezeigt, daß die kleinen Kühlluftbohrungen sich nicht - wie anfangs befürchtet - mit Salzablagerungen zusetzen und damit wirkungslos werden. Bei Filmkühlung kann sogar ein verbesserter Schutz gegen Hochtemperaturkorrosion erreicht werden, da die aggressiven Heißgase das Metall nicht mehr direkt beaufschlagen können.

Die Brennstoffart (Schweröl, Bunkeröl, Diesel-Öl), die in einem Schiff der untersuchten Art verwendet wird, wurde in der Rechnung durch den Standardbrennstoff aus Kap. B. 1 ersetzt. Die Ergebnisse können auf der Basis des von der Brennstoffart ziemlich unabhängigen inneren Wirkungsgrades auf andere Brennstoffe übertragen werden.

2.3 Mathematische Modelle und Optimierung der Marine-Gasturbinen

Die allgemeinen mathematischen Modelle der Thermodynamik bei Auslegung und Teillastrechnung von Dreiwellen-Gasturbinen (Zweiwellen-Gasgenerator + Freifahrturbine) und von Zweiwellen-Gasturbinen mit Wärmetausch (Einwellen-Gasgenerator + Freifahrturbine) sind in Teil B bzw. C beschrieben. Sie werden hier ergänzt durch die marinetypischen technologischen Merkmale.

Massen und geometrische Abmessungen der Turbomaschinen werden im wesentlichen nach Angaben aus [67] berechnet. Dort sind neben den Formeln für VTOL-Triebwerke (VTOL = Vertical Take Off and Landing) auch solche angegeben, die für die Komponenten von für die allgemeine Luftfahrt geeigneten Gasturbinen gelten. Marineanlagen werden wegen der korrosionsbedingt geänderten Materialauswahl, der verstärkten Lagerung und infolge des im Vergleich zur Luftfahrt nicht so starken Zwanges zum Leichtbau schwerer sein. Um auch bei Marineanlagen moderne Komponentenkonzepte zugrunde zu legen, wurden die berechneten Gesamtmassen nur um 50 % erhöht. Die errechneten Volumina gelten allgemein für Gasturbinen forgeschrittener Technologie und brauchen daher für den hier vorliegenden Fall nicht modifiziert zu werden.

Für Schiffsanwendungen wird man im allgemeinen die Gasturbine zusammen mit ihren Nebengeräten, Zu- und Abluftstutzen, Schalldämpfern usw. zu einem Antriebsmodul auf einem eigenen Fundament montieren. Ein solcher Modul ist natürlich erheblich größer und schwerer als die eigentliche Gasturbine. Als groben Anhalt für das Verhältnis Modulmasse zu Gasturbinenmasse kann man Werte von 4 - 6 angeben.

2.3.1 Dreiwellen-Marineanlage

2.3.1.1 Erste Variante des mathematischen Modells

Verdichter

Wenn man im Gasgenerator ein hohes Druckverhältnis erreichen will, dann muß entweder ein Verdichter mit mehreren Verstellgittern oder ein Zweiwellen-Verdichter vorgesehen werden. Hier wurde die 2. Lösung gewählt, was

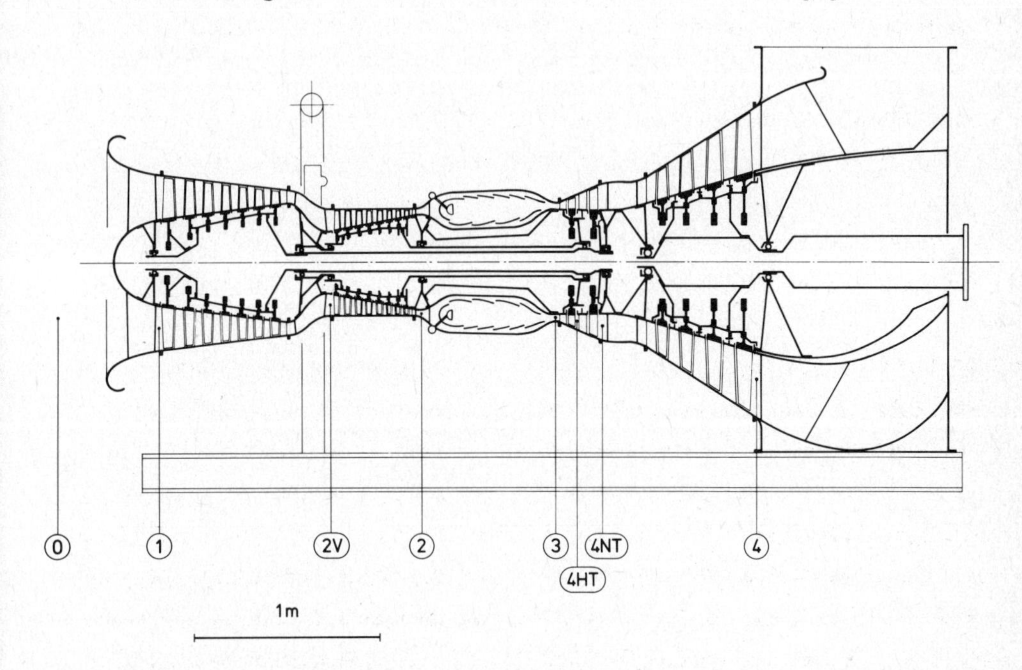

Bild 1. Optimierter Entwurf einer Schiffsgasturbine von 30MW Leistung. Auslegungsdaten siehe Tabelle 1, Spalte 3. Die Zahlen geben die Bezeichnung der thermodynamischen Ebenen an.

aber nicht bedeutet, daß mit den vorgestellten Verfahren nicht auch die 1. Variante berechnet werden könnte (vgl. Kap. C. 4. 2).

Sowohl der Niederdruck- (NDV) als auch der Hochdruckverdichter (HDV) sollen im Auslegungsfall denselben Anteil zum Gesamtdruckverhältnis beitragen. Die Geometrie am Eintritt des NDV kann aus den Annahmen (Bezeichnungen siehe Bild 1)

Nabenverhältnis	$\nu_{NDV,1} = 0,5$
Axiale Mach-Zahl	$M_{c_{ax,1}} = 0,5$
Umfangs-Mach-Zahl Außenschnitt	$M_{u_a,T_o} = u_a / \sqrt{\varkappa R T_o} = 1$

berechnet werden, wenn der Massendurchsatz $\dot{m}$ bekannt ist und die Umgebungszustände (T_o = 288 K, P_o = 1,01325 bar) gegeben sind. Der Massenstrom wird so bestimmt, daß die Auslegungsnutzleistung von 30 MW erreicht wird. Der Austrittsquerschnitt des NDV ergibt sich mit den Bedingungen

konstante Axialgeschwindigkeit	$c_{ax,NDV} = const$
konstanter Mittelschnittdurchmesser	$d_{m,NDV} = const$

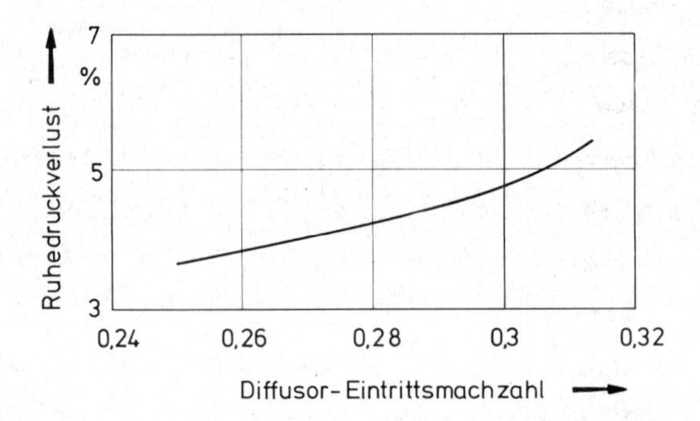

Bild 2. Ruhedruckverlust bei einer Ringbrennkammer

Der Hochdruckverdichter liefert die Luft in die Brennkammer, wo eine relativ niedrige Mach-Zahl von etwa 0,3 herrschen muß, weil sonst die Ruhedruckverluste zu sehr ansteigen. Bild 2 aus [31] zeigt als Beispiel Meßwerte für eine typische Ringbrennkammer. Außerdem kann am Austritt des Hochdruckverdichters das Nabenverhältnis höchstens etwa 0,9 sein, da sonst die Strömungsverluste zu groß werden und außerdem mechanische Probleme entstehen. Durch diese beiden Bedingungen ist bei aus der Kreisprozeßrechnung bekannten Werten von T_2, P_2 und $\dot{m}$ der Außenschnittdurchmesser in Ebene 2 bestimmt, wenn man einen repräsentativen Wert für den Isentropenexponenten einsetzt. Dieser Außenschnittdurchmesser wird für den gesamten HDV konstant gehalten. Wie das maßstäbliche Bild 1 zeigt, erhält man mit diesem Satz von Annahmen eine günstige Gesamtkonzeption des Verdichterabschnittes im Gasgenerator.

Brennkammer

Die Größe der Ringbrennkammer wird mit den in [67] gegebenen Zusammenhängen aus einer mittleren Strömungsgeschwindigkeit von 18,3 m/s (= 60 ft/s) und einem Verhältnis Länge zu Höhe von 3 berechnet. Das Ergebnis sind relativ große Brennkammervolumina; damit ist berücksichtigt, daß für eine Marinegasturbine nicht immer die besten Brennstoffe zur Verfügung stehen.

Turbinen

Die gekühlte einstufige Hochdruckturbine (HDT) ist mit einem im Vergleich zum Mittelschnittdurchmesser des HDV in Ebene 2 um 10 % vergrößerten Mittel- und konstantem Innendurchmesser ausgeführt. Die benötigte Kühlluftmenge kann mit folgender Formel abgeschätzt werden (vgl. Kap. B. 2.3.3):

$$\frac{\dot{m}_k}{\dot{m}} = 0{,}1067 \; \frac{\bar{t}_h - \bar{t}_M}{\bar{t}_M - t_k} .$$

Diesem Ansatz liegt die Vorstellung zugrunde, daß die Kühlluft mit der Temperatur t_k dazu benötigt wird, an einer für die Turbine repräsentativen Stelle die Metalltemperatur t_M in der Umgebung einer Heißgastemperatur t_h nicht über einen angenommenen Grenzwert steigen zu lassen. Die Eintrittstemperatur der zu kühlenden Turbine wurde gleich der Heißtemperatur gesetzt, die Kühllufttemperatur sei gleich der Austrittstemperatur beim HDV. Als Metalltemperatur wurde für die erste Rechnung der Wert 1200 K eingesetzt; weitere Optimierungen wurden für t_M = 1000 K durchgeführt.

Die so berechnete Kühlluftmenge wird nach dem HDV abgezweigt und im mathematischen Modell erst hiner der Turbine wieder zugemischt. Für die Lagerkühlung und sonstige allgemein stets notwendige Kühlung einzelner Bauteile werden im übrigen 2 % der vom Niederdruckverdichter gelieferten Luft als Leckluft betrachtet.

Die Strömungsquerschnitte auf Zu- und Abströmseite der Gasgenerator-Turbinen werden über Annahmen für das axiale Mach-Zahl-Niveau berechnet:

$$M_{c_{ax},3} = 0,28$$

$$M_{c_{ax},4NT} = 0,35 .$$

Änderungen dieser Ansätze wirken sich nur unwesentlich auf die Ergebnisse von Masse und Volumen der Turbine aus.

Die Mitteldruckturbine (MDT) kann ein- oder zweistufig ausgeführt werden. Um einen günstigen Übergang zur Nutzleistungsturbine zu erreichen, ist ihr Innenschnitt mit konstantem Durchmesser vorgesehen, der zudem gleich ist wie bei der HDT.

Für die Nutzleistungsturbine (Niederdruckturbine NDT) sind 4 Stufen vorgesehen. Diese relativ hohe Stufenzahl erlaubt eine geringe Umfangsgeschwindigkeit. Die Technologie solcher langsam laufender Turbinen fällt bei der Entwicklung von Strahltriebwerken mit hohem Nebenstromverhältnis an und kann auch hier eingesetzt werden.

Da die kinetische Energie des Abgases am Austritt der NDT einen Verlust darstellt, ist eine möglichst niedrige Strömungsgeschwindigkeit in Ebene 4 zu fordern. Sie muß allerdings so groß sein, daß sämtliche Verluste auf der Abströmseite gedeckt werden können. Die Annahmen $c_{ax,4} = 150$ m/s und $p_4 = p_o$ wurden hier verwendet; damit kann der Strömungsquerschnitt in der Ebene 4 berechnet werden.

Auf der Eintrittseite der Niederdruckturbine wird ein etwas höheres Axialgeschwindigkeitsniveau mit 200 m/s angesetzt, was zum Beispiel für den Fall aus Bild 1 eine Mach-Zahl von etwa 0, 3 bedeutet und damit realistisch erscheint.

Den mechanischen Forderungen wird dadurch Genüge getan, daß am Eintritt NDT ein Nabenverhältnis von 0, 7 und am Austritt ein solches von 0, 6 vorgesehen wird.

Ein wichtiges Problem ist die Festlegung der Umfangsgeschwindigkeiten. Für die Niederdruckwelle des Gasgenerators ist dies schon geschehen über die Vorgabe einer Umfangs-Mach-Zahl am Außenschnitt (Ebene 1) des NDV. Die Hochdruckwelle wird in ihrer Drehzahl durch die Verhältnisse in der HDT bestimmt, da dort die mechanischen Probleme maßgebend sind. Mit einer Leistungsziffer

$$\psi_{HDT} = \frac{H_{HDT}}{\frac{u^2}{2}} = 4,5$$

ist einerseits die aerothermodynamische Seite der Turbine erfaßt und andererseits gelangt man zu akzeptablen Umfangsgeschwindigkeiten im Bereich von 400 m/s. Es wäre auch möglich, sowohl Leistungsziffer als auch Umfangsgeschwindigkeit vorzuschreiben und über das damit ebenfalls festgelegte H_{HDT} eine andere Aufteilung des Gesamtdruckverhältnisses als hier angenommen ($\pi_{NDV} = \pi_{HDV}$) zu verwirklichen. Bei kleinen Druckverhältnissen könnte man - wie die Ergebnisse von Tabelle 1, Spalten 4 und 5 zeigen - die Umfangsgeschwindigkeit vorschreiben und die Leistungsziffer variabel lassen. Dann würde der Hochdruckverdichter nicht unnötig langsam laufen und nicht so viele Stufen haben müssen.

Auch bei der Niederdruckturbine wird die Umfangsgeschwindigkeit über eine vorgeschriebene Leistungsziffer bestimmt. Wenn man pro Stufe im Mittel $\psi_{NDT} = 3,5$ ansetzt, erhält man eine aerodynamisch ziemlich stark belastete, aber dennoch nicht unrealistische Auslegung. Immerhin wurden zum Beispiel in [15] schon vielstufige Turbinen untersucht, deren durchschnittliche Leistungsziffer den Wert 10 erreichte.

Tabelle 1 Optimierungsergebnisse für Gasturbinen ohne Wärmetauscher

			T_M = 1200 K			T_M = 1000 K	
			$\eta_{MDT} \neq f(\psi_{MDT})$	$\eta_{MDT} = f(\psi_{MDT})$ nach Bild 3			
			MDT 1-st.	MDT 1-st.	MDT 2-st.	MDT 1-st.	MDT 2-st.
	Spalten-Nr.		1	2	3	4	5
geometrische- und Auslegungs-Daten	Druckverhältnis		38,2	28,9	35,6	16,4	20,1
	Brennkammertemperatur	K	1585	1600	1570	1280	1275
	Verdichterdurchsatz	kg/s	91,9	87,9	91,8	139,7	143,4
	Kühlluft	%	12,2	12,4	11,2 (1)	10,3	10,5
	Spez. Verbrauch	g/kWh	205	217	2o8	250	238
	Gesamtwirkungsgrad		0,408	0,384	0,402	0,334	0,351
	Wirkungsgrad MDT		0,891 (2)	0,810	0,867	0,873	0,922
	Leistungsziffer MDT		10,0 (3)	7,45	4,63	3,76	2,37
	Stufenzahl (4) Verdichter-		7 + 7	6 + 8	7 + 7	5 + 9 (4)	6 + 9 (4)
	Durchmesser Austritt NDT	m	1,58	1,61	1,59	1,89	1,86
	Umfangsgeschwindigkeit NDT	m/s	216	221	216	176	173
	Länge ca. (5)	m	4,2	4,2	4,4	5,6	5,8

50 % Last	Druckverhältnis		30,2	23,0	27,9	13,3	16,2
	Brennkammer-temperatur	K	1238	1226	1230	998	1008
	Verdichterdurchsatz	kg/s	71,5	69,3	71,3	112,7	114,6
	Kühlluft	%	1	0,7	0,7	-	0,2
	Spez. Verbrauch	g/kWh	214	230	219	270	255
	Drehzahl NDV-MDT	%	84,4	85,3	84,5	86,3	85,7
	Drehzahl HDV-HDT	%	96,1	95,3	95,8	96,1	96,6
25 % Last	Druckverhältnis		21,5	16,4	19,8	9,8	11,9
	Brennkammer-temperatur	K	1066	1054	1058	869	877
	Verdichterdurchsatz	kg/s	54,3	53,0	54,3	88,4	89,6
	Kühlluft	%	--	--	--	--	--
	Spez. Verbrauch	g/kWh	248	269	254	330	307
	Drehzahl NDV-MDT	%	73,7	74,7	73,8	75,8	75,2
	Drehzahl HDV-HDT	%	88,9	88,4	88,8	89,7	90,2

(1): MDT braucht praktisch keine Kühlluft.

(2) und (3): Entwurf nicht realisierbar.

(4): HDT läuft wegen Ψ_{HDT} = 4,5 ca. 100 m/s langsamer als bei Spalten 1 - 3.

(5): Unterschiede hauptsächlich durchsatzbedingt.

Verlustannahmen, Kennfelder

Die Wirkungsgrade der Turbomaschinen wurden gemäß den in Kap. B. 3 bereitgestellten Annahmen eingeführt.

Für den Brennkammer-Wirkungsgrad ist der hohe Wert von $\eta_A = 0,998$ in die Rechnung übernommen, das Druckverlustverhältnis beträgt $\pi_{BK} = 0,95$. Beim Einlauf sind keine Verluste berücksichtigt; sie hängen stark von den besonderen Einbaubedingungen im Schiff ab. Die mechanischen Verluste und Antriebsleistungen für Nebengeräte werden über einen mechanischen Wirkungsgrad von 0,995 sowohl bei Nieder- als auch bei der Hochdruckwelle angesetzt.

Bei allen in diesem Kapitel genannten Zahlen, die sich bei den verschiedenen Laststufen ändern, handelt es sich im übrigen um Werte, die zur Auslegung gehören. Für die Teillastrechnungen wurden Typkennfelder aus Kap. B. 2 verwendet.

2. 3. 1. 2 Weiterentwicklung des Modells an Hand von Optimierungsergebnissen

Im mathematischen Modell, das im voranstehenden Kapitel beschrieben wurde, sind die zu optimierenden Parameter das Gesamtdruckverhältnis π und die Brennkammertemperatur T_{BK}. Als zu minimierende Zielfunktion wurde der Brennstoffverbrauch der Doppelgasturbinenanlage für den in Kap. E. 2. 2 beschriebenen durchschnittlichen Fahrzyklus von einer Stunde Dauer gewählt.

Die in dieser Hinsicht optimale Antriebsanlage hat ein größeres Volumen bzw. eine größere Masse als die nach Masse oder Volumen optimierten Versionen. Der Unterschied der Anlagenmassen und -volumina verschiedener möglicher Auslegungen ist jedoch gering im Vergleich zu den entsprechenden Variationen der Brennstoffmassen und -volumina für eine typische Mission des hier betrachteten Schiffes.

Zur Optimierung wurde das Newton-Verfahren von Kap. D. 2. 4 eingesetzt. Nach einem Gradienten-Startschritt und 2 bis 3 Newton-Schritten war stets das Minimum erreicht. Für jede der insgesamt fünf Modellvarianten wurde die Optimierung von 2 bis 3 verschiedenen Startpunkten aus wiederholt. Die Rechenzeit für eine Suche vom Start bis zum Minimum beträgt etwa 1 Minute.

Die ersten Rechnungen wurden - wie bereits erwähnt - für eine zulässige Metalltemperatur von 1200 K durchgeführt. Die optimierte Auslegung (siehe Tabelle 1, Spalte 1) entspricht einem Minimum des mathematischen Modells. Die unerläßliche genaue Prüfung des Ergebnisses zeigt aber, daß dieses Modell unvollkommen ist, denn die Leistungsziffer der Mitteldruckturbine beträgt $\psi_{MDT} = 10$; bei einem Wirkungsgrad im Auslegungspunkt von $\eta = 0,891$ (s. Kap. B. 3) ist aber eine derart hohe Leistungsziffer nicht realisierbar. Das hohe ψ_{MDT} ist zu erklären aus der niedrigen Umfangsgeschwindigkeit, die der Mitteldruckturbine durch den Niederdruckverdichter aufgezwungen wird.

Zwei Verbesserungsmöglichkeiten bieten sich an. Zum einen könnte die Mitteldruckturbine zweistufig ausgeführt werden; damit kann der angesetzte Wirkungsgrad erreicht werden. Die errechneten Massen und Volumina müßten entsprechend korrigiert werden, beeinflußen aber die optimale Parameterkombination nicht, weil in der Zielfunktion nur der Verbrauch für den Fahrzyklus enthalten ist. Dieses Vorgehen wäre aber nicht ganz befriedigend, da dann trotz variabler Leistungsziffern bei der Mitteldruckturbine stets derselbe Wirkungsgrad angenommen würde. Die zweite Verbesserungsmöglichkeit für das mathematische Modell besteht darin, daß man näher untersucht, wie denn eine einstufige Turbine bei der hohen Leistungsziffer ausgelegt werden müßte und welcher Wirkungsgrad in etwa erwartet werden kann. Dann ist es möglich, einen Zusammenhang $\eta = f(\psi)$ in das Modell einzuführen und die Optimierung zu wiederholen.

Hier wurde zunächst der zweite Weg gewählt. Mit einem Rechenprogramm aus [25] wurde untersucht, welchen Einfluß die Umfangsgeschwindigkeit - und damit die Leistungsziffer - bei vorgegebenen Daten für Gesamtdruck, Gesamttemperatur, Massenstrom und Leistung auf die Auslegung der Mitteldruckturbine mit der zunächst gefundenen Parameterkombination hat. Das Ergeb-

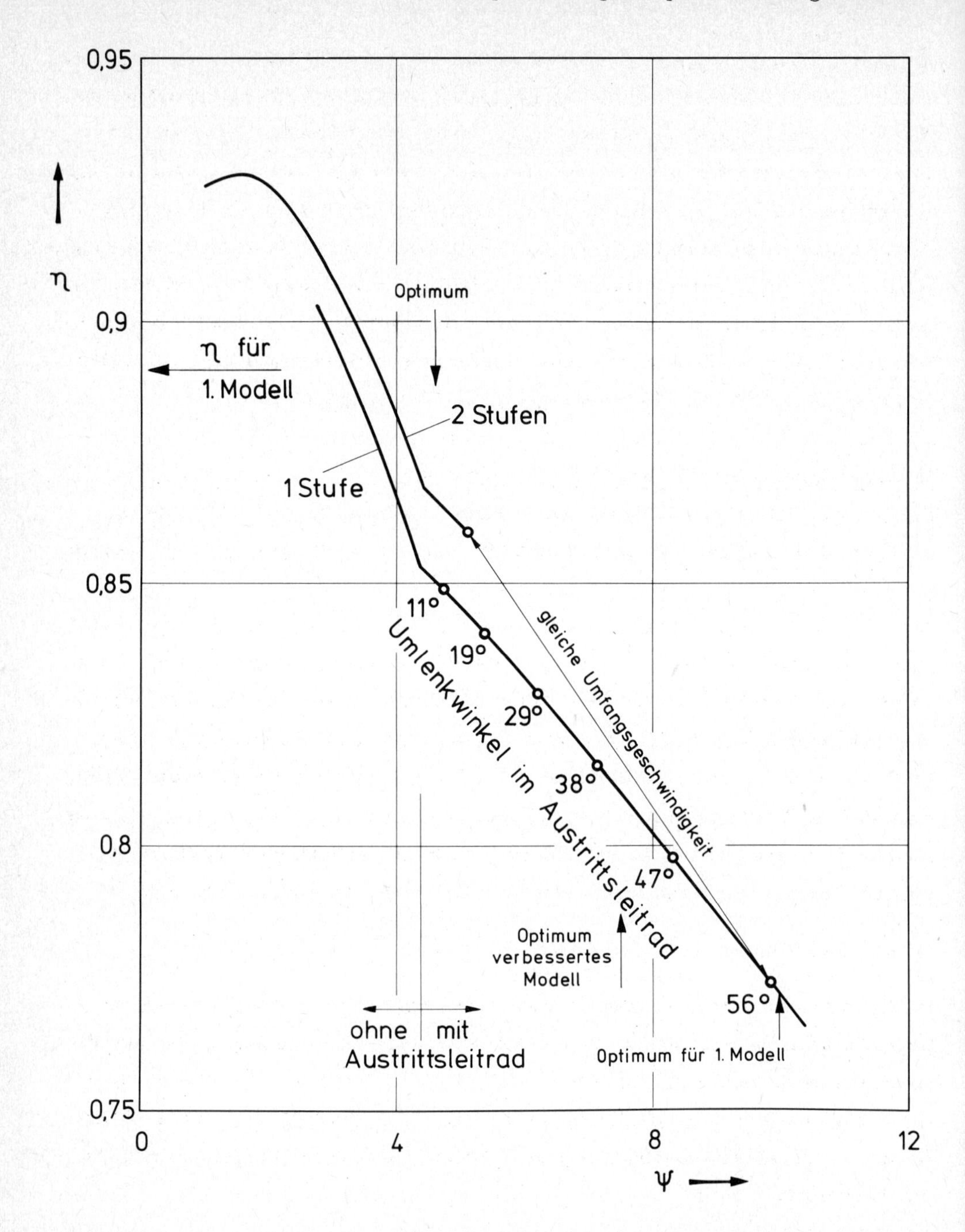

Bild 3. Wirkungsgrad und Leistungsziffer für ein- und zweistufige Turbinen

nis ist in Bild 3 aufgetragen; es gilt auch in guter Näherung für die Mitteldruckturbinen der sonst im Ablauf des Optimierungsverfahrens untersuchten Gasturbinenauslegungen. Bei Leistungsziffern ψ = 4 können Geschwindigkeitsdreiecke mit axialem Austritt aus der Stufe realisiert werden, bei Leistungsziffern über 4 muß man auf Impulsturbinen übergehen, für die ab ψ = 4,4 ein Austrittsleitrad erforderlich ist. Geht man bei einer Umfangsgeschwindigkeit von u = 200 m/s von einer wegen des hohen Umlenkwinkels im Austrittsleitrad eigentlich nicht realisierbaren einstufigen Turbine auf eine zweistufige über, so kommt man einerseits zu einer vernünftigen Auslegung und andererseits zu einem um ca. 9 % verbesserten Wirkungsgrad.

2. 3. 1. 3 Vergleich der optimalen Gasturbinen

Der Zusammenhang η = f (ψ) aus Bild 3 wurde nun sowohl für ein- als auch für zweistufige Mitteldruckturbinen in das mathematische Modell eingeführt.

Für eine zulässige Metalltemperatur von 1200 K stellten sich daraufhin die Ergebnisse aus den Spalten 2 und 3 der Tabelle 1 ein. Bei der einstufigen Turbine liegt das Minimum des Brennstoffverbrauchs nun bei einem niedrigeren Druckverhältnis, weil so die Mitteldruckturbine entlastet wird. Trotzdem ist die Leistungsziffer der MDT immer noch sehr hoch; aus Bild 3 kann man entnehmen, daß im Austrittsleitrad eine Umlenkung der Strömung um ca. 40° stattfinden muß. Das dürfte nur mit einem Tandemgitter möglich sein.

Die Alternative ist eine Auslegung mit zwei Stufen bei der Mitteldruckturbine. Dann erreicht man einen zwar hochbelasteten, mit ψ_{MDT} = 4,63 aber durchaus noch realistischen Entwurf. Das Druckverhältnis ist nun wieder nahezu so hoch wie beim Ergebnis der ersten Modellvariante, die sich im übrigen auch in ihren sonstigen Daten kaum von der zweistufigen Variante unterscheidet.

Bisher haben wir eine zulässige Metalltemperatur von 1200 K zugrundegelegt. Die Heißgase haben bei den oberen Laststufen eine erheblich höhere Temperatur; durch entsprechende Kühlluftmengen wird dafür gesorgt, daß Leit- und Laufschaufeln sowie die Scheiben und sonstigen Bauteile der Turbinen nicht überhitzt werden. Die untersuchten Anlagen sind für ein Kriegsschiff gedacht, bei dem Vollast nur relativ selten gefahren wird. Daher ist es sinnvoll, bei den unteren Laststufen die Kühlluft abzuschalten. Wie man aus Tabelle 1 sehen kann, wurde diese Annahme im mathematischen Modell verwendet.

Die hohe Metalltemperatur von 1200 K ist für Marineanlagen sicher ein Blick in die Zukunft. Die Korrosionsprobleme sind doch erheblich schwerwiegender als bei Luftfahrtgasturbinen, bei denen 1200 K durchaus zulässig sind. Aus diesem Grunde wurden weitere Optimierungen für eine Metalltemperatur von 1000 K durchgeführt.

Die letzten beiden Spalten von Tabelle 1 zeigen die Ergebnisse dazu. Für die geforderte Leistung von 30 MW pro Gasturbine ist nun ein um ca. 50 % höherer Verdichterdurchsatz notwendig. Der spezifische Verbrauch bei Nennleistung steigt um etwa 15 % gegenüber den entsprechenden Anlagen mit t_M = 1200 K. Die Leistungsziffer der Mitteldruckturbine ist sowohl bei zwei- als auch bei einstufiger Ausführung unproblematisch.

2. 3. 1. 4 Trendkurven für nicht optimale Variablenwahl

Zu jeder Optimierung gehört auch eine Untersuchung über den Einfluß von nicht optimalen Variablenkombinationen. Wenn nicht zu allen Berechnungsbeispielen solche Ergebnisse gezeigt werden, so geschah dies nur aus Platzmangel. In diesem Kapitel jedoch werden die Trendkurven in der Umgebung der Optima aus den Spalten 2 - 5 der Tabelle 1 diskutiert, sie sind in den Bildern 4 - 7 dargestellt.

Die Zielfunktion gibt in diesen Bildern den Brennstoffverbrauch für den Fahrzyklus gemäß Tabelle 1, E. 2. 2 für die Doppel-Gasturbinenanlage wieder. Wenn einer der beiden gezeigten Parameter π und T_{BK} variiert wird, dann hat der jeweils andere den entsprechenden optimalen Wert aus Tabelle 1.

Für die Temperaturkurven gilt allgemein, daß das Unterschreiten eines bestimmten Wertes die Zielfunktion - also den Verbrauch - stark erhöht. Besonders steil sind die linken Äste der T_{BK}-Kurven in den Bildern 6 und 7.

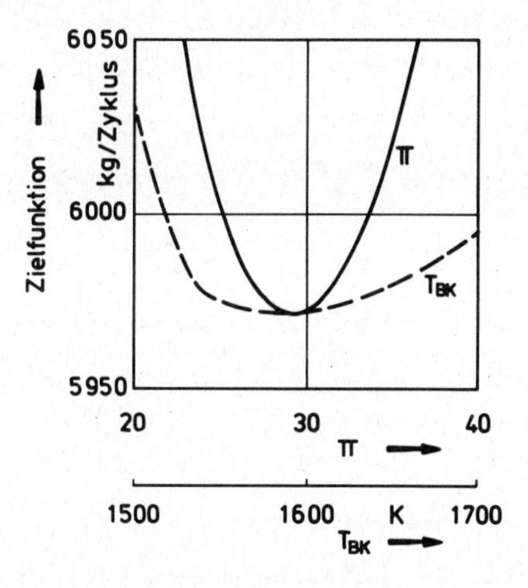

Bild 4. Trendkurven für t_M = 1200 K, MDT einstufig (Spalte 2)

Bild 5. Trendkurven für t_M = 1200 K, MDT zweistufig (Spalte 3)

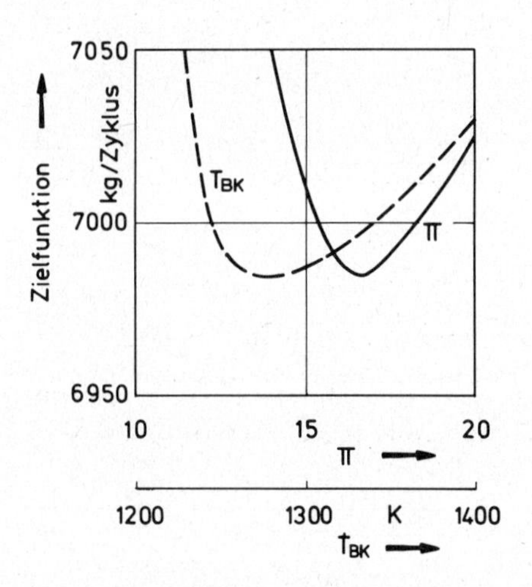

Bild 6. Trendkurven für t_M = 1000 K, MDT einstufig (Spalte 4)

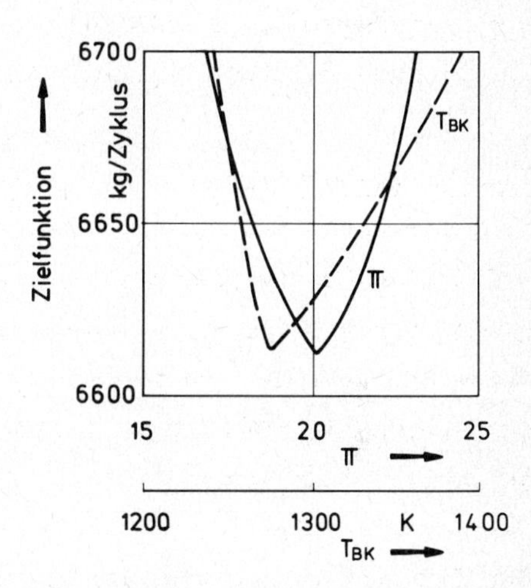

Bild 7. Trendkurven für t_M = 1000 K, MDT zweistufig (Spalte 5)

Das Ansteigen der Temperaturkurven im rechten Ast wird jeweils durch die Annahmen über die Kühlluftmengen hervorgerufen. Die nähere Umgebung des Minimums ist - mit Ausnahme des Bildes 7 - relativ flach.

Die Tendenzen des Gesamtdruckverhältnisses sind ungefähr symmetrisch zum Minimum. Die "Welle" in Bild 5 läßt sich durch detaillierte Untersuchung des mathematischen Modells erklären; sie hängt mit den Wirkungsgradannahmen für die Mitteldruckturbine zusammen (Bild 3).

Im übrigen muß darauf hingewiesen werden, daß der Maßstab für die Zielfunktion in den Bildern 4 - 7 nur einen Bereich zwischen 1,5 und 1,8 % umfaßt.

2. 3. 2 Marineanlage mit Wärmetauscher (Zweiwellen-Anlage)

Der in Kap. E. 2. 3. 1 untersuchten Dreiwellen-Gasturbine soll eine Anlage mit Wärmetauscher gegenübergestellt werden. Dieser wird als Plattenrekuperator in Modulbauweise ausgeführt wie in Kap. B. 4. 1 beschrieben. Der Gasgenerator kann als Einwellen-Gerät gebaut werden, da das notwendige Druckverhältnis erheblich niedriger ist als bei der Anlage ohne Wärmetauscher.

Das Schaltschema und die Bezeichnungen der thermodynamischen Ebenen sind bereits in Bild C. 4. 2/1 gezeigt worden.

2. 3. 2. 1 Mathematisches Modell

Um die Gegenüberstellung der Anlagen mit und ohne Wärmetausch zu erleichtern, wollen wir die Rekuperator-Gasturbine nach Möglichkeit ähnlich wie die Anlage aus Kap. E. 2. 3. 1 aufbauen.

Allgemeines zum Rekuperator

Nach dem Verdichter wird die komprimierte Luft - soweit sie nicht zur Kühlung irgendwelcher Bauteile benötigt wird - durch die Gegenstrom-Wärmetauscher-Module geleitet. Die Größe dieser Module wird nach Kap. B. 4. 1 aus zum Teil fest vorgegeben (Beispiel: Flächendichte) und aus zu optimierenden Größen (Beispiel: Steghöhen auf Kalt- und Heißseite) berechnet. Um einen allgemeinen Anhalt über die benötigten Massen und Volumina solcher Module zu geben, wurden die Bilder 8 und 9 erstellt.

Folgende Randwerte wurden dabei zugrundegelegt:

- Typische Einsatzbedingungen in einer Gasturbine. Heißgastemperatur 1000 K, Kaltgastemperatur 550 K, Heißgasdruck 1 bar, Kaltgasdruck 7,5 bar Heißgasdurchsatz = Kaltgasdurchsatz.
- Für Flächendichte 1000 m^2/m^3: (Bezeichnungen siehe Bild B.4.1/5)
  Rippenblechdicke $b_h = b_k = 0,3$ mm
  Dicke der Zwischenbleche 0,6 mm
  Rippensteghöhe Heißseite $s_h = 7,5$ mm
- Für Flächendichte 2000 m^2/m^3:
  Rippenblechdicke $b_h = b_k = 0,15$ mm
  Dicke der Zwischenbleche 0,3 mm
  Rippensteghöhe Heißseite $s_h = 3,75$ mm
- Material: temperaturfester Stahl

Die Rippensteghöhe auf der Kaltseite wurde so optimiert, daß jeder Punkt der Bilder 8 und 9 einen Wärmetauscher minimalen Volumens darstellt.

Jeweils zwei der Rekuperatorelemente könnten zu einem Modul zusammengefaßt werden, wie er in Bild 10 nach [46] dargestellt ist (Vergleiche auch Bild B.4.1/1 rechts unten). Dort ist auch zu erkennen, wie die einzelnen Module zu einem Gesamt-Rekuperator zusammengefaßt werden. Die Kaltluft strömt durch die Rohre, das Heißgas wird durch das Außengehäuse den Modulen zugeführt.

Die maximal erlaubte heißseitige Eintrittstemperatur in den Wärmetauscher wird durch das verwendete Material und die angestrebte Lebensdauer bestimmt. Bei Marineanlagen kommt als Material zum Beispiel ein nicht rostender Stahl in Frage; damit kann eine maximale Eintrittstemperatur in den Wärmetauscher von etwa 1000 K zugelassen werden.

Wie in Kap. E.2.3.1 schon näher diskutiert, besteht auch für die Turbinen-Eintrittstemperatur eine technologische Grenze. Durch verschiedene Kühlluftmengen kann diese allerdings etwas zu höheren Werten verschoben werden.

Im mathematischen Modell der Gasturbine mit Rekuperator ist die Wärmetauscher-Eintrittstemperatur als Konstante mit 1000 K vorgegeben. Die Brenn-

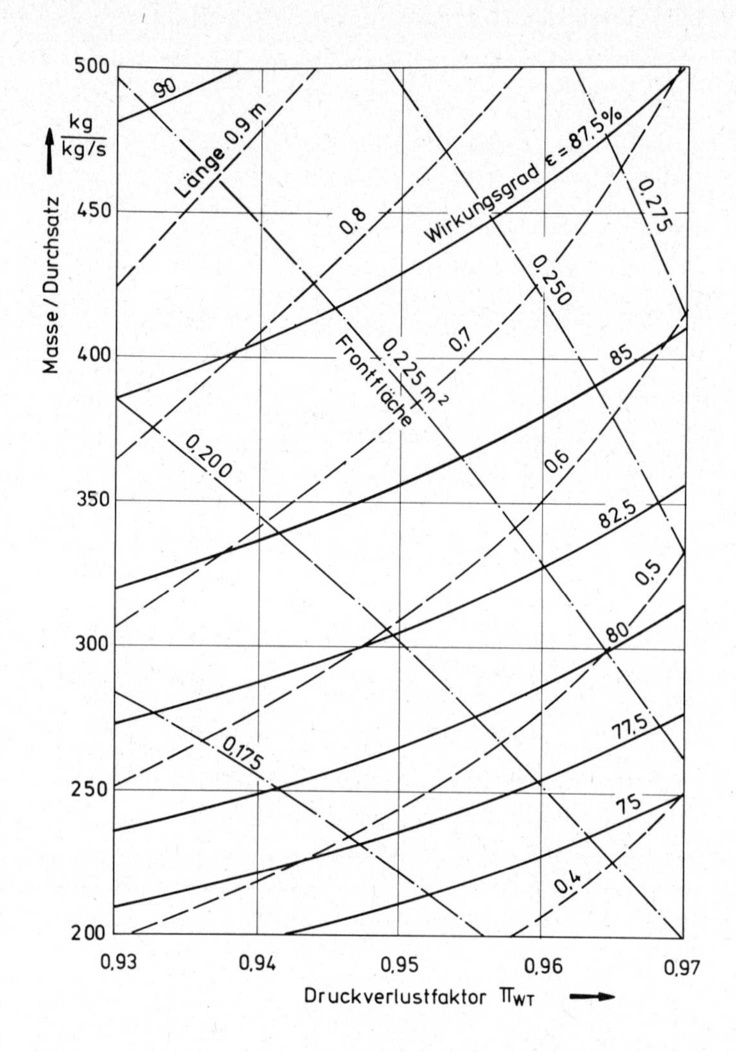

Bild 8. Gegenstrom-Plattenrekuperator mit Flächendichte 1000 m^2/m^3

kammertemperatur wird je nach Druckverhältnis verschieden sein. Für hohe Werte wird eine Kühlluftmenge nach der in Kap. E. 2. 3. 1. 1 angegebenen Formel auf der Basis einer zulässigen Metalltemperatur von 1200 K berechnet.

Verdichter

Der Verdichter dieser Gasturbinen-Anlage wird genauso ausgeführt wie der Niederdruckverdichter der Dreiwellen-Anlage aus Kap. E.2.3.1. Axiale und Umfangs-Mach-Zahl sowie das Nabenverhältnis am Eintritt sind wie dort vorgegeben. Die Kontur des Strömungskanals und der Austrittsquerschnitt er-

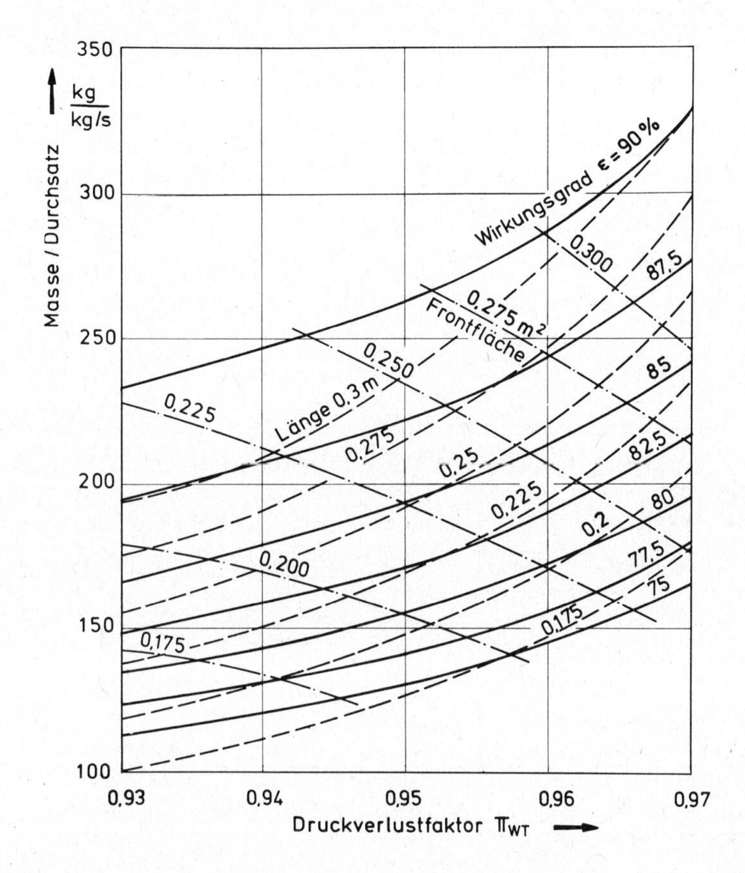

Bild 9. Gegenstrom-Plattenrekuperator mit Flächendichte 2000 m^2/m^3

geben sich aus den Annahmen konstanter Mittelschnittdurchmesser und konstante Axialgeschwindigkeit. Die weiteren geometrischen Größen sowie die Massen aller Turbomaschinenteile wurden wiederum nach Angaben aus [67] berechnet.

Brennkammer

Die Brennkammer bei einer Gasturbine mit Wärmetausch hat eine sehr hohe Eintrittstemperatur. In unserem Beispiel beträgt sie bei Nennleistung knapp 1000 K. Die üblichen Dimensionierungsverfahren für Brennkammern basieren auf Erfahrungen mit wesentlich niedrigeren Eintrittstemperaturen. Deshalb wurde hier - um möglichst auf der sicheren Seite zu sein - eine mit $q_{BK} = 100\ s^{-1}$ recht niedrige Brennkammerbelastung zugrundegelegt. Als Bauprinzip wurde wieder eine Ringbrennkammer gewählt, die um den Mittelschnittdurchmesser der Hochdruckturbine angeordnet ist. Die Ruhedruckverluste wurden mit nur 2 % angesetzt, da die Zuströmgeschwindigkeit der im Rekuperator erhitzten Luft zur Brennkammer wesentlich geringer ist als die Austrittsgeschwindigkeit aus dem Hochdruckverdichter bei der Dreiwellen-Anlage.

Hochdruckturbine

Der Mittelschnittdurchmesser der Hochdruckturbine wurde gleich dem Aussenschnittdurchmesser am Eintritt des Verdichters gesetzt. Nabenverhältnisse von ca. 0,9 am Turbineneintritt sind die Folge. Wie bei der Dreiwellen-Anlage wird ein Entwurf mit d_i = const gewählt. Der Querschnittsberechnung in den Ebenen 3 und 4 HT liegen die axialen Mach-Zahlen 0,28 und 0,315 zugrunde. Sie haben nur einen untergeordneten Einfluß auf das Gesamtergebnis.

Niederdruckturbine (hier gleich Nutzturbine)

Eine der Optimierungsvariablen ist die Abströmgeschwindigkeit aus der Niederdruckturbine. Ist sie gering, dann ist das nutzbare Enthalpiegefälle groß. Allerdings werden dann auch alle Strömungsquerschnitte groß, das Volumen der Gasturbine steigt. Das Umgekehrte gilt für eine hohe Abströmgeschwindigkeit.

Das Niveau der Axialgeschwindigkeit in der gesamten vierstufigen Turbine ist natürlich mit der Abströmgeschwindigkeit gekoppelt. Als Annahme wurde eingeführt, daß in der Ebene 4NT am Eintritt in die Nutzturbine die Geschwindigkeit 1,25 mal so hoch ist wie am Austritt. Als minimal zulässiger

Wert wurde zusätzlich $c_{4NT,min} = 200$ m/s vorgeschrieben.

Bei unter Umständen sehr unterschiedlichem Axialgeschwindigkeitsniveau kann man keine konstante Leistungsziffer zur Berechnungsgrundlage machen. Wie man aus den Turbinenauslegungsdiagrammen in [FA, Kap. B. 4. 2] ablesen kann, eignet sich ein Ansatz gemäß

$$\Psi = 2 + 2\,\Phi_2$$

zur Berechnung der Umfangsgeschwindigkeit. Mit der bekannten Axialgeschwindigkeit am Austritt und der spezifischen Leistung erhält man zwei weitere Gleichungen aus den Definitionen von Leistungs- und Durchsatzziffer:

$$\Psi = \frac{H_{St}}{u^2/2} \,,$$

$$\Phi_2 = \frac{c_{ax,2}}{u} \,.$$

Für die Nabenverhältnisse wurden dieselben Annahmen getroffen wie in Kap. E. 2. 3. 1.

Zu- und Ableitungen des Wärmetauschers

Nicht nur der Rekuperator selbst ist ein recht voluminöses Aggregat, sondern auch das erforderliche Leitungssystem. Die Anordnung der Einzelkomponenten der gesamten Antriebsanlage ist allerdings stark von den Einbaubedingungen abhängig. In einem Kriegsschiff - für das die untersuchte Doppelgasturbine gedacht ist - muß in besonderem Maße auf gute Ausnutzung des verfügbaren Raumes geachtet werden, was zu entsprechend komplizierten Leitungsplänen führen kann.

Wir legen hier ein recht einfaches Leitungssystem zugrunde (Bild 27). Die kaltseitigen Leitungen des Wärmetauschers werden horizontal geführt, das Abgas der Turbine strömt von oben in den Rekuperator und verläßt ihn auch wieder nach oben, nachdem es durch die Gegenstrom-Module geführt wurde. Der Abströmkanal vom Wärmetauscher ab bis zum Schornstein wird nicht näher untersucht. Die einzelnen Abmessungen des Leitungssystems werden berechnet und zur Information auch ausgedruckt, sie beeinflussen aber das Optimierungsergebnis nicht, weil ihr Volumen in der Zielfunktion absichtlich nicht berücksichtigt ist. Dort sind nur die Volumina des Rekuperators und der Gasturbine selber enthalten. Nicht nur durch die L e i t u n g s f ü h r u n g sondern auch durch die D i m e n s i o n i e r u n g könnte sonst das Ergebnis manipuliert werden. Bei einem konkreten Schiffsentwurf sollten die Leitungsvolumina allerdings mit berücksichtigt werden.

Die Leitungsquerschnitte wurden aus einer Mach-Zahl von 0, 1 errechnet. Das Ab- und Zuströmgehäuse zwischen Verdichter und Brennkammer hat die Länge

$$l_{AZ} = \frac{d_k}{2} + \frac{d_h}{2} ,$$

wobei d_k bzw. d_h die Innendurchmesser von Kalt- bzw. Heißluftleitung sind. Für die nicht weiter betrachtete Isolierung wurde ein seitlicher Abstand der Leitungen zu den übrigen Komponenten von einem Meter vorgesehen. Durch l_{AZ} wird der Abstand Verdichteraus- bis Brennkammereintritt beschrieben, der als additives Glied in die Längenberechnung eingeht.

Die Druckverluste in den Leitungen werden nur recht global erfaßt. Auf der Kaltseite nehmen wir an, daß die gesamte kinetische Strömungsenergie am Austritt des Verdichters verlorengeht. Hinzu treten die - allerdings recht kleinen - Verluste im Wärmetauscher. Auf der Heißseite wird analog verfahren, nur sind dort die Rekuperatordruckverluste erheblich größer.

Weder beim Zuströmkanal noch beim Schornstein sind Druckverluste berücksichtigt, da auch sie sehr von den speziellen Einbaubedingungen abhängen werden.

Rekuperator

Eine Vorstellung davon, wie ein aus Modulen zusammengesetzter Wärmetauscher aufgebaut sein könnte, zeigt Bild 10. Für jede der beiden 30 MW-Gas-

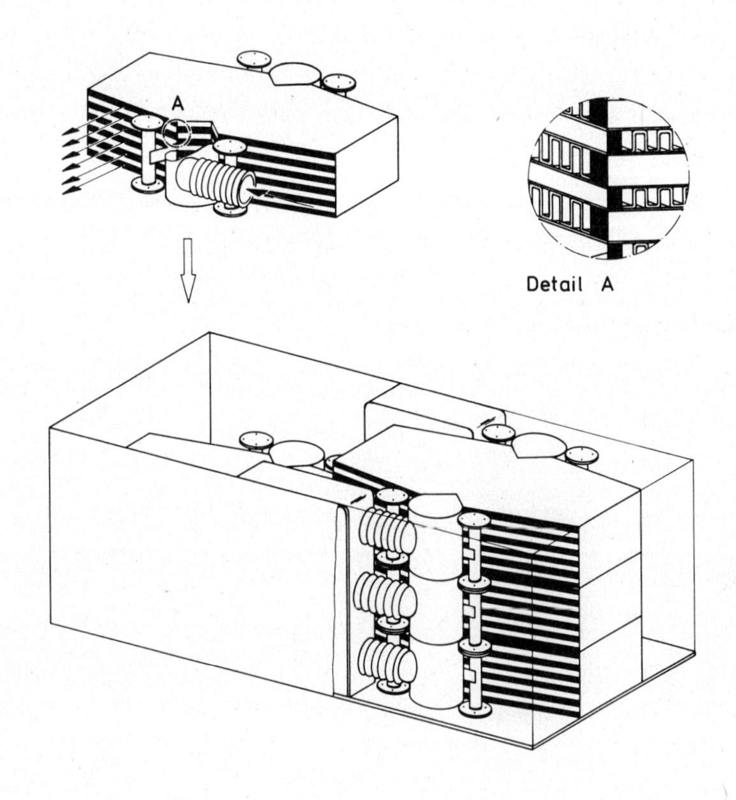

Bild 10. Wärmetauscher, aus einzelnen Gegenstrom-Modulen aufgebaut

turbinen ist ein solches Aggregat vorgesehen. Es enthält 12 Gegenstrom-Plattenrekuperator-Elemente, von denen je zwei zu einem Doppelmodul zusammengefaßt sind. Zwei "Türme" aus je drei solchen Doppelmodulen stehen nebeneinander im Rekuperator-Hauptgehäuse.

Höhe und Breite des Gehäuses folgen aus der detaillierten Berechnung eines Elementarmoduls, welcher im Gegenstromteil einen quadratischen Querschnitt hat. (In Bild 10 ist das nicht der Fall!). Die Tiefe muß durch zusätzliche Annahmen festgelegt werden.

Wir gehen dabei vom freien Strömungsquerschnitt $A_{fr,h}$ im Gegenstromteil der Module auf der Heißseite aus. Dort herrschen Strömungsgeschwindigkeiten im Bereich von etwa 20 m/s. In der Zuleitung zum Wärmetauscher dagegen ist bei der angenommenen Mach-Zahl von 0,1 die Geschwindigkeit ungefähr 60 m/s. Ein Übergangsstück dient dazu, letztere zu reduzieren und das Heißgas möglichst gleichmäßig über die Frontflächen der Module zu verteilen. Wir nehmen an, daß dieses Übergangsstück bei seiner Einmündung von oben in das Rekuperatorgehäuse gerade den Querschnitt $A_{fr,h}/2$ habe. Daraus kann man die Tiefe des Gehäuses berechnen, wenn man weiterhin annimmt, daß die Heißgasabströmseite symmetrisch zur Zuströmseite ist.

Die elementaren Gegenstrom-Plattenrekuperator-Module wurden nach den Angaben in Kap. B. 4. 1 für eine Flächendichte von 2000 m^2/m^3 berechnet. Die Rippensteghöhe auf der Heißseite war mit 3 mm vorgegeben; damit ist garantiert, daß im Ergebnis nicht unrealistisch dicht stehende Rippen erscheinen können. Die Blechdicken waren bei den Rippenstegen mit 0,15 mm und bei den Zwischenplatten, die Heiß- und Kaltseite trennen, mit 0,3 mm angesetzt.

2. 3. 2. 2 Optimierungsergebnisse

In dem beschriebenen mathematischen Modell sind folgende 5 Variablen zu optimieren:

- Gesamtdruckverhältnis $\pi_{V,AP}$
- Wärmetauscher-Wirkungsgrad ε_{AP}
- Steghöhenverhältnis s_h/s_k
- Frontfläche des Gegenstromteils eines elementaren Moduls $A_{F,WT}$
- Abströmgeschwindigkeit $c_{4,AP}$

Als Zielfunktion kommen hier zwei Kriterien in Frage. Zum einen ist es der schon in Kap. E. 2. 3. 1 verwendete Verbrauch während des repräsentativen Fahrzyklus. Gleichwertig für die Beurteilung einer Anlage an Bord, z. B. eines Zerstörers, ist das benötigte Volumen, wenn zu den zwei Gasturbinen noch die beiden Rekuperatoren mit ihren Zu- und Ableitungen treten.

Diese Leitungen wurden allerdings aus den bereits diskutierten Gründen nicht in die Zielfunktion eingeschlossen. Es war naheliegend, hier wieder das Optimierungsverfahren von Kap. D. 2. 3. 2 einzusetzen.

Das Globalergebnis ist in Bild 11 dargestellt. Die Bilder 12 - 16 geben die dazu gehörenden Werte für die Optimierungsvariablen an.

Das Gesamtdruckverhältnis zeigt für eine Gasturbine mit Wärmetausch außerordentlich hohe Werte. Das liegt zum Teil an der Zielfunktion Volumen, die große Dichten begünstigt. Der Verbrauch pro Fahrzyklus hätte im übrigen noch reduziert werden können.

Ein weiterer Grund für die hohen Druckverhältnisse liegt in der Annahme, daß die Temperatur am Eintritt in den Wärmetauscher für alle Anlagen gleich (nämlich ca. 1000 K) sei. Große Druckverhältnisse führen dann zu hohen Eintrittstemperaturen in die Hochdruckturbine (Bild 17). Dadurch steigt die Leistung pro Durchsatz (vgl. Bild 19), d. h. bei vorgegebener Leistung wird die Anlage kleiner.

Der Wirkungsgrad des Wärmetauschers zeigt im Zusammenhang mit dem Druckverhältnis die übliche Tendenz, welche aus dem Kreisprozeß zu erklären ist. Bei Teillast wird er - im Gegensatz zu den Verhältnissen beim Regenerator - kleiner.

In Bild 14 für das Steghöhenverhältnis kann man erkennen, daß die Strömungskanäle auf der Kaltseite mit zunehmendem Druck immer kleiner werden. Es sei daran erinnert, daß die Steghöhe auf der Heißseite mit 3 mm konstant vorgegeben war.

Auch die Frontfläche des elementaren Gegenstrommoduls wird mit zunehmendem Druck kleiner. Das ist nicht nur durch die höhere Dichte auf der Kaltseite bedingt, sondern auch durch den geringeren Durchsatz.

Das Niveau der Abströmgeschwindigkeit von der Nutzturbine (=Niederdruck-

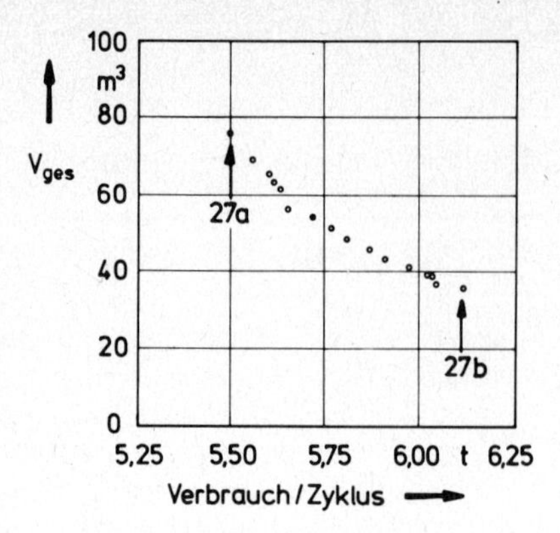

Bild 11. Gesamtvolumen

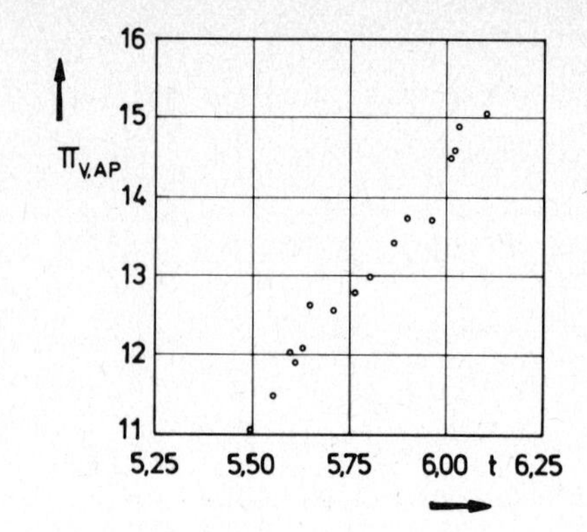

Bild 12. Gesamtdruckverhältnis

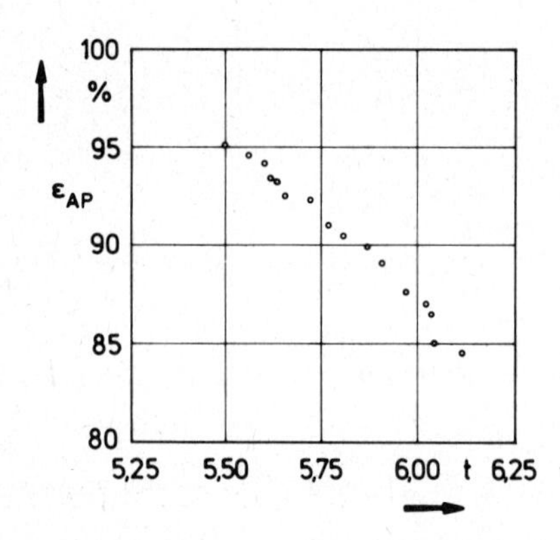

Bild 13. Wärmetauscher-Wirkungsgrad

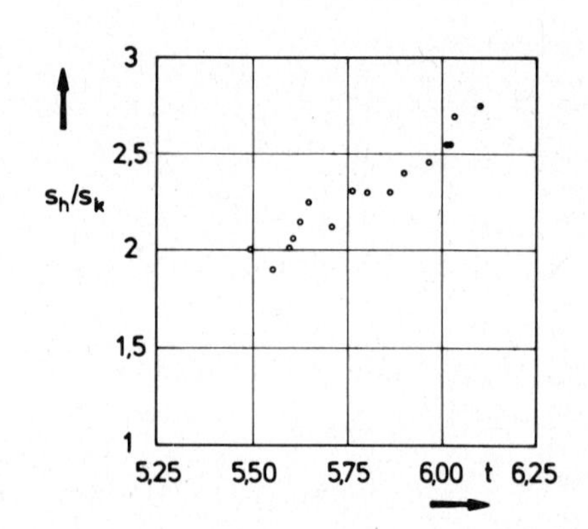

Bild 14. Steghöheverhältnis

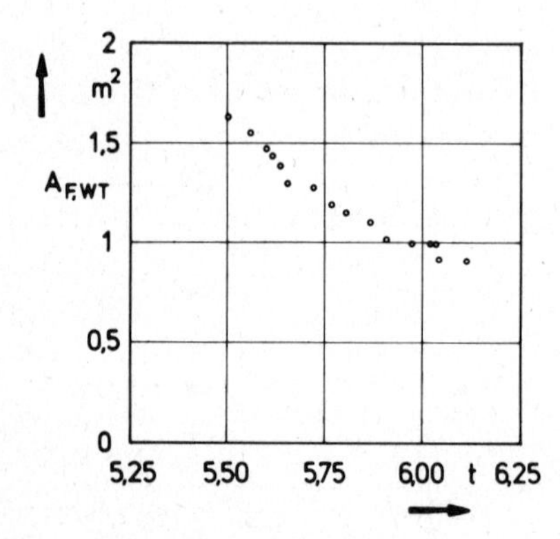

Bild 15. Frontfläche eines elementaren Gegenstrommoduls

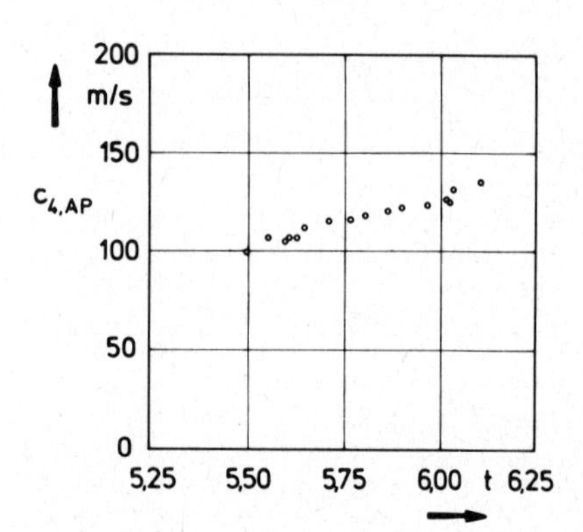

Bild 16. Abströmgeschwindigkeit NDT

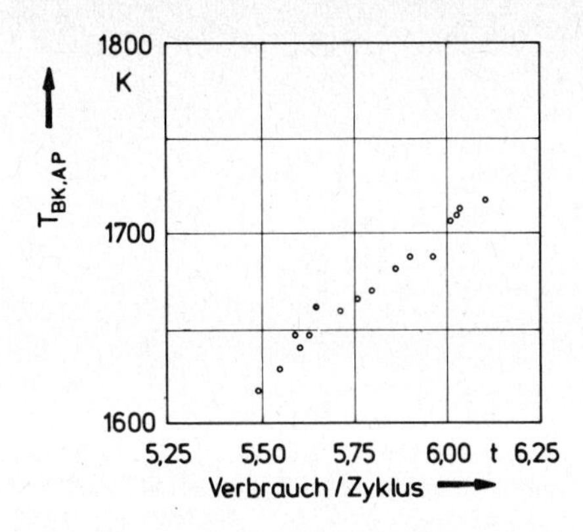

Bild 17. Brennkammertemperatur

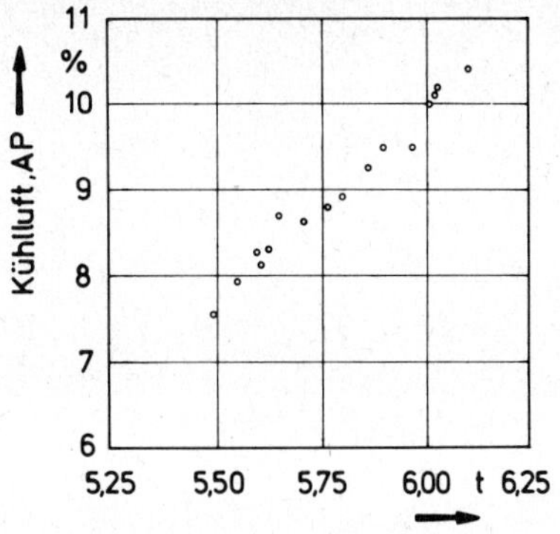

Bild 18. Kühlluftmenge

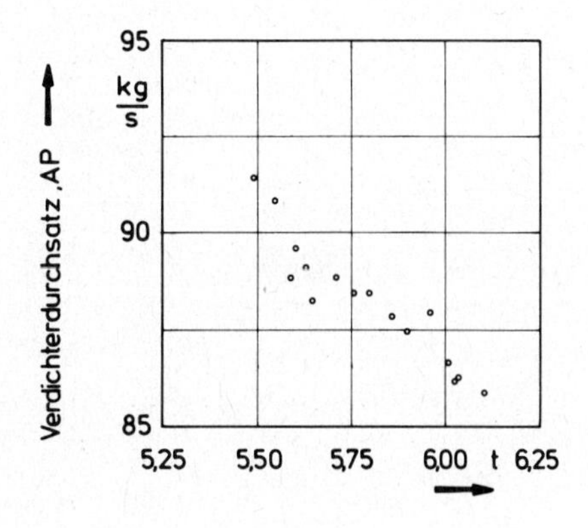

Bild 19. Verdichterdurchsatz

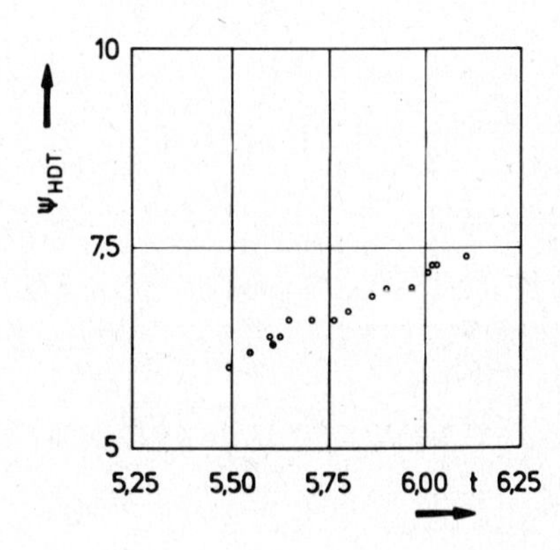

Bild 20. Leistungsziffer HDT

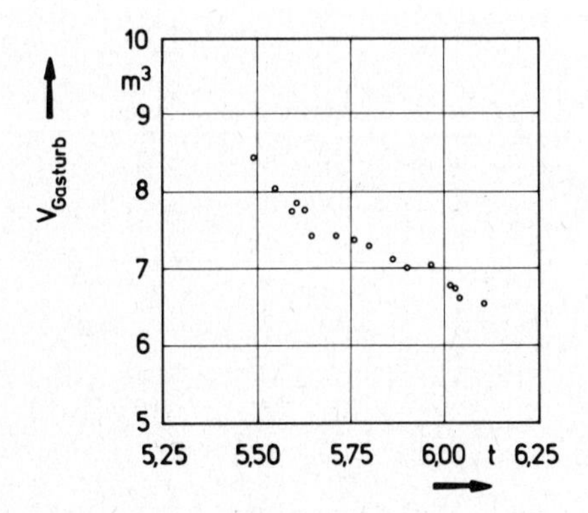

Bild 21. Volumen der Gasturbine

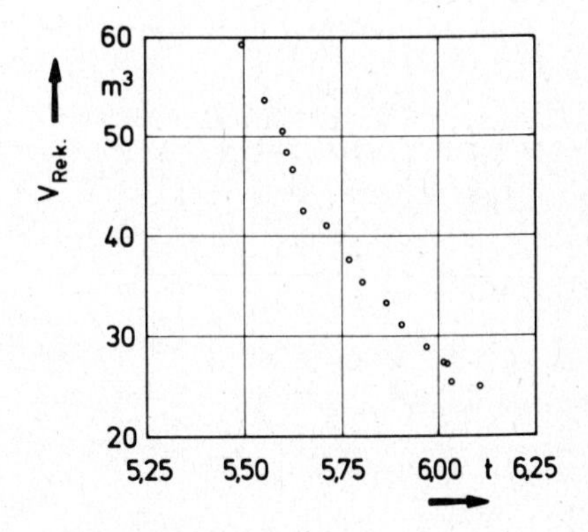

Bild 22. Volumen des Rekuperators

turbine) ist relativ niedrig. Wenn ein größerer Brennstoffverbrauch pro Zyklus zugelassen ist, dann wird der Vorteil von höheren Geschwindigkeiten in Bezug auf kleine Volumina ausgenutzt.

Bild 17 zeigt die Brennkammertemperatur und daneben in Bild 18 ist die Kühlluftmenge für die Hochdruckturbine zu erkennen. Letztere ist wegen des hohen Druckverhältnisses stark belastet, wie man in Bild 20 erkennen kann. Würde die Hochdruckturbine zweistufig ausgeführt, dann käme man auf Leistungsziffern im üblichen Rahmen und hätte entsprechend Bild 3 bessere Wirkungsgrade zu erwarten. Allerdings wäre dann auch wieder mehr Kühlluft erforderlich.

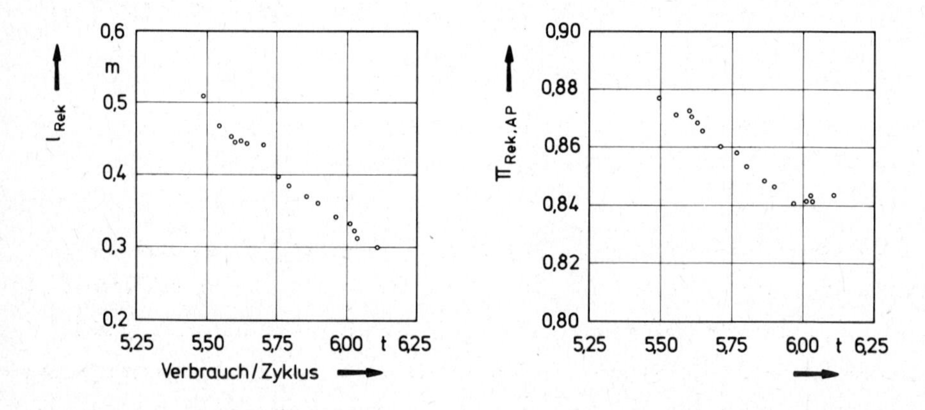

Bild 23. Länge des Gegenstromteils eines Elementarmoduls

Bild 24. Druckverlustfaktor Rekuperator

Die Bilder 21 und 22 zeigen die Volumina von Gasturbine und Wärmetauscher; es sind jeweils Werte für e i n e s der beiden Aggregate, die zur Doppelanlage mit insgesamt 60 MW Leistung gehören.

Durch die Angaben aus Bild 23 werden die Daten von Bild 15 für einen elementaren Wärmetauscher-Modul ergänzt; insgesamt sind 12 davon im Rekuperator integriert.

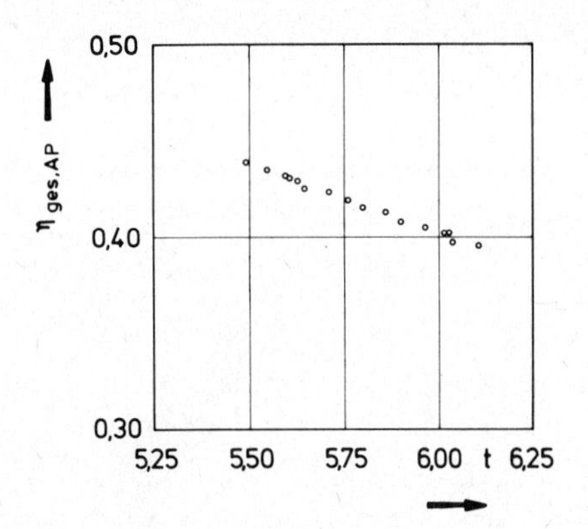

Bild 25. Gesamtwirkungsgrad

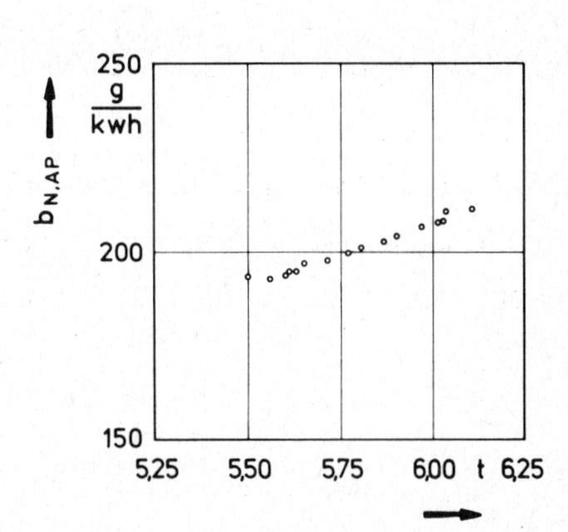

Bild 26. Spezifischer Verbrauch

Die Druckverlustfaktoren des Wärmetauschers sind im Auslegungsfall ziemlich ungünstig, wie Bild 24 zeigt. Bei Teillast steigen sie allerdings erheblich an, z.B. bei N = 50 % auf 0,9 - 0,92 und bei N = 25 % auf 0,935 - 0,95. An diesem Ergebnis ist einerseits die Zielfunktion "Volumen" beteiligt und andererseits das Fahrprogramm, das den Teillastbetrieb als wesentliches Kriterium mit in die Beurteilung einführt.

Die Bilder 25 und 26 zeigen noch die Daten für Gesamtwirkungsgrad und spezifischen Verbrauch bei Nennleistung. Wäre keine Volumenbeschränkung durch die eine der beiden Zielfunktionen gegeben, bzw. würde man den Abszissenmaßstab nach links erweitern, dann könnte man bessere Werte erwarten. Die Druckverluste im Wärmetauscher würden mit Sicherheit niedriger ausfallen, wenn man das Volumen außer acht läßt.

1267*T320BD-BUD-KURZKE MARINE SEITE 108 10.06.76 LRZ-MUENCHEN TR440 172011

AUSLEGUNGSPUNKT FUER 30000.KW NUTZLEISTUNG

BETRIEBSZEIT 25.0MIN./ZYKLUS

********** K E N N F E L D - K O R R E K T U R F A K T O R E N **********

ENRVKO	PIVKO	DVKO	ETAVKO	ENHTKO	HRHTKO
1.000	1.825	1.355	1.021	1.053	1.778
DRHTKO	ETHTKO	ENNTKO	HRNTKO	DRNTKO	ETNTKO
0.333	0.920	1.111	1.010	0.876	0.965

KREISPROZESSDATEN — ALLE DURCHSAETZE IN KG/S — ALLE DRUECKE IN N/M*M — ALLE TEMPERATUREN IN K

EBENE	0	1	2	2WT	3	4HT	4	4WT
DURCHSATZ	87.93			78.74	80.46	88.77		88.77
GESAMTDRUCK	101325.	101325.	1289508.	1280334.	1254727.	395136.	122770.	103983.
GESAMTTEMP	288.0	288.0	646.3	979.2	1687.0	1305.8	1026.1	743.1

VERD. DURCHSATZ (KG/S)	SPEZ. VERBRAUCH (G/KWH)	GESAMTER WIRKUNGSGRAD	ZAPFLUFT-ENTNAHME (KG/S)	LEIST-ENT HD-WELLE (KW)	LEIST-ENT ND-WELLE (KW)	DRUCKVERH VERD.	DRUCKVERH HDT	DRUCKVERH NDT	ABSTROEM MACHZAHL
87.9	206.3	0.40495	0.0	0.0	0.0	13.728	3.175	3.219	0.198

BRENNSTOFF DURCHSATZ (G/S)	RELATIVES DREHMOMENT NDT	VERD. WIRKUNGS GRAD	BRENNK. WIRKUNGS GRAD	HDT WIRKUNGS GRAD	NDT WIRKUNGS GRAD	DREHZAHL HD-WELLE (PROZENT)	DREHZAHL ND-WELLE (PROZENT)	WAERMEKAP.STROM KALTSEITE (W/K)	WAERMEKAP.STROM HEISSEITE (W/K)
1718.98	1.000	0.874	0.995	0.817	0.884	100.00	100.00	86667.4	101956.8

REKUPERAT. WIRK.GRAD (PROZENT)	WAERMEUEBERGANGSZAHLEN KALTSEITE (W/M*M/K)	WAERMEUEBERGANGSZAHLEN HEISSEITE (W/M*M/K)	NUSSELTZAHLEN KALTSEITE	NUSSELTZAHLEN HEISSEITE	REYNOLDSZAHLEN KALTSEITE	REYNOLDSZAHLEN HEISSEITE	RIPPENWIRKUNGSGRAD KALTSEITE	RIPPENWIRKUNGSGRAD HEISSEITE	REKUPERATOR DRUCKVERLUST
87.66	510.9	370.7	14.5335	9.9564	1402.	611.	0.9648	0.8649	0.8409

1267*T32UBD-BUD-KURZKE MARINE SEITE 109 10.06.76 LRZ-MUENCHEN TR440 172011

************	************	************	************	D U R C H M E S S E R	************	************	************	************
MITTELSCHN. VERDICHTEREINTRITT	AUSSENSCHN.	AUSSENSCHN. VERD.AUSTR.	AUSSENSCHN. HDT-EINTRITT	INNENSCHN. HDT-EINTRITT	INNENSCHN. HDT-AUSTRITT	AUSSENSCHN. HDT-AUSTRITT	MITTELSCHN. NDT-EINTRITT	MITTELSCHN. NDT-AUSTRITT
0,683	0,910	0.718	0.961	0,860	0,860	1.119	1.004	1,500

************	************	************	L A E N G E N	************	************	************	NABENVERH. HDT EINTRITT	HOEHE ABSTROEM-GEHAEUSE
VERDICHTER	ZU-U.ABLUFTGE. REKUP.KALTS.	BRENNKAMMER	HOCHDRUCK-TURBINE	NIEDERDRUCK-TURBINE	ABSTROEM-GEHAEUSE	INSGESAMT		
1,157	0,562	0,779	0.125	0,657	1,285	5.108	0.895	2,062

************	************	************	M A S S E N	************	************	************	NABENVERH. VERDICHTER AUSTRITT	VERDICHTER STUFENZAHL
VERDICHTER	ZU-U.ABLUFTGE. REKUP.KALTS.	BRENNKAMMER	HOCHDRUCK-TURBINE	NIEDERDRUCK-TURBINE	ABSTROEM-GEHAEUSE	INSGESAMT		
551,6	233,2	323,2	231.0	1446,4	287,9	4221,8	0,903	12.0

					************	V O L	U M E N	************
PSI HDT	UMF.GESCHW. NDT (MITTELWERT)	BRENNKAMMER PARAMETER OMEGA	BRENNKAMMER BELASTUNG	MASSE REKUPERATOR (PRO MODUL)	REKUPERATOR (PRO MODUL)	REKUPERATOR INSGESAMT	TURBOMASCH. INSGESAMT	INSGESAMT
7.0	229.6	0.053	100.0	1157.9	0.563	28.94	7.06	41.46

							WAERMEUEBERTR.OBERFLAECHE GEGENSTROMTEIL, PRO MODUL	
REKUPERATOR FRONTFLAECHE GEGENSTR.MOD.	REKUPERATOR LAENGE GEGENSTR.MOD.	REKUPERATOR HOEHE=BREITE GEGENSTR.MOD.	RIPPEN-TEILUNG KALTSEITE	RIPPEN-TEILUNG HEISSEITE	HYDR. DURCHMESSER KALTSEITE	HYDR. DURCHMESSER HEISSEITE	KALTSEITE	HEISSEITE
0,998	0,344	0,999	0,004172	0.001350	0.001691	0.001689	173,6	426,7

							FREIER STROEMUNGSQUERSCHNITT	
MITTLERE DICHTE GEGESTR.TEIL	MITTLERE DICHTE ANSCHL.TEILE	REKUPERATOR MODUL-VOL. GEGENSTR.TEIL	LAENGE ANSCHL.TEIL KALTSEITE	LAENGE ANSCHL.TEIL HEISSEITE	LAENGE/HYDR. DURCHMESSER KALTSEITE	LAENGE/HYDR. DURCHMESSER HEISSEITE	KALTSEITE	HEISSEITE
2083.	1539.	0.343	0.323	0,794	672,5	394.7	0.214	0,524

DURCHMESSER ZULEITUNG WT-KALTS.	DURCHMESSER ABLEITUNG WT-KALTS.	DURCHMESSER ZULEITUNG WT-HEISS.	LAENGE ZULEITUNG WT-KALTS.	LAENGE ABLEITUNG WT-KALTS.	LAENGE ZULEITUNG WT-HEISS.	VOLUMEN LEITUNGEN INSGESAMT	TIEFE REKUPERATOR INSGESAMT	ABSTAND MITTE REKUP. BK-EINTRITT
0,522	0,603	2.092	11.88	6,38	4,57	20.057	2.418	2,747

1267*T32UBD-BGD-KURZKE   MARINE SEITE 110   10.06.76   LRZ-MUENCHEN TR440 172011

FAHRPUNKT MIT 50.PROZENT LEISTUNG

BETRIEBSZEIT 45.0 MIN./ZYKLUS

KREISPROZESSDATEN — ALLE DURCHSAETZE IN KG/S — ALLE DRUECKE IN N/M*M — ALLE TEMPERATUREN IN K

EBENE	0	1	2	2WT	3	4HT	4	4WT
DURCHSATZ	69.94			68.04	69.02	70.23		70.23
GESAMTDRUCK	101325.	101325.	969139.	961948.	941427.	285166.	113330.	102879.
GESAMTTEMP	288.0	288.0	594.3	804.4	1299.2	1027.2	841.9	644.5

VERD. DURCHSATZ (KG/S)	SPEZ. VERBRAUCH (G/KWH)	GESAMTER WIRKUNGSGRAD	ZAPFLUFT-ENTNAHME (KG/S)	LEIST-ENT HD-WELLE (KW)	LEIST-ENT ND-WELLE (KW)	DRUCKVERH VERD.	DRUCKVERH HDT	DRUCKVERH NDT	ABSTROEM MACHZAHL
69.9	236.7	0.35288	0.0	0.0	0.0	10.320	3.301	2.516	0.151

BRENNSTOFF DURCHSATZ (G/S)	RELATIVES DREHMOMENT NDT	VERD. WIRKUNGS GRAD	BRENNK. WIRKUNGS GRAD	HDT WIRKUNGS GRAD	NDT WIRKUNGS GRAD	DREHZAHL HD-WELLE (PROZENT)	DREHZAHL ND-WELLE (PROZENT)	WAERMEKAP.STROM KALTSEITE (W/K)	WAERMEKAP.STROM HEISSEITE (W/K)
986.24	0.630	0.875	0.977	0.819	0.879	87.06	79.40	73107.9	77806.4

REKUPERAT. WIRK.GRAD (PROZENT)	WAERMEUEBERGANGSZAHLEN KALTSEITE (W/M*M/K)	WAERMEUEBERGANGSZAHLEN HEISSEITE (W/M*M/K)	NUSSELTZAHLEN KALTSEITE	NUSSELTZAHLEN HEISSEITE	REYNOLDSZAHLEN KALTSEITE	REYNOLDSZAHLEN HEISSEITE	RIPPENWIRKUNGSGRAD KALTSEITE	RIPPENWIRKUNGSGRAD HEISSEITE	REKUPERATOR DRUCKVERLUST
84.87	442.0	301.4	14.0255	9.1254	1333.	538.	0.9694	0.8867	0.8968

FUER DIESEN TEILLASTPUNKT LIEGEN DIE BETRIEBSPUNKTE IN DEN KOMPONENTEN-TYPKENNFELDERN BEI DEN FOLGENDEN WERTEN

RED. DREHZAHL VERD.	RED. DURCHS. VERD.	DRUCK-VERH. VERD.	ZV	RED. DREHZAHL HD-TURB.	RED. DURCHS. HD-TURB.	RED. SPEZ.L. HDT	RED. DREHZAHL ND-TURB.	RED. DURCHS. ND-TURB.	RED. SPEZ.L. NDT
0.871	51.636	6.108	0.802	0.942	0.0079368	137.3	0.806	0.0090116	206.1

LOUPER = 2   DIE FEHLER IN PROZENT: 0.000 0.000 0.002 0.002 0.000   DURCHSCHNITTLICHER FEHLER = 0.0010

1267*T320BD-RUD-KURZKE MARINE SEITE 111 10.06.76 LRZ-MUENCHEN TR440 172011

FAHRPUNKT MIT 25.PROZENT LEISTUNG

BETRIEBSZEIT 20,0 MIN./ZYKLUS

****

KREISPROZESSDATEN — ALLE DURCHSAETZE IN KG/S — ALLE DRUECKE IN N/M*M — ALLE TEMPERATUREN IN K

EBENE	0	1	2	2WT	3	4HT	4	4WT
DURCHSATZ	54.08			53.54	54.14	54.14		54.14
GESAMTDRUCK	101325.	101325.	706068.	700615.	684793.	213656.	108113.	102226.
GESAMTTEMP	288.0	288.0	549.3	729.9	1113.6	884.7	761.2	586.7

****

VERD. DURCHSATZ (KG/S)	SPEZ. VERBRAUCH (G/KWH)	GESAMTER WIRKUNGSGRAD	ZAPFLUFT-ENTNAHME (KG/S)	LEIST-ENT HD-WELLE (KW)	LEIST-ENT ND-WELLE (KW)	DRUCKVERH VERD.	DRUCKVERH HDT	DRUCKVERH NDT	ABSTROEM MACHZAHL
54.1	288.9	0.28913	0.0	0.0	0.0	7.542	3.205	1.976	0.115

BRENNSTOFF DURCHSATZ (G/S)	RELATIVES DREHMOMENT NDT	VERD. WIRKUNGS GRAD	BRENNK. WIRKUNGS GRAD	HDT WIRKUNGS GRAD	NDT WIRKUNGS GRAD	DREHZAHL HD-WELLE (PROZENT)	DREHZAHL ND-WELLE (PROZENT)	WAERMEKAP.STROM KALTSEITE (W/K)	WAERMEKAP.STROM HEISSEITE (W/K)
601.85	0.397	0.850	0.942	0.821	0.873	78.05	63.00	56773.7	58784.4

REKUPERAT. WIRK.GRAD (PROZENT)	WAERMEUEBERGANGSZAHLEN KALTSEITE (W/M*M/K)	WAERMEUEBERGANGSZAHLEN HEISSEITE (W/M*M/K)	NUSSELTZAHLEN KALTSEITE	NUSSELTZAHLEN HEISSEITE	REYNOLDSZAHLEN KALTSEITE	REYNOLDSZAHLEN HEISSEITE	RIPPENWIRKUNGSGRAD KALTSEITE	RIPPENWIRKUNGSGRAD HEISSEITE	REKUPERATOR DRUCKVERLUST
85.24	375.7	251.2	12.7853	8.1923	1113.	442.	0.9738	0.9034	0.9318

FUER DIESEN TEILLASTPUNKT LIEGEN DIE BETRIEBSPUNKTE IN DEN KOMPONENTEN-TYPKENNFELDERN BEI DEN FOLGENDEN WERTEN

RED. DREHZAHL VERD.	RED. DURCHS. VERD.	DRUCK-VERH. VERD.	ZV	RED. DREHZAHL HD-TURB.	RED. DURCHS. HD-TURB.	RED. SPEZ.L. HDT	RED. DREHZAHL ND-TURB.	RED. DURCHS. ND-TURB.	RED. SPEZ.L. NDT
0.781	39.925	4.586	0.925	0.913	0.0079235	134.2	0.689	0.0086054	155.2

****

LOOPER = 2 DIE FEHLER IN PROZENT: 0.0 0.000 0.005 0.006 0.000 DURCHSCHNITTLICHER FEHLER = 0.0025

VERBRAUCH FUER EINEN ZYKLUS= 5963.54 KG BRENNSTOFF

Zum Abschluß sind in Bild 27 zwei optimierte Gasturbinen mit Wärmetauscher gezeigt; sie entsprechen den beiden mit Pfeilen markierten Punkten

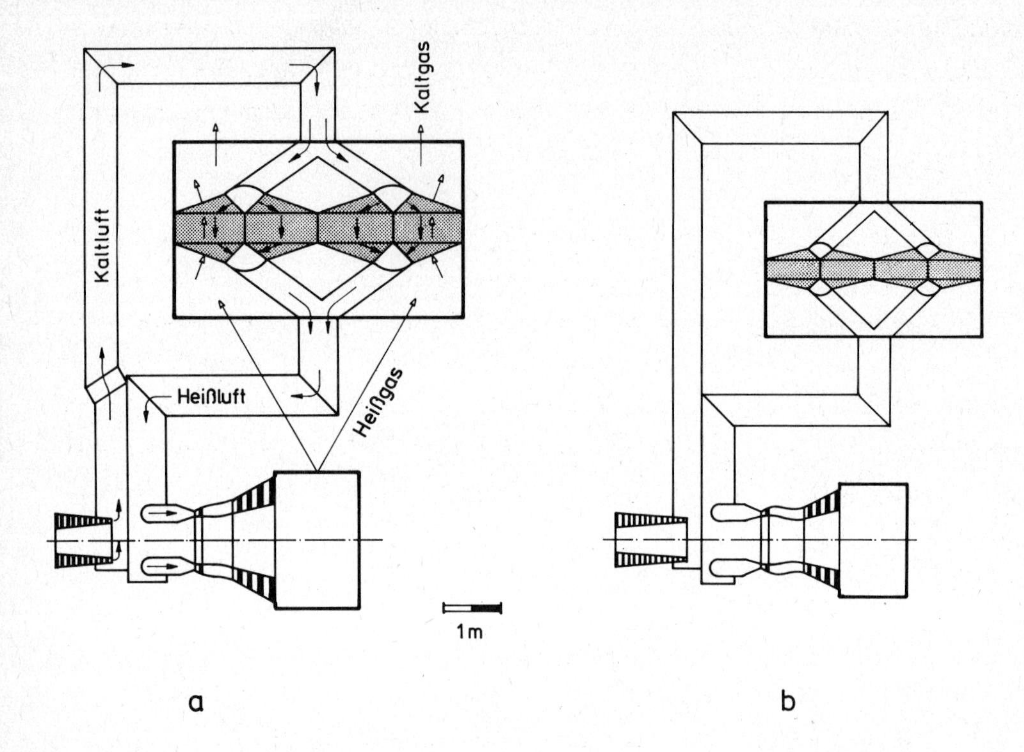

Bild 27. Optimierte Gasturbinen mit Rekuperator. Leistung 30MW
a) $\varepsilon_{AP} = 95\ \%$ $\pi_{AP} = 11$
b) $\varepsilon_{AP} = 84{,}5\ \%$ $\pi_{AP} = 15$

in Bild 11. Ferner ist als Beispiel das Ergebnisprotokoll zu einer der optimalen Anlagen beigegeben.

3. Fluggasturbine – Strahltriebwerk

3.1 Einleitung

3.1.1 Vorbemerkungen

Allgemein steigt das Verkehrsaufkommen in der gesamten Welt an. In den hochindustrialisierten Gebieten, wie den USA und Europa, ist zur Zeit ein

Stadium erreicht worden, in dem Vorbereitungen für die Entwicklung neuer Verkehrssysteme notwendig sind, da allmählich die Grenzen der bestehenden Systeme sichtbar werden. In Europa konzentrieren sich die diesbezüglichen Überlegungen meist auf neue Boden-Schnellverkehrsmittel; in den USA, die ein für den Personenverkehr relativ unattraktives Eisenbahnnetz besitzen, zieht man eher die Weiterentwicklung der Flugtechnik in Erwägung.

Das bestehende Flugverkehrssystem kann weder in den USA noch in Europa in seiner Kapazität dadurch wesentlich ausgebaut werden, daß man einfach mehr Flugzeuge einsetzt. Auch heute schon treten in manchen Gebieten der USA erhebliche Störungen und Zeitverluste ein, weil die großen Flughäfen sowohl am Boden als auch im Luftraum unter der Überfüllung zu leiden haben. Wie die Verhältnisse in den USA und Europa für einen typischen Kurzstreckenflug sich in den nächsten 10 Jahren vermutlich entwickeln werden, zeigt Bild 1 nach [6].

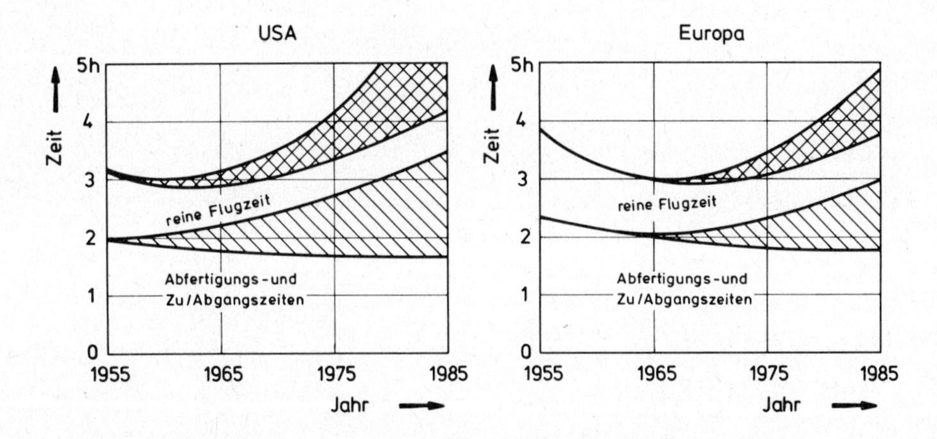

Bild 1. Aufteilung der Reisezeit für einen Flug über 200 n.m.
Einfach schraffiert: Verzögerung am Boden
Doppelt schraffiert: Verzögerung im Luftraum

Der Bau neuer großer Flugplätze stößt allerorten auf zunehmenden Widerstand und wird in Europa nur noch in wenigen Fällen möglich sein. Auch der Einsatz von Großraumflugzeugen vermag das Problem nicht auf Dauer zu lösen [72]. Als einzige Alternative bleibt die Entwicklung eines neuen Verkehrssystems, das die bisherigen Verkehrsmittel sinnvoll ergänzt.

Mögliche Kandidaten für dieses neue Verkehrssystem sind die Hochleistungs-Schnellbahn und das kurzstartende (STOL) Verkehrsflugzeug.

3.1.2 Forderungen an STOL-Flugzeuge

Welche Eigenschaften müßte nun ein künftiges STOL-Flugzeug haben? Als erstes natürlich die Kurzstart- und Landefähigkeit. Einschließlich aller Sicherheitsmargen sind Startbahnlängen von 1500 - 3000 ft (450 - 900 m), meistens 2000 ft (610 m) im Gespräch. Um solche kurzen Strecken zu realisieren, muß der Anflug steil (6 bis 8°) und mit geringer Geschwindigkeit geflogen werden. Böen und gegebenenfalls Seitenwind ergeben zusammen mit den hohen Sinkgeschwindigkeiten (4 - 5 m/s) und der verlangten Genauigkeit des Anfluges eine enorme Belastung für den Piloten. Daher muß zumindest eine Teilautomatisierung das Arbeitspensum im Cockpit verringern.

Die Passagierzahl eines STOL-Flugzeuges für Strecken mit hohem Verkehrsaufkommen sollte etwa 100 - 150 betragen, die direkten Betriebskosten dürfen nicht zu sehr über denen der konvetionellen Strahlflugzeuge liegen. Eine gewisse Kostenerhöhung ist zulässig, da ein STOL-System ja nicht mit dem heutigen Flugverkehr konkurrieren wird, sondern mit einem System, in dem durch Überfüllung der Flughäfen und des Luftraumes zusätzliche Kosten entstehen.

Das STOL-Flugzeug muß nicht zuletzt leise sein, und zwar erheblich leiser als es die bestehenden Vorschriften nach FAR Part 36 verlangen. Mit der heutigen Technologie ist das oft genannte Ziel, 95 PNdB in 500 ft (152 m), schwer zu erreichen. Nur Projekte, bei denen die Antriebsanlage sehr genau auf das Flugzeug abgestimmt ist, können in etwa die Forderungen erfüllen. Im übrigen haben sowohl die Lärmgrenzen als auch die erlaubten Start- und Landestrecken einen derart starken Einfluß auf den Flugzeugentwurf, daß dringend genauere Spezifikationen benötigt werden. Es liegt zu einem nicht unerheblichen Teil daran, daß noch kein präzises "Plichtenheft" besteht, wenn heute noch eine Vielzahl von Vorschlägen für STOL-Flugzeuge miteinander konkurrieren.

3.1.3 Aufgabenstellung

Es sind die Marschtriebwerke eines STOL-Flugzeuges mit Ejektorstrahlklap-

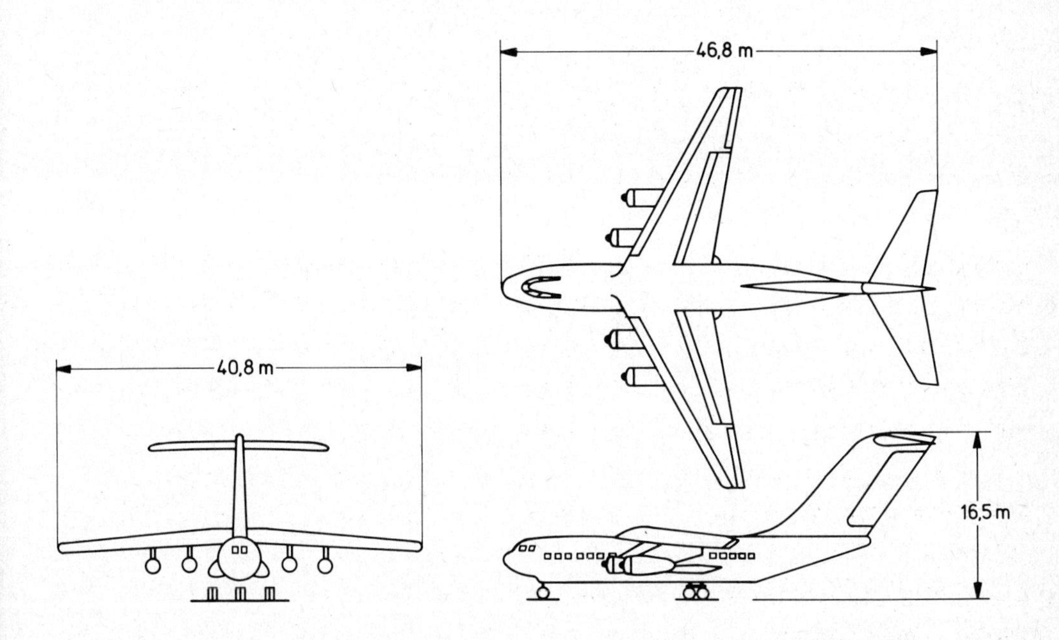

Bild 2. Entwurf eines Flugzeugs mit Ejektorstrahlklappen

pen zu optimieren. Basis dafür ist ein Flugzeugentwurf aus [73] (Bild 2), bei dem allerdings die Marschtriebwerke gleichzeitig Luftlieferer für die Ejektoren an den Flügeln waren (Bild 3). In [40] wurde dieser Entwurf mit einer modifizierten Antriebsanlage untersucht, bei der die Aufgaben Auftriebsunterstützung und Schuberzeugung von zwei völlig getrennten Systemen übernommen wurden. Eines der Ergebnisse war, daß die Flügelfläche um ca. 25 % gegenüber dem ursprünglichen Entwurf verkleinert werden konnte.

In diesem Optimierungsbeispiel wollen wir uns ganz auf die Auslegung der Marschtriebwerke konzentrieren. Daher nehmen wir die Größe des Flugzeuges als vorgegeben an. Einige Entwurfsdaten sind in Tabelle 1 zusammengestellt.

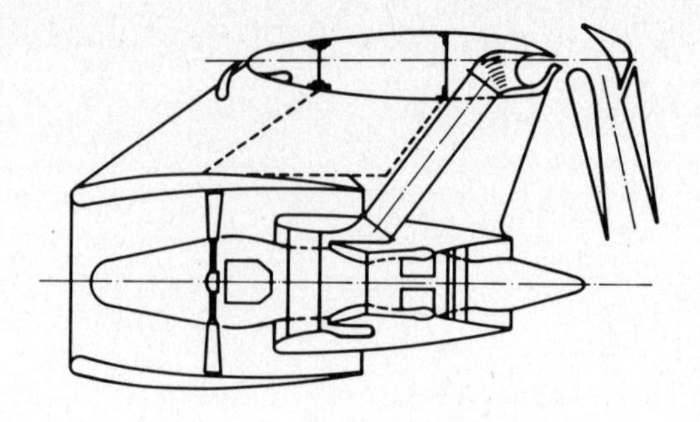

Bild 3. Kombinationstriebwerk für Flugzeuge mit Ejektorstrahlklappen

Tabelle 1 Entwurfsdaten des untersuchten STOL-Flugzeuges

Passagiere	150
Start- bzw. Landestrecke	$\leqq$ 600 m
Reiseflug-Mach-Zahl	0,78
Reiseflughöhe	30 000 ft = 9144 m
Flugstrecke	500 n.m. = 926 km

3.2 Mathematische Modelle

3.2.1 Flugzeug

Flugmission

Selbst bei den kurzen Flugstrecken, für die STOL-Flugzeuge gewöhnlich ausgelegt werden, nimmt der Reiseflug einen beträchtlichen Teil der gesamten Mission ein. Bezüglich des dabei verbrauchten Brennstoffes ist der Steigflug (inklusive Start) jedoch gleichwertig. Jeweils etwa ein Viertel der beim Start vorhandenen Brennstoffmasse wird in diesen beiden Flugphasen benötigt. Für den Flug zum Ausweichflughafen, der in etwa ebenfalls bei Reiseflugbedingungen durchgeführt wird, ist eine weiteres Viertel des Brennstoffes erforderlich.

Die beim Start mitzuführende Brennstoffmasse wird also zur Hälfte durch Reise- und Ausweichflug bestimmt (Bild 1). Der Reiseflug wird mit dem

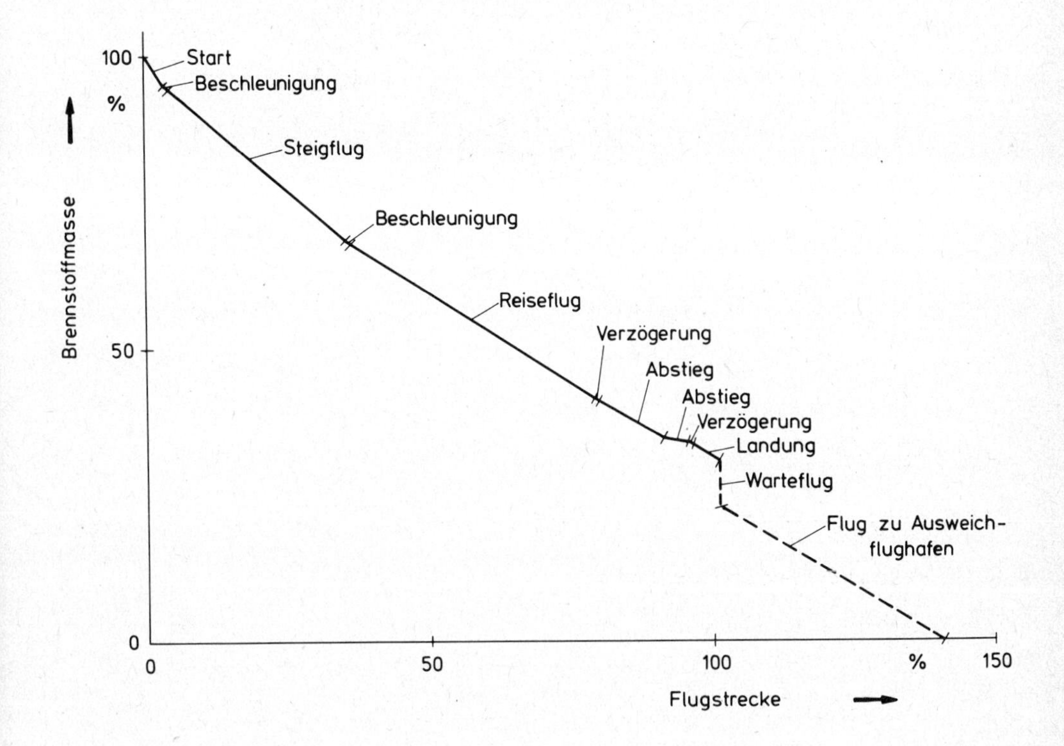

Bild 1. Brennstoffverbrauch während einer typischen Kurzstrecken-Flugmission

Ausweichflug zusammen betrachtet, als ob beide Flugphasen bei gleichen Bedingungen direkt nacheinander durchgeführt werden würden. Die dabei insgesamt zurückgelegte Entfernung sei etwa 80 % der Etappenlänge von 500 n. m. = 926 km und beträgt somit 741 km. Es wird nur e i n Punkt der Flugbahn betrachtet und zwar der, bei dem gerade die Hälfte des Brennstoffes für Reise- und Ausweichflug verbraucht ist.

Flugzeugmasse

Für unsere Untersuchung setzt sich die Startmasse des Flugzeuges aus einem konstanten Teil und einem von der Auslegung der 4 Marschtriebwerke abhängigen Teil zusammen. Zu den unveränderlichen Massen gehören vor allem die Nutzlast (150 Passagiere, ca. 13,6 t), die des Rumpfes mit Leitwerk sowie die von notwendigen Einrichtungen (Instrumente, elektrische und pneumatische Anlagen, Besatzung u. ä.). Die Flügelmasse sowie die des Fahrwerks ändern sich nur wenig mit der Startmasse, so daß man mit guter Näherung für den konstanten Teil der Startmasse den Wert 65 000 kg angeben kann.

Die Triebwerksmassen und vor allem die des Brennstoffes stellen im wesentlichen den variablen Teil des Modells dar.

Flugmechanik

Die Polare des Flugzeugs im R e i s e f l u g wird vereinfacht durch einen quadratischen Ansatz beschrieben.

Die Flugzeugkonfiguration bei S t a r t u n d L a n d u n g unterscheidet sich wesentlich von der beim Reiseflug. Durch die Ejektorstrahlklappen werden neue aerodynamische Beiwerte eingeführt. 95 % der zur Verfügung stehenden Klappenluftmenge gelangen in die Primärdüse des Ejektors, die restlichen 5 % werden zur Grenzschichtbeeinflussung an den Querrudern verwendet. Die Polaren für Start- und Landekonfiguration werden durch einen vereinfachten Ansatz beschrieben.

S t a r t b a h n b e r e c h n u n g e n werden als numerische Integration durchgeführt. Verschiedene Annahmen zur Entscheidungsgeschwindigkeit, zu Lastvielfachen, zum Anstellwinkel und ähnlichem wurden so getroffen, daß einerseits möglichst alle Sicherheitskriterien erfüllt sind, andererseits die Ergebnisse bei Anwendung der Rechnung auf das Basisflugzeug aus [73] befriedigend ausfallen.

Die Berechnung der L a n d e s t r e c k e ist in vielem ähnlich der der Startstrecke. Auf einen Anflug mit einer Sinkgeschwindigkeit von 4,57 m/s (15 ft/s) folgt ein Übergangsbogen, in dem die Sinkrate auf 3,05 m/s (10 ft/s) vermindert wird. Nach dem Aufsetzen ist eine Reaktionszeit von 1 Sekunde anzusetzen bis die Verzögerungseinrichtungen voll wirksam sind und das Flugzeug mit 0,35 g abbremsen. Die Strecke vom Überfliegen des 10,7 m (35 ft) hohen Hindernisses bis zum Stillstand der Maschine muß dann mit dem Sicherheitsfaktor 1,66 multipliziert werden. Die resultierende Strecke ist die erforderliche Landebahnlänge.

3.2.2 Marschtriebwerk

Das untersuchte Flugzeugprojekt ist unkonventionell. Die Ejektor-Strahlklappen des Flügels wurden bisher nur in einem Experimentalflugzeug erprobt. Das Marschtriebwerk soll daher - um das gesamte Projekt nicht mit technologischen Neuheiten zu überladen - in herkömmlicher Weise als Zweiwellen-Zweistromtriebwerk ausgeführt werden. An das Triebwerk müssen einige grundlegende Forderungen gestellt werden, die zum Teil aus dem Flugzeugkonzept abgeleitet werden können. Während einerseits ein hoher Startschub erforderlich ist, muß andererseits beim Landeanflug der Schub extrem niedrig sein. Die Ejektorstrahlklappen liefern in diesem Falle genügend Vortriebskraft, da der Anflugwinkel außerordentlich steil sein soll. Es kann sogar vorkommen, daß schon im Fluge Schubumkehr bei den Marschtriebwerken notwendig ist. Andererseits muß das Triebwerk in Notfällen in kurzer Zeit auf Vollast gefahren werden; geringe Schubansprechzeiten sind wesentlich. Diese könnte man z.B. mit verstellbaren Laufschaufeln im Gebläse erreichen, deren Technologie sich heute allerdings noch im Forschungs- und Entwicklungsstadium befindet.

Da beim Start und beim Landeanflug erhebliche Schräganströmungen der Triebwerkseinläufe und damit hohe Distortion zu erwarten ist, muß für einen ausreichenden Pumpgrenzenabstand besonders beim Gebläse gesorgt sein. Um dies zu erreichen, ist eine regelbare Sekundärstromdüse vorgesehen, die ferner zu geringen Schubansprechzeiten beiträgt. Schubumkehr für den Nebenstrom wird durch ein im Normalfall abgedecktes Umlenkgitter in der Gondel erreicht.

In Bild C.4.4/2 ist das Schema eines Triebwerks der hier diskutierten Bauart zu finden. Dort sind allerdings Schubumkehranlage, verstellbare Sekundärdüse und die lärmdämpfenden Einbauten in Einlauf und Bypasskanal nicht dargestellt.

Einlauf

Der Einlauf hat die Aufgabe, dem Triebwerk die benötigte Luftmasse bei möglichst geringen Gesamtdruckverlusten in der geeigneten Geschwindigkeitsverteilung zuzuführen. Bei einem leisen Triebwerk muß ferner der nach vorne ausgesandte Lärm gedämpft werden. Für die Bemessung des Einlaufs sind die Betriebsfälle Start und Reiseflug wesentlich, wobei der erste besonders die innere, der zweite die äußere Formgebung und Aerodynamik bestimmt. Beim durchgerechneten Beispiel sind vier Ringe als lärmdämpfende Elemente vorgesehen.

Gebläse

Für das Betriebsverhalten des Fans wird ein Ähnlichkeitskennfeld zugrundegelegt, das möglichst realistisch sein soll für die jeweilige Auslegung. Als "Typkennfeld" eines langsamlaufenden Fans mit hoher aerodynamischer Belastung wurde das Kennfeld des Fans A aus dem Quiet Engine Programm der NASA (siehe Bild B. 2. 1/9) ausgewählt.

Um die Länge des Fans vom Eintritt bis zum Ende des Stators abschätzen zu können, sind einige Annahmen zu treffen, die im folgenden diskutiert werden. Die axiale Länge des Rotors kann aus einem Seitenverhältnis von

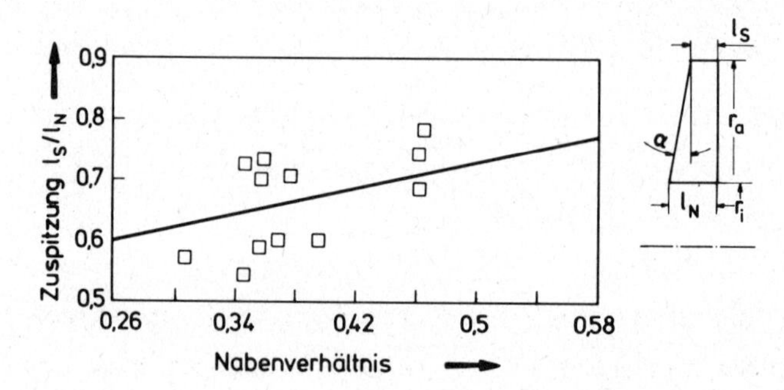

Bild 2. Axial gemessene Zuspitzung von Rotorschaufeln ausgeführter Triebwerke. Korrelation: $l_S/l_N = 1 - (1-\nu)\, r_a \tan\alpha / l_N$

4,5 abgeschätzt werden. Der aus akustischen Gründen notwendige Abstand von 2 Rotorsehnenlängen (es soll ja ein leises Triebwerk entworfen werden) zwischen Lauf- und Leitrad hängt mit den Schaufelzahlen zusammen, die sich im Projektstadium näherungsweise berechnen lassen.

Bei der Festlegung der Schaufelzahlen müssen auch die Verhältnisse am Leitapparat beachtet werden. Vom Standpunkt der Lärmausbreitung her sind im Stator mindestens doppelt so viele Schaufeln erwünscht wie im Laufrad; dabei können aeromechanische Probleme auftreten. Je mehr Schaufeln man verwendet, desto dünner und länger werden sie, weil die relative Teilung wegen der aerodynamischen Erfordernisse im wesentlichen konstant bleiben muß. Der Leitapparat wird immer weniger geeignet sein, eine strukturell tragende Funktion zu übernehmen, trotz der beidseitigen Einspannung neigen die Profile zu Flatterschwingungen. Das technisch realisierbare Seitenverhältnis der Schaufeln ist also begrenzt.

Weil im Gegensatz zum Laufrad beim Leitrad wegen der Abströmrichtung die Schaufeln im wesentlichen axial stehen, muß für das axial definierte Seitenverhältnis beim Stator ein kleinerer Grenzwert angenommen werden. Mit dem hier gewählten Wert von $(r_{a,By} - r_{i,By})/l_{ax,S} = 4$ liegt man knapp über den bei den "NASA Quiet Engines" A und C ausgeführten Daten (3,9 bzw. 3,3). Die Sehnenlänge ist ungefähr gleich $l_{ax,S}$; mit einer relativen Teilung s/t von höchstens 1,5 im Mittelschnitt und $n_{Le}/n_{La} = 2$ ergibt sich eine obere Grenze für die Zahl der Laufschaufeln:

$$n_{La} \leq 3\pi \frac{r_{a,By} + r_{i,By}}{r_{a,By} - r_{i,By}} .$$

Die Erfahrungen der NASA haben gezeigt, daß es im ganzen gesehen günstig ist, möglichst viele Schaufeln zu verwenden. Das ergab sich aus einem Vergleich der Fans A und B, die sich bei praktisch gleichen Werten von Spitzenumfangsgeschwindigkeit, Belastung und relativer Teilung in erster Linie durch die Schaufelzahlen unterschieden. Für Fan A ($n_{La} \nearrow$) sprachen geringeres

Gewicht und Baulänge, höherer Wirkungsgrad und weniger Lärm. Fan B (n_{La} ↘) dagegen zeigte als Vorteile weniger Bauelemente, damit möglicherweise geringere Herstellungskosten, und größeren Abstand zur Pumpgrenze.

Die Vorteile hoher Schaufelzahlen sollen im Triebwerksmodell enthalten sein, daher wird obige Gleichung zur Berechnung der Schaufelzahlen verwendet. Der Bypasskanal ist mit akustischen Dämpfern ausgekleidet und enthält zusätzlich im Rechenbeispiel zwei Splitter. Die regelbare Sekundärdüse schließt sich an den in die Gondel integrierten Schubumkehrer an.

Niederdruckverdichter

Der Niederdruckverdichter besteht aus wenigen Stufen, deren erste wegen der geringeren Lärmerzeugung (axial gemessen) eine halbe Fan-Nabensehnenlänge hinter dem Fan angeordnet ist. Wegen der relativ geringen Umfangsgeschwindigkeit ist das Druckverhältnis pro Stufe entscheidend geringer als beim Hochdruckverdichter, daher wurde die Stufenzahl des NDV auf 4 beschränkt.

Hochdruckverdichter

Die Geometrie des Hochdruckverdichters wird maßgebend beeinflußt durch die Verhältnisse am Eintritt in die Brennkammer. Dort muß wegen der sonst stark ansteigenden Ruhedruckverluste eine relativ niedrige Mach-Zahl herrschen, wie Bild E. 2. 3/2 für eine typische Ringbrennkammer zeigt. Andererseits darf das Nabenverhältnis wegen der sonst stark steigenden Verluste und der mechanischen Probleme kaum größer als 0,9 sein. Durch diese beiden Bedingungen ist bei vorgegebenen Werten von T_2, P_2 und $\dot{m}$ der Mittelschnittradius in Ebene 2 bestimmt. Für $M_{c_{ax},2} = 0{,}28$ und $\nu_2 = 0{,}9$ ergibt sich bei $\varkappa = 1{,}35$ ($T_2 \approx 800$ K)

$$r_{m,2} = 9.08 \sqrt{\frac{\dot{m}_{GG}\sqrt{T_2}}{P_2}} .$$

Dieser Radius wird als Mittelschnittradius des gesamten Hochdruckverdichters gewählt.

Hochdruckturbine

Die Hochdruckturbine ist zweistufig ausgeführt und hat einen 10 % größeren Mittelschnittradius als der Hochdruckverdichter. Die realisierbare Umfangsgeschwindigkeit ist unter Berücksichtigung von Spannungen und Temperaturen nur mit großer Detailkenntnis zu ermitteln, was im Rahmen des Triebwerksmodells zu unvertretbarem Aufwand führen würde. Daher wird eine heutzutage bei gekühlten Hochdruckturbinen übliche Geschwindigkeit von u_{HDT} = 420 m/s angesetzt. Das ist der zum Beispiel im CF6-6 verwirklichte Wert.

Zur Berechnung der Kühlluftmenge wurden die Zusammenhänge aus Kap. B. 2. 3 verwendet mit einer zulässigen Metalltemperatur von 1200 K.

Niederdruckturbine

Die ungekühlte Niederdruckturbine ist charakterisiert durch ihre niedrige Umfangsgeschwindigkeit und dementsprechend hohe aerodynamische Belastung.

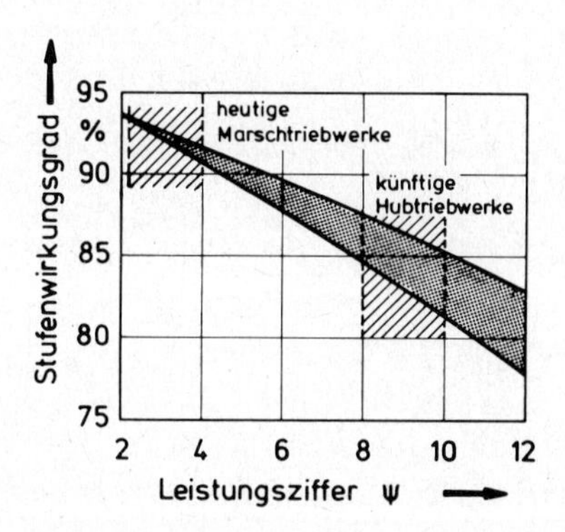

Bild 3. Stufenwirkungsgrad und Leistungsziffer bei Turbinen

Damit sind erhöhte Verluste zu erwarten. Man kann Bild 3 (aus [27]) verwenden, um den erreichbaren Wirkungsgrad zu schätzen. Im Triebwerksmodell ist eine Kurve etwa in der Mitte des Streubereichs von Bild 3 eingeführt.

Sonstiges

Längen und Massen des in der Gondel eingebauten Triebwerks werden weitgehend nach Angaben in [67] berechnet. Der Titel dieser Quelle erwähnt zwar nur VTOL-Triebwerke; die meisten Daten zur Begründung und Herleitung der empirischen Formeln stammen jedoch von konventionellen Marschtriebwerken. Für einige Zusammenhänge sind jeweils unterschiedliche Formeln für VTOL- und CTOL-Triebwerke angegeben, so daß die Angaben ohne weiteres im Modell des Reisetriebwerks verwendet werden können.

Für das Marschtriebwerk werden zwei Betriebspunkte berechnet: der Reiseflugfall und der Standfall. Im Reiseflug ist aus der Widerstandsbilanz des Flugzeuges der benötigte installierte Schub bekannt. Für diesen Schub kann man aus den Optimierungsvariablen die Geometrie und die Masse des Triebwerks über die in den vorangegangenen Kapiteln erläuterten Beziehungen bestimmen. Zur Berechnung von Startstrecke und Lärm des Flugzeuges benötigt man die Triebwerksdaten im Standfall.

3.2.3 Lärm

Fluglärm wird meist in dB(A), PNdB, tonkorrigierten PNdB oder effektiven PNdB angegeben; dB(A)-Werte lassen sich am leichtesten messen. Die übrigen Pegel werden aus 1/3-Oktavbandspektren berechnet, was am einfachsten für die PNdB-Werte ist [1]. Tonkorrigierte PNdB berücksichtigen zusätzlich besonders störende Einzeltöne im Spektrum. Effektive PNdB enthalten auch den Zeitverlauf des Lärms und können aus einer Serie von tonkorrigierten PNdB-Werten bestimmt werden.

Die angemessene Lärmeinheit für diese Untersuchung sind PNdB. Tonkorrekturen können für die notwendigerweise idealisierten Spektren nicht realistisch ausgeführt werden. Im übrigen ist die am weitesten verbreitete Lärmforderung an STOL-Flugzeuge ebenfalls meist in PNdB ausgedrückt.

Allgemein bekannt sind die Lärmforderungen an konventionelle Flugzeuge gemäß FAR Part 36. An 3 Meßorten (Bild 4) sind dort bestimmte Grenzwerte, abhängig vom Abfluggewicht, festgelegt. Für STOL-Flugzeuge gibt es bis jetzt keine vergleichbare Vorschrift, jedoch sind die Zahlen 95 PNdB in 500 ft = 152 m weithin akzeptiert. Diese Forderung bedeutet beim seitlichen

Meßpunkt eine Lärmminderung gegenüber FAR Part 36 von etwa 15-20 PNdB.

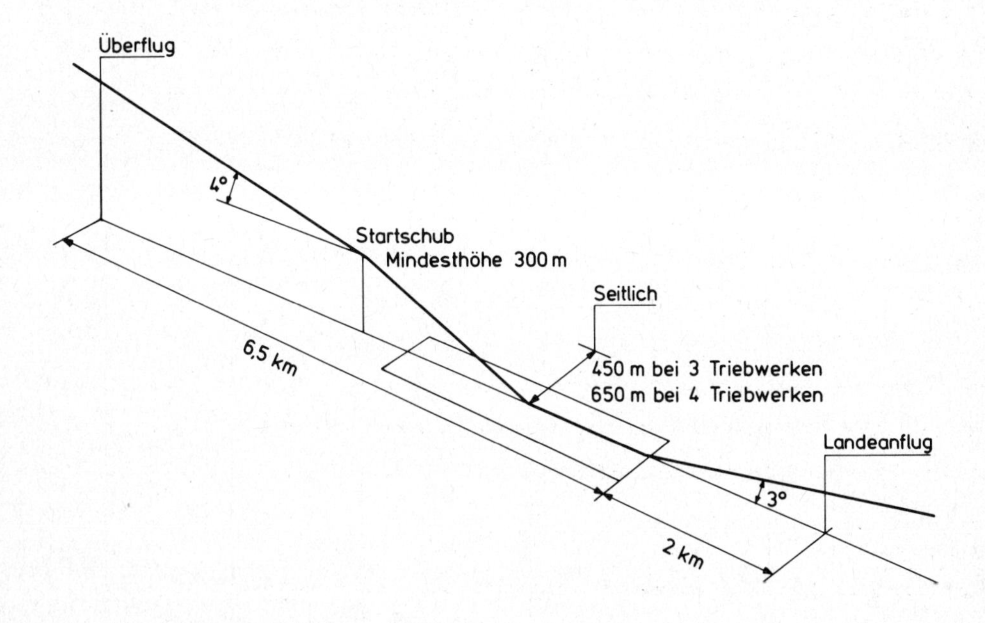

Bild 4. Meßorte nach FAR Part 36

Die mit 100 PNdB und mehr beschallten Flächen der DC10-10 (die die FAR-Forderungen erfüllt) und eines STOL-Flugzeuges, das 95 PNdB in 152 m Entfernung nicht überschreitet, zeigt Bild 5 aus [66].

Als Meßort für den Flugzeuglärm wird eine zur Flugzeuglängsachse parallele Linie im Abstand 152 m gewählt. Die Lärmquellen des untersuchten STOL-Flugzeuges sind das Marschtriebwerk, die Luftlieferer und die Ejektorstrahlklappen. Die Marschtriebwerke bestimmen den Lärm beim Start zusammen mit den Ejektorstrahlklappen und den Luftlieferern. Im Landeanflug laufen die Marschtriebwerke mit niedriger Drehzahl; die Ejektorstrahlklappen und die Luftlieferer bestimmen den Flugzeuglärm allein.

Die maximale Lärmstärke wird bei dem untersuchten Flugzeugkonzept direkt unter dem Flugzeug liegen. Daher wurde als der für die Lärmwerte bei Start und Landung bestimmende Flugzustand ein horizontaler Überflug in der Höhe 500 ft gewählt.

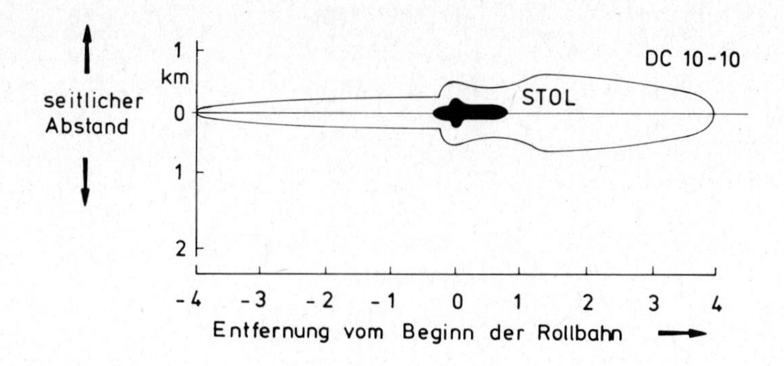

Bild 5. Mit 100 PNdB beschallte Flächen der DC 10 - 10 und eines STOL-Flugzeuges, das die Forderung 95 PNdB in 152 m Entfernung erfüllt.

Die wesentlichen L ä r m q u e l l e n beim Marschtriebwerk sind F a n l ä r m und S t r a h l l ä r m . Daneben tritt auch der G a s g e n e r a t o r als Lärmerzeuger in Erscheinung, der besonders bei Teillast oder bei extrem leisen Gebläsen und niedrigen Strahlgeschwindigkeiten nicht unerheblich zum Gesamtlärm beitragen kann.

3. 2. 3. 1 Fanlärm

Die empirische Berechnung des Fanlärms wurde weitgehend aus der von Pratt & Whitney ausgearbeiteten Studie [7] entnommen. Neuere Untersuchungen an Gebläsen, die speziell auf geringe Schallerzeugung hin entwickelt wurden, sind in [32] enthalten. Ferner sei darauf hingewiesen, daß die NASA zur Zeit eine breit angelegte Studie bearbeitet, nach deren Abschluß wohl noch besser fundierte Methoden als heute zur Abschätzung des Gebläselärms vorhanden sein dürften.

Zur Abschätzung des Lärms eines ungedämpften Unterschall-Fans kann man die folgende Formel aus [32] verwenden. Der Fan-Schub F ist in daN einzusetzen, man erhält den Lärm in PNdB auf einer 500 ft entfernten Seitenlinie:

$$PNdB = 73 + 14 \log (\Pi - 1) + 10 \log F.$$

Die Optimierungsstudie für das hier untersuchte Marschtriebwerk geht auf die Details der Lärmerzeugung und -dämpfung ein. Es werden zwei Schallspektren betrachtet, nämlich die in den Richtungen 50° und 120° (zur Einlaufachse gemessen). In diese Richtungen wird jeweils der maximale Lärm nach vorne bzw. hinten abgestrahlt.

Breitbandlärm

Mit Breitbandlärm bezeichnet man den kontinuierlich über den gesamten hörbaren Frequenzbereich verteilten Lärm. Die Entstehungsmechanismen des Breitbandlärms sind sehr unterschiedlich, haben jedoch eine Gemeinsamkeit: es handelt sich um zufällig verteilte instationäre Strömungszustände. Nach dem heutigen Stand der Forschung kommt für die Berechnung des Breitbandlärms nur ein empirisches Verfahren in Frage.

In [32] wurde eine Reihe von "leisen" Gebläsen mit Unterschall-Anströmung an den Schaufelspitzen (kurz: Unterschall-Fan) bei vielen Betriebszuständen u.a. hinsichtlich ihres Breitbandlärms untersucht. Es wurde folgende einfache, aber dennoch überraschend gute Korrelation (Streuung ± 2,5 dB) für die Gesamtschalleistung des Breitbandlärms gefunden (dB relativ 10^{-3} W):

$$L_{B,ges} = 129{,}1 + 10 \log \Delta T + 10 \log N . \qquad (1)$$

Demnach hängt die Schalleistung ab von der Gesamttemperaturerhöhung ΔT und von der Antriebsleistung N, welche in MW einzusetzen ist. Das Ergebnis aus dieser Formel liegt etwas niedriger als die Angaben aus [7] ; dort waren im wesentlichen konventionelle Gebläse untersucht worden.

Der Gesamtschallpegel muß über die einzelnen Frequenzbänder verteilt werden. Die Verteilung ist durch zwei Kurven bestimmt, deren Gestalt durch folgende Gleichung beschrieben werden kann:

$$L = L_{max} + 10 \log \left(e^{-0{,}8 \left[\ln (f/f_{max}) \right]^2} \right) . \tag{2}$$

Bei der Frequenz f_{max} herrscht der Schalldruckpegel L_{max}. Das Maximum der ersten Schalldruckverteilung liegt bei der Frequenz $f_{1,max}$, die etwa 2,5 mal so groß wie die Grundfrequenz des Gebläses ist, also

$$f_{1,max} = 2{,}5 \; \frac{n_{La} \; u_{La}}{\pi \, d_a} .$$

Das Maximum der zweiten Schalldruckverteilung liegt bei einer um den Faktor 3 - 7 größeren Frequenz. In sehr vielen Fällen ist $f_{2,max}$ weit über 10 000 Hz. Da die Schalldruckpegel von Frequenzen über 10 000 Hz nicht bei der PNdB-Berechnung berücksichtigt werden, außerdem der Pegel $L_{2,max}$ beim heutigen Erkenntnisstand nicht vorhergesagt werden kann [32] und fer-

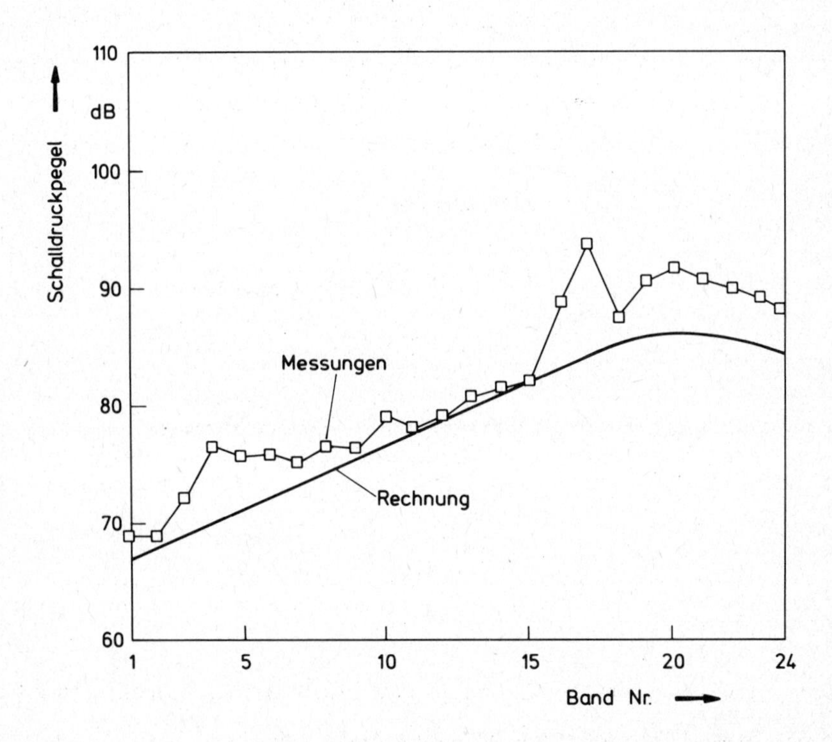

Bild 6. Vergleich von Frequenzverteilungskurven

ner $L_{2,max}$ fast immer wesentlich niedriger als $L_{1,max}$ ist, wird die Schalldruckverteilung in dieser Studie nur durch die Kurve mit $L_{1,max}$ und $f_{1,max}$ beschrieben.

In Bild 6 sind, zusammen mit Meßdaten aus [28], berechnete Frequenzverteilungen des Breitbandlärms aufgetragen. Der Gesamtschallpegel liegt im Vergleich zu den Meßdaten zu niedrig. Diese Abweichung muß für akustische Berechnungen beim heutigen Stand der Kenntnisse als normal bezeichnet werden. Im unteren Bereich der Frequenzen wurde nicht die Verteilung nach Gl. (2) berücksichtigt, sondern eine konstante Pegeldifferenz von 1,1 dB zwischen benachbarten Bändern angesetzt. Damit ist in erster Näherung auch der niederfrequente Strahllärm des Gebläses erfaßt.

Einzeltöne

Die im Spektrum des Fanlärms enthaltenen Einzeltöne entstehen durch die Interaktion der Strömungsfelder von Lauf- und Leitrad. Fans mit großem Abstand zwischen den Gittern und ohne Eintrittsleitrad erzeugen Einzeltöne

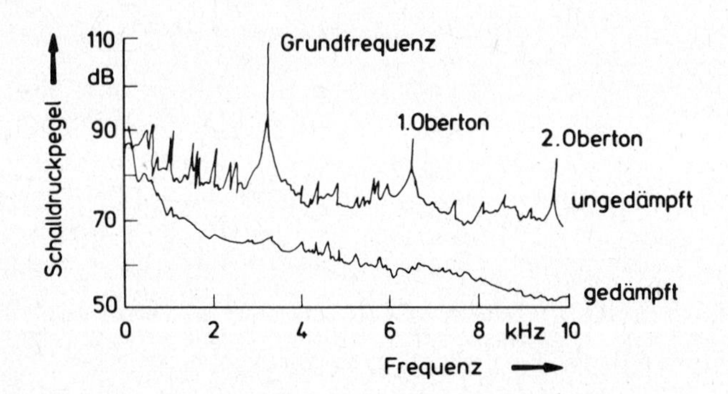

Bild 7. TF-34 Spektren, Abstand 30,5 m, 60° zur Einlaufachse

mit relativ geringen Pegeln. Behindert man zusätzlich die Ausbreitung dieser Töne durch eine geeignete Wahl der Schaufelzahlen ($n_{Le}/n_{La} \gtrapprox 2$), so liegen sie im 1/3 Oktavbandspektrum nur noch wenig über dem Breitbandlärm. Da akustische Dämpfer, wie sie in Triebwerksgondeln verwendet werden, besonders wirksam bei diskreten Tönen sind, kann erreicht werden, daß im Spektrum praktisch keine Einzeltöne mehr feststellbar sind. Ein gutes Beispiel zu dieser Dämpfwirkung zeigt Bild 7 aus [66].

Beim Entwurf eines besonders leisen Triebwerks muß vorausgesetzt werden, daß alle hier erwähnten Maßnahmen angewendet werden; die Berechnung der Pegel der Einzeltöne erübrigt sich dann.

Kombinationslärm

Wird das Laufrad im Relativsystem mit Überschallgeschwindigkeit angeströmt, dann tritt bei Fans als zusätzliche Lärmquelle der Kombinationslärm auf. Dieser Lärm besteht aus einer Menge von diskreten Tönen, die bei den ganzzahligen Vielfachen der Winkelfrequenz des Rotors liegen. Die Ursache dieser Töne sind die Stoßwellen, die an jeder der Fanschaufeln auftreten und mit ihnen rotieren. Wenn dieses Stoßwellensystem absolut rotationssymmetrisch ist, entsteht ein einziger Ton mit sehr großer Amplitude bei der Grundfrequenz des Rotors. Infolge der unvermeidlichen Herstellungstoleranzen, der Abnutzungserscheinungen und Beschädigungen, die im Laufe der Zeit auftreten, erzeugt jedoch jede der Schaufeln eine geringfügig unterschiedliche Stoßwelle. Mit zunehmender Enfernung vom Laufrad vergrößern sich die Unterschiede von Stärke und Abstand der einzelnen Stoßwellen. Die spiralförmig umlaufenden Druckschwankungen sind nicht mehr rotationssymmetrisch und das resultierende Spektrum enthält neben dem Ton mit relativ niedriger Amplitude bei der Grundfrequenz eine Vielzahl von weiteren Tönen. Die Umverteilung der akustischen Leistung von der Grundfrequenz auf die Harmonischen der Winkelfrequenz mit zunehmender Enfernung wird in Bild 8 aus [5] deutlich.

Die Vorhersage des Kombinationslärms kann nur statistischen Wert haben, da der Entstehungsprozeß stochastischer Natur ist. Es wird vom Zufall abhängen, wie viele und welche der Stoßwellen bei einem speziellen Fan aus einer Bauserie sich nach vorne ausbreiten können. Nach [7] hängt die Zahl N der sich ausbreitenden Stoßwellen unter anderem von der Form des Eintrittsbereiches der Laufschaufeln ab. Unter "Eintrittsbereich" ist dabei derjenige

Teil des Schaufelprofils zu verstehen, der - grob gesprochen - vor dem Lot von der Eintrittskante des Nachbarprofils auf die Profilsaugseite liegt.

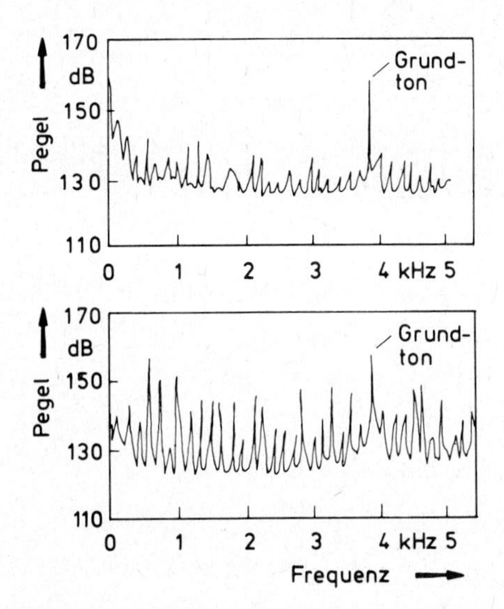

Bild 8. Spektren gemessen 0,4 cm (oben) und 48 cm (unten) vor der Eintrittsebene eines transsonischen Gebläses

Ist dieser Bereich konvex ausgebildet (typischer Fall: Doppelkreisbogenprofil), dann werden sich praktisch alle Stoßwellen ausbreiten, N ist also gleich n_{La}. Bei geradem oder konkav gestaltetem Eintrittsbereich herrscht dagegen die Tendenz vor, daß die stärkeren Stoßwellen die schwächeren auslöschen und sich $N \approx n_{La}/2$ ergibt.

Je weniger der Eintrittsbereich gekrümmt ist, desto schwächer werden auch die Stoßwellen ausfallen, vorausgesetzt, daß das Gitter "gestartet" ist. Für gerade Eintrittsbereiche werden also die geringsten Verluste entstehen. Daher geht der Entwicklungstrend bei transsonischen bzw. supersonischen Gebläsen, auch wenn keine akustischen Gesichtspunkte zu berücksichtigen sind, hin zu solchen geraden Eintrittsbereichen. Es ist deshalb kaum eine Einschränkung, wenn in dieser Studie vorausgesetzt wird, daß in der Blattspitzenzone der Eintrittsbereich der Rotorschaufeln bei allen untersuchten Fans nur sehr wenig gekrümmt ist. Auf dieser Voraussetzung aufgebaut ist die Hypothese, daß sich von den Stoßwellen im Mittel $n_{La}/2$ ausbreiten. Der Gesamtschallpegel der Kombinationstöne ergibt sich dann nach [7] zu

$$L_{K,ges} = f(M_{rel}) + 20 \log (r_a/n_{La}) .$$

Die Funktion $f(M_{rel})$ ist dabei ein empirisch gefundenes Polynom. Im schallnahen Bereich steigt diese Funktion extrem schnell an. Die in die Rechnung

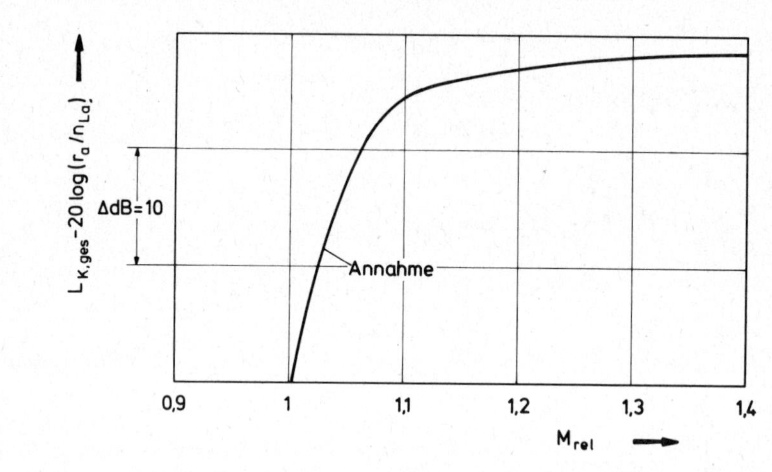

Bild 9. Gesamtschallpegel des Kombinationslärms

übernommene Kurve zeigt Bild 9, ein illustratives Beispiel einer entsprechenden Messung ist in Bild 10 dargestellt.

Die folgenden Berechnungen sind etwas vereinfacht aus [7] übernommen. Zunächst wird der Gesamtschallpegel auf die einzelnen Frequenzen verteilt. Die Einzeltöne des Kombinationslärms unterliegen dem sogenannten "Cutoff"-Phänomen und können sich daher nur unter bestimmten Bedingungen in das akustische Fernfeld ausbreiten. Die Töne, die sich nicht ausbreiten können, werden eliminiert. Die übrigen Töne werden in ihren Pegeln so korrigiert, daß der Gesamtpegel gleich dem ursprünglich berechneten ist. Als nächstes werden Richtung und Entfernung des Beobachters berücksichtigt. Da der Kombinationslärm nur nach vorne abgestrahlt wird, muß nur die Richtung

50° zur Einlaufachse betrachtet werden. Die Entfernung zur Seitenlinie beträgt dann 199 m. Als letztes werden die Schalldruckpegel in den 1/3 Oktavbändern berechnet.

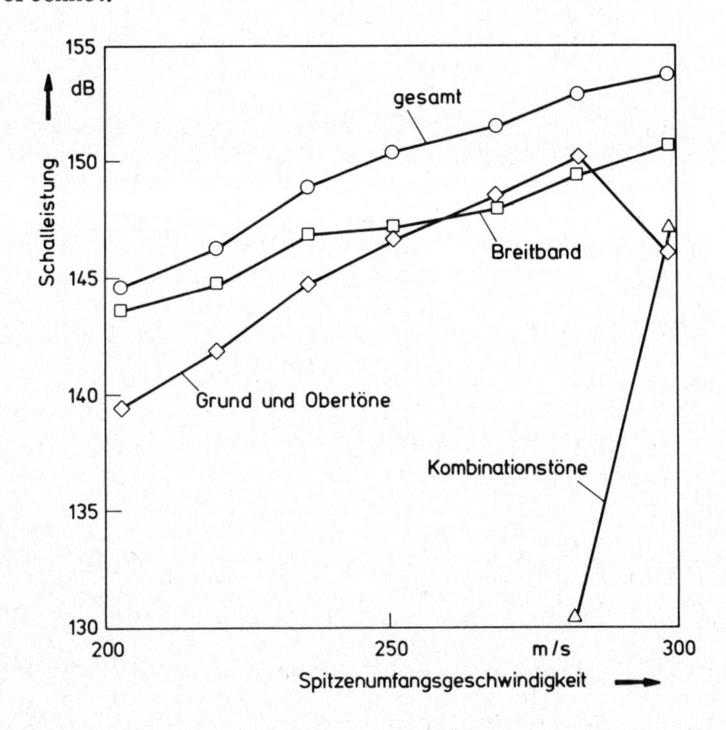

Bild 10. Schalleistungskomponenten in Abhängigkeit von der Geschwindigkeit, Beispiel.

Das resultierende Spektrum des Kombinationslärms kann in der berechneten Form allerdings nicht in das Lärmmodell des Reisetriebwerks übernommen werden. Das liegt daran, daß in manchen Fällen bei nur geringfügigen Modifikationen der Eingangsparameter sprungartige Änderungen im 1/3 Oktavbandspektrum auftreten. Wenn zum Beispiel in einem 1/3 Oktavband keiner der Töne des Kombinationslärms liegt, ist der Pegel natürlich Null. Eine kleine Änderung der Frequenz eines benachbarten Tones kann nun schon dazu führen, daß er in das betreffende Band fällt und der entsprechende Pegel steigt sprunghaft auf z.B. 100 dB. Die damit verbundene Pegelreduktion im Nachbarband ist vergleichsweise minimal, wenn dort noch ein oder mehrere andere Töne liegen. Trotz des praktisch konstanten Gesamtschallpegels ergeben sich unter Umständen große Änderungen in der PNdB Skala, da diese verschiedene Frequenzen je nach ihrer Lästigkeit unterschiedlich stark berücksichtigt. Optimierungsverfahren können bei sprungartigen Änderungen, wie sie hier auftreten, sehr leicht zu einem Nebenmaximum führen. Daher muß das Spektrum des Kombinationslärms in der Weise geändert werden, daß kleine Änderungen der Eingangsparameter nur kleine Änderungen der PNdB-Werte zur Folge haben können.

Abschließend muß zu den Berechnungen des Kombinationslärms die Bemerkung wiederholt werden, daß die Ergebnisse statistischer Art sind und nur für einen "durchschnittlichen" Rotor gelten. Eine Übereinstimmung der Rechenergebnisse mit Meßdaten eines bestimmten Gebläses ist daher nicht zu erwarten.

3.2.3.2 Lärmdämpfung

Der vom Fan erzeugte Lärm kann durch akustische Auskleidungen stark reduziert werden. Eine solche Auskleidung besteht aus einer porösen Deckplatte mit dahinter liegenden Resonanzräumen. Im Idealfall ist der Resonanzraum eine viertel Wellenlänge tief; die Schallschnelle hat dann im Bereich der Deckplatte ein Maximum. Die akustische Energie wird durch das periodische Ein- und Ausströmen der Luft durch die Deckplatten infolge von Reibung und Turbulenz in Wärme verwandelt.

Das vom Fan erzeugte 1/3 Oktavbandspektrum bestimmt den gewünschten Verlauf der Dämpfung über der Frequenz. Trägt man ein Spektrum nicht als Schalldruckpegel, sondern als L ä r m i g k e i t in noy auf, so erhält man eine direkte Aussage, welche Frequenzen am meisten gedämpft werden müssen, um den Gesamtlärm am wirksamsten zu reduzieren. In Bild 11 ist das für ein typisches Breitbandspektrum geschehen.

In Flugtriebwerken einsetzbare Dämpfer dürfen kaum dicker als 3 - 4 cm sein; ihre Wirksamkeit läßt daher bei niedrigen Frequenzen stark nach. Für das Beispiel aus Bild 11 werden somit die noy-Werte in den unteren Bändern kaum reduziert werden. Fordert man von der Auskleidung eine Verminderung der noy-Werte auf das durch die dick ausgezogene Kurve in Bild 11 gegebene

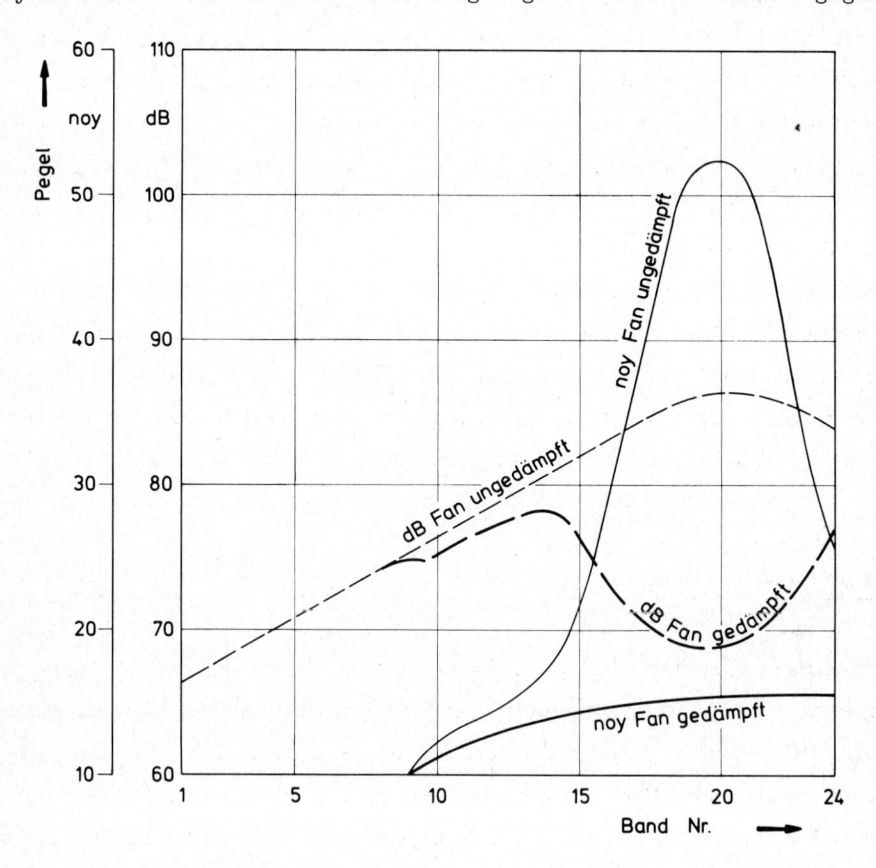

Bild 11. Fan-Breitbandpegel und zugehörige noy-Werte, typisches Beispiel

Niveau, so muß der Schalldruckpegel des Fanlärms die dick gestrichelte Verteilung annehmen. Die Differenz der beiden Fan-Pegel ergibt die für das entsprechende Spektrum gut angepaßte Dämpfwirkung (Bild 12).

Alle in der beschriebenen Art berechneten Fan-Breitbandspektren haben eine ähnliche Form wie das von Bild 11. Man bekommt daher, wenn man nach dem eben geschilderten Verfahren angepaßte Dämpfwirkungen für andere Fans herleitet, immer ungefähr die gleiche Form der Kurve ΔdB = f (Frequenz), wie sie in Bild 12 dargestellt ist. Es bietet sich an, die Dämpf-

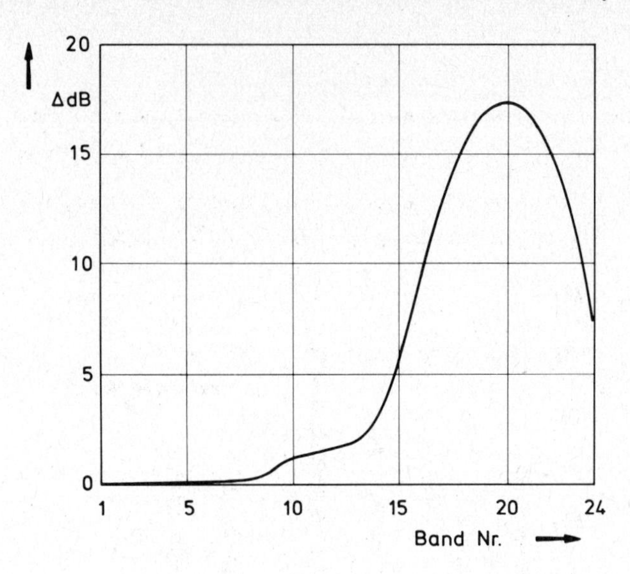

Bild 12. Optimale Dämpfwirkung für das Breitbandspektrum aus Bild 11.

wirkung der Auskleidung - soweit sie den Breitbandlärm betrifft - in folgender Form im akustischen Modell zu beschreiben:

$$\Delta dB = f\,(\text{Frequenz})\, g \, .$$

g ist dabei eine Funktion der Einlauf- bzw. Bypassgeometrie und der Strömungsgeschwindigkeit, der maximale Wert von f(Frequenz) sei 1.

Obwohl die in [4] untersuchten akustischen Auskleidungen nur ungefähr die Dämpfcharakteristik nach Bild 12 haben, kann mit geringen Vereinfachungen die Funktion g von dort entnommen werden. Für den Einlauf (Schallausbreitung entgegen der Strömungsrichtung) ergibt sich

$$g_E = 55{,}6\; l\; 10^{-3{,}54\, h} + 5$$

und für den Bypasskanal

$$g_{By} = 50\; l\; 10^{-3{,}54 h} + 4{,}5 \; .$$

Dabei ist l die akustisch ausgekleidete Länge und h die Kanalhöhe; beide Werte sind in Meter auszudrücken.

Da im akustischen Modell mit guter Näherung ein Zusammenhang ΔPNdB=f(g) besteht, ist ein Vergleich der Ergebnisse aus obigen beiden Formeln mit Literaturangaben über ausgeführte bzw. projektierte Triebwerke möglich. In [55] und [13] sind sowohl die notwendigen geometrischen Daten als auch die

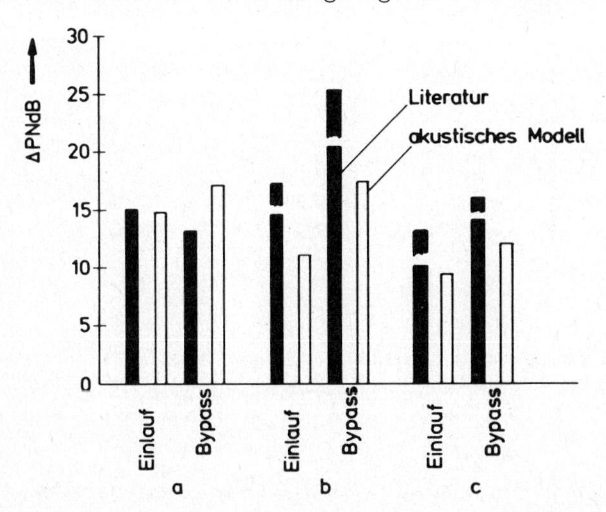

Bild 13. Vergleich des Dämpfermodells mit Literaturangaben. Bei den Fällen b und c sind Bereiche angegeben; daher wurden die entsprechenden "Balken" unterbrochen dargestellt.

ΔPNdB-Werte angegeben. Bild 13 zeigt den Vergleich der aus dem akustischen Modell errechneten Werte mit den Literaturangaben. Fall a gehört zu Daten aus [55], die Fälle b und c basieren auf [13].

Für die "NASA Quiet Engine A" herrscht in etwa Übereinstimmung, für die aus dem TF-34 abgeleiteten Triebwerksprojekte liefert das akustische Modell niedrigere Werte als [13]. Letzteres kann zum Teil dadurch erklärt werden, daß die auf [4] beruhende Voraussage den technologischen Stand von 1970 repräsentiert, während [13] ein Projekt für mehrere Jahre später beschreibt. Dieser Entwicklungsfortschritt soll auch in dieser Arbeit angenommen werden; die entsprechenden Formeln für g lauten dann

$$g_E = 83{,}4 \; l \; 10^{-3{,}54\,h} + 5 \tag{3}$$

bzw.

$$g_{By} = 75 \; l \; 10^{-3{,}54\,h} + 4{,}5 . \tag{4}$$

Ferner ist zu beachten, daß die errechneten ΔPNdB-Werte nur die Dämpfung des Breitbandlärmes widerspiegeln. Die in der Literatur angegebenen ΔPNdB-Werte enthalten dagegen zusätzlich die Pegelreduktion infolge der Dämpfung der Grund- und Obertöne. Solche ΔPNdB-Werte werden daher stets höher ausfallen. Berücksichtigt man diese Tatsache bei der Beurteilung des Literaturvergleichs von Bild 13, so muß die Übereinstimmung des akustischen Dämpfermodells mit den Daten aus [13] als gut bezeichnet werden.

Außer dem Fan-Breitbandlärm tritt im akustischen Modell noch der Kombinationslärm auf. Er ist als breitbandiges Spektrum angenommen und wird daher in etwa dieselbe Dämpfcharakteristik verlangen wie in Bild 12 dargestellt. Auch bei der Realisierung eines Triebwerksentwurfs wird die Anpassung der akustischen Auskleidung an das Spektrum der Kombinationstöne nur unvollkommen möglich sein, da deren Pegel statistisch verteilt und somit nicht direkt vorherberechenbar sind.

Bei einem Einlauf mit mehreren Splittern kann der Einfluß der Geometrie auch bei der Dämpfung des Kombinationslärms durch Gleichung (3) ausgedrückt werden. Für einen Einlauf ohne Splitter erhielte man aus (3) allerdings zu pessimistische Werte. Das liegt daran, daß der Kombinationslärm nur im Blattspitzenbereich entsteht und schon durch Auskleidung allein der Außenwand stark gedämpft wird. Die Kanalhöhe spielt dann im Gegensatz zu den Verhältnissen beim Breitbandlärm nur eine untergeordnete Rolle.

Abschließend zu diesem Kapitel ist zu bemerken, daß das akustische Modell des Fanlärms nur zusammen mit der angenommenen Wirkung der Auskleidungen beurteilt werden darf. Die Töne im Fan-Spektrum bei Grund- und Oberfrequenz werden hypothetisch durch die Dämpfer bis auf einen für die

PNdB-Berechnung vernachlässigbaren Pegel reduziert. Die für den Beobachter auf der 152 m-Seitenlinie berechneten Spektren enthalten gedämpften Breitband- und gegebenenfalls Kombinationslärm.

3. 2. 3. 3. Strahllärm

Der Strahllärm entsteht außerhalb des Triebwerks durch turbulente Vermischung des Abgas- und des Bypass-Strahls mit der Umgebungsluft. Bei Zweikreistriebwerken ist außerdem die gegenseitige Beeinflussung der koaxialen Strahlen zu berücksichtigen.

Einzelstrahl

Die Lärmentwicklung eines einzelnen Strahls ist in der Literatur ausführlich behandelt worden. Dementsprechend kann das Spektrum des Strahllärms viel präziser vorausgesagt werden als z. B. das des Fans. Eine oftmals angewandte Methode zur Strahllärmberechnung ist in [34] geschildert. Dort werden allerdings Strahlgeschwindigkeiten von über 300 m/s vorausgesetzt. Bei Triebwerken mit hohem Nebenstromverhältnis treten jedoch auch niedrigere Geschwindigkeiten auf. Unter anderem wird in [24] berichtet, daß eine Extrapolation des Zusammenhangs nach [34] zu kleinen Geschwindigkeiten möglich ist. Eine gewisse Korrektur scheint nach den Untersuchungen der NASA jedoch angebracht. Der Effekt der Strahldichte geht in [34] quadratisch ein, nach [24] können die Meßdaten jedoch durch folgende Gleichung für den maximalen Gesamtschallpegel auf der 500 ft entfernten Seitenlinie besser beschrieben werden:

$$L_{max,152\,m} = -102 + 80 \log w + 10 \log \rho A .$$

Dieser Gesamtschallpegel ist über die Frequenzen zu verteilen. Für den Einzelstrahl kann das direkt nach den Angaben in [34] erfolgen.

Koaxiale Strahlen

Primär- und Sekundärstrahl eines Bypasstriebwerks beeinflußen sich gegenseitig. Durch die Ummantelung des Heißgasstrahles kann eine gewisse Dämpfwirkung erreicht werden. Umfassende Untersuchungen und auch empirische Formeln zur Lärmberechnung von koaxialen Strahlen sind in [57] zu finden.

In der Optimierungsrechnung wurde allerdings eine vereinfachte Annahme eingeführt gemäß Bild 14.

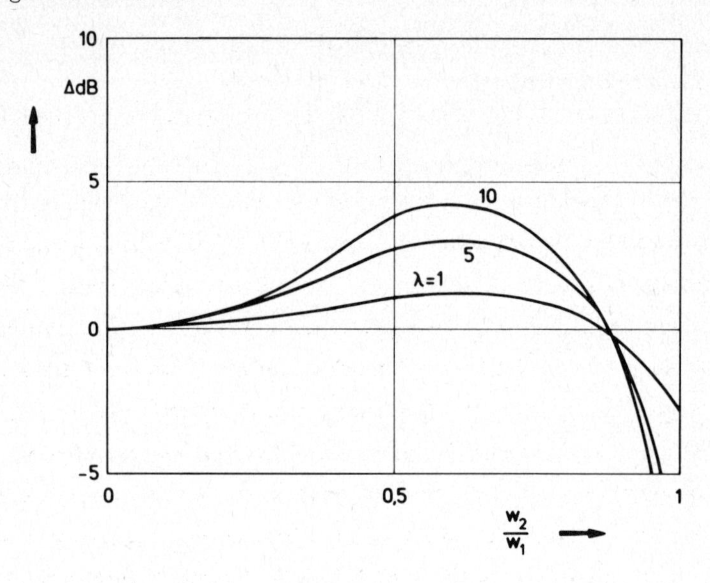

Bild 14. Dämpfung bei koaxialen Strahlen
λ = Massenstromverhältnis
w_1, w_2 = Geschwindigkeit des inneren bzw. äußeren Strahls

Die Lärmberechnung für koaxiale Strahlen erfolgt so, daß zunächst der Gesamtschallpegel des Primärstrahles berechnet wird. Als Geschwindigkeit ist dabei die relative Geschwindigkeit zwischen Primärstrahl und Fluggeschwindigkeit einzusetzen. Anschließend wird dieser Gesamtschallpegel entsprechend den Daten aus Bild 14 korrigiert. Als letztes erfolgt die Verteilung dieses Pegels auf die 1/3 Oktavbänder.

Als Ergebnis der Strahllärmberechnung erhält man ein 1/3 Oktavbandspektrum auf der Seitenlinie mit 152 m Abstand. Die Richtung zur Einlaufachse beträgt an dem berechneten Punkt mit maximalem Strahllärm etwa 135°. Betrachtet man die Richtung des maximalen Fanlärms (120°), so wird dort der Strahllärm nur unwesentlich geringer sein, denn die Entfernung zum Triebwerk ist in dieser Richtung auf der 152 m Seitenlinie geringer. Es ist also gerechtfertigt, das unveränderte Strahllärmspektrum zum Fanlärmspektrum zu addieren. Das resultierende Spektrum ist das des maximalen Triebwerklärms in Richtung 120°.

3.2.3.4 Sonstige Lärmquellen

Neben dem Fan und den beiden Strahlen treten bei einem Bypasstriebwerk auch die Verdichter, Brennkammer, Hoch- und Niederdruckturbine als Lärmquellen auf. Der Niederdruckverdichter wird wegen seiner kleinen Umfangsgeschwindigkeit im Vergleich zum Fan in der Lärmerzeugung vernachlässigbar sein, da diese in erster Näherung mit der 6. Potenz der Umfangsgeschwindigkeit steigt (Dipollärm). Der Lärm des Hochdruckverdichters kann sich stromaufwärts durch den Niederdruckverdichter, wenn überhaupt, nur stark abgeschwächt ausbreiten. Sein Anteil am Lärm im vorderen Quadranten ist vernachlässigbar. Der sich stromabwärts ausbreitende Lärm des Hochdruckverdichters wird durch den Brennkammerlärm, der seine Ursache in der hohen Turbulenz hat, überdeckt. Die Brennkammer, zusammen mit den Turbinen, kann bei leisen Triebwerken durchaus zum Gesamtlärm beitragen. Bei den heute in Serie gebauten Bypasstriebwerken wird bei Teillast diese Erscheinung oft beobachtet. Das liegt daran, daß einerseits bei niedrigen Drehzahlen die sonst dominierenden Lärmquellen wie Fan und Strahl weniger bedeutend sind. Andererseits sind die Strömungsverhältnisse in den Turbinen und an den Stützrippen in der Düse dann so, daß große Anstellwinkel auftreten. Das hat gegenüber dem Auslegungsfall erhöhte Turbulenz und damit relativ erhöhte Lärmerzeugung zur Folge.

Im hier untersuchten Triebwerkskonzept wird vorausgesetzt, daß bei Vollast (Startfall) der Lärm allein durch Fan und die Strahlen bestimmt wird. Brennkammer- und Turbinenlärm werden durch eine akustische Auskleidung der relativ langen Primärdüse unterdrückt.

Eine Lärmquelle, über die bisher nur wenige Untersuchungen vorliegen, ist der Schubumkehrer. Bei sehr steilen Landeanflügen kann schon im Fluge ein Umkehrschub notwendig werden. Der dabei entstehende Lärm liegt mit Sicherheit über dem, den ein entsprechender Strahl aus einer gut ausgeführten Schubdüse erzeugen würde. Für besonders leise Flugzeuge wird daher ein Schubumkehrer mit hoher Strahlumlenkung notwendig sein, weil nur dann bei relativ niedrigen Strahlgeschwindigkeiten ausreichender Umkehrschub erzielt werden kann. Am wenigsten Lärm wird durch die Schubumkehr jedoch dann entstehen, wenn ein Gebläse mit verstellbaren Laufschaufeln zur Verfügung steht.

Das im Kap. E.3.2.2 beschriebene Marschtriebwerk enthält einen Schubumkehrer mit Umlenkgittern für den Nebenstrom. Wenn der geforderte Umkehrschub nicht zu groß ist, wird in der Betriebsart Landeanflug der Lärm der Marschtriebwerke trotz allem sicher geringer sein als in der Betriebsart Start, die den Gesamtlärm des Flugzeuges am betrachteten Lärmmeßpunkt bestimmt.

3.3 Optimierung der Marschtriebwerke

3.3.1 Randbedingungen und Zielfunktionen

Wir untersuchen einen Flugzeugentwurf mit vier Marschtriebwerken. Es handelt sich - wie bereits beschrieben - um Zweiwellen-Zweistrom-Gasturbinen. Das Gebläse ist ein typisches Unterschall-Fan, der Niederdruckverdichter hat 4 Stufen, die Hochdruckturbine 2 und die Niederdruckturbine 5 Stufen. Im Einlauf sind 4 Ringe zur Lärmdämpfung eingebaut und im Bypasskanal 2.

Die Start- und Landebahnberechnungen sind für einen Heißtag mit 308 K Umgebungstemperatur in Meereshöhe durchgeführt worden. Dabei ist die Brennkammertemperatur gegenüber dem Reiseflug um 150 K erhöht.

Lärmwerte werden für einen Überflug in 500 ft Höhe bei mit Startleistung betriebenen Marschtriebwerken angegeben.

Zur Beurteilung eines Triebwerksentwurfs sind zwei Kriterien maßgebend. Das eine ist die technologisch-thermodynamische Qualität, wie sie etwa durch den Reichweitengütegrad K_R aus [FA, Kap. A.3.1.9] beschrieben werden kann. Dabei sind Schub, Brennstoffverbrauch, Triebwerksmasse und -widerstand, sowie die Flugaufgabe (Reichweite R, Fluggeschwindigkeit w_o, Flughöhe H_o) in einem Ausdruck vereint:

$$K_R = \frac{\frac{\dot{m}_{Br}}{F}\frac{R}{w_o} + \frac{m_{Tr}}{F}}{1 - \frac{W}{F}} = \frac{m_{Br} + m_{Tr}}{F - W} .$$

Das zweite Kriterium ist die L ä r m e r z e u g u n g . Die Berechnungen liefern anstelle eines vollständigen Schallfeldes nur zwei Pegel. Diese werden zu einer Zielfunktion ZFX zusammengefaßt:

$$ZFX = 10 \log (10^{L_{50}/10} + 10^{L_{120}/10}) .$$

L_{50} (L_{120}) ist der in Richtung 50° (120°) zum Triebwerkseinlauf abgestrahlte Lärmpegel. Liegt einer der Pegel deutlich unter dem anderen, so beeinflußt seine Änderung den Wert von ZFX nur unwesentlich.

Das geeignete Optimierungsverfahren für eine solche Aufgabenstellung ist das von Kap. D. 2. 3. 2. Es könnte aber auch - wenn man Reichweitengütegrad und Lärmpegel in einer Zielfunktion zusammengefaßt - irgendein anderes Verfahren verwendet werden. Wir suchen in diesem Fall nicht eine einzige optimale Auslegung, sondern den Einfluß variabler Lärmgrenzwerte auf die optimale Parameterwahl.

Das Problem führt auf folgende 7 Optimierungsvariablen:

- Druckverhältnis
- Bypassverhältnis
- Brennkammertemperatur
- Auskleidungslänge im Einlauf
- Auskleidungslänge im Bypasskanal
- Durchsatzziffer Fan
- Relativ-Mach-Zahl Fan, außen

Randbedingungen sind, daß die Leistungsziffer der Niederdruckturbine pro Stufe maximal den Wert 10 annehmen darf (vgl. [15]), und daß Start- bzw.

Landestrecken 600 m nicht überschreiten dürfen.

3. 3. 2 Ergebnisse

Die Bilder 1 mit 5 zeigen die Einzeldaten zu den Zielfunktionen. Gemeinsamer Abszissenmaßstab ist die oben erläuterte Zielfunktion ZFX für den Lärm. Während in dieser L_{50} und L_{120} für die vier Marschtriebwerke z u s a m m e n enthalten ist, gelten die entsprechenden Daten aus Bild 1 für jeweils e i n Triebwerk. Mit L_{ges} ist der Gesamtlärm des Flugzeuges bei einem Überflug in 500 ft Höhe angegeben, er wird je nach Pegelhöhe entweder von L_{50} oder von L_{120} bestimmt. Wenn das Flugzeug auf den Beobachter zufliegt, wird er zuerst den durch L_{50} beschriebenen Fanlärm hören; nach dem Überflug hört er das Frequenzspektrum aus Fan- und Strahllärm, das durch L_{120} näherungsweise gegeben ist.

Die Ergebnisse für L_{ges} in Bild 1 und für K_R in Bild 2 liegen auf relativ glatten Kurven. Das heißt, daß praktisch bei allen Optimierungen nahezu die günstigsten Auslegungen gefunden wurden.

Die Bilder 3 - 5 zeigen Einzeldaten, die im Reichweitengütegrad enthalten sind. Es fällt bei der Brennstoffmasse auf, daß sie für ZFX $>$ 108 praktisch konstant bleibt.

In Bild 2 sind 3 Punkte durch Buchstaben besonders markiert. Die dazugehörigen Triebwerke sind in Bild 6 dargestellt; die Zeichnungen stammen aus einem programmgesteuerten Plotter. Für die Sekundärdüse sind die Stellungen bei Start (geöffnet) und Reiseflug (geschlossen) dargestellt.

Der Triebwerksentwurf von Bild 6 c sieht nicht sehr geglückt aus. Im allgemeinen Sinne ist er auch nicht optimal, weil für die Lärmgrenze in diesem Fall weder im Einlauf 4 noch im Bypass 2 Splitter erforderlich wären. Ließe man die Splitter weg, wäre das Triebwerk jedoch noch leichter! Er wird hier dennoch gezeigt, weil er gewissermaßen "abschreckend" wirken und die Gefahr zeigen soll, die in einer allzu ungehemmten Verwendung eines mathematischen Modells liegt.

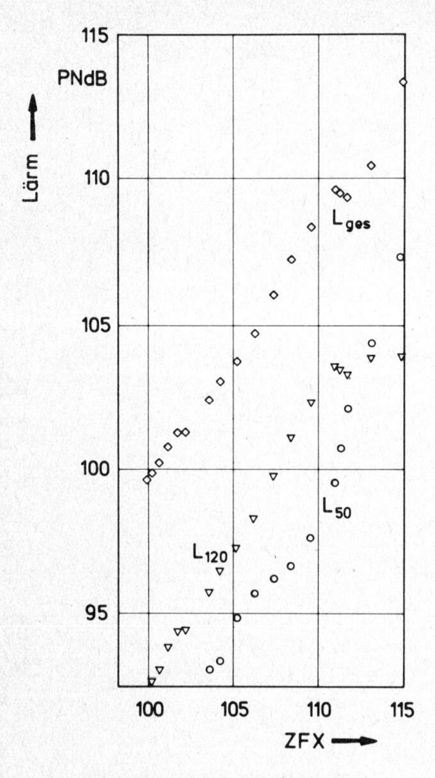

Bild 1. Lärmwerte

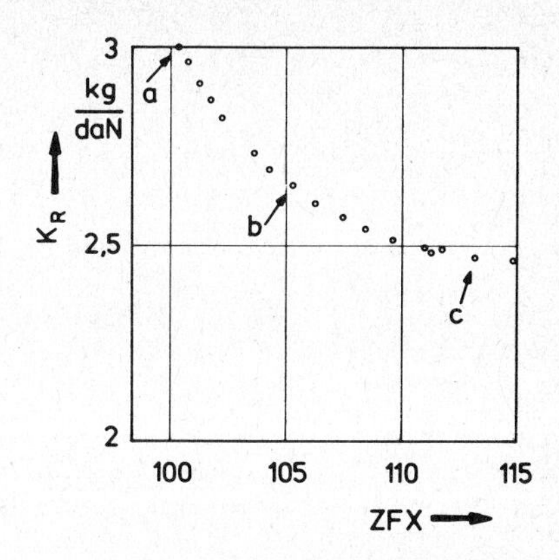

Bild 2. Reichweitengütegrad

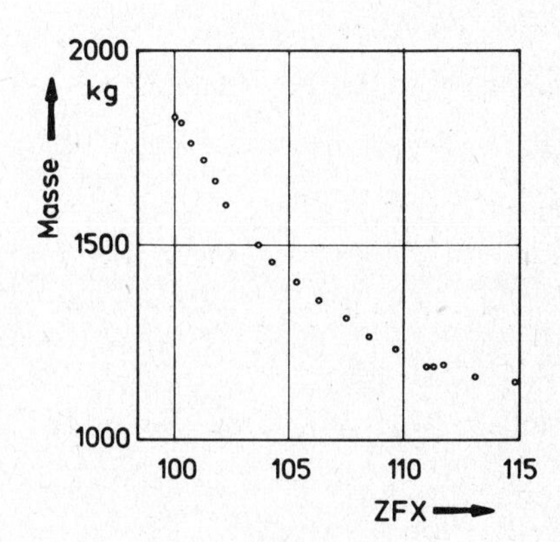

Bild 3. Masse Triebwerk einschließlich Gondel

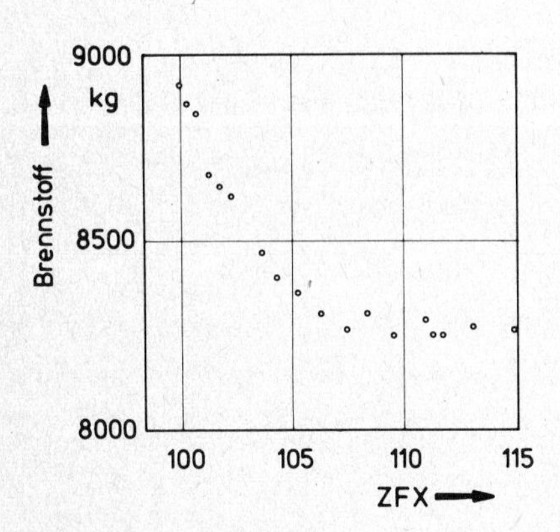

Bild 4. Brennstoffmasse

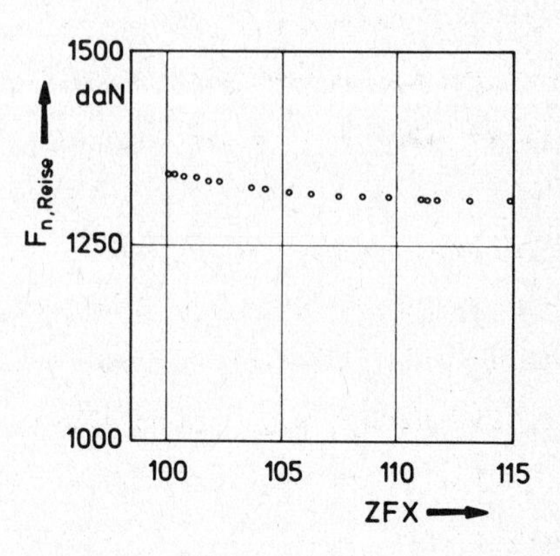

Bild 5. Nettoschub im Reiseflug

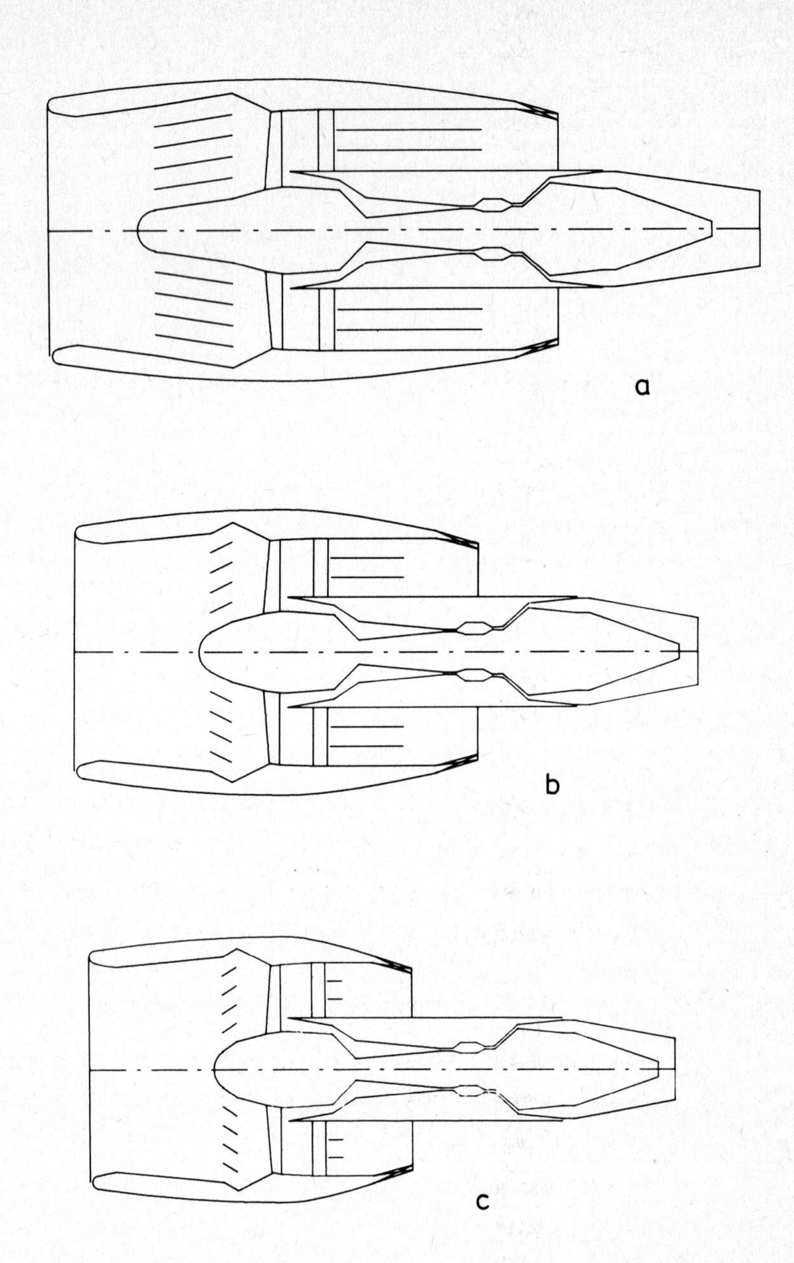

Bild 6. Optimierte Triebwerke (Triebwerk c nicht realistisch!)

Bild 7 zeigt, daß für die meisten Entwürfe die maximal zulässige Landestrecke von 600 m keine Grenze war. Mit zunehmendem Lärmgrenzwert hätte die Flügelfläche etwas kleiner gemacht werden können. Dadurch wäre die Anfluggeschwindigkeit größer geworden und die zur Verfügung stehende Rollbahn würde voll ausgenutzt.

Die Daten für das optimale Gesamtdruckverhältnis (Bild 8) streuen ziemlich, was bedeutet, daß das Optimum in dieser Hinsicht recht flach ist. Drei besonders aus der Reihe fallende Punkte wurden mit Pfeilen markiert. In Bild 9 beim Bypassverhältnis sind diese Auslegungen gleichfalls gekennzeichnet. Man erkennt, daß ein zu hohes Druckverhältnis durch ein etwas niedrigeres Bypassverhältnis in seinen Auswirkungen auf die Zielfunktionen kompensiert werden kann.

Die Brennkammertemperatur im Reiseflug kann umso höher sein, je weniger streng die Lärmbedingungen sind (Bild 10). Darin kommt zum Ausdruck, daß von der großen Leistung, die mit einer hohen Temperatur verbunden ist, auch ein Teil in Form von Lärm abgegeben wird.

Die Brennkammertemperatur ist im Startfall höher als in Bild 10 angegeben. Dieser Betriebszustand ist aber nur auf kurze Zeiten beschränkt (typisch: maximal 5 Minuten). Dennoch handelt es sich bei allen untersuchten Triebwerken um temperaturmäßig sehr beanspruchte Maschinen.

Die Auskleidungslängen von Einlauf und Bypass sind in Bild 11 bzw. 12 aufgetragen. Längen unter 10 cm waren nicht zugelassen. Bei solch kurzen Splittern würde man nämlich in Wirklichkeit auf jeden Fall zu weniger Ringen übergehen. Insofern ist besonders das Triebwerk c aus Bild 6 unrealistisch.

Die Bilder 11 und 12 sind auch im Zusammenhang mit Bild 4 für die Brennstoffmasse interessant. Letztere steigt praktisch erst dann an, wenn auch die Splitter länger werden.

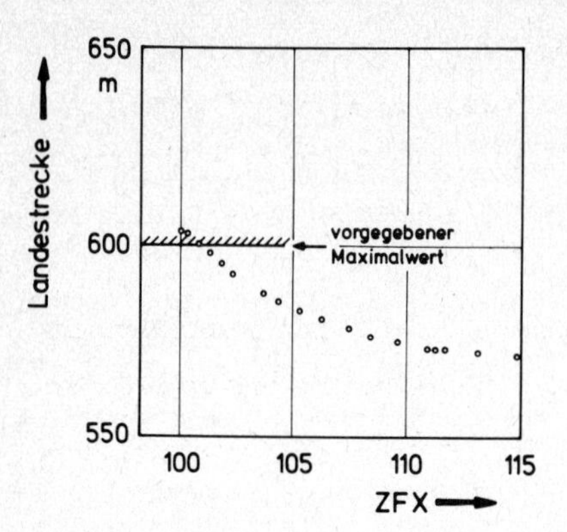

Bild 7. Landestrecke

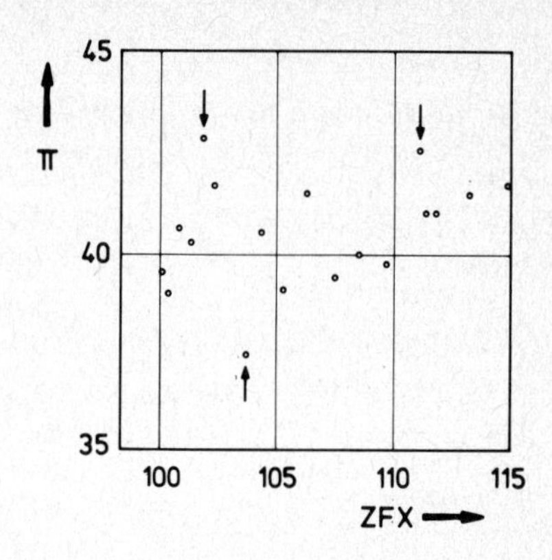

Bild 8. Gesamtdruckverhältnis

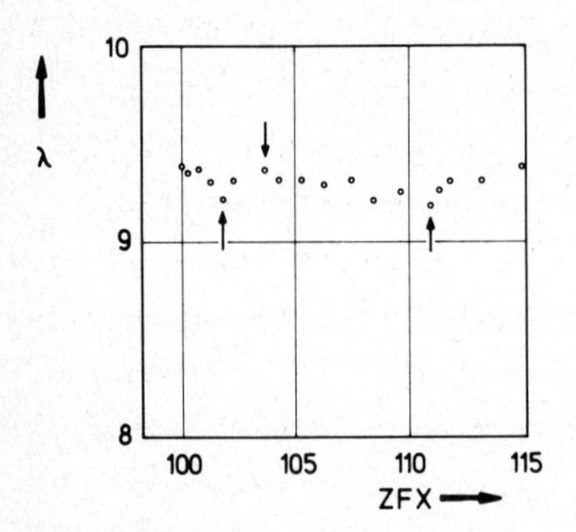

Bild 9. Bypassverhältnis

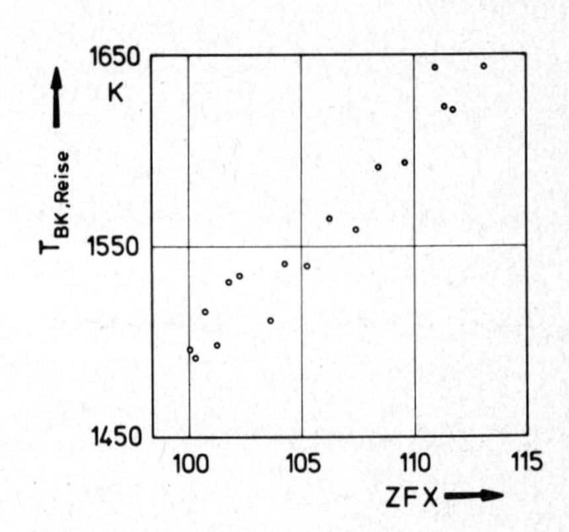

Bild 10. Brennkammertemperatur

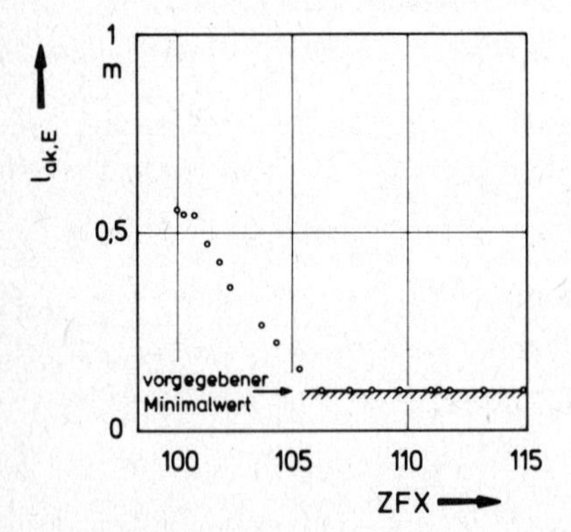

Bild 11. Auskleidungslänge Einlauf

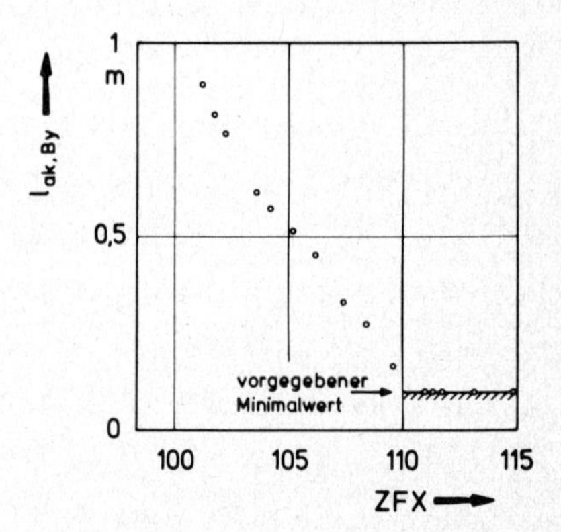

Bild 12. Auskleidungslänge Bypass

Bild 13 zeigt als optimale Durchsatzziffer ziemlich hohe Werte im Bereich von 0, 75. Ein zusätzliches Argument für große Strömungsgeschwindigkeiten im Einlauf bietet die damit verbundene "Behinderung" der Lärmausbreitung nach vorn. Dieser Effekt, der allerdings erst bei schallnahen Geschwindigkeiten Bedeutung erlangt, war im mathematischen Modell nicht enthalten.

Aus Bild 14 kann man, unter Beachtung der Werte aus Bild 13, im übrigen ablesen, daß die Umfangsgeschwindigkeit des Gebläses im gesamten untersuchten Bereich sich nur wenig ändert und im Mittel etwa bei 275 m/s liegt.

Der bei höheren Relativ-Mach-Zahlen ziemlich unvermittelt einsetzende Kombinationslärm (vgl. Bild E. 3. 2/10) hindert das Optimierungsverfahren daran, Auslegungen mit wesentlich höheren Umfangsgeschwindigkeiten zu finden. Für ein Gebläse mit Überschall-Relativgeschwindigkeiten im Bereich von M_{rel} = 1,4 - 1,6, die bei den heutigen großen Bypasstriebwerken üblich sind, müßte allerdings ohnehin eine neue Optimierung durchgeführt werden. Das mathematische Modell müßte dann den neuen Verhältnissen angepaßt werden (Beispiele: Typkennfelder des Gebläses und der Niederdruckturbine).

Die Strahlgeschwindigkeiten (Bilder 15 und 16) müssen im Zusammenhang mit den Lärmpegeldaten L_{120} aus Bild 1 gesehen werden. Offensichtlich ist für die Primär-Strahlgeschwindigkeit ein Wert von etwa 450 m/s auch dann optimal, wenn der Lärm keine Rolle spielt. Sonst müßte auch im rechten Bereich von Bild 15 noch eine ansteigende Tendenz zu sehen sein.

Bild 17 zeigt die Masse des beladenen Flugzeugs beim Start zu der beschriebenen Mission über 500 n. m. Die Punkte liegen sehr gut auf einer einzigen Kurve, was wiederum zeigt, daß die Streuung in manchen Daten praktisch keinen Einfluß auf das Gesamtergebnis hat. Allerdings muß durch Trenduntersuchungen, ähnlich denjenigen in Kap. E. 1. 3, noch näher untersucht werden, wie sich einzelne Variablenänderungen auswirken.

Am Schluß stehen noch Ergebnisse für die Startstrecke. Man muß drei Fälle unterscheiden: den Normalstart, dessen Strecke mit einem Sicherheitsfaktor

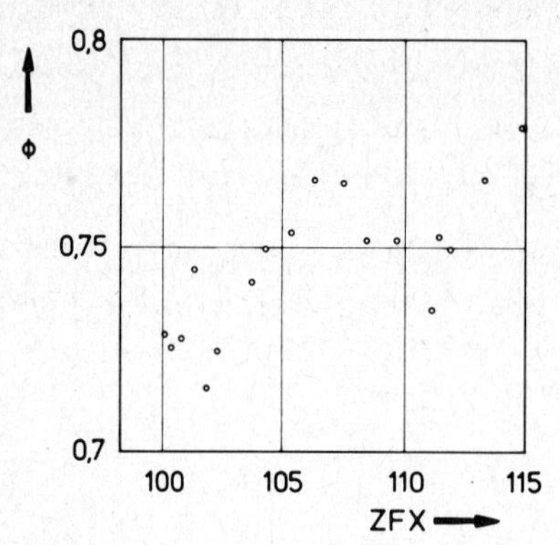

Bild 13. Durchsatzziffer

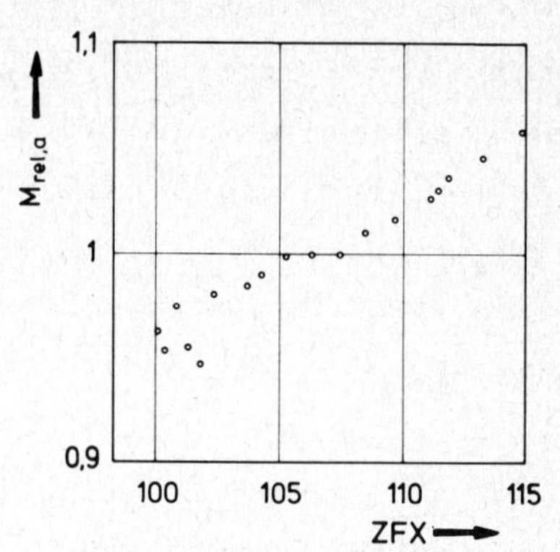

Bild 14. Relative Mach-Zahl, Fan, außen

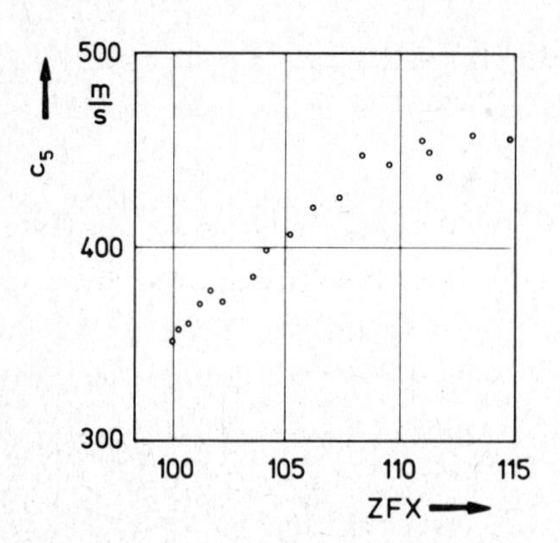

Bild 15. Primär-Strahlgeschwindigkeit

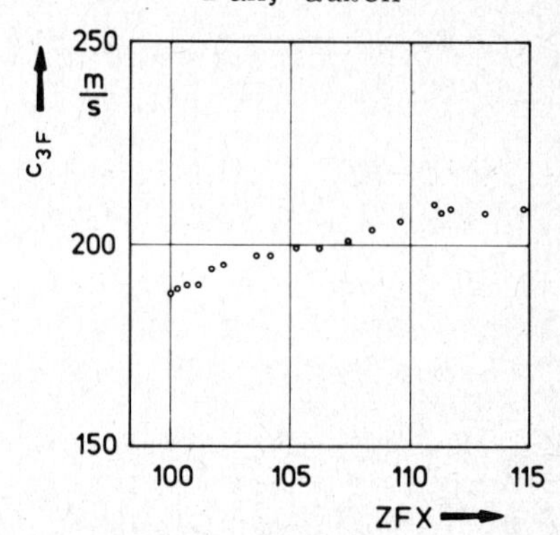

Bild 16. Sekundär-Strahlgeschwindigkeit

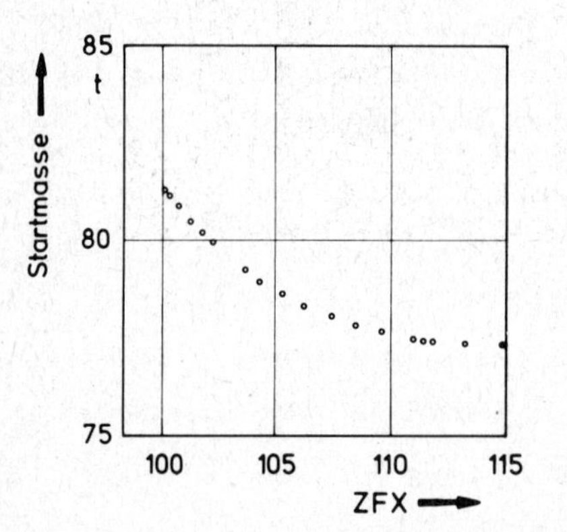

Bild 17. Startmasse des Flugzeugs

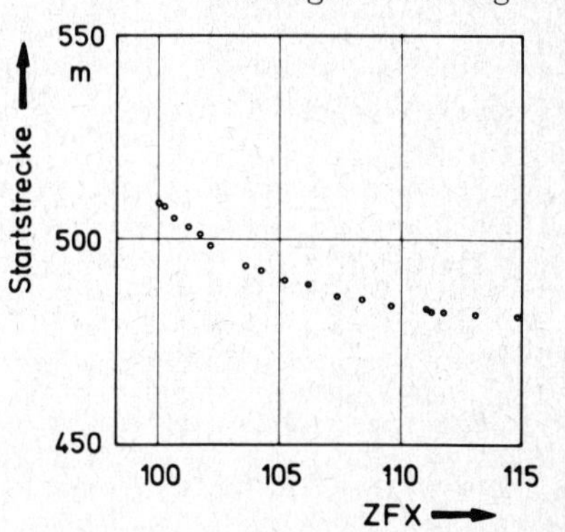

Bild 18. Maximale Startstrecke

von 1,15 berechnet wird, den abgebrochenen Start nach Ausfall des "kritischen" Triebwerks zum ungünstigsten Zeitpunkt und den Start im Notfall, bei dem mit den restlichen drei Triebwerken der Startvorgang fortgesetzt wird. Die zur Verfügung stehende Strecke von 600 m reicht für jeden der Fälle aus, so daß der Schub - und damit die Brennkammertemperatur - zurückgenommen werden könnte. Weniger Lärm wäre die Folge, das Flugzeug mit den Auslegungsdaten entsprechend ZFX = 100 könnte vermutlich die Forderung "95 PNdB in 500 ft" in etwa erfüllen.

4. Gasturbine in der Energietechnik

4.1 Ortsveränderliche und kompakte Anlagen

4.1.1. Einsatzfälle für transportable Kraftwerke

Ortsveränderliche Energieerzeuger haben vielfältige Anwendungsmöglichkeiten. Leistungen bis etwa 1 MW können zum Beispiel auf abgelegenen Großbau-

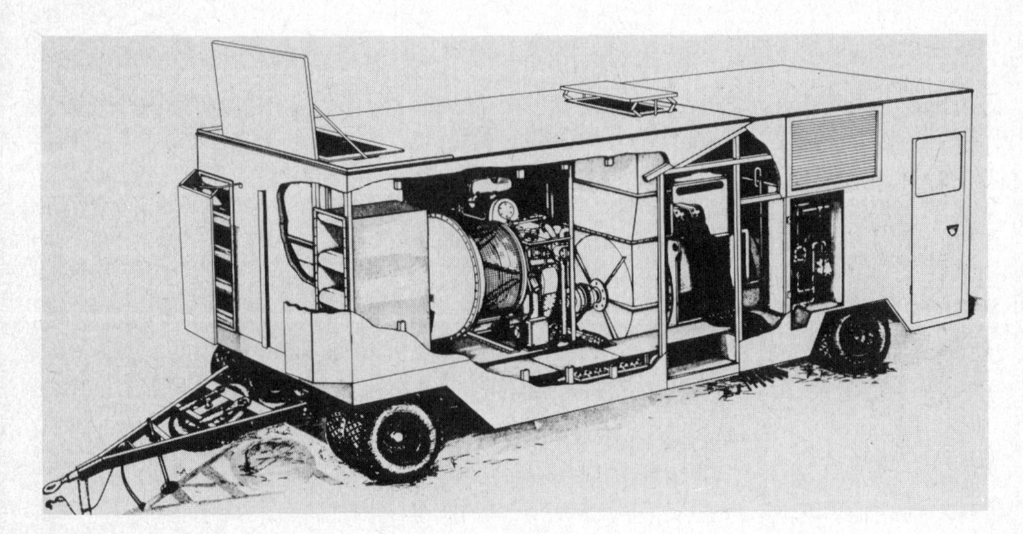

Bild 1. Fahrbares Kraftwerk der Firma Kongsberg. Leistung 1200 kW [69]

stellen benötigt werden (Bild 1). Auch in der Schiffahrt gibt es Situationen, wo die an Bord installierte elektrische Leistung entweder nicht ausreicht oder nicht zur Verfügung steht. Der erste Fall kann z. B. eintreten, wenn ein Containerschiff mit Kühlcontainern beladen wird, die jeder für sich Energie verbrauchen. Man kann dann eine Art Container-Kraftwerk einsetzen um das Problem zu lösen. Der zweite Fall betrifft Liegezeiten im Dock, während die Schiffsanlage repariert wird. Die US Navy hat für diese Aufgabe verschiedene transportable Kraftwerke mit Gasturbinen im Einsatz.

Größere Leistungen im Bereich von 10 bis 20 MW können - wenn man Gasturbinen einsetzt - ebenfalls noch ortsveränderlich ausgeführt werden. Ein Beispiel dafür ist eine auf zwei Sattelschleppern untergebrachte Anlage von Pratt & Whitney mit 15 MW elektrischer Leistung. Der erste Wagen enthält eine Industriegasturbine FT4 (abgeleitet aus dem Luftfahrttriebwerk JT4, militärische Bezeichnung J75) sowie den Generator, der zweite Wagen Steuer- und Schalteinrichtungen. Binnen 3 Minuten von Beginn des Startes kann die volle Leistung in das Netz abgegeben werden. Als Einsatzfälle ist an die Spitzenstromerzeugung und an Katastrophen gedacht, bei denen die stationären Kraftwerke ausgefallen sind. Die Leistung kann auch dazu verwendet werden, ein abgeschaltetes Großkraftwerk anzufahren, was ohne Hilfe von außen oft nicht möglich ist. In Kanada sind fahrbare Kraftwerke während der Überholung von Pumpstationen an einer Pipeline in Betrieb. Sie basieren auf dem Luftfahrttriebwerk Rolls Royce Avon und geben als Förderleistung 11 MW ab.

4. 1. 2 Anwendung von kompakten Anlagen

Im allgemeinen spielt bei Kraftwerken das Volumen des Energieerzeugers nur eine untergeordnete Rolle. Dennoch gibt es Vorteile für besonders kompakt ausgeführte Aggregate. Eine solche Anlage kann in der Fabrik fertig montiert und getestet werden. An ihrem endgültigen Standort braucht nur ein Fundament vorgesehen zu werden. So dauert dann die Montage, die bei konventionellen Kraftwerken nicht unerheblich Zeit und Geld erfordert, nur einen knappen Monat. Solche Anlagen werden auf der Basis von Industriegasturbinen von verschiedenen Firmen angeboten. Sie sind besonders für Spitzenstromerzeugung geeignet, werden aber auch als Notstromanlagen für Industriezwecke (Raffinerien usw.) eingesetzt. Bei beiden Anwendungen ist die kurze Startzeit ebenso von Vorteil wie die Möglichkeit der Fernbedienung.

Von besonderem Vorteil ist das geringe Volumen der Gasturbine in einem Einsatzfall, der erst in jüngerer Zeit Bedeutung bekommen hat. Es geht um die Energieversorgung von Bohrinseln z. B. in der Nordsee (Bild 2). Die Platzbe-

Bild 2. Bohrinsel mit Gasturbinen zur Energieversorgung

schränkung ist offensichtlich, der Energiebedarf groß. Nicht nur zum Bohren und zur sonstigen Versorgung einer solchen Insel, sondern auch später zum Betrieb einer Pipeline werden hohe Leistungen benötigt.

Bei vielen Pipelines an Land ist im übrigen die Gasturbine als Leistungserzeuger weit verbreitet. Geringe Montagezeiten an Ort und Stelle sowie die Tatsache, daß kein Kühlwasser benötigt wird, begünstigen ihren Einsatz besonders in Wüstengebieten.

Betrachten wir die Einsatzbedingungen auf einer Bohrinsel in der Nordsee noch etwas näher! Die Umgebung, salzwasserhaltige Luft, entspricht der eines Schiffes. Insofern treffen Bemerkungen über das Korrosionsproblem aus Kap. E. 2 auch hier zu. Gute Filterung der Luft ist unbedingt erforderlich. Je kleiner der Durchsatz der Gasturbine ist, desto leichter ist dieses Problem zu lösen. Das spricht für eine Gasturbine mit hoher Leistung pro Durchsatz.

Die Zuverlässigkeit, d. h. die Verfügbarkeit des Kraftwerks auf einer Bohrinsel, spielt eine große Rolle. Während die Industriegasturbine größere Zwischenüberholzeiten erreicht, sind bei einer modernen Gasturbine vom Luftfahrt-Typ durch die Modulbauweise sehr kurze Reparaturzeiten gewährleistet. Ein defekter Modul kann schnell ausgetauscht werden; er ist so leicht, daß er jederzeit mit dem Hubschrauber transportiert werden kann.

Die Reparatur einer Industriegasturbine kann durch schlechtes Wetter unmöglich werden, wenn schwere Teile, wie z. B. der Rotor, ausgetauscht werden müssen. Der Transport kann dann nicht mehr mit dem Hubschrauber, sondern nur noch mit dem Schiff durchgeführt werden. Das Kraftwerk kann für Wochen außer Betrieb sein.

Nicht nur beim Einlauffilter, sondern auch beim Abgaskanal ergeben sich Vorteile für Gasturbinen hoher spezifischer Leistung, also geringem Durchsatz. Die heißen Abgase müssen praktisch bei allen Windrichtungen von der Hubschrauberplattform und auch vom Arbeitsplatz der Bohrmannschaft ferngehalten werden. Das bedingt einen langen, seitlich weggeführten Kanal (Bild 2).

Damit sind einige mit dem Einsatz von Industrie- und Luftfahrtgasturbinen auf Bohrinseln verbundene Probleme nur kurz angesprochen. Eine ausführliche Diskussion enthält [61].

Wir wollen im folgenden eine Gasturbine vom Luftfahrt-Typ näher untersuchen, die für alle Fälle geeignet ist, bei denen hohe Leistungen in einem geringen Raum untergebracht werden sollen. Das trifft also für ortsveränderliche Kraftwerke ebenso zu wie für das Beispiel der Bohrinsel.

4.1.3 Gasturbinen mit maximaler Leistung pro Volumen

Aus einer Luftfahrtgasturbine kann relativ einfach eine Gasturbine zur Energieerzeugung abgeleitet werden. Die aus dem Zweistrom-Triebwerk RB 211 von Rolls-Royce abgeleitete Version für Industriezwecke wurde schon in Bild E.2.2/1 gezeigt. Eine weiteres Beispiel ist in Bild 3 dargestellt. Man

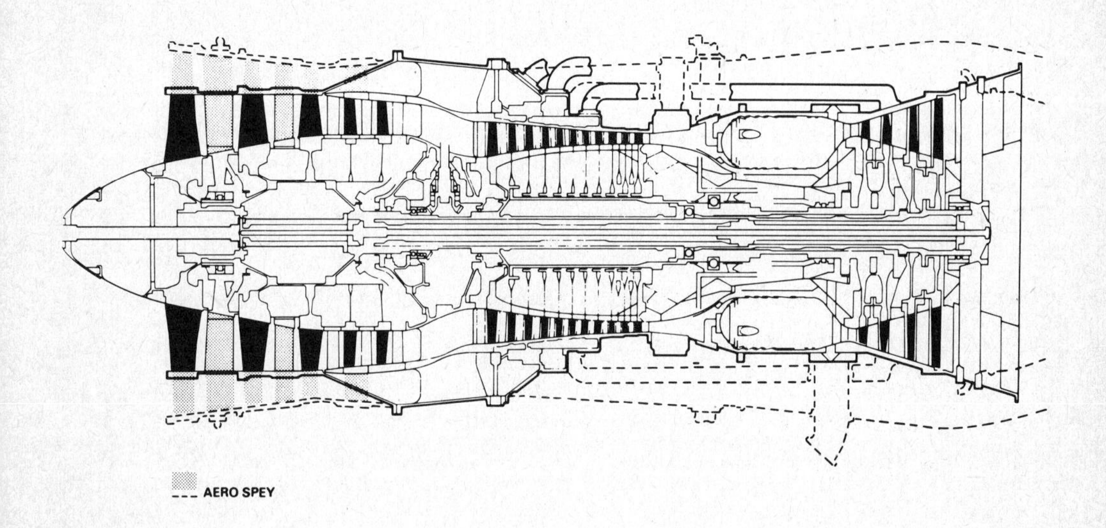

Bild 3. Luftfahrt- und Industrieversion des Rolls-Royce Spey [16]

erkennt, wie der Niederdruckverdichter modifiziert wird. An Stelle von Aluminium wird Stahl verwendet. Das Brennstoffsystem ist so geändert, daß eine ganze Reihe verschiedener Brennstoffe verwendet werden können. Die Industrieausführung ist ebenso wie die Originalversion mit luftgekühlten Turbinen ausgestattet.

Das schon in Kap. E.2.3.1 beschriebene mathematische Modell kann auch für die hier untersuchte Aufgabenstellung verwendet werden. Vom Aufbau her handelt es sich um den gleichen Typ der Gasturbine wie in Bild 3 dargestellt. Nach dem Zweiwellen-Gasgenerator ist die freifahrende Nutzleistungsturbine angeordnet.

Als Randbedingung für die Optimierung wurde ein Außendurchmesser des

Strömungskanals am Austritt der Niederdruckturbine (= Nutzturbine) von 1,8 Meter vorgegeben. Die Niederdruckturbine des Luftfahrtgerätes (vgl. Bild 3) wird dann Mitteldruckturbine . Zielfunktion war der Quotient aus Volumen der Gasturbine und ihrer Nutzleistung bei Vollast. Teilastzustände wurden in diesem Fall nicht betrachtet.

Optimiert wurden das Gesamtdruckverhältnis sowie die Abströmgeschwindigkeit der Niederdruckturbine. Ist diese hoch, so hat man einerseits einen großen Massendurchsatz, andererseits aber auch relativ hohe Verluste.

4. 1. 3. 1 Auslegungen mit niedrigem Wirkungsgradniveau

Aus den Angaben in Kap. B. 3 kann man die Wirkungsgrade der Strömungsmaschinen abschätzen. Hier wurde nun der so erhaltene Wert um jeweils 5 % vermindert, was sowohl für die Verdichter als auch für die Turbinen Wirkungsgrade im Bereich von 83 % ergab.

Die Optimierungen wurden jeweils für drei Temperaturen am Austritt der Brennkammer durchgeführt, die alle ohne Turbinenschaufelkühlung fahrbar sind. Das Optimierungsverfahren war das Newton-Verfahren aus Kap. D. 2. 4; es führte stets nach spätestens zwei Schritten zum Ziel.

Zur Ergänzung und Interpretation der Ergebnisse wurde ferner mit dem Rechenprogramm aus [26] eine systematische Parameterstudie für ungefähr vergleichbare Wirkungsgrade durchgeführt. In den Bildern 4 bis 7 sind die entsprechenden Kurven aufgetragen. Die optimierten Auslegungen sind dort ebenfalls angegeben.

Da die Zielfunktion nicht nur eine hohe Leistung begünstigte, sondern auch ein geringes Volumen, liegen die Ergebnisse in Bild 4 deutlich neben den Maxima für die spezifische Leistung. Ein höheres Druckniveau in der Gasturbine verkleinert bei gleichem Durchsatz die Durchmesser und damit die Volumina. Wie man in Bild 5 erkennen kann, erhält man dadurch Auslegungen, die bezüglich ihres spezifischen Verbrauchs sogar noch etwas besser als die Optimalwerte der Parameterstudie sind. Dies kommt daher, daß

Tabelle 1 Optimierte Gasturbinen

		niedriges Wirkungsgradniveau			hohes Wirkungsgradniveau		
T_{BK}	K	1000	1150	1300	1000	1150	1300
Leistung	MW	9,4	16,8	24,1	14,0	22,6	31,9
Volumen	m^3	4,27	4,04	3,57	4,1	3,73	3,33
Durchsatz	kg/s	94,4	110	115	110	119	128
Druckverhältnis		9,9	12,8	16,4	12,7	16,1	22,2
Abströmgeschwindigkeit NDT	m/s	100	130	150	107	130	150
Gesamtwirkungsgrad		0,223	0,263	0,293	0,302	0,339	0,370
Durchmesser NDV, Eintritt außen	m	0,94	1,02	1,04	1,02	1,06	1,10
Durchmesser HDV, außen	m	0,91	0,88	0,81	0,88	0,82	0,74
Länge	m	5,5	5,4	5,3	5,5	5,4	5,3

bei letzterer die Verlustannahmen etwas ungünstiger waren und nicht direkt vergleichbar sind.

Wie man auch aus Tabelle 1 erkennt, hat die Brennkammertemperatur einen sehr großen Einfluß auf das Ergebnis. Die bei gleichem Außendurchmesser der Niederdruckturbine von 1,8 Meter erzielbare Leistung steigt von ca.

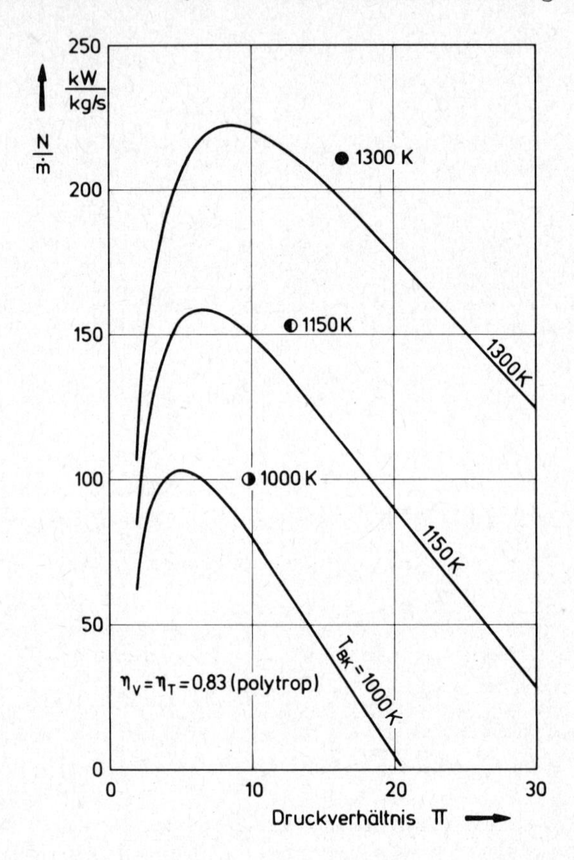

Bild 4. Vergleich Optimierung - Parameterstudie (niedriges Wirkungsgradniveau)

10 MW auf das 2 1/2-fache bei um 300 K erhöhter Temperatur. Gleichzeitig nimmt das Gesamtvolumen der Anlage ab, was eine Folge des höheren optimalen Druckverhältnisses ist. Die Einsparung an Volumen geschieht allerdings im wesentlichen durch die Reduktion des Durchmessers im Hochdruckteil, der durch den Hochdruckverdichter maßgebend beeinflußt wird.

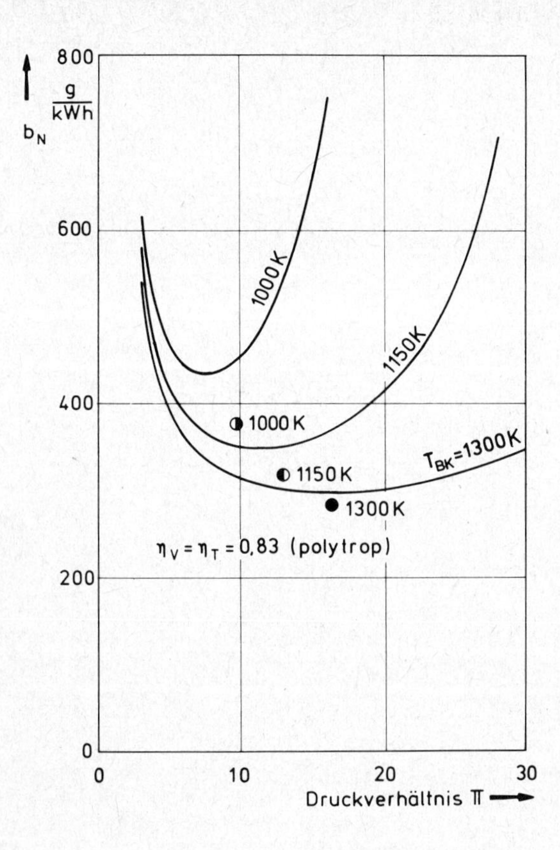

Bild 5. Vergleich Optimierung - Parameterstudie (niedriges Wirkungsgradniveau)

4.1.3.2 Auslegungen mit hohem Wirkungsgradniveau

Die gleiche Optimierung - wie bereits beschrieben - wurde auch für die Wirkungsgrade, welche man durch direkte Anwendung der Formeln aus Kap. B.3 erhält, durchgeführt. Die Bilder 6 und 7 zeigen die Ergebnisse wieder im Vergleich zu denen aus einer einfachen Parameterstudie. Wieder kann man erkennen, daß die verfeinerte Optimierung durchaus wesentlich verschiedene Ergebnisse liefert.

Tabelle 1 enthält weitere Daten von optimalen Auslegungen bezüglich Leistung und Volumen. Im Vergleich zu den wirkungsgradmäßig um 5 % schlechteren Anlagen ergibt sich eine Leistungssteigerung von 32 - 49 %! Bei kleinerem

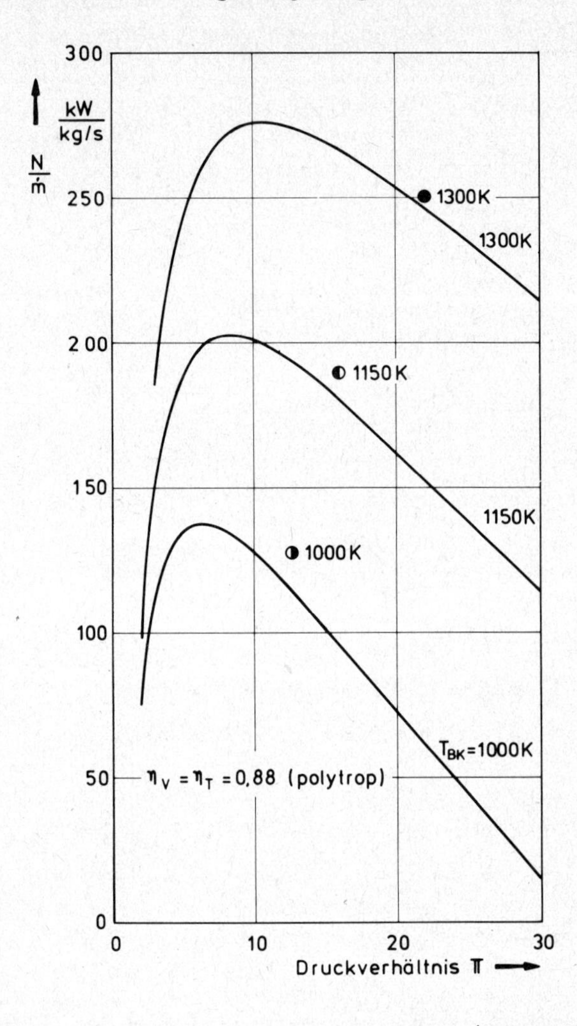

Bild 6. Vergleich Optimierung - Parameterstudie (hohes Wirkungsgradniveau)

Gesamtvolumen wird ein größerer Massenstrom durchgesetzt. Das äußert sich im vergrößerten Außendurchmesser am Verdichtereintritt. Die Volumeneinsparung wird wieder durch - im Verhältnis zu vergleichbaren Anlagen - höhere Druckverhältnisse erreicht.

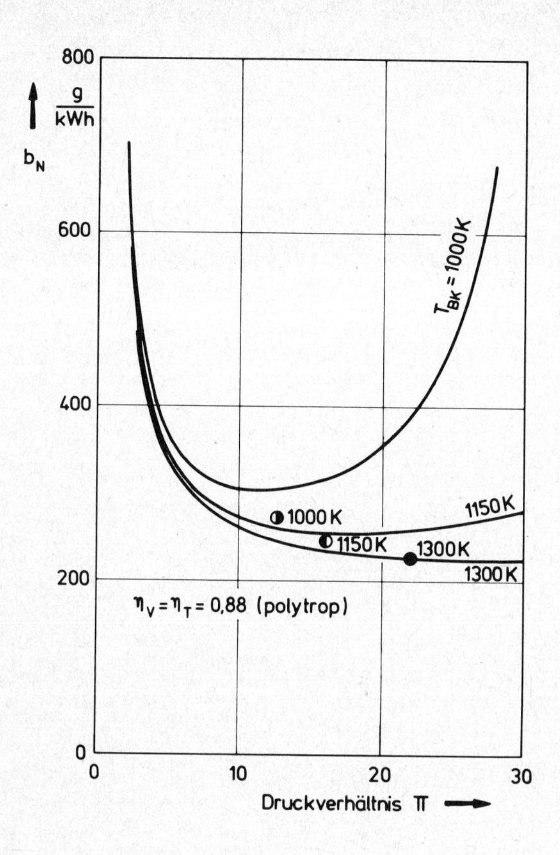

Bild 7. Vergleich Optimierung - Parameterstudie (hohes Wirkungsgradniveau)

4.1.3.3 Abschließende Bemerkungen

Die Volumeneinsparung durch Verkleinerung des Durchmessers am Hochdruckteil wird in der Praxis wenig bedeutungsvoll sein. Eher könnte man durch eine Verkürzung der Anlage echt Raum gewinnen. Alle Maschinen aus Tabelle 1 haben aber etwa die gleiche Länge, benötigen also praktisch den gleichen Platz.

Der wesentliche Unterschied in den Auslegungen ist daher in ihren unterschiedlichen Leistungen zu sehen. Von der schlechtesten bis zur besten Anlage wird diese mehr als verdreifacht!

Die Optimierung wurde für einen recht großen Außendurchmesser durchgeführt. Die Ergebnisse können in ihrer Tendenz aber auch auf kleinere Anlagen übertragen werden. Damit sind sowohl kompakte Kraftwerke - wie z. B. für eine Bohrinsel - erfaßt als auch Antriebe für ortsveränderliche Energieerzeuger.

4.2 Stationäre Gasturbinenanlagen

4. 2. 1 Aufgabenstellung

Bei der Kraftwerksplanung können u. a. zwei Gesichtspunkte im Vordergrund stehen. Entweder wird mehr aus übergeordneten volkswirtschaflichen Gründen - evtl. sogar politischen - der Entschluß gefaßt, eine Anlage bestimmter Größe in dieser oder jener Region zu erstellen oder die Entscheidung fällt mehr unter Berücksichtigung rein marktwirtschaftlicher Überlegungen. Selbst dann spielen bei der Kosten-Nutzen-Analyse eine Fülle von Gesichtspunkten eine Rolle, die bei einer allgemein gehaltenen Optimierungsstudie nicht berücksichtigt werden können, will man sich nicht der Kritik aussetzen, weitgehend willkürliche Maßnahmen getroffen zu haben. Es liegt auf der Hand, daß Standortwahl, Infrastruktur, Grundstückspreis, Aufwand für Gebäude, Disponibilität von Kühlwasser, Entscheidung über Abwärmeverwertung usw. das wirtschaftliche Endergebnis entscheidend beeinflussen können.

Wir wollen uns daher hier darauf beschränken, nur diejenigen Kosten zu erfassen, die in unmittelbarem Zusammenhang mit der Erstellung, Finanzierung, Betreibung und Bedienung der Gasturbinenanlagen selbst stehen. Unter Berücksichtigung der Kosten für Gasgenerator und Nutzlastturbine (Anlagekosten), ferner solcher für Brennstoff, Personal, Unterhaltung und Reparaturen, die selbst wieder von der Komplexität der Anlage, ihrer jährlichen Betriebszeit und der angenommenen Lebensdauer abhängen, was auch für die gleichfalls zu erfassenden Kapitalkosten gilt, soll eine Studie über die G e s a m t k o s t e n - M i n i m i e r u n g durchgeführt werden. Der Betrachtung werden zwei Typen von Kraftwerken zugrundegelegt.

a) Ein Spitzenkraftwerk mit einer jährlichen Betriebszeit von 1000 Stunden für eine Gesamtzeit von 20 Jahren. Die Anlage soll bereits nach diesen 20 000 h amortisiert sein.
b) Eine Anlage zur Energievollversorgung mit einer jährlichen Betriebszeit von 8 000 Stunden für eine Gesamtzeit von 12,5 Jahren. Diese Anlage sei nach 100 000 h nicht mehr betriebsfähig und daher abgeschrieben.

Für die vom Strahltriebwerk Rolls-Royce Avon abgeleitete Leistung abgebende Gasturbine wird eine Funktionszeit ohne Überholung von über 30 000 h angegeben. Eine Industriegasturbine von General Electric, die aus dem Flugtriebwerk J 79 entwickelte LM 1500, hatte bereits 1975 (siehe Interavia 12/1975) 62 000 h erreicht. Hier geht es nicht um eine garantierte Zeitspanne zwischen zwei Überholungen, sondern um ein Ergebnis, das mit einer bestimmten Maschine des Typs LM 1500 erreicht wurde. Auch in der Verkehrsluftfahrt wird für die Fluggasturbine häufig eine Lebensdauer von 30 000 h gefordert. Die für die Anlagen a und b zugrundegelegten Zeitspannen liegen deutlich unter denjenigen, die man beispielsweise von Dampfkraftanlagen gewohnt ist; sie sind - unter Berücksichtigung des oben Gesagten - als ausgesprochen vorsichtige Hypothesen anzusehen [49].

4.2.2 Ausgangshypothesen

Drei Anlagenkonzepte werden untersucht.

1. Ein Zweiwellen-Gasgenerator mit getrennter Nutzturbine.
2. Ein Zweiwellen-Gasgenerator mit Zwischenkühlung, Zwischenerwärmung und Nutzturbine.
3. Ein Dreiwellen-Gasgenerator mit zwei Zwischenkühlungen, zwei Zwischenerwärmungen und Nutzturbine.

Das Schema der kompliziertesten Anlage 3 ist in Bild 1 dargestellt. Die Rückkühlung der verdichteten Luft in den Zwischenkühlern (ZK) 1 und 2 erfolgt auf $T_L = 293$ K, damit ist die Eintrittstemperatur in den Mitteldruckverdichter (MDV) und den Hochdruckverdichter (HDV) um 5 K höher als diejenige in den Niederdruckverdichter (NDV), wobei $T_{NDV} = T_{ISA} = 288$ K gesetzt wurde. Die Druckverhältnisse π in den Verdichtern verhalten sich wie

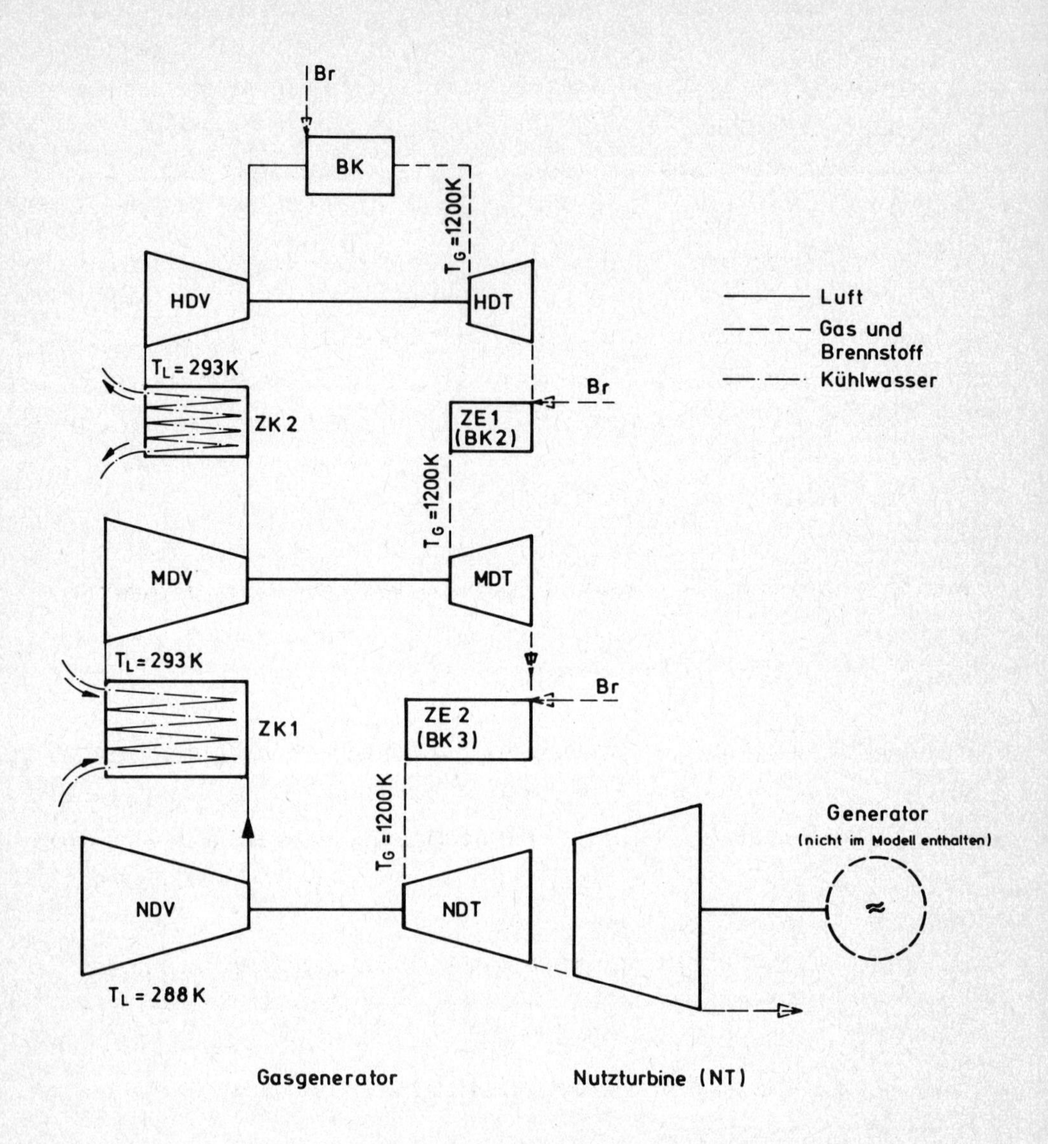

Bild 1. Gasturbinenanlage (Konzept 3) für Generatorantrieb

$\pi_{NDV} : \pi_{MDV} : \pi_{HDV} = 4 : 5 : 6$. Die Heißgaseintrittstemperaturen in allen drei Turbinen betragen $T_G = 1200$ K. Es geht also um Temperaturen, die zumindest in der Strahlantriebstechnik von ungekühlten Vollschaufelturbinen vertragen werden.

Die Kosten der gesamten Gasturbinenanlage setzen sich aus einem konzeptbedingten, variablen Teil, den Gasgenerator (K_{GG}) betreffend, und aus einem fixen Anteil für die Nutzturbine (K_{NT}) zusammen. Wenn auch das für die Nutzturbine zur Verfügung stehende Enthalpiegefälle sowie deren Durchsatz anlagebedingt variieren werden, soll die Tatsache, daß die Leistung selbst mit 40 MW konstant bleibt, entscheidend für die Unveränderlichkeit von K_{NT} = 5 Mill. VE (Verrechnungs-Einheiten) sein. Der Begriff Verrechnungs-Einheit statt Deutschmark, Dollar oder einer anderen Währung, wurde deshalb gewählt, damit die Angaben etwas weniger datumsabhängig sind. Für eine Gesamtanlage, für die heute (1976) z.B. 10 Mill. DM ausgegeben werden müssen, werden vielleicht in 20 Jahren 10 Mill. $ zu bezahlen sein.

Nachfolgend seien einige Gedanken und Projektüberlegungen kurz gestreift, die zur Ermittlung der Formel (Modell) für die Kosten des Gasgenerators führten.

- Die Anlagen sind durchsatzmäßig so groß (120 kg/s ± 40 % decken den gesamten untersuchten Betriebsbereich ab), daß trotz der infolge variabler Gesamtdruckverhältnisse sich ergebenden Durchsatzschwankungen für ein bestimmtes Konzept in erster Näherung Massenstrom-Proportionalität angenommen werden kann.
- Bei gleichem Enddruck wird der nach einer Zwischenkühlung geschaltete Verdichter billiger als es die entsprechenden Verdichter des Mittel- oder Hochdruckteils ohne Kühlung wären. Mittel- und Niederdruckturbine werden dagegen bei Einführung der Zwischenerwärmungen teurer als es ohne diese Maßnahmen der Fall wäre.
- Steigt der Wert des Gesamtdruckverhältnisses π_{ges}, werden die Turbomaschinen teurer und die Brennkammern trotz höherem Innendruck aus Volumensgründen (Brennkammerbelastung) eher billiger.
- Für verhältnismäßig einfache Anlagen, die aus Turbostrahltriebwerken hervorgegangen sind, sollten sich Preise ergeben, die z.B. mit denjenigen in "Gas Turbine International" (1975) angegebenen, die Ausrüstung, Struktur der Aufhängung, Fundamente usw. mitbeinhalten, in etwa übereinstimmen.

Bei der hier gewählten Anlagegröße scheint ein Betrag pro installierter Leistungseinheit von etwa 250,- DM/kW als gerechtfertigt.

Unter der vorstehend erwähnten, verhältnismäßig einfachen Anlage sei für ein Gesamtdruckverhältnis um $\pi_{ges} = 15$ entweder eine solche, auf Basis eines Einrotorkonzeptes mit mehreren Verstelleiträdern im Verdichter und drei Turbinenstufen aufgebauten, verstanden (also Typ General Electric J 79) oder eine auf Basis des Zweiwellen-Gasgenerators mit nur je einer Turbinenstufe (also Typ Rolls-Royce Olympus).

Wie man aus Bild 4 (Konzept 1) entnehmen kann, stimmt die gewählte Verrechnungseinheit VE mit dem DM-Wert Mitte der 70er Jahre größenordnungsmäßig überein.

Für den Fall, daß die Anlagen statt 20 000 h (Spitzenkraftwerk) 100 000 h halten sollen und daher eine aufwendigere Bauart gefordert wird, wurden die mit Ausdruck (1) errechenbaren Kosten verdoppelt.

In der Automobil-Industrie wird seit etwa 2 Jahren, also im Zusammenhang mit der Energiekrise und der stärker ins Bewußtsein tretenden Rohstoffverknappung, wieder vermehrt das sogenannte Langzeitauto diskutiert. Um die Lebensdauer eines Fahrzeugs von 10 auf 20 Jahre verlängern zu können, glaubt man, Preiserhöhungen von etwa 35 % ansetzen zu müssen. Das in der Flugtechnik entwickelte Antriebsaggregat stellt gleichfalls ein Serienprodukt dar, wenn auch die Stückzahlen sehr viel kleiner als im Kfz-Bau sind. Die vorstehend genannte Kostenverdoppelung für die auf das Fünffache erhöhte Lebensdauer wurde aufgrund der Schätzungen im Automobilbau vorgenommen.

Die für die Gesamtkosten-Minimierung des Spitzenkraftwerks zugrundegelegte Formel für die Gasgeneratorkosten lautet:

$$K_{GG} = \frac{\dot{m}}{100} \; \frac{\sqrt{\pi_{ges}^{0,5} - 1}}{2,236} \left(\frac{1 + z_{ZK}}{2} \right)^{0,5} 5 \cdot 10^6 \text{ VE} . \qquad (1)$$

Die Sprünge, die sich durch die Einführung von Zwischenkühlung und -erwärmung ergeben, sind aus Bild 2 zu ersehen. Dabei ist z_{ZK} die Zahl der Zwischenkühlungen, wobei stets $z_{ZE} = z_{ZK}$ gesetzt wurde.

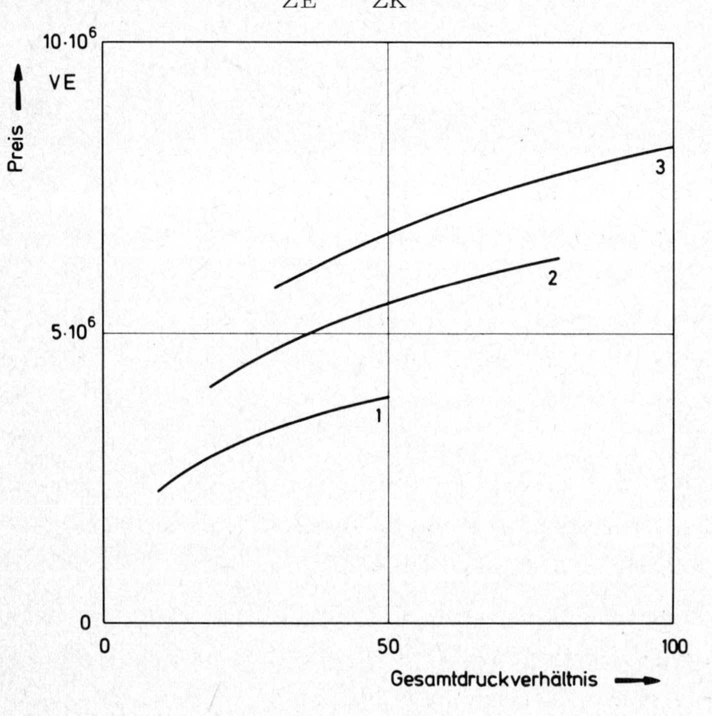

Bild 2. Preise von Gasgeneratoren. Basis: Luftdurchsatz 100 kg/s

Die Brennstoffkosten K_{Br} errechnen sich aus

$$K_{Br} = b_N z_h z_{kW} P_{Br} . \quad (2)$$

Als Grundlage für die Brennstoffmengenberechnung wurde ein Programm aus [26] verwendet. Dort können beliebige Kohlenwasserstoffe als Brennstoff eingesetzt werden. Die hier gegebenen Ergebnisse erhält man für den Standardbrennstoff aus Kap. B.1.1.

Der spezifische Verbrauch b_N in kg/kWh ergibt sich aus den Daten der jeweiligen Kreisprozesse aus dem Computerprogramm [26]. Die Stundenzahl

z_h beträgt für den Anlagentyp a 20 000 h und für den Typ b 100 000 h. z_{kW} ist die Zahl der Leistungseinheiten, somit 40 000 kW. Als Preis des flüssigen Brennstoffes P_{Br} wurde 0,3 VE/kg zugrundegelegt.

Die Ausgaben für Personal, Reparatur, Unterhaltung usw. werden zusammengefaßt und unter dem Begriff Servicekosten K_{Serv} berechnet. Zugrundegelegt wurde für das Anlagenkonzept 1 ein auf Stunde und Leistungseinheit bezogener Servicepreis P_{Serv} von 0,01, für Konzept 2 0,0125 und für Konzept 3 0,015 VE/kWh. Diese Werte wurden auch für die Energievollversorgung beibehalten, obzwar sie hier eher hoch erscheinen.

Es ergibt sich

$$K_{Serv} = z_h \, z_{kW} \, P_{Serv}. \tag{3}$$

Die Kosten für Kapitaldienst K_{Kap} wurden unter folgenden vereinfachenden Bedingungen errechnet. Es wurde angenommen, daß der Kraftwerksbetreiber die Gesamtkosten der Gasturbinenanlage durch Bankkredit decken muß. Ferner sollen die Anlagen, wie schon vorher erwähnt, nach Beendigung der Gesamtlaufzeit nicht mehr verwendungsfähig sein. Für die entsprechende 100 %ige Amortisation ergeben sich damit beim Spitzenwerk 5 % pro Jahr und bei der Energievollversorgung 8 %. Der Zinssatz beträgt 8 % pro Jahr, für Versicherung wird 1 % zugrundegelegt und die Inanspruchnahme einer Investitionshilfe von 2 % unterstellt. Damit ergibt sich bei Typ a eine jährliche Belastung durch den Kapitaldienst

$$z_{Kap} = (5 + 8 + 1 - 2\ \%) = 12\ \%/\text{Jahr}$$

und bei Typ b

$$z_{Kap} = (8 + 8 + 1 - 2\ \%) = 15\ \%/\text{Jahr}.$$

Diese Zahlen werden hier nur deshalb genannt, damit man sich eine Vorstellung vom Kapitaldienst machen kann. Für unsere Gesamtkostenberechnung spielt er keine Rolle, da ja nicht mit der jährlichen Belastung operiert wird.

Aus diesem Grunde wurden auch keine Überlegungen über progressive, lineare oder degressive Abschreibung angestellt. Es wird davon ausgegangen, daß die mit dem Kreditinstitut getroffenen Rückzahlungsvereinbarungen in eine jährliche konstant bleibende Belastung durch den Kapitaldienst umrechenbar sind.

Wir erhalten also

$$K_{Kap} = (K_{GG} + K_{NT})\, z_{Kap}\, z_J \,. \tag{4}$$

Das Produkt von jährlichem Zinssatz z_{Kap} und der Anzahl der Jahre z_J ist dabei für Anlage Typ a 240 % und für Typ b 187,5 %.

Die zu minimierenden Gesamtkosten K_{ges} ergeben sich aus:

$$K_{ges} = \underbrace{K_{GG} + K_{NT}}_{K_{GTA}} + K_{Br} + K_{Serv} + (K_{Kap} - K_{GTA}) \,. \tag{5}$$

Da in der Gesamtaufstellung die Kosten der Gasturbinenanlage K_{GTA} erscheinen sollen, jedoch angenommen wurde, daß sie zur Gänze über den Kapitalmarkt zu decken sind, muß dieser Betrag von K_{Kap} wieder abgezogen werden.

Der Vollständigkeit halber seien noch einige Daten des thermodynamischen Kreisprozesses angegeben. Der polytrope Wirkungsgrad sämtlicher thermischer Turbomaschinen wurde mit $\eta_{pol} = 0,9$ angenommen; damit ist auch die Druckabhängigkeit der isentropen Wirkungsgrade fixiert. Als Druckverlust im Zuströmkanal, für die Luftfilterung und den Lärmschutz wurden 2 % des Gesamtdrucks zugrundegelegt, der entsprechende Wert im Abströmkanal war 3 %. Der Druckverlust pro Brennkammer beträgt 3 % und in den Zwischenkühlern je 2 %. Die Werte für spezifische Wärmekapazität und Isentropenexponent ändern sich mit der Gastemperatur und dem auf die Luftmenge bezogenen Prozentsatz des Brennstoffes, d.h. der Kohlenwasserstoffverbindung, deren Heizwert mit $43,1 \cdot 10^6$ J/kg festgesetzt wurde. Grundlage für die Optimierungsrechnung war das schon angesprochene Rechenprogramm aus [26].

Nur wenige Modifikationen waren notwendig; im wesentlichen ging es darum, die Kostenberechnung und die Zielfunktion einzuführen.

4. 2. 3 Ergebnisse

Die Hauptergebnisse der untersuchten Gasturbinenanlagen sind in Bild 3 zu-

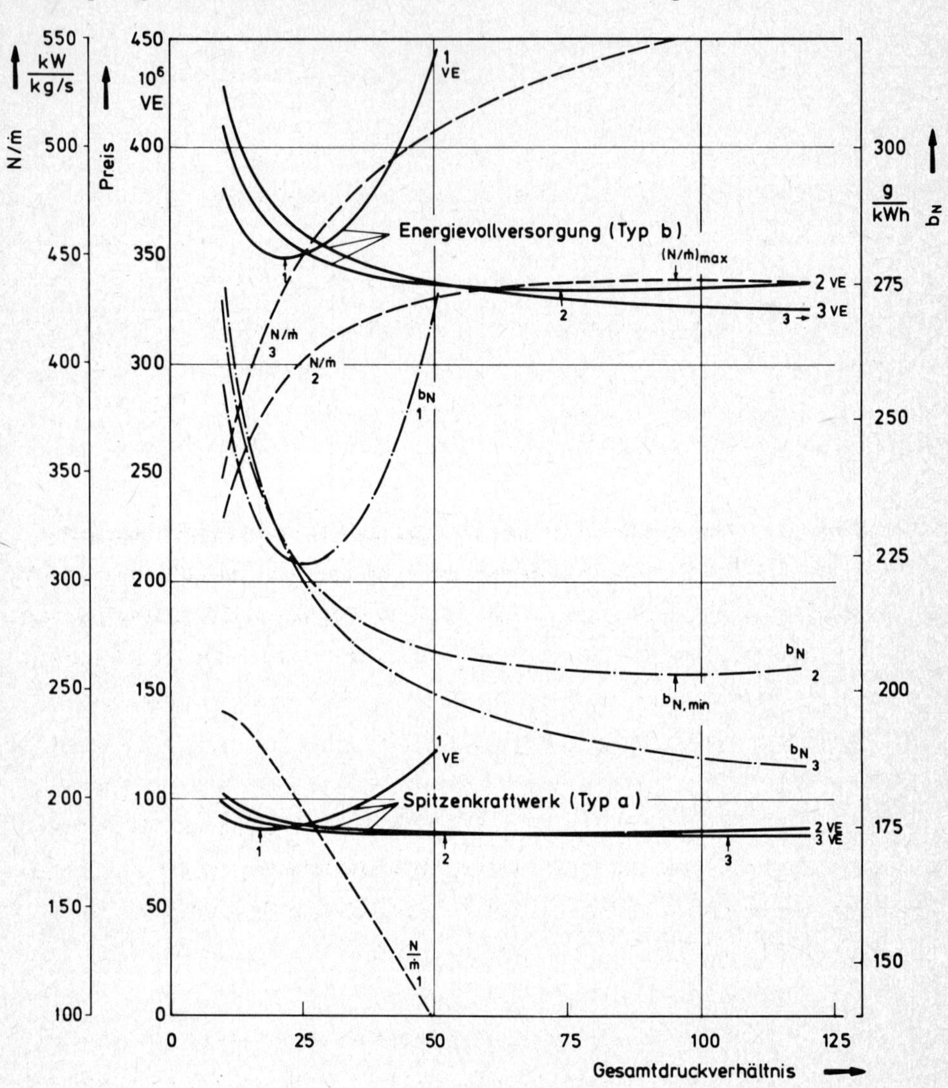

Bild 3. Hauptergebnisse der untersuchten Gasturbinenanlagen

sammengestellt. Die Kostenminimierung allein rechtfertigt bei der Spitzenkraftwerksgasturbine unter den hier gemachten Voraussetzungen kaum, eine kompliziertere Anlage (Konzept 2 und 3) zu wählen. Der Gewinn läge nur bei etwas über 4 %. Betrachtet man dagegen die Brennstoffersparnis an sich als ein eigenständiges Ziel, dann ist eine Reduktion um über 17 % möglich, wenn man z.B. vom Punkt geringster Gesamtkosten des Konzepts 1 (siehe Pfeil) auf z.B. ein Druckverhältnis von $\pi_{ges} = 100$ des Konzepts 3 geht.

Bei der Energievollversorgung beträgt die Kostenreduktion rund 6,6 %, wenn man wiederum vom Minimum der Anlage 1 (das nun bei einem größeren Druckverhältnis liegt als im Fall des Typs a) zu $\pi_{ges} = 100$ des Konzepts 3 übergeht. Der Absolutwert der Einsparung in den 12,5 Jahren beträgt immerhin 23 Mill. VE. Der Wert $\pi_{ges} = 100$ des Konzepts 3 wurde auch hier als Referenzwert gewählt, da einmal die Kurven bei weiterer Steigerung des Druckverhältnisses sehr flach verlaufen und zum andern bereits dieses Druckniveau für Turboverdichter hoch ist.

Wie zu erwarten war, wird die auf die Durchsatzeinheit bezogene Leistung $N/\dot{m}$ (Einheitsleistung) durch Zwischenerwärmung und Zwischenkühlung stark erhöht. Während das Maximum des Konzepts 1 bei 240 kW/kg/s liegt, ergeben sich für Konzept 3 über 550 kW/kg/s. Die häufig auftretende Tendenz, daß sich kompliziert aufgebaute Anlagen eher zur Verwirklichung größerer Gesamtleistungen eignen, bestätigt sich auch hier.

Die Kostenminima und in noch stärkerem Maße das Verbrauchsminimum von Anlagenkonzept 1 sind innerhalb des erfaßten Druckbereichs recht ausgeprägt. Dagegen sind die entsprechenden Kurvenverläufe für die Konzepte 2 und 3 im Bereiche der jeweiligen Minima ziemlich flach.

Aus Bild 4 sind außer den Gesamtkosten auch die verschiedenen Einzelkostengruppen von Gasturbinenanlagen, die für Spitzenstromerzeugung in Frage kommen, zu entnehmen. Die Auftragung ist so vorgenommen, daß zunächst die gesamtdruckunabhängigen Werte jedes Konzepts erfaßt werden, das sind die Kosten für Service und Nutzturbine. Dann kommen die druckabhängigen Beträge für Gasgenerator, Zinsendienst und Brennstoff. Unter Zinsen sind diejenigen Beträge zu verstehen, die sich durch Differenzbildung von Kapital-

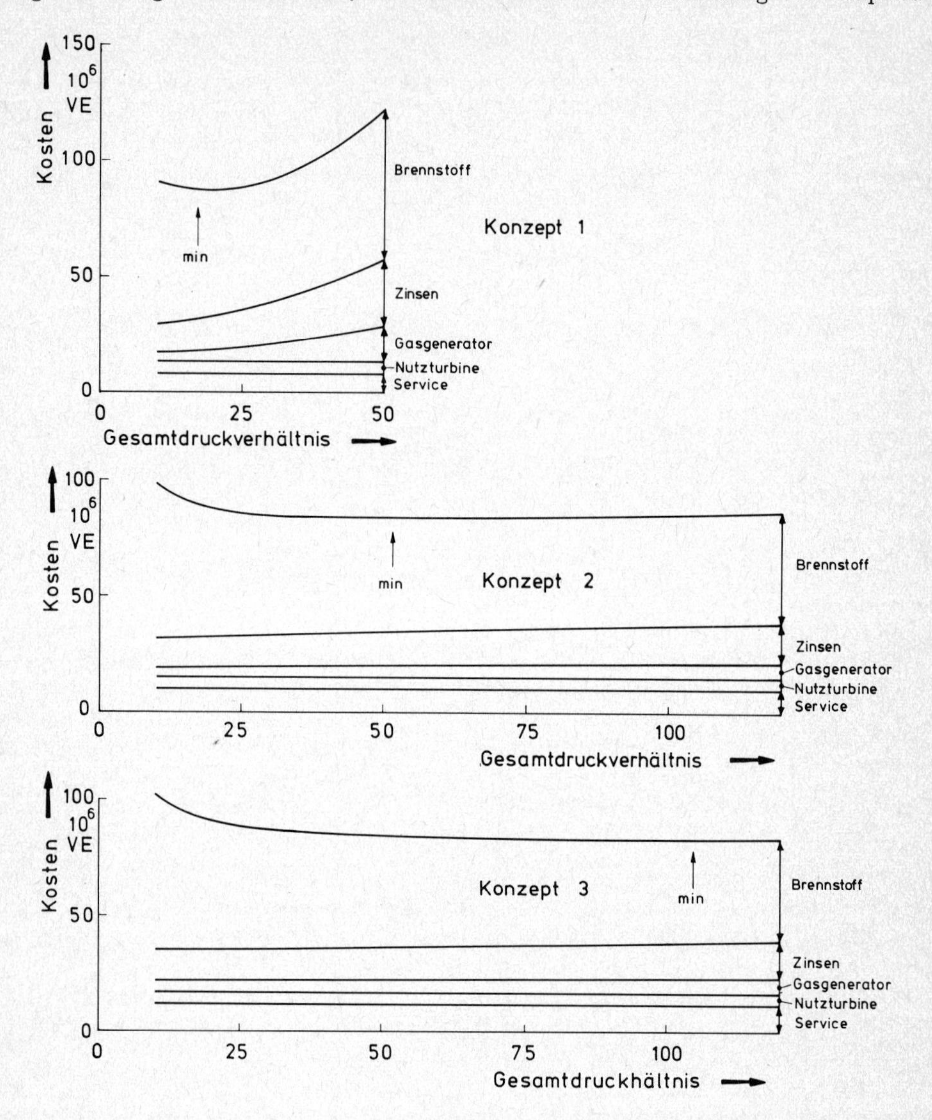

Bild 4. Gasturbinen für Kraftwerk Typ a

und Anlagekosten ergeben (siehe Klammerausdruck in Gl. 5). Selbst für die Spitzenstromerzeugung sind die Brennstoffkosten höher als alle anderen Kosten zusammen genommen. Weiter fällt auf, daß auch die Anlagekosten (Gasgenerator und Nutzturbine) für das komplizierte Konzept 3 im interessanten Be-

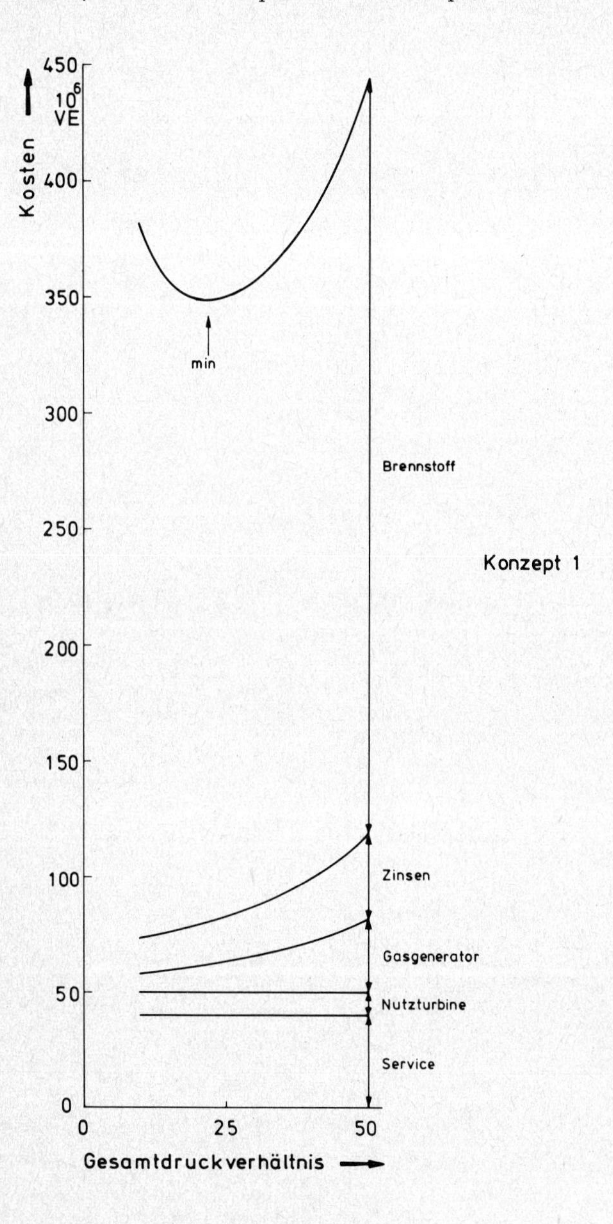

Bild 5. Gasturbinen für Kraftwerk Typ b

reich nicht sehr viel höher sind als diejenigen für Konzept 1. Das liegt an der stark unterschiedlichen Einheitsleistung, auf die schon bei Bild 3 hingewiesen wurde.

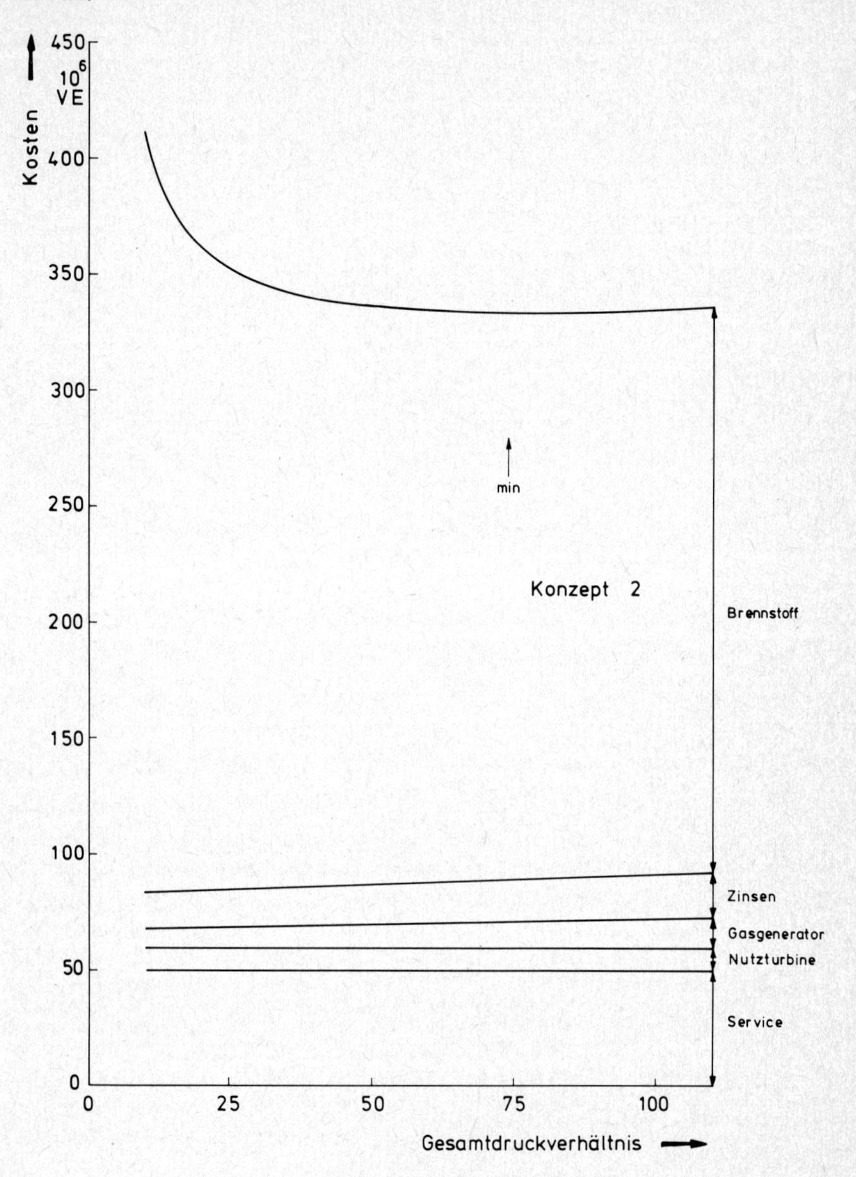

Bild 6. Gasturbinen für Kraftwerk Typ b

Die Rechenergebnisse, die für die Gasturbinenkonzepte 1, 2 und 3 bei Kraftwerkstyp b erzielt wurden, sind in den Bildern 5, 6 und 7 zusammengestellt.

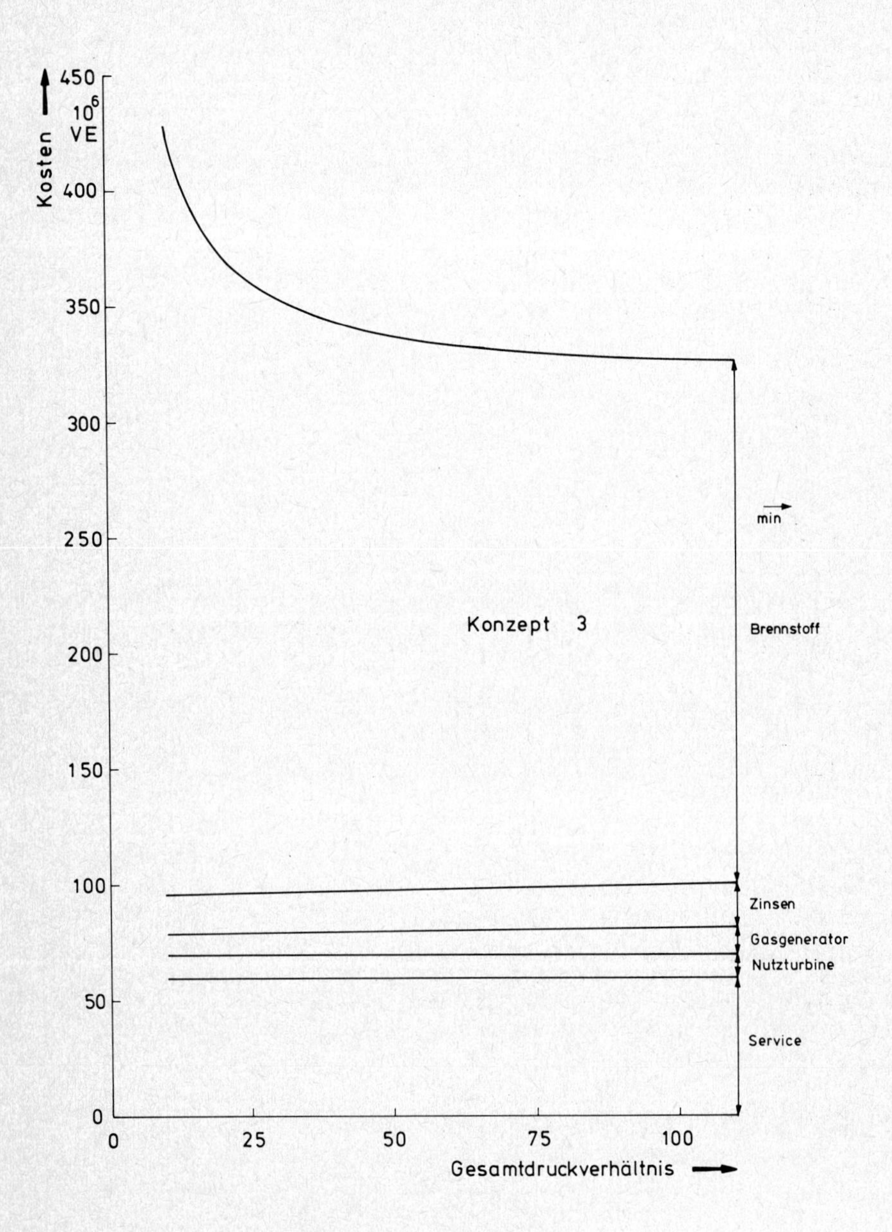

Bild 7. Gasturbinen für Kraftwerk Typ b

Die Brennstoffkosten sind naturgemäß von überragender Bedeutung. Der vergleichsweise geringe Betrag für Zinsdienst liegt an der hier angesetzten, kurzen Betriebszeit von 12,5 Jahren. Auf die Bemerkung in Kap. E. 4. 2. 2 bezüglich der relativ hohen Servicekosten wird hingewiesen.

Abschließend sei gesagt, daß die Bedeutung dieser sehr vereinfachten Studie über Gasturbinenanlagen zur Energieerzeugung mehr im prinzipiellen Aufbau zu sehen ist als in der Berechnung von Absolutkosten. Möchte man beispielsweise einen Vergleich mit anderen Anlagen wie Dampfturbine, Diesel-Aggregat usw. durchführen, die gleichfalls zur Deckung des Spitzenstrombedarfs eingesetzt werden können, müssen die einzelnen Konzepte detaillierter betrachtet werden. Außerdem ist auf die in Kap. E. 4. 2. 1, Absatz 1 aufgeführten Punkte einzugehen.

Formelzeichen, Indices, Bemerkungen

Zusammenstellung der wichtigsten Formelzeichen

Formelzeichen	Maßeinheit	Begriff
a	m	Dicke von Zwischenblechen bei Rekuperatoren
a	m/s	Schallgeschwindigkeit
A	m^2	Flächc
A_{fr}	m^2	freier Strömungsquerschnitt
α	-	Brennstoff-Luft-Verhältnis
α	m^2/m^3	Flächendichte von Wärmetauschern
α	Grad	Strömungswinkel
α	$W/(m^2K)$	Wärmeübergangszahl
b	m	Rippendicke bei Rekuperatoren
b_F	kg/(daNh)	spezifischer Verbrauch (schubbezogen)
b_N	g/(kWh), kg/(kWh)	spezifischer Verbrauch (leistungsbezogen)
c	m/s	Absolutgeschwindigkeit
c_f	-	Reibungsbeiwert
c_p	J/(kgK)	spezifische Wärmekapazität bei konstantem Druck
c_w	-	Widerstandsbeiwert
$\dot{C}$	W/K	Wärmekapazitätsstrom
d	m	Durchmesser
d_{hyd}	m	hydraulischer Durchmesser
D	-	Diffusionskoeffizient bei Turboverdichtern
δ	-	normiertes Druckverhältnis $P/(101325\ N/m^2)$
E	J/kg	effektiver kalorischer Wert

Formelzeichen	Maßeinheit	Begriff
ε	-	Druckverlustkoeffizient
ε	-	Wärmetauscher - Wirkungsgrad
η	-	Wirkungsgrad
f	Hz	Frequenz
f_A	-	Flächen - Korrekturfaktor
$f_{\dot{m}}$	-	Durchsatz - Korrekturfaktor
F	N	Kraft, Schub
g	-	Funktion zur Lärmdämpfung
g_0	m/s^2	Fallbeschleunigung bei $H_0 = 0$
γ	Grad	Winkel
h	m	Höhe
h	J/kg	spezifische Enthalpie
H	J/kg	spezifische Gesamtenthalpie; mit Buchstaben-Index Enthalpiedifferenz
H_0	m, km	Flughöhe
H_u	J/kg	(unterer) Heizwert
i	Grad	Anstellwinkel
k	$W/(m^2K)$	Wärmedurchgangszahl
K	VE(Verrechnungseinheiten)	Kosten
k, K	-	Korrekturbeiwerte
$\varkappa$	-	Isentropenexponent
l	m	Länge
L	dB	Schallpegel
La	-	Laufrad
λ	-	Bypassverhältnis
λ	W/(mK)	Wärmleitfähigkeit
Le	-	Leitrad
λ_L	-	Längsleitungsparameter
m	kg	Masse
$\dot{m}$	kg/s	Massenstrom
M	-	Mach-Zahl
n	1/min	Drehzahl
n	-	Schaufelzahl

Formelzeichen	Maßeinheit	Begriff
N	kW	Leistung
Nu	-	Nusselt-Zahl
ν	-	Nabenverhältnis
O	m^2	Oberfläche
Ω_B		Ausbrandparameter
ω	$1/s$	Winkelgeschwindigkeit
p	-	Porositätsfaktor
p	Pa, bar	statischer Druck
P	Pa, bar	Gesamtdruck
P	VE/kg, VE/kWh	bezogener Preis
Pr	-	Prandtl-Zahl
π	-	Druckverhältnis
φ	-	Geschwindigkeitsbeiwert
φ	-	Temperaturdifferenz-Verhältnis
Φ	-	Äquivalenzverhältnis
Φ	-	Durchsatzziffer
Ψ	-	Entropiefunktion
Ψ	-	Leistungsziffer
q	Pa	dynam. Druck, Staudruck
q	J/kg, kJ/kg	Wärme auf Masseneinheit bezogen
q_{BK}	s^{-1}	Brennkammerbelastung
Q	J, kJ	Wärme
$\dot{Q}$	W, kW	Wärmestrom
r	m	Radius
R	J/(kgK)	Gaskonstante
Re	-	Reynolds-Zahl
ρ	kg/m^3	Dichte
s	mm	Sehnenlänge bei Schaufelprofilen
s	J/(kg K)	spezifische Entropie
s	m	Steghöhe
St	-	Stanton-Zahl
t	mm	Gitterteilung
t	K	statische Temperatur
t	s	Zeit

Formelzeichen	Maßeinheit	Begriff
T	K	Gesamttemperatur
θ	-	Korrekturterm bei Polynomen für thermodynamische Eigenschaften
θ	-	normiertes Temperaturverhältnis T/288K
u	m/s	Umfangsgeschwindigkeit
$ü$	-	Wärmeübertragungsgröße
$ü_0$	-	modifizierte Wärmeübertragungsgröße für Regeneratoren
v	m^3/kg	spezif. Volumen
V	m^3/s	Volumenstrom
V	m^3	Volumen
V_B	m^3	Brennraumvolumen
V_{BK}	m^3	Brennkammervolumen
w	m/s	Geschwindigkeit
w	m/s	Relativgeschwindigkeit
W	N	Widerstand
z	-	Zahl
z	%/Jahr	Zinssatz
ζ	-	Verlustkoeffizient

Indizes

thermodynamische Bezugsebenen

0	Umgebungszustand
1	Verdichtereintritt
2	Verdichteraustritt
3	Brennkammeraustritt
4	Turbinenaustritt
a	Außenschnitt
ax	axial
A	Ausbrand
AP	Auslegungspunkt
B	Bezug
B	Breitband
B	Brennraum
BK	Brennkammer
Br	Brennstoff
By	Bypasskanal
c	auf Absolutgeschwindigkeit bezogen
ges	gesamt
GG	Gasgenerator
h	heiß
hyd	hydraulisch
i	Innenschnitt
is	isentrop
k	kalt
K	Kanal
K	Kühlluft
kr	kritisch
l	längs
La	Laufrad
Le	Leitrad
m	Mittelschnitt, Mittelwert
Mat	Material
pol	polytrop
q	quer
r	in Radialrichtung
res	resultierend
Reg	Regenerator
S	Scheibe
s	Sehne
SD	Schubdüse
T	Turbine
u	in Umfangsrichtung
V	Verdichter
w	auf Relativgeschwindigkeit bezogen

Bemerkungen

1) Die Numerierung der Bilder beginnt in jedem Abschnitt neu. Ein Hinweis wie "Bild 4" bezieht sich stets auf den entsprechenden Abschnitt selbst, während auf Bilder anderer Abschnitte mit "Bild C. 2. 4/3" (d.h. Kap. C, Abschnitt 2.4, Bild 3) verwiesen wird. Bei Gleichungen wurde entsprechend verfahren, ebenso auch bei Tabellen.

2) Im Text bedeutet:
   ↗ groß, ↗↗ sehr groß,
   ↘ klein, ↘↘ sehr klein.
   In den Bildern bedeutet ein Pfeil in einer Parameterschar, daß der betreffende Parameter in Richtung des Pfeils steigt.

3) Definitionsgemäß ist die arbeitende Stützmasse relativ zur Gasturbine in Bewegung. Es interessieren in sehr vielen Fällen außer den statischen Zuständen des Fluids die die Gesamtenergie charakterisierenden Gesamtzustandswerte. Um Indizes einzusparen, wurden bei den sehr häufig vorkommenden Größen, wie Druck, Temperatur und Enthalpie, die statischen Zustände durch die Kleinbuchstaben p, t, h und die zugehörigen Gesamtzustandsgrößen durch die entsprechenden Großbuchstaben P, T, H gekennzeichnet.

4) Das Buch Flugantriebe, Literaturzitat [50], enthält eine größere Zahl von Begriffen, Definitionen und Ableitungen, deren Kenntnis zum Verständnis des vorliegenden Buches beiträgt. Um dem Leser das Auffinden zu erleichtern wurde im Text statt [50] eine auch das Kapitel beinhaltende Abkürzung gewählt, z.B. [FA, Kap. B. 2. 2. 6].

Literaturverzeichnis

1. Aircraft Noise. Annex 16 to the Convention on International Civil Aviation. First Edition 1971.
2. Air et Cosmos No 531, 5/1974.
3. Appa Rao, T. A. P. S., Cockshutt, E. P.: Gas Turbine Cycle Calculations: The Effects of Fuel Composition and Heat of Combustion. C. A. S. I. Transactions Vol. 3, No. 2, 1970.
4. Atvars, J.: Parametric Studies of the Acoustic Behavior of Lined Ducts and Duct-Lining Materials for Turbofan Engine Applications. NASA CR-111887, 1971.
5. Benzakein, M. J., Kazin, S. B., Savell, C. T.: Multiple Pure Tone Noise Generation and Control. AIAA Paper 73-1021, 1973.
6. Brennan, M. J.: V/STOL Developments in Hawker Siddeley Aviation Limited. Aeronautical Journal, June 1972.
7. Burdsall, E. A., Urban, R. H.: Fan Compressor Noise: Prediction, Research and Reduction Studies. N72-11946, Pratt & Whitney, 1971.
8. Chapell, M. S., Cockshutt, E. P.: Thermodynamic Data Tables for Air and Combustion Products. National Research Council of Canada, Aeronautical Report LR-517, 1969.
9. Cornelius, W., Wade, W. R.: The Formation and Control of Nitric Oxide in a Regenerative Gas Turbine Burner. SAE Paper No. 700708, 1970.
10. Creveling, H. F., Carmody, R. H.: Axial Flow Compressor Computer Program for Calculating Off-Design Performance (Program IV). NASA CR-72427, 1968.
11. Eckert, B.: Die Gasturbine als Antriebsmaschine für das schwere Straßenfahrzeug. MTZ 31, Heft 5, 1970.
12. Eckert, B.: Stand der Entwicklung von Fahrzeug-Gasturbinen. MTU-Bericht 72/01, 1972.

13. Edkins, D.P. et al.: TF-34 Turbofan Quiet Engine Study. Final Report. NASA-CR-120914, 1972.
14. Ellerbrock, H.H., Cochran, R.P.: Turbine Cooling Research. in: NASA SP-259, 1971.
15. Evans, D.C., Hill, J.M.: Experimental Investigation of a 4 1/2-Stage Turbine with Very High Stage Loading Factor. I - Turbine Design. NASA CR-2140, 1973.
16. Farmer, R.C.: Rolls Debuts Industrial Spey. Gas Turbine International, May-June 1974.
17. Farmer, R.C., Sawyer, J.W.: Marine Gas Turbine Status - 1975. Gas Turbine International, January-February 1975.
18. Fieldings, D., Topps, J.E.C.: Thermodynamic Data for the Calculation of Gas Turbine Performance. Aeronautical Research Council Report & Memorandum No. 3099, London 1959.
19. Fishbach, L.H., Koenig, R.W.: GENENG II - A Program for Calculating Design and Off-Design Performance of Two- and Three-Spool Turbofans with as Many as Three Nozzles. NASA TN D-6553, 1972.
20. Flagg, E.E.: Analysis of Overall and Internal Performance of Variable Geometry One-and Two-Stage Axial-Flow Turbines. NASA CR-54449, 1966.
21. Flagg, E.E.: Analytical Procedure and Computer Program for Determing the Off-Design Performance of Axial Flow Turbines. NASA CR-710, 1967.
22. Förster, H.J., Pattas, K.: Fahrzeugantriebe der Zukunft-Teil II. Automobil-Industrie 1/1973.
23. General Electric: Experimental Quiet Engine Program, Vol. I NASA CR-72967, 1970.
24. von Glahn, U.H.: Jet Noise. in: NASA SP-311, 1972.
25. Glassman, A.J.: Computer Program for Preliminary Design Analysis of Axial-Flow Turbines. NASA TN D-6702, 1972.
26. Glassman, A.J.: Computer Program for Thermodynamic Analysis of Open-Cycle Multishaft Power Systems with Multiple Reheat and Intercool. NASA TN D-7589, 1974.
27. Glassman, A.J., et.al.: New Technology in Turbine Aerodynamics. NASA TM-X-68115, 1972.

28. Goldstein, A. W., et. al.: Acoustic and Aerodynamic Performance of a 6-Foot-Diameter Fan for Turbofan Engines. II-Performance of QF-1 Fan in Nacelle without Acoustic Suppression. NASA TN D-6080, 1970.
29. Grey, R.D., Wilsted, H.D.: Performance of Conical Jet Nozzles in Terms of Flow and Velocity Coefficients. NASA TN 1757, 1948.
30. Grieb, H.: Einfluß einzelner Komponenten und ihrer mechanischen Anordnung auf das stationäre Betriebsverhalten von Zweikreis-Triebwerken. DLR-Mitt 73-05, 1973.
31. Grobman, J. et. al.: Combustion. in: NASA SP-259, 1971.
32. Heidmann, M.F., et. al.: Noise Comparisons from Full-Scale Fan Tests at NASA Lewis Research Center. AIAA TIS 1/28, 1973.
33. Hodskinson, M.G., Parker, P.H.: The Turbomachinery of the British Leyland 2S/350/R Engine. ASME Paper 74-GT-148, 1973.
34. Jet Noise Prediction. Aerospace Information Report. SAE AIR 876, 1965.
35. Just, Th.: Grundlagen der Schadstoffemission. Institut für Reaktionskinetik, DFVLR, 1974.
36. Kappler, G.: Die Entstehung von Schadstoffen in Gasturbinenbrennkammern und Methoden zur Reduzierung ihrer Emission. MTU Bericht 76/10, 1976.
37. Kays, W.M., London, A.L.: Hochleistungswärmeübertrager. Akademie-Verlag Berlin, 1973.
38. Kays, W.M.: Compact Heat Exchangers. in: AGARD LS 57-72, 1972.
39. Koenig, R.W., Fishbach, L.H.: GENENG - A Programm for Calculating Design and Off-Design Performance for Turbojet and Turbofan Engines. NASA TN D-6552, 1972.
40. Kurzke, J.: Antriebsanlagen eines leisen Kurzstartflugzeuges. Dissertation TU München, 1975.
41. Kurzke, J.: Eine erweiterte Version des NASA-Turbinen-Kennfeldprogrammes aus NASA CR-710. Lehrstuhl für Flugantriebe, TU München, 1975.
42. Kurzke, J.: Ein Gradientenverfahren zur Optimierung von Problemen mit zwei Zielfunktionen. Lehrstuhl für Flugantriebe, TU München, 1976
43. Kurzke, J.: Berechnungsverfahren für das Betriebsverhalten von Luftstrahlantrieben. Lehrstuhl für Flugantriebe, TU München, 1976.
44. London, A.L., Young, M.B.O., Stang, J.H.: Glass-Ceramic Surfaces,

Straight Triangular Passages - Heat Transfer and Flow Friction Characteristics. Journal of Engineering for Power, Oct 1970.

45. May, H., Plassmann, E.: Abgasemissionen von Kraftfahrzeugen in Großstädten und industriellen Ballungsgebieten. TÜV Rheinland, Verlag Heymann, Köln 1973.

46. McDonald, C.F.: Gas Turbine Recuperator Technology Advancements. ASME Paper 72-GT-32, 1972.

47. Messerle, R.L., Cox, D.M.: Performance Investigation of Variable Turbine Geometry in Gas Turbine Engines. AIAA Paper No. 67-417, 1967.

48. Michelfelder, S., Heap, M.P., Lowes, T.M., Smith, R.B.: Durch Verbrennungsvorgänge verursachte Schadstoffemission aus industriellen Feuerungen und präventive Maßnahmen zu ihrer Verringerung. VDI-Bericht 246, Karlsruhe, 1975.

49. Münzberg, H.G.: Antriebe in der Flugtechnik, Gesamtschau und Ausblick. ZfW 1968, Heft 9.

50. Münzberg, H.G.: Flugantriebe. Berlin: Springer Verlag 1972.

51. Münzberg, H.G.: Höhenflugprobleme der Strahlturbine. WGL Jahrbuch 1954.

52. Münzberg, H.G.: Strömungstechnische Probleme der Turbostrahlantriebe, Rückwirkung auf die Gasturbinenentwicklung. VDI Berichte Nr. 193, 1973.

53. Münzberg, H.G., Kurzke, J.: The Pros and Cons of Variable Geometry Turbines. 48th AGARD-Meeting, PEP, Paris Sept. 1976.

54. Nagey, T.F., Mykolenko, P.: A Low Emission Gas Turbine Passenger Car. Mechanical Engineering 1/1974.

55. Nelsen, M.D.: Quiet Engine Nacelle Design. in: NASA SP-311, 1972.

56. Northern Research and Engineering Corporation: Nature and Control of Aircraft Engine Exhaust Emissions. Report No. 1134-1.

57. Olsen, W., Friedman, R.: Jet Noise from Co-Axial Nozzles Over a Wide Range of Geometric and Flow Parameters. AIAA Paper No. 74-43, 1974.

58. Polak, E.: Computational Methods in Optimization. A Unified Approach. New York, London: Academic Press 1971.

59. Quillévéré, A., Briançon, R., Decouflet, J.: Conception des foyers à faible taux de pollution. L'Aéronautique et L'Astronautique 1975-1.

60. Rains, D.A.: Prospects in Naval Gas Turbine Power Plant Machinery. Gas Turbine International, July-August 1975.

61. Rice, I.G.: Gas Turbines Go Offshore. Gas Turbine International, May-June 1976.

62. Rick, H., Kurzke, J.: Zur Kennfeldberechnung ein- und mehrstufiger Axialturbinen bei vorgegebener Stufengeometrie. Lehrstuhl für Flugantriebe, TU München, 1976. Zugleich Berechnungsunterlage für 47th AGARD Meeting Köln 1976.

63. Rick, H., Kurzke, J.: Das Betriebsverhalten von Verbund-Zweistrom-Turboluftstrahltriebwerken mit verstellbaren Düsen und Turbinen. ZfW Sept.-Okt. 1976.

64. Rist, D.: Rotoren von leistungsgleichen Kleingasturbinen verschiedenen Druckverhältnisses, Einfluß aerothermodynamischer und mechanischer Gesichtspunkte auf Konstruktion und Masse. Lehrstuhl Flugantriebe, TU München, 1976.

65. Ritchie, J.A., Phillips, P.A., Barnard, M.C.S.: Regenerator Development for the Britisch Leyland 2S/350/R Gas Turbine Engine. ASME Paper 74-GT-149, 1974.

66. Rulis, R.J.: Influence of Noise Requirements on STOL Propulsion System Design. NASA TM X-68280, 1973.

67. Sagerser, D.A. et.al.: Empirical Expressions for Estimating Length and Weight of Axial Flow Components of VTOL Powerplants. NASA TM X-2406, 1971.

68. Sarofim, A.F., Williams, G.C., Lambert, N., Padia, A.: Control of Emission of Nitric-Oxide and Carbonmonoxide from Small-Scale Combustors. ICAS Paper, 1974.

69. Sawyer, J.W.: Gas Turbine Emergency/Standby Power Plants. Gas Turbine International, January-February 1972.

70. Seminar on Glass-Ceramics and their Applicability to Regenerative Gas Turbines. Corning Glass Center, June 1963.

71. Silver, B., Ashley, H.: Optimization Techniques in Aircraft Configuration Design. Stanford University, California SUDAAR No. 406, 1970.

72. STOL Technology. NASA SP-320, 1972.

73. Study of Quiet Turbofan STOL Aircraft for Short-Haul Transportation. Volume II: Aircraft. Final Report. Douglas Aircraft Co., Inc. NASA CR-114607, 1973.

74. Sullivan, D.A.: Gas Turbine Combustor Analysis. ASME Paper 74-WA /GT-2, 1974.

75. Tiefenbacher, E.: Probleme von Wärmetauschern für Fahrzeug-Gasturbinen. DLR-Mitt 75-12, 1975.

76. Thomas, H.-J.: Thermische Kraftanlagen. Berlin: Springer Verlag 1975.

77. Topouzian, A.: 16:1 Pressure Ratio Gas Turbine Rekuperator. ASME Paper 69-GT-112, 1969.

78. United Aircraft: Low NO_x Auto Gas Turbine Combustor Report. EPA Meeting, Ann Arbor, Michigan 1972.

79. Unterlagen zum Kurs Luftstrahlantriebe II der Carl-Cranz-Gesellschaft e.V., Braunschweig 1974.

80. Wehofer, S., Matz, R.J.: Turbine Engine Exhaust Nozzle Performance. AIAA Paper 73-1302, 1973.

81. Whitney, W.J., Szanca, E.M., Bieder, B., Monroe, D.E.: Cold-Air Investigation of a Turbine for High-Temperature Engine Application. NASA TN D-4389, 1968.

82. Wolfmeyer, G.W., Thomas, M.W.: Highly Loaded Multi-Stage Fan Drive Turbine - Performance of Initial Seven Configurations. NASA CR-2362, 1974.

83. Markwich, P.: Transportables Spitzenkraftwerk (Diplomarbeit am Lehrstuhl für Luftfahrtriebwerke der TU Berlin 1963)

Sachverzeichnis